基于大数据的水文模型与预报

Hydrologic Models and Forecasting with Big Data

朱跃龙　李致家　张　珂　姚　成　万定生　佘宇峰　黄鹏年◎　著

刘志雨◎主审

河海大学出版社
HOHAI UNIVERSITY PRESS
·南京·

内容简介

本书基于大数据的降雨径流水文模型与预报，由四个部分组成，第一部分采用大数据进行下垫面特征与流域相似性分析、水文要素遥感技术分析以及蓄超组合分析。第二部分是大数据支撑的分布式水文模型，介绍网格新安江模型在湿润地区研究与应用、分布式水文模型在强人类活动地区与在半干旱地区应用研究、陆气双向耦合的网格新安江模型、考虑真实河道的新安江模型、分布式模型同化与实时校正研究以及水文模型参数率定。第三部分是智能学习方法，介绍降雨径流模式库、数据质量智能检测与控制、基于小样本的水文迁移学习方法、智能模型的可解释性分析、基于数据挖掘的水文中长期预报。第四部分是预报调度，介绍智能调度研究与预报系统应用。本书可供从事水情防汛、水文水资源、地理和气象等专业科学工作者、工程技术人员和相关学科本科生、研究生用于教学参考。

图书在版编目(CIP)数据

基于大数据的水文模型与预报 / 朱跃龙等著. -- 南京：河海大学出版社，2023.12

ISBN 978-7-5630-8777-8

Ⅰ. ①基… Ⅱ. ①朱… Ⅲ. ①水文模型 ②水文预报 Ⅳ. ①P33

中国国家版本馆 CIP 数据核字(2023)第 241782 号

书　　名 基于大数据的水文模型与预报
JIYU DASHUJU DE SHUIWEN MOXING YU YUBAO
书　　号 ISBN 978-7-5630-8777-8
责任编辑 章玉霞
文字编辑 朱志航
特约校对 姚　婵
封面设计 徐娟娟
出版发行 河海大学出版社
地　　址 南京市西康路 1 号(邮编:210098)
电　　话 (025)83737852(总编室)
(025)83722833(营销部)
(025)83787107(编辑室)
经　　销 江苏省新华发行集团有限公司
排　　版 南京布克文化发展有限公司
印　　刷 广东虎彩云印刷有限公司
开　　本 787 毫米×1092 毫米　1/16
印　　张 18.25
字　　数 430 千字
版　　次 2023 年 12 月第 1 版
印　　次 2023 年 12 月第 1 次印刷
定　　价 158.00 元

前　言

本书第1章为基于大数据的水文模型与预报综述，由河海大学李致家教授编写；第2章为下垫面特征与流域相似性分析，由河海大学张珂教授与博士研究生牛杰帆编写；第3章为水文要素遥感技术分析，由河海大学晁丽君副教授编写；第4章为蓄超组合分析，由黄河水利委员会（以下简称黄委）水文局刘玉环博士编写；第5章为网格新安江模型在湿润地区研究与应用，由长江水利委员会水文局童冰星博士与河海大学博士研究生孔琪编写；第6章为分布式水文模型在强人类活动地区研究，由南京信息工程大学黄鹏年博士编写；第7章为分布式水文模型在半干旱地区研究，由黄委水文局刘玉环博士编写；第8章为陆气双向耦合的网格新安江模型，由黄河勘测规划设计研究院有限公司孙明坤博士与河海大学姚成教授编写；第9章为XAJ-DCH模型与应用，由浙江省水利河口研究院（浙江省海洋规划设计研究院）臧帅宏博士与李致家教授编写；第10章为基于灵活框架的流域实时洪水预报，由河海大学姚成教授与龚珺夫博士编写；第11章为降雨洪水模式库，由河海大学余宇峰副教授与朱跃龙教授编写；第12章为数据质量智能检测与控制，由河海大学余宇峰副教授与朱跃龙教授编写；第13章为基于时空特征的智能学习方法，由河海大学朱跃龙教授与南京工程学院赵群博士编写；第14章为基于小样本的水文迁移学习方法，由南京工程学院赵群博士与河海大学余宇峰副教授编写；第15章为智能模型的可解释性，由河海大学朱跃龙教授与水利部信息中心丁昱凯工程师编写；第16章为基于ROPE算法的水文模型参数率定方法，由福州大学黄迎春副教授编写；第17章为基于数据挖掘的中长期水文预报，由河海大学王文鹏副教授与安徽财经大学贺冉冉讲师编写；第18章为智能调度研究，由浙江大学顾正华教授编写;第 19 章为预警预报系统平台及应用实例,由河海大学万定生教授与南京中禹智慧水利研究院的刘修恒和赵杏杏工程师编写。

该书中所进行的长达二十多年的科学研究由朱跃龙教授与李致家教授指导,本书的科学策划由朱跃龙教授、李致家教授与张珂教授进行。全书由朱跃龙教授、李致家教授、张珂教授与万定生教授统稿,由水利部水文司刘志雨教授级高级工程师主审。

本书出版得到南京中禹智慧水利研究院于 2020 年 12 月入选的南京“紫金山英才计划”(原南京“科技顶尖专家聚集计划”)的资助,项目名称为“中小河流智慧水利预警平台”,部分研究得到国家自然科学基金项目(编号 52079035 与 41901036)的资助,在此一并表示感谢。

目　录

第1章　绪　论

第2章　下垫面特征与流域相似性分析

第3章　水文要素遥感技术分析

第4章　蓄超组合分析

第5章　网格新安江模型在湿润地区研究与应用

第6章　分布式水文模型在强人类活动地区研究

第7章　分布式水文模型在半干旱地区研究

第8章 陆气双向耦合的网格新安江模型

第9章 XAJ-DCH 模型与应用

第10章 基于灵活框架的流域实时洪水预报

第11章 降雨洪水模式库

第12章 数据质量智能检测与控制

第 13 章　基于时空特征的智能学习方法

第 14 章　基于小样本的水文迁移学习方法

第 15 章　智能模型的可解释性

第16章 基于ROPE算法的水文模型参数率定方法

第17章 基于数据挖掘的中长期水文预报

第18章 智能调度研究

第19章 预警预报系统平台及应用实例

第1章

绪 论

1.1 降雨径流水文模型

径流过程特别是洪水过程是发生在饱和带、包气带与下垫面上的水文过程[1-3]。这里的降雨径流水文模型主要是指研究洪水过程的降雨径流水文模型。降雨径流水文模型对径流发生的物理过程进行概化与简化，采用牛顿定律、热力学定律及本构方程，建立相应的数学物理方程，对这些方程，在一定边界条件与初始条件下采用分析法、数值解如差分、有限元等方法进行求解，并在计算机上进行模拟与展示[2,3]。遥感遥测、计算机与智能学习以及地理信息系统等技术的飞速发展，为水文模型的研究提供了强大的技术支撑[2,5,6]。

水文模型一直是水文学研究的热点。水文模型的研究和应用朝着两个明显的方向发展：水文预报和洪水预报；水文机理研究、气候变化和下垫面变化对水文过程影响等研究。

水文学的产汇流机制发展过程有两个重要的发展阶段：一是20世纪20—30年代霍尔顿产流理论和谢尔曼经验单位线；二是西方国家自20世纪60—70年代以来开展的野外山坡水文机理实验，揭示了非饱和侧向流、壤中流和饱和地面径流多种产流机制的存在[7,8]。第一个发展阶段诞生了用于洪水预报的概念性水文模型；第二个发展阶段不但促进了概念性水文模型发展和研究深化，而且诞生了基于物理基础的分布式水文模型。

自20世纪60年代起学者们开发了很多水文模型。第一类是用于洪水预报的概念性模型，如美国的萨克拉门托(SACRAMENTO, SAC)模型、日本的水箱模型、中国的新安江模型、瑞典的包夫顿(HBV)模型和MIKE系列中的产流NAM模型，以及80年代初期英国为研究产流机制研发的TOPMODEL[2,3]。第二类是根据山坡水文学构造的基于物理基础的分布式水文模型[7,8]。英国水文学家Freeze和Harlan在1969年提出了分布式水文模型的构造框架：考虑各向异性土壤一、二维产流，三维的地下水和一维具有侧向和下渗的明渠非恒定流模型[8]。这个框架实质就是对于壤中流采用达西定律以及采用微分形式质量和能量守恒方程。MIKE SHE就是按照这个框架构造的。

在用于洪水预报的降雨径流水文模型研究方面，国际上曾进行过多次比较研究：1974年，世界气象组织(WMO)曾对当时有代表性的10个模型进行了验证对比，当时参与的模型有概念性模型和黑箱模型，如SAC模型、坦克(TANK)模型、HBV模型以及CLS

模型等[1]。20 世纪 90 年代中期,研究者们从实时洪水预报的角度对水文模型进行过比较研究。21 世纪,随着计算机与遥感科学的飞速发展,分布式水文模型成为水文学研究的热点,研究出了很多分布式水文模型。如何评价分布式水文模型在水文预报和洪水预报中的应用,是一个需要研究的问题。为此,2002—2004 年,美国国家海洋和大气管理局(NOAA)组织了比较研究工作,即 DMIP,参加该比较的分布式水文模型有 13 个,用于洪水预报的有 8 个[9]。

一个水文模型包括五个部分:流域几何特性、模型输入、控制方程、初始及边界条件和模型的输出。根据对水文过程的描述,结合流域的特征,模型可分为集总式模型和分布式模型,以及确定性模型、随机性模型与混合模型。集总式模型中控制方程可由普通的常微分方程表达,但它没有考虑水文过程、输入、边界条件及流域几何特征的空间变化。对于大多数的集总式模型而言,一些水文过程可由基于简化的水力学公式的微分方程描述,另一些过程则由经验的代数公式描述。分布式模型也可以由偏微分方程表达,其特征是考虑了过程、输入、边界条件及流域几何特征的空间变性。在实际中,大部分水文模型是半分布式的。半分布式水文模型是介于集总式模型和分布式模型之间的一种模型,其典型代表是以地形为水文过程空间变异性基础的 TOPMODEL[3]。

1.2 大数据与降雨径流水文模型和预报

"大数据"最早的概念是由美国未来学家 Toffler 于 1980 年提出的。如果望文生义地理解,"大数据"就是大量数据甚至海量数据之意,但"大数据"绝非仅仅是数据大,其深刻的含义绝非如此直白。下面罗列两位有代表性的学者对"大数据"的论述。美国著名经济学家、"长尾理论"的发明及阐述者、一个喜欢从数字中发现趋势的学者 Anderson 在 2008 年认为,"数量庞大的数据会使人们不再需要理论,甚至不再需要科学方法";又说"大数据用事实宣告,知其然,而不必知其所以然。只要知道该怎么做就行。这既是电脑不如人脑的地方,也是电脑超越人脑的地方"。他甚至大胆地说:"数据爆炸使得科学的研究方法都落伍了。"[10]英国牛津大学教授 Schönberger 与 Cukier 于 2012 年合作出版了《大数据时代》一书[11],指出"大数据是指不用随机分析法(抽样调查)这样的捷径,而是采用全数据的分析方法",认为"抽样研究的缺陷是试图以少量的数据获取最大的信息。假如人们能够获得海量级的数据,抽样就自然失去了它的意义,人们的抉择必然是放弃随机分析这一捷径,而采用所有数据"[10]。

如此看来,"大数据"绝非一个泛词,也许是一个有深刻科学内涵的学术名词。它不是一堆杂乱无章的数据,而是能说明复杂问题的密集数据集合,能表达自然现象或社会现象的精确存在。"大数据"与要求用数学方程和数学函数表达世界的传统思维方式不同,是一种不抛弃任何一个来自现实世界的可靠数据,凭借密集数据说话,达到准确描绘复杂世界的思维方式。世界的本质就是数据,有了"大数据"就能发现世界上的规律,没有"大数据",

人们可能难以精确认识复杂的世界。与“小数据”比较,“大数据”的简单算法比“小数据”的复杂算法更有效。将“小数据”搞精确,不一定比夹杂着一些不准确数据的“大数据”更能有效地描述世界。因此,“大数据”有可能促使科学理论突破。通过“大数据”的变换、整合和计算,人类可以发现新知识,创造新价值。“大数据”时代,人类思维方式可能向更高层次发展,人类认识处理复杂问题的能力将可能由此得到提升[10-12]。

“大数据”的本质特征是凭数据说话,用“大数据”认识世界。这与传统方法通过微分方程和数学函数认识世界相比,更具有普适性,将可能成为处理复杂问题的途径之一,由此有可能引发数学革命和算法革新,由“大数据”产生的新的数学和算法问题可能成为数学和计算机科学的重要内容之一。“大数据”提供的产生新知识和科学新发现的模式有可能使传统科学思维方式走出困境。

河海大学芮孝芳教授指出:水文现象是最复杂的自然现象之一。试图依赖现有的物理定律和数学方程来认识、预测预报如此复杂的自然现象,事实证明困难重重。“大数据”也许是破解水文学中一些难题的途径之一。人们已经发现“大数据”在分析水文现象时空分布、揭示水文特征与地貌特征关系、构建真正的分布式流域水文模型或者精细化流域水文模型等方面起着重要的作用。“建立微分方程是物理学家的任务、解微分方程是数学家的任务”的观点只能代表传统科学思维方式,并不代表未来,未来也许是“大数据”的未来。“大数据”将成为推动水文学发展的重要驱动力。芮教授认为水文学的未来将会是:对于根据普适性物理定律、本构关系就能解决的问题,取得数据只是为了验证,“小数据”就足矣;对于必须借助密集“大数据”才能精确描述的现象,“大数据”必然是一种新的科研方法;对于那些时空无限延伸的问题,如水文现象年际演变问题,由于永远不可能掌握其全部数据,按样本推断总体的科学思维方式仍是必须的。芮教授希望有人来创立和发展“大数据水文学”。当然,对“大数据”也有不同声音,例如美国亚利桑那大学 Fricke 教授就认为:“被称为第四种范式的数据驱动的科学其实是一个不伦不类的怪物”,“科学需要更多的理论,而不是更多的数据”。有不同的见解是正常的,善于听取不同的声音,对自己的研究工作百利而无一害[10]。

大数据与水文模型和水文预报的关系可以从两个方面来说:一方面,降雨径流水文模型、洪水预报和水文预报需要大数据,这是毋庸置疑的;另一方面,可以直接基于大数据,采用智能学习的方法建立水文模型,进行实时水文预报。

参考文献

[1] ANDERSON M G, MCDONNELL J J. Encyclopedia of hydrological sciences[M]. New York: John Wiley and Sons, 2005.

[2] 赵人俊. 流域水文模拟——新安江模型与陕北模型[M]. 北京:水利电力出版社,1984.

[3] SINGH V P. Computer models of watershed hydrology[M]. Baton Rouge: Water Resources Publications, 1995.

[4] RIGON R, FORMETTA G, BANCHERI M, et al. HESS opinions: Participatory Digital eARth Twin Hydrology systems (DARTHs) for everyone-a blueprint for hydrologists[J]. Hydrology and Earth System Sciences, 2022,26(18):4773-4800.

［5］李致家，张珂，王栋，等. 现代水文模拟与预报技术［M］. 2 版. 南京：河海大学出版社，2021.
［6］朱跃龙，李致家，刘志雨，等. 基于数据挖掘与驱动的中小河流洪水预报［M］. 南京：河海大学出版社，2020.
［7］柯克比. 山坡水文学［M］. 刘新仁，王炳程，译. 哈尔滨：哈尔滨工业大学出版社，1989.
［8］KIRKBY M J. Hillslope hydrology［M］. Chichester：John Wiky & Sons，1978.
［9］REED S，KOREN V，SMITH M. Overall distributed model intercomparsion project results［J］. Journal of Hydrology，2004，298(1-4)：27-60.
［10］芮孝芳. 水文学与"大数据"［J］. 水利水电科技进展，2016，36(3)：1-4.
［11］SCHÖNBERGER V M，CUKIER K. 大数据时代［M］. 盛杨燕，周涛，译. 杭州：浙江人民出版社，2013.
［12］芮孝芳. 数据密集范式与水文学的未来［J］. 水利水电科技进展，2018，38(6)：1-7.

第 2 章

下垫面特征与流域相似性分析

本章综合分析了流域气象与下垫面特征的空间差异性，统计了流域基本下垫面（包含流域地形、土壤植被和流域形状等）特征的分布规律和数据结构，介绍了特征选择、主成分分析、聚类分析等流域相似性分析方法。

2.1 水文气象特征分析

2.1.1 引言

气象系统是一个外有强迫、内有非线性耗散的开放系统。气象数据中包含着丰富的信息，通过对气象数据分析处理，挖掘系统内的非线性特征，可以对其他参与水文循环的动态变量进行表达。区域气象条件是水文响应过程的重要驱动要素，不仅可以通过控制水文循环直接控制水文过程，还可以通过长期对地形地貌的塑造间接影响水文过程。我国地域辽阔，气候多样，不同区域间的水文条件具有较大差异。因此，确立全国性的水文气象分区有益于更加深刻地探究流域水文规律，同时对无资料地区流域参数区域化与洪水预报具有重要意义。

2.1.2 水文气象相似性指标

由于气象要素模式具有一定的区域性与季节性，根据水与能量之间的平衡，研究人员提出了五种与水文过程相关的气候指数：年平均湿润指数、年内月湿润指数最大差、降雪占比、平均降雨强度、季节性降雨强度。由于降雨强度存在较大区域性差异，同时水文过程主要受流域下垫面特征与形状特征控制，Addor[1,2]表明在不考虑降雨强度情况下，年平均湿润指数、年内月湿润指数最大差、降雪占比与径流模式具有强相关性。考虑温度等热量指标对流域水文过程的影响，引入区域温度特征，通过 Thornthwaite 湿润指数[3]可对气象指标进行表达，气象指标的计算公式如下：

$$MI(t)=\begin{cases}1-\dfrac{E_P(t)}{P(t)}, & P(t)>E_P(t)\\ 0, & P(t)=E_P(t)\\ \dfrac{P(t)}{E_P(t)}-1, & P(t)<E_P(t)\end{cases} \tag{2.1-1}$$

$$I_m=\frac{1}{12}\sum_{t=1}^{12}MI(t) \tag{2.1-2}$$

$$I_{m,r}=\max[MI(1,2,\cdots,12)]-\min[MI(1,2,\cdots,12)] \tag{2.1-3}$$

$$f_s=\frac{\sum P[T(t)\leqslant T_0]}{\sum_{t=1}^{12}P(t)} \tag{2.1-4}$$

$$T_m=\frac{1}{12}\sum_{t=1}^{12}T(t) \tag{2.1-5}$$

$$T_{m,r}=\max[T(1,2,\cdots,12)]-\min[T(1,2,\cdots,12)] \tag{2.1-6}$$

$$D_s=\frac{\sum D[T(t)\leqslant T_0]}{\sum_{t=1}^{12}D(t)} \tag{2.1-7}$$

式中：$MI(t)$ 为第 t 月的湿润指数；I_m，$I_{m,r}$，f_s，T_m，$T_{m,r}$，D_s 分别表示年平均湿润指数、年内月湿润指数最大差、降雪占比、年平均气温、年内月气温最大差和降雪时间占比；$P(t)$，$E_P(t)$，$T(t)$ 分别为第 t 月的多年平均降水量、多年平均潜在蒸发量和多年平均温度；$D(t)$ 为第 t 月的天数；T_0 为温度阈值，低于该温度的降水形式为雪，本书设置为 0℃。

2.1.3 水文气象特征分析

我国幅员辽阔，地势高低不同，地形类型和山脉空间分布差异性大，受地理条件的综合影响，我国气候水热组合繁多，具有多样的气候类型。我国多年平均年降水量整体呈条带状分布，从西北内陆地区至东南沿海地区递增。东南沿海地区降雨充沛，多年平均年降水量可达 1 000 mm 以上，西北内陆地区干旱少雨，多年平均年降水量均在 400 mm 以下，其中我国多年平均年降水量最小值为 37.6 mm，位于我国塔里木盆地地区。东北、华北、西南地区多年平均年降水量主要分布在 400～800 mm。

我国潜在蒸散发没有呈现同降水相似的条带状趋势，空间分布较为分散。潜在蒸散发量范围在 482～1 376 mm，潜在蒸散发值最大的地区位于新疆地区南部，由于西北地区日照时数长，受太阳辐射影响大，潜在蒸散发量较大。东北地区纬度较高，所受太阳辐射较小，潜在蒸散发量较低。

中国气象指标空间特征具有一定的区域性。我国年平均湿润指数整体较小，呈条带状分布,从西北内陆地区到东南沿海地区呈逐渐上升的趋势。除了东南沿海地区降水充沛,降水量大于潜在蒸散发量,其他地区年平均湿润指数皆为负值。东南沿海地区气候湿润,年平均湿润指数可达到 0.5 以上;西北内陆地区特别是塔里木盆地气候干旱,年平均湿润指数小于－0.9;东北平原北部与云贵高原地区相对湿润,年平均湿润指数大于 0.2。我国年内月湿润指数最大差受地形的影响较大,具有明显区域特征。西北内陆地区全年干旱少雨,湿润指数年内波动小。除西北内陆地区外,我国其他区域湿润指数均具有一定的季节性特征,其中,北疆地区、云贵高原地区、青藏高原部分地区、东北北部区域年内月湿润指数最大差较大,区域水热具有较强的不均衡性。降雪占比在一定程度上可反映区域水循环的差异。降雪占比受纬度与地形的影响,我国青藏高原地区、北疆区域降雪占比较大。我国大约沿秦岭—淮河以南,降雪占比为 0。

我国年平均气温范围在－4.7～24.8℃,气温的空间分布受纬度与海拔的共同影响。最高气温位于我国南方沿海地区与云南省的南部等低纬地区,内蒙古、东北等高纬地区和青藏高原等高海拔地区年平均气温值较低。我国南疆区域存在一个气温高值区,这是由于南疆的塔里木盆地四周环山,水汽难以到达,温度较北疆地区高。我国年内月气温最大差呈带状分布,主要受纬度因素影响,年内月气温最大差由南向北逐渐升高,东北、内蒙古北部、北疆等高纬度地区年内月气温差别较大,南部沿海地区与云南省气候温暖湿润地区,年内气温波动小。降雪时间占比的空间分布受纬度与海拔的共同影响。秦岭—淮河以南区域的月均气温在 0℃以上,不产生降雪。内蒙古北部和青藏高原地区降雪是降水过程的主要环节,南疆地区气候干旱,降水较少,相较北疆地区降雪时间比例小,呈现区域低值。

2.2　流域下垫面特征分析

2.2.1　引言

流域下垫面主要表现为岩性、地貌、土壤、植被等诸方面,其储水介质及结构的改变将影响降水的产汇流机制。流域下垫面特性控制降水的分配、水流的传输与储存过程,其与水文循环过程具有密不可分的联系。例如,流域地貌类型不同将导致不同的地表及地下径流特征,从而生成不同的土壤结构和植被类型,影响降雨的下渗及径流,导致不同的流域储水能力。因此,许多学者提出可以通过对流域地形特征、地质环境、土壤性质、植被类型等下垫面结构特征揭示流域的水文响应过程[4,5]。

2.2.2　流域下垫面相似性指标

综合考虑气象与下垫面对水文过程的影响,选用多个反映流域气象、地形、土壤、流域特征等物理特性的指标对流域水文相似性进行表达。本节选取了 15 个流域地形特征、土壤植被特征、流域形状特征等指标对中小流域相似性进行研究。其中，流域地形特征包括流域的平均高程、最大高程差、面积-高程曲线积分、面积-高程曲线斜率、平均地形指数和平均坡度；土壤植被特征包括流域土壤沙粒、粉粒、黏粒含量和归一化植被指数；流域形状特征包括流域面积、长度、形态因子、伸长比、河网密度。中小流域下垫面相似性指标具体表达可见表 2.2-1。

表 2.2-1　中小流域下垫面相似性指标

分类	特征指标	符号与公式	备注
流域地形特征	平均高程	H	—
	最大高程差	ΔH	—
	面积-高程曲线积分	HI	—
	面积-高程曲线斜率	$A_S=\dfrac{f(0.2)-f(0.8)}{0.8-0.2}$	$f(0.2)$ 和 $f(0.8)$ 分别表示面积占比为 0.2 和 0.8 时在面积-高程曲线上对应的相对高差
	平均地形指数	$TI=\dfrac{1}{n}\sum_{i=1}^{n}\ln(\dfrac{a_i}{\tan\beta_i})$	a_i 为单位栅格的集水面积
	平均坡度	β	—
土壤植被特征	土壤沙粒含量	$Sand$	—
	土壤粉粒含量	$Clay$	—
	土壤黏粒含量	$Silt$	—
	归一化植被指数	$NDVI$	—
流域形状特征	流域面积	A	—
	流域长度	L	—
	形态因子	$R_f=A/L^2$	—
	伸长比	$R_e=d/L$	d 为面积等于流域面积的圆的直径
	河网密度	$R_d=\sum L/A$	$\sum L$ 为河流的总长度

2.2.3　流域下垫面特征分析

2.2.3.1　流域地形特征分析

流域汇流过程除了受控于降水特性外，还与流域下垫面的地形、地貌条件存在着明显的因果关系。流域高程与高差是流域重要的地形特征指标，能够反映流域地貌的发育程度。面积-高程曲线可用来研究流域地貌特性，其表达流域某一高程以上水平截面面积与全流域面积的比值，通常使用曲线斜率与曲线包围面积作为地貌参数。面积-高程积分曲线的形态可以反映地貌所处的侵蚀发育阶段，若流域的面积-高程曲线积分 $HI>0.6$，积分曲线呈凸形，这表明地表被侵蚀掉的物质体积较少，剩余的物质体积大，流域地貌演化正处于幼年时期；若 $HI<0.35$，积分曲线呈凹形，流域被侵蚀程度高，剩余的物质体积较小，流域地势平坦，这表明流域的发育地貌较为成熟，地貌演化处于老年期；若 $0.35\leqslant HI\leqslant0.6$，积分曲线呈“S”形，面积-高程积分值中等，这表明流域的地貌演化处于壮年期[6,7]。常用的面积-高程曲线积分计算方法有起伏比值法、积分曲线法和体积比例法等。地形指数是地貌指标描述的重要参数，其将流域饱和缺水量和变动产流面积的概念相结合，能够反映土壤饱和含水量的空间分布[8]。流域坡度表明了流域地形的陡缓程度，流域坡度越大，地势越为陡峻，坡度能够表达洪水的汇流速度与泥沙冲蚀能力，对地表径流产生、径流下渗过程、地下水汇流等水文过程具有较大影响。

我国中小流域之间地形地貌特征差异较大。中小流域平均高程为 1 739 m，最大高程可达 5 798 m，最小高程位于海平面之下。流域最大高差可达 7 217 m，位于高山丘陵区，地貌切割程度强；流域最小高差仅为 3 m，流域内部较为平缓，大多位于沿海地区和平原区。流域平均面积-高程曲线积分为 0.65，大部分流域积分曲线呈凸形，地貌演化阶段处于幼年期。流域地形指数处于 7.5～11.9，流域平均坡度的范围为 1°～28°。

按照中小流域隶属流域片区进行统计分析，各流域片区地形指标分布情况见图 2.2-1。在九种流域片区中，隶属于内陆河流域片区的中小流域高程相对较大，流域平均高程为 2 518.5 m，海拔较高，坡度值较低，流域平均坡度为 3.9°，地势相对平缓。隶属于西南诸河流域片区的中心流域高程最大，地势险峻，流域平均高程为 3 833 m，最大高差可达 1 998 m，流域 TI、HI 值较小，坡度较大，流域地势陡峭，地面起伏大，流域发育更加成熟。隶属于淮河流域片区的中小流域地势平坦，平均高差最小，仅有 88.8 m，流域平均坡度小，

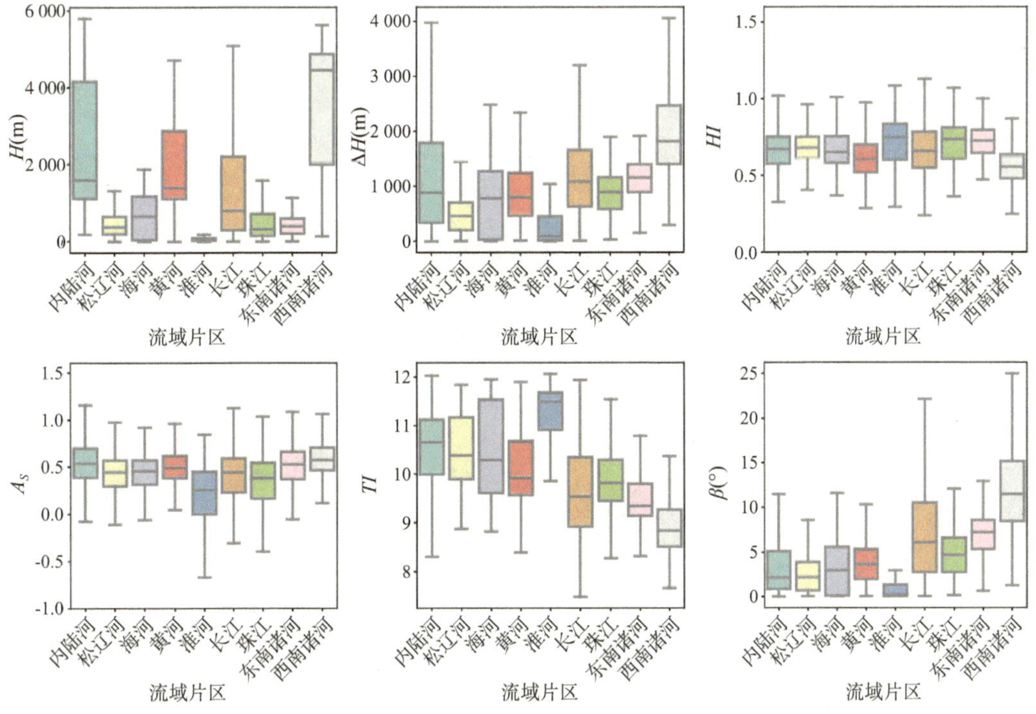

图 2.2-1　流域地形指标箱型图

仅为 1.3°，流域 HI 和 TI 值较大，流域地貌切割程度低，地貌发育接近“幼年期”。隶属于珠江流域片区与东南诸河流域片区的中小流域地形指标分布较为接近，地势相对平缓，高差较小，地貌发育已达到一定水平。通过对比得知，不同区域中小流域地形特征具有差异，总体来看，海拔较高的流域，β、ΔH、A_S 具有较高水平，HI、TI 值相对较小，流域所处的地貌发育程度较低。但对于某些区域，流域海拔的高低与地势陡峭程度关系不显著。

2.2.3.2 流域形状特征分析

流域的形状特征会影响流域的汇流路径，进而对洪水特征如洪峰、峰现时间等重要参数产生影响。流域面积反映了流域集水区域的大小，其能够直接对河流水量大小起到控制作用，影响流域径流的形成过程以及流域汇水、排水能力的强弱。通常流域面积越大，河流水量越丰富。流域长度概化为流域分水线至流域出口汇流路径的最大距离，流域长度主要影响流域的汇流过程。流域越长，在洪水汇流过程中河流坦化现象越显著。流域形态因子为流域面积与流域长度平方的比值，流域伸长比为面积等于流域面积的圆的直径与流域长度的比值。流域形态因子与流域伸长比越大，流域越接近圆形，汇流水量集中更快。流域河网密度表示流域单位面积上河流的总长度与流域面积的比值，其为描述流域特性的综合指标，常用来表征河流被切割的程度。

对我国中小流域地形特征指标进行提取与计算，可以发现中小流域之间的形状特征差异较大。中小流域平均面积为 825 km²，流域长度差异大，长度范围在 10.72～395.9 km。中小流域平均形态因子 R_f 为 0.32，平均伸长比 R_e 值为 0.60，河网密度数据分布广泛，为

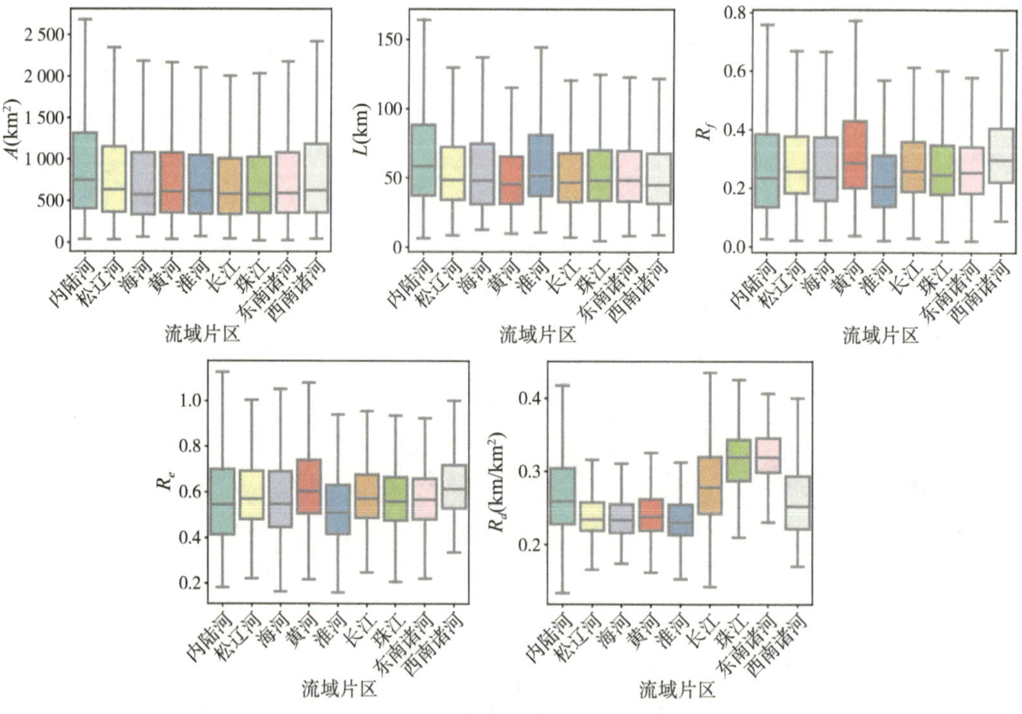

图 2.2-2　流域形状特征指标箱型图

0.06～0.44 km/km^2。按照中小流域隶属流域片区进行统计分析，图 2.2-2 为各流域片区形状特征指标分布情况。可以发现，九大流域片区平均面积、流域长度、形态因子、伸长比指标都较为均衡，但流域片区内中小流域特征相差较大。对于河网密度，长江流域片区、珠江流域片区、东南诸河流域片区河网较为发育，河网密度平均值在 0.29 km/km^2 之上。

2.2.3.3 流域土壤植被特征分析

流域土壤质地可以影响水流渗透与营养聚集情况，土壤按照粒径大小可分为沙粒、粉粒、黏粒三种类型。土壤沙粒含量越多，土壤质地粗糙，渗透系数越大，越容易渗透与蒸发。土壤黏粒含量越多，土壤质地细腻，渗透系数小，水流不易流通，渗透较慢。流域植被的生长情况对水文过程具有影响。归一化植被指数（*NDVI*）是反映植被状态的重要指标，其能够侧面对植被的生长状态、植被覆盖度等特征进行描述，同时归一化植被指数与土壤、地面粗糙度等特征相关，能在一定程度上反映植物冠层的背景影响。

对我国中小流域土壤植被特征指标进行提取与计算，中小流域沙粒土壤占比最大，平均占比为 44.28%；黏粒土壤占比最小，平均占比为 20.24%。植被归一化指数值在 0～0.9，流域的植被覆盖情况差别较大。按照中小流域隶属流域片区进行统计分析，各流域片区土壤植被指标分布情况见图 2.2-3。内陆河流域片区、海河流域片区、黄河流域片区和

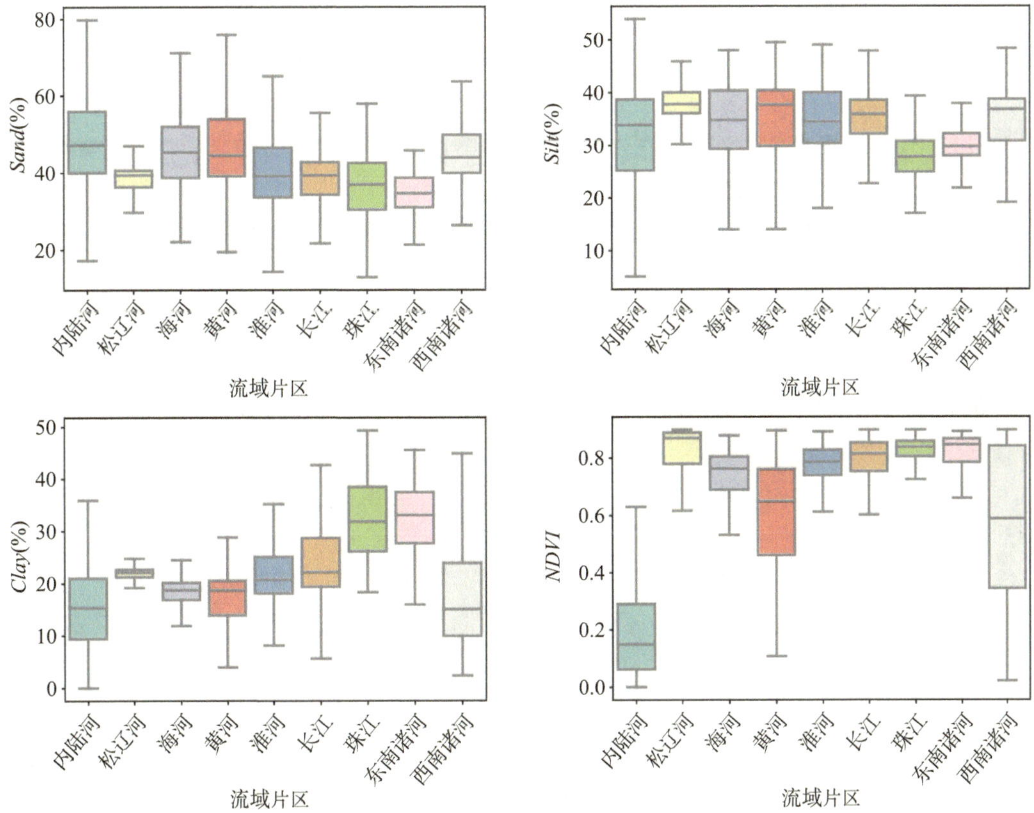

图 2.2-3 流域土壤植被特征指标箱型图

西南诸河流域片区沙粒含量较大，土壤平均沙粒含量可达 48%以上；流域沙粒含量越高，土壤质地越粗糙，流域下渗能力越强。珠江流域片区和东南诸河流域片区黏粒含量较高，土壤平均黏粒含量在 33%以上；流域黏粒含量高，土壤质地较为细腻，流域下渗能力弱。各流域片区内中小流域土壤质地组成具有显著差异性，隶属于松辽流域片区的中小流域土壤结构具有一致性，三种土壤类型占比较为集中，土壤平均沙粒占比为 47.2%，粉粒占比 30.8%、黏粒占比为 22.0%。隶属于内陆河流域片区的中小流域 *NDVI* 值较小，植被覆盖情况较差。隶属于黄河流域片区和西南诸河流域片区的中小流域植被覆盖不均，*NDVI* 值分布差异大。长江流域片区、海河流域片区、淮河流域片区、珠江流域片区、东南诸河流域片区 *NDVI* 值相对较大，植被覆盖情况较好。

2.3 基于自组织映射神经网络的流域相似性分析

2.3.1 引言

水文相似性研究是指通过定量分析流域之间水文特性的差异与联系，研究流域相互的水文响应关系。水文响应主要受三种要素控制：包含河流水情和冰情、河水补给关系、径流年内分配等的动态水文要素，包含植被状况、水体类型、河网密度、河谷形态等的缓慢变化要素，包含自然地理条件、地质条件、气候条件等的区域差异性要素[9,10]。因此，具有相同或相似的下垫面结构、驱动力条件、水流动力结构等特征的山坡或流域，可以定义为水文相似的流域。由于气候与下垫面条件是相对稳定不变的，水文序列变化在时空尺度上都存在一定的相依性，水文现象往往具有统计相似、自相似和动态相似等相似性特性[11,12]。根据水文过程的控制因素，基于下垫面结构、驱动力条件、水流动力结构的指标被广泛运用于水文相似性研究。由于水文现象是气候和流域过程相互作用的结果，可将水文相似性概化为径流相似性、气候相似性和流域相似性。其基本假设为，在气候和流域特征方面相似的流域在径流特征上也将表现为相似。

近年来，随着计算机技术的发展，通过设定流域特征指标进行水文相似流域筛选和评价的方法得到了较好应用，常用方法有聚类分析法、主成分分析法、人工神经网络等。该类方法选取影响径流过程的流域特征，采用相关评价方法(包括主成分分析法、模糊优选法、模式识别法、聚类分析法等)进行相似流域分类或参证流域的选取。

2.3.2 自组织映射神经网络原理与参数设置

2.3.2.1 自组织映射神经网络原理

自组织映射(Self-Organizing Mapping，SOM)神经网络是由 Kohonen 等[13]提出的一

种神经网络模型，该模型通过模拟神经元的侧抑制、自组织等生物过程，挖掘样本自身的规律，自动提取样本内在的重要统计特性。SOM 是一种无监督的学习方式，其可以通过自组织映射将高维数据映射至低维空间，模型根据数据特征的相似程度，将样本点聚集到不同离散区域，从而实现降维和聚类。SOM 神经网络在结构上模拟了神经元的二维空间结构，模型通过神经元之间的相互竞争与交互作用，对自组织与学习功能进行模拟。该算法具有自动聚类、非线性映射能力强、容错性强的特点，在模式识别与分类问题中得到了广泛的应用[13,14]。

SOM 神经网络的结构主要由输入层和输出层构成，输入层的输入神经元与输出层的输出神经元权值相连，同时输出层在一定邻域内神经元之间存在局部连接，SOM 神经网络可同时控制神经元对输入模式的响应权值和神经元之间的侧抑制状况，在模型训练中不断对权值进行调整。模型神经元节点之间具有拓扑连接关系，网络结构的位置关系表达了节点之间关联程度的大小。

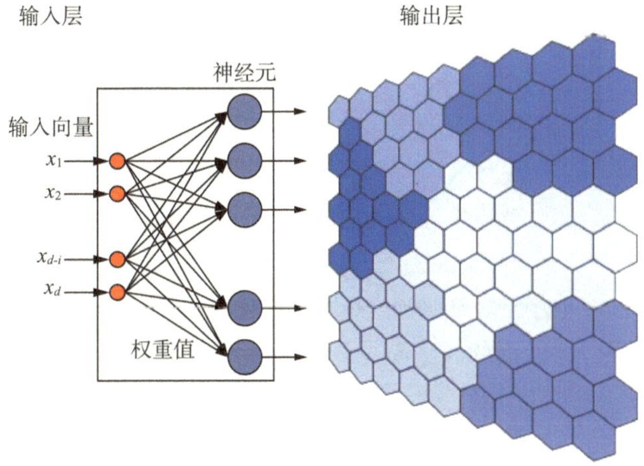

图 2.3-1　二维 SOM 神经网络结构图

SOM 神经网络基于竞争学习的原则，让神经元之间通过竞争产生一个与输入模式最相近的神经元并作为获胜者，学习过程分为竞争过程、合作过程和自适应过程三个阶段。

竞争过程是在每个输入模式下，通过计算输出层神经元各自的判别函数值，对输出层神经元进行筛选，具有最小判别函数值的神经元为最佳匹配神经元，即获胜神经元。获胜神经元表示与当前输入模式最相似，通常选用最小欧氏距离作为判别函数，满足下式的神经元为获胜神经元：

$$i(X)=\arg\min_{i}\|X-W_i\|,i=1,2,\cdots,m \tag{2.3-1}$$

式中：X 为输入向量，权值向量 $W_i=(w_{i1},w_{i1},\cdots,w_{in})^{\mathrm{T}}$；神经元 $i(X)$ 为获胜神经元；m 为竞争层神经元的个数。

在合作过程中，以获胜神经元为中心划定神经元拓扑邻域的空间位置，邻域范围内的神经元即为兴奋神经元。神经网络在训练时，不断调整邻域内所有神经元，随着训练次数的增加，邻域范围不断减小直至为0。通常邻域函数 $h_{j,i}$ 选用高斯函数：

$$h_{j,i}(t)=\exp\left[-\frac{d_{j,i}^2}{2r^2(t)}\right] \tag{2.3-2}$$

式中：$d_{j,i}$ 表示获胜神经元与兴奋神经元的侧向距离；$r(t)$ 为邻域半径，它随着迭代次数的增加而降低，迭代更新规则如下所示：

$$r(t)=r(0)\times\left(1-\frac{t}{T_{\max}}\right) \tag{2.3-3}$$

SOM 神经网络的自适应过程是指通过对兴奋神经元所在邻域与输入神经元之间的连接权值进行调整，增强该输入模式下的判别函数值，当出现相似模式输入时，调整后的模型使获胜神经元对模型的输入更加敏感，响应增强。对获胜神经元及兴奋神经元权重按照如下进行调整：

$$W_{kj}(t+1)=W_{kj}(t)+\partial(t)\times h_{j,i}(t)\times[x_k^p-W_{kj}(t)],k=1,2,\cdots,N \tag{2.3-4}$$

式中：W_{kj} 为第 k 种输入模式与第 j 个神经元的连接权值，学习率 $\partial(t)$ 和邻域函数 $h_{j,i}(t)$ 随着迭代次数的不断更新减少。

根据以上介绍，SOM 神经网络训练过程可概括为以下几个步骤：

(1) SOM 神经网络的初始化：选取网络结构，输入样本数据 $X_i=(X_1,X_2,\cdots,X_N)$ 和各神经元对应权向量 $W_j(t)=[w_{j,1}(t),w_{j,2}(t),\cdots,w_{j,N}(t)]^{\mathrm{T}}$。归一化样本数据，对权向量进行初始化处理。设置初始学习率和迭代次数。

(2) 输入采样数据，选取训练样本至输入层。

(3) 计算竞争层神经元与输入神经元之间的距离：

$$d_{i,j}=\| X_i-W_j \| \tag{2.3-5}$$

(4) 选择与输入向量距离最小的神经元为获胜神经元：

$$d_{c,j}=\min\| X_i-W_j \| \tag{2.3-6}$$

(5) 对获胜神经元拓扑邻域内的兴奋神经元进行权值调整。

(6) 更新学习率 $\partial(t)$ 和邻域函数 $h_{j,i}(t)$，根据下式对权值进行更新并做归一化处理：

$$W_j(t+1)=\begin{cases}W_j(t)+\partial(t)\times h_{j,i}(t)\times[X-W_j(t)], & j\in h_{j,i}(t)\\ W_j(t+1) & j\notin h_{j,i}(t)\end{cases} \tag{2.3-7}$$

(7) 判断是否达到迭代次数要求，若未达到，转至步骤(2)，否则结束迭代过程。

一方面，SOM 神经网络能够自动探索样本中的潜在规律与本质属性，其不用预先指定聚类数目，对噪声数据敏感性差，具有良好的工作性能。但在训练次数较少的情况下，SOM 神经网络模型结果会受到数据输入顺序的影响[15-17]。另一方面，SOM 神经网络聚类个数受模型结构控制，聚类个数往往大于实际需求。K-means 算法是一种基于划分的聚类算法，它以 k 为参数，把 n 个数据对象分成 k 个簇，使簇内具有较高的相似度，而簇间的相似度较低。采用欧氏距离作为相似性的评价指标，即认为两个对象的距离越近，其相似度就越大。K-means 算法在处理大数据集时，具有可伸缩性强、效率高的优点，但 K-means 算法对噪声和孤立点数据较为敏感，同时模型聚类结果受模型初始聚类中心与聚类数选择的影响较大。为提高模型聚类精度，结合两种算法的特性，选用 SOM 神经网络与 K-means 算法结合的两阶段聚类方法，通过 SOM 算法得到聚类初始类别，将 SOM 聚类产生的聚类中心作为 K-means 算法聚类的初始值，通过使用内部指标对聚类个数进行优选，K-means 算法输出结果为最终聚类结果。

2.3.2.2　自组织映射神经网络超参数设置

(1) 神经网络结构设置

根据经验方法对模型参数初始值进行设置，表 2.3-1 为 SOM 神经网络模型的初始参数。

表 2.3-1　SOM 神经网络模型初始参数

权向量初始化方法	邻域函数	训练算法	粗调阶段		精调阶段	
			初始影响半径	迭代次数	初始影响半径	迭代次数
线性初始化	高斯函数	Batch 算法	3	4 000	1	6 000

使用枚举法对不同神经元个数的 SOM 神经网络进行初步训练，选用量化误差 QE 和拓扑误差 TE 对网络结构进行评估，根据最小误差的原则选取最优网络结构。两种指标可以表达 SOM 神经网络聚类的质量，其公式分别如下：

$$QE=\frac{\sum_{i=1}^{N}\|X_i-W_g(x_i)\|}{\sum_{i=1}^{N}\|X_i\|} \tag{2.3-8}$$

$$TE=\frac{1}{N}\sum_{i=1}^{N}u(x_i) \tag{2.3-9}$$

式中：N 为输入样本总个数；W_g 为获胜神经元的权重向量；QE 表示输入样本与相应获胜神经元之间的平均相对距离；TE 为输入空间相邻的样本在竞争层网络中邻近程度。

(2) K-means 算法聚类类别选取

通过 SOM 算法可得到第一阶段聚类初始类别，将 SOM 聚类所产生的聚类中心作为 K-means 算法的初始聚类中心并进行第二阶段的聚类。聚类分析的最佳类别由内部指标 DBI 指数(Davies-Bouldin Index)和轮廓系数(Silhouette Coefficient)决定，这两个指标已被广泛运用于水文与气象分区领域。

DBI 指数是按照簇内距离和与簇间分散度的比值定义的，其计算公式如下：

$$DBI=\frac{1}{k}\sum_{i=1}^{k}\max_{j\neq i}\left(\frac{\bar{s}_i+\bar{s}_j}{\parallel z_i-z_j\parallel_2}\right) \tag{2.3-10}$$

式中：k 为聚类数；$\bar{s}_i$ 为第 i 类样本到其类中心的平均欧氏距离；$\parallel z_i-z_j\parallel_2$ 为第 i 类和第 j 类的类中心欧氏距离。DBI 值越小，表示相同簇内的距离越小，模型的分类结果越好。

轮廓系数通过结合内聚度和分离度两种因素进行聚类评价，其计算公式如下：

$$SC=\frac{1}{N}\sum_{i=1}^{N}\frac{b(i)-a(i)}{\max\{a(i),b(i)\}} \tag{2.3-11}$$

式中：SC 为聚类结果的轮廓系数；N 为样本数量；$a(i)$ 表示某一样本与同簇其他样本的平均距离；$b(i)$ 表示某一样本至其他类别所有样本平均距离的最小值。轮廓系数的取值越大，表明模型聚类性能越好。

2.3.3 流域相似性指标构建方法

2.3.3.1 相关性分析

流域相似性指标的选取是流域相似性研究中一个较为重要的环节，其在很大程度上决定了相似性的区域化结果。指标之间可能存在一定的相关性，这会对聚类效率产生影响。通过计算各指标之间的 Pearson 相关系数对各变量进行相关性分析，去除相关性较大的变量可减少聚类特征的冗余信息。

2.3.3.2 主成分分析

在流域分区研究中，流域特征因子的选择仍具有较大的主观性，采用多种指标进行聚类分析，可能因重叠信息而造成信息冗余，掩盖了流域特性的内在规律。主成分分析(PCA)是一种常用的多变量分析方法，在多领域中得到广泛应用，通过主成分分析对流域特征进行降维可以提高聚类精度。进行主成分分析的前提条件是高维数据需通过 KMO 检验与 Bartlett 球形检验。PCA 的主要思想是将 n 维特征映射到 k 维上，这 k 维是全新的正交特征，也被称为主成分，是在原有 n 维特征的基础上重新构造出 k 维特征，将大量相关变量转化为一组较少的不相关变量。主成分个数可采用碎石图和平行分析确定。

2.3.3.3 数据标准化

由于特征值之间的量纲不同，指标变异程度差别较大，变异大的指标会对聚类结果产生更大影响，因此在模型训练之前需要对数据进行标准化。基于概率分布的 min-max 线性标准化方法函数如下：

$$x^*=\frac{x-\min}{\max-\min} \tag{2.3-12}$$

式中：x^* 为标准化后的特征指标；x 为样本某一特征的实际值；min 为某一特征样本数据的最小值；max 为某一特征样本数据的最大值。

2.3.4　流域相似性分区结果

世界自然基金会（WWF）提供的 HydroSHEDS 数据集可用于流域相似性研究。HydroSHEDS 数据集使用 90m 分辨率的 SRTM 高程数据制作，选用 SRTM 水体数据（SWBD）、世界数字海图（VMap0）、全球湖泊和湿地数据库（GLWD）等多源数据进行质量控制，经评估后具有较高的精度水平。该数据集使用 CART 算法与 HydroSHEDS 算法结合的方法进行填洼，然后剔除植被覆盖对高程的影响，并对特殊地形如湖泊沼泽区、海岸带等进行高程修正与水文调节。

运用 SOM 神经网络和 K-means 两阶段聚类的方法，将中国区域分为 7 个水文气象同质区和 32 类相似流域。区域Ⅰ主要位于我国东南丘陵地区、长江中下游地区、海南省和台湾地区，该区域湿润、天气炎热，降水的季节性程度强，温度季节性变化小。区域Ⅱ主要位于我国的华北平原的东部与南部地区、山东丘陵区和黄土高原南部区，该区域相对湿润、温暖，湿润度和温度呈季节性变化。区域Ⅱ的覆盖地区与暖温带地区类似。区域Ⅲ主要位于青藏高原的西南部地区，该区域相对干燥，区域年内湿润度差异较大，年内温度相对稳定。区域Ⅳ主要位于东北平原区，该地区相对湿润、寒冷，湿润度和温度呈季节性变化。区域Ⅴ主要位于青藏高原东北部地区和黄土高原部分地区，该区域相对干旱，温度较低，湿润度和温度呈季节性变化。区域Ⅵ主要位于准噶尔盆地地区，该地区干旱、寒冷，湿润度呈季节性变化，气温季节性变化程度大。区域Ⅶ主要位于塔里木盆地、内蒙古高原地区，该区域干旱，气温较低，湿润度年内稳定，气温呈季节性变化。

各区域的划分充分体现了气象的地带性差异，同时，由于研究区范围较大，受到非地带性因素的影响，气候在不同自然景观下具有明显差异。例如，区域Ⅰ和区域Ⅱ分界线与秦岭—淮河线重叠，且呈南北分布，这两个区域的划分主要受纬度带控制。区域Ⅱ和区域Ⅲ被秦岭山脉阻隔，划分受地形影响。区域Ⅵ、区域Ⅶ和区域Ⅴ沿西北—东南向呈带状分布，与降水条带状分布相似，这些区域的划分受季风和地形影响，其中区域Ⅵ和区域Ⅶ被天山山脉隔断，南北区域具有差异显著的气候特征。区域Ⅳ地处东北平原，气候相对湿润，区域划分主要受季风和地形因素控制。

在水文气象分区的基础上，使用 SOM 神经网络和 K-means 算法对各分区中小流域进行两阶段聚类，使用聚类内部评价指标选择最优类别数，最终中国中小流域被分为 32 个类别，隶属于不同类别的中小流域表征了不同的流域结构特征。在气象条件一致的基础上，通过聚类分析构建中小流域下垫面均质区，可为资料匮乏和无资料中小流域参证流域的选取、水文模型参数移植推衍和区域化提供依据。

2.4 小结

本章综合分析了流域气象与下垫面特征的空间差异性，统计了流域气象和基本下垫面特征的分布规律和数据结构。我国地域辽阔，气候多样，下垫面条件分布不均，不同区域间的水文条件具有较大差异。确立全国性的相似性流域分区方案有益于更加深刻地探究水文气象规律，对无资料地区流域参数区域化与洪水预报具有重要意义。

本章介绍了特征选择、主成分分析、聚类分析等流域相似性研究方法。通过分析各气象指标的数据结构进行特征选取，构建水文气象相似性指标，挖掘气象因子的潜在规律，进而划分气象同质区。提出 SOM 神经网络和 K-means 算法结合的两阶段聚类方法，通过 SOM 算法得到水文气象初始分区，将 SOM 聚类产生的聚类中心作为 K-means 算法的初始聚类中心并进行二次聚类，使用内部指标对聚类个数进行选取，最终中国区域被划分为 7 个水文气象同质区。水文气象分区结果具有明显的地理空间邻近性，各区域的划分界线受地带性因素和非地带性因素共同控制，地形的空间变异性对水文气象分区的影响较大。结果表明区域降水与温度的推进模式是相似的，区域间气候特征存在显著差异性，水热年内分配各不相同。

选取 HydroSHEDS 数据集中的中小流域作为研究对象，分别提取了 15 个反映流域地形、形状和土壤植被特征的指标因子，对其进行数据分析与统计相关性分析。选用主成分分析法分别对流域各类型指标降维，消除同类型特征因子之间的冗余信息。在水文气象分区的基础上，对各分区中小流域进行两阶段聚类，最终中国中小流域被分为 32 个类别，隶属于不同类别的中小流域表征了不同的流域结构特征，中小流域分类状况和中国地貌分布特征具有一定的相似性。

参考文献

[1] ADDOR N, NEWMAN A J, MIZUKAMI N, et al. The CAMELS data set: Catchment attributes and meteorology for large-sample studies [J]. Hydrology and Earth System Sciences, 2017, 21(10): 5293-5313.

[2] ADDOR N, NEARING G, PRIETO C, et al. A ranking of hydrological signatures based on their predictability in space [J]. Water Resources Research, 2018, 54(11):8792-8812.

[3] WILLMOTT C J, FEDDEMA J J. A more rational climatic moisture index[J]. The Professional Geographer, 1992, 44(1): 84-88.

[4] JENCSO K G, MCGLYNN B L. Hierarchical controls on runoff generation: Topographically driven hydrologic connectivity, geology, and vegetation [J]. Water Resources Research, 2011, 47(11): W11527.1-W11527.16.

[5] MCDONNELL J J, MCGUIRE K, AGGARWAL P, et al. How old is streamwater? Open questions in catchment transit time conceptualization, modelling and analysis[J]. Hydrological Processes,

2010，24(12)：1745-1754.

[6] 祝士杰，汤国安，李发源，等. 基于 DEM 的黄土高原面积高程积分研究 [J]. 地理学报，2013，68(7)：921-932.

[7] 常直杨，王建，白世彪，等. 面积高程积分值计算方法的比较 [J]. 干旱区资源与环境，2015，29(3)：171-175.

[8] 孔凡哲，芮孝芳. TOPMODEL 中地形指数计算方法的探讨 [J]. 水科学进展，2003(1)：41-45.

[9] 刘金涛，宋慧卿，王爱花. 水文相似概念与理论发展探析 [J]. 水科学进展，2014，25(2)：288-296.

[10] 刘利峰，毕华兴. 吉县蔡家川小流域水文响应相似性研究[J]. 水土保持研究，2008(4)：161-164.

[11] 张少文，王文圣，丁晶，等. 分形理论在水文水资源中的应用 [J]. 水科学进展，2005(1)：141-146.

[12] 伊璇，周丰，王心宇，等. 基于 SOM 的流域分类和无资料区径流模拟 [J]. 地理科学进展，2014，33(8)：1109-1116.

[13] KOHONEN T，KASKI S，LAPPALAINEN H. Self-organized formation of various invariant-feature filters in the adaptive-subspace SOM [J]. Neural Computation，1997，9(6)：1321-1344.

[14] CHANG L-C，SHEN H-Y，CHANG F-J. Regional flood inundation nowcast using hybrid SOM and dynamic neural networks [J]. Journal of Hydrology，2014，519(Part A)：476-489.

[15] KIM K-H，YUN S-T，YU S，et al. Geochemical pattern recognitions of deep thermal groundwater in South Korea using self-organizing map：Identified pathways of geochemical reaction and mixing [J]. Journal of Hydrology，2020，589：125202.

[16] XIANG Q，YU H，CHU H，et al. The potential ecological risk assessment of soil heavy metals using self-organizing map[J]. Science of The Total Environment，2022，843：156978.

[17] LEE K-J，YUN S-T，YU S，et al. The combined use of self-organizing map technique and fuzzy c-means clustering to evaluate urban groundwater quality in Seoul metropolitan city，South Korea[J]. Journal of Hydrology，2019，569：685-697.

第 3 章

水文要素遥感技术分析

本章主要内容包括土壤湿度融合、土壤湿度同化。三种遥感反演土壤湿度产品采用集合平均的方式进行融合，基于卡尔曼滤波的方式进行同化，改进逐日径流模拟效果。

3.1 土壤湿度多源遥感产品融合

3.1.1 引言

微波遥感具有全天候、多角度、高分辨率、穿透性强等优势，是目前监测土壤湿度的一种非常有效的方式和手段。但由于各卫星工作方式不同，数据处理方式不同，且受地面地形地貌与植被覆盖的影响，导致单一卫星产品无法准确反映研究区域实际土壤湿度状态。因此，多种卫星产品将采用集合平均的方式，将各卫星在重合观测时段内的观测数据进行加权平均，并与研究区域墒情站点实测数据进行对比分析，寻求研究区域的土壤湿度遥感反演最佳估计值。

3.1.2 土壤湿度多源遥感产品介绍

SMOS(Soil Moisture and Ocean Salinity)卫星于 2009 年发射。其主要可探测到地球表面 L 波段和 C 波段的微波辐射，适合进行土壤湿度和海水盐度观测，其对地面、海面观测的分辨率可达到 30～50 km，且其土壤湿度产品可直接用于各地的农业干旱监测。SMOS 卫星 L2 级 MIR_SMUDP2 土壤水分产品，其数据格式为 NetCDF，空间分辨率为 25 km×25 km，时间分辨率为 1 d，选取数据时段为 2016 年 1 月至 2018 年 12 月。

SMAP(Soil Moisture Active and Passive)卫星于 2015 年 1 月 31 日在加利福尼亚范登堡空军基地搭载在 Delta-Ⅱ火箭上发射升空，其同时搭载 L 波段的主动和被动微波。通过对土壤湿度进行测量，获得高分辨率全球土壤湿度图。SMAP 卫星 L3 级土壤水分产品，其数据格式为 HDF5，空间分辨率为 36 km×36 km，时间分辨率为 1 d，选取数据时段为 2016 年 1 月至 2018 年 12 月。

AMSR-2(Advanced Microwave Scanning Radiometer 2)卫星是 ADEOS -Ⅱ上的

AMSR 和 AMSR-E 的改进版本。通过旋转圆盘天线，它沿着 1 450 km 长的弧线扫描地球表面，其可靠性优于 AMSR 和 AMSR-E。AMSR-2 的 L3 级土壤水分产品，其数据格式为 HDF5，空间分辨率为 25 km×25 km，时间分辨率为 1 d，选取数据时段为 2016 年 1 月至 2018 年 12 月。

本研究中所采用的三种土壤湿度卫星产品的相关信息，见表 3.1-1。

表 3.1-1　三种卫星土壤湿度产品相关信息

产品名称	观测波段(GHz)	观测时间	空间分辨率(km)	研究时段	数据来源
SMOS	1.413(L 波段)	2010 年 6 月至今	25	2016 年至 2018 年	https://earth.esa.int/web/guest/home
SMAP	1.41(L 波段)	2015 年 3 月至今	36	2016 年至 2018 年	https://search.earthdata.nasa.gov
AMSR-2	10～36(X,K,Ka 波段)	2012 年 7 月至今	25	2016 年至 2018 年	https://search.earthdata.nasa.gov

3.1.3　多源遥感产品融合与适用性分析

尽管微波遥感观测方式具有全天候、多角度、高分辨率、穿透性强等多种优势，但是受限于各卫星自身的运行轨道与绕地周期，对于某一特定区域的观测往往会有两到五天甚至更久的时间间隔，因此对于单个卫星而言难以准确测定某一区域连续时段的土壤湿度动态变化。

故本章采用 SMOS、SMAP、AMSR-2 卫星于 2016—2018 年共同观测期作为研究时段；由于卫星产品空间分辨率不一致，因此先采用双线性插值法，将空间分辨率为 36 km 的 SMAP 数据插值成与 SMOS、AMSR-2 数据一致的 25 km 分辨率；同时将产品的地理坐标统一投影到 WGS-84 坐标系，然后采用集合平均法对卫星数据进行加权平均。但由于缺少以上三套土壤湿度遥感反演产品在中国地区应用的误差信息，因此在计算时给予三者相同的权重。在进行加权平均过程中，由于各卫星运行轨道与绕地周期不同，且相对于空间尺度较小的秦淮河流域，土壤湿度遥感反演数据存在不同程度的缺测，对于以上三种卫星均无观测数据的时段，融合产品中作为空值处理；对于仅有一种卫星观测数据的网格，取该卫星观测数据值；对于两者及以上的卫星均有观测数据的网格，对多卫星观测数据进行加权平均。综合来说，对具有多卫星同步观测条件的时段观测数据，采用加权平均的方式生成融合土壤湿度产品。产品由 SMAP、SMOS、AMSR-2 数据融合得到，其数据时段为 2016 年 1 月至 2018 年 12 月，空间分辨率为 25 km，数据空间范围为东经 118°30′～119°30′、北纬 31°30′～32°30′。

但由于遥感反演数据质量受多因素影响，与实测数据相比往往具有一定的偏差。因此为验证融合产品的适用性，采用由江苏省水文水资源勘测局提供的墒情自动站桥头站的实测土壤湿度数据与遥感反演值进行误差分析，以选择在本流域质量更好的产品。实测数据时段为 2016 年 3 月 15 日至 2017 年 11 月 29 日，时间分辨率为小时。在此基础上，得到逐日土壤湿度均值。将 2016—2017 年站点实测表层(10 cm)土壤湿度数据按时段划分为：春季(3—5 月)、夏季(6—8 月)、秋季(9—11 月)、冬季(12—次年 2 月)。采用箱型图(最大值、最小值、上四分位、下四分位、中位数以及均值)对不同时间尺度的遥感反演数据进行直观分析，采用均方根误差(Root Mean Squared Error，RMSE)来衡量其适用性。计算公式如下：

$$RMSE=\sqrt{\frac{\sum_{i=1}^{n}(y_i-x_i)^2}{n}} \tag{3.1-1}$$

式中：y_i 为遥感反演土壤湿度数据，m^3/m^3；x_i 为桥头站实测土壤湿度数据，m^3/m^3；n 为样本总量。

由表 3.1-2 可知，2016 年及 2017 年春、冬两季 AMSR-2 反演的土壤湿度均值在 0.04～0.06 m^3/m^3，与站点实测均值相比明显偏低；在夏、秋两季的反演值虽然有所提升，但仍表现为低估。因此 SMOS、SMAP、AMSR-2 三卫星集合平均产品(SSA)对土壤湿度的估计受 AMSR-2 数据影响，其值明显偏低。反观由 SMOS、SMAP 两卫星集合平均产品(SS)，其值在 2016 年秋季与站点实测均值一致，在 2017 年秋季仅高估 0.07 m^3/m^3，与实测数据具有较强的一致性；图 3.3-1 也反映出相同的结果，尽管其值在其他季节与实测数据相比存在一定的高估，但相较于三卫星融合产品及其他卫星数据能更好地反映实际土壤湿度情况，且与单一卫星相比其观测时段得到了延长。表 3.1-3 显示，AMSR-2 数据与实测数据相比整体误差较大，均方根误差为 0.28；SMOS、SMAP 数据融合产品(SS)的均方根误差最低，为 0.16，优于 SSA 产品，且相较于单一卫星观测时段更长，数据质量更好。

表 3.1-2　遥感产品与站点实测土壤湿度日、季均值表　　单位：m^3/m^3

时间		站点实测	SMOS	SMAP	AMSR-2	SS	SSA
2016 年	春季	0.33	0.34	0.41	0.06	0.37	0.19
	夏季	0.31	0.42	0.48	0.13	0.45	0.25
	秋季	0.38	0.33	0.43	0.08	0.38	0.21
	冬季	0.31	0.38	0.39	0.04	0.38	0.18
2017 年	春季	0.31	0.40	0.41	0.05	0.41	0.20
	夏季	0.33	0.42	0.47	0.11	0.44	0.25
	秋季	0.33	0.37	0.41	0.10	0.39	0.23
日均值		0.33	0.38	0.43	0.08	0.40	0.21

注：SS 为 SMOS、SMAP 融合产品；SSA 为 SMOS、SMAP、AMSR-2 融合产品，下同。

表 3.1-3　遥感产品与站点实测数据均方根误差(*RMSE*)

时间		SMOS	SMAP	AMSR-2	SS	SSA
2016 年	春季	0.15	0.13	0.28	0.13	0.18
	夏季	0.18	0.19	0.21	0.18	0.15
	秋季	0.19	0.21	0.36	0.20	0.28
	冬季	0.14	0.12	0.28	0.13	0.19
2017 年	春季	0.19	0.13	0.28	0.16	0.18
	夏季	0.18	0.18	0.27	0.18	0.19
	秋季	0.14	0.13	0.28	0.12	0.17
日均值		0.17	0.16	0.28	0.16	0.20

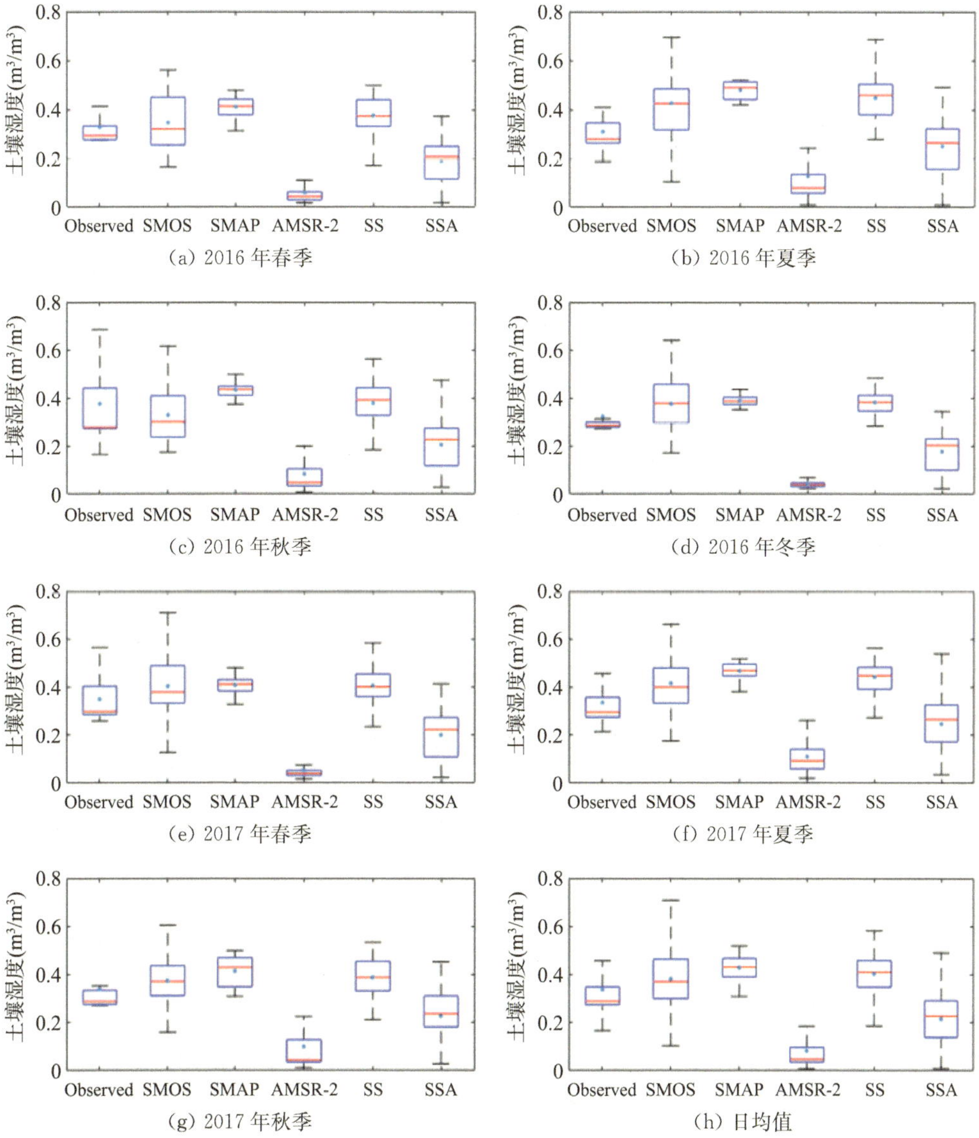

图 3.1-1　土壤湿度遥感反演原值与实测值对比箱型图

以上结果表明，AMSR-2 卫星反演土壤湿度产品相较于其他产品及桥头站实测数据，其值对土壤湿度存在明显的低估，而在春、冬两季低估表现得更为明显，且结合已有相关研究，AMSR-2 土壤湿度遥感反演产品在我国大部分时间都存在明显的低估，同时存在一定的恒定偏差[1, 2]，因此认为 AMSR-2 数据在本研究流域中的适用性不佳。而 SMOS、SMAP 两卫星融合产品（SS）与桥头站实测数据相比，具有较小的均方根误差，在日均值和季节均值上都更为接近实测结果，优化了单颗卫星监测时段间隔大、监测数据不准确等缺点，表明以上两卫星融合产品（SS）具有更好的适用性。

为进一步分析融合产品时空变异性特征，以下将该融合产品作为研究对象，在秦淮河流域对土壤湿度时空变化特征进行分析。由于融合产品分辨率为 25 km，而秦淮河流域面积较小，仅约为 2 631 km^2，因此进行时空变化特征分析时，需要先对融合数据进行插值。图 3.1-2 为采用克里金插值法（Kriging）后的融合产品土壤湿度特征图，其表现了 2016—2018 年三年间秦淮河流域内的土壤湿度时空变化。从图中可以看出，融合产品较好地反映了土壤湿度随时间的变化特征，即一般情况下夏季土壤湿度值最高，春秋两季次之，冬季最低；且在本研究区域表现为在一年中流域南部土壤湿度普遍高于北部，相对而言流域东北部土壤湿度在更多时间内处于低值状态。结合地形地貌特征，流域西北部靠近城市区域，硬化区较多，且人口密集，受人为因素影响较大，土壤湿度确应长期处于较低值状态；而流域南部为秦淮河干流流经区域，多为山地、河谷地貌，且植被覆盖情况较流域北部要好，因此土壤湿度确应长期处于较高值状态。

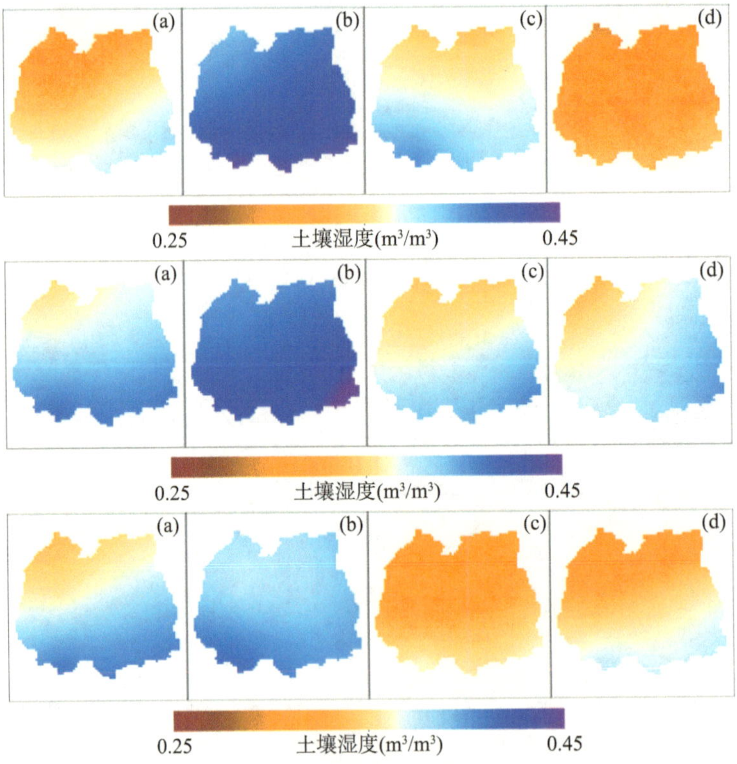

(a) 春季；(b) 夏季；(c) 秋季；(d) 冬季

图 3.1-2　克里金插值下的土壤湿度融合产品时空特征

综合以上分析，经融合之后的土壤湿度遥感反演产品能够较好地反映实际土壤湿度状态及时空变异性特征，相较于传统监测手段，其覆盖面更广，且相较于单一卫星而言，其监测时段更长。因此，土壤湿度多源遥感融合产品在秦淮河流域具有较好的适用性。但采用克里金插值法的融合产品在土壤湿度普遍偏高或偏低的情况下，无法较好地反映土壤湿度精细化的空间分布情况，同样也无法将其应用于分布式水文模型的研究。因此，需采用基于地形湿度指数的插值方式，对融合产品进行降尺度处理。

3.1.4 小结

将 SMOS、SMAP、AMSR-2 产品在重合观测时段内的观测数据采用集合平均的方式进行了融合，并与研究区域墒情站点实测数据进行对比，验证遥感产品的适用性。且由于卫星土壤湿度产品空间分辨率较低，运用于中小流域水文模型和灾害预测研究的适用性较差，因此利用地形湿度指数与土壤含水量之间的相关关系，对融合产品进行了降尺度处理。结果表明，SMOS、SMAP 两卫星融合产品(SS)，在 2016 年秋季与站点实测均值一致，在 2017 年秋季平均仅高估 0.07 m^3/m^3，与实测数据具有较强的一致性；均方根误差最低，为 0.16。而 AMSR-2 产品在本研究流域中的适用性不佳，相较于其他产品及桥头站实测数据，其对土壤湿度存在明显的低估，在 2016 年及 2017 年春、冬两季土壤湿度均值在 0.04～0.06 m^3/m^3，与站点实测数据相比明显偏低，在夏、秋两季虽有所提升，但仍表现为低估。以桥头站实测墒情数据为对照，多源遥感融合产品相较于单颗卫星具有更小的均方根误差，在日均值和季度均值上都更为接近实测结果，优化了单颗卫星监测时段间隔大、监测数据不准确的缺点，具有更好的适用性。

3.2 基于同化遥感土壤湿度的径流模拟

3.2.1 引言

在采用水文模型进行洪水模拟与预报时，土壤湿度状态往往采用模型模拟、站点监测等方式进行确定，模型参数设置、模型输入、下垫面条件设置等因素导致模型模拟的土壤水分值产生误差，且该误差会在模型的运行过程中发生累积，导致径流模拟结果误差。而具有观测时段长、观测范围大等特点的遥感反演土壤水分数据则可以起到对模型模拟土壤水分值的修正作用。因此采用基于卡尔曼滤波的方式将上一节经处理后生成的融合、降尺度产品与第四章中生成的模型模拟逐日土壤湿度状态值进行同化，将同化数据作为模型模拟过程中逐日土壤湿度状态进行径流模拟。

3.2.2 基于卡尔曼滤波的数据同化

遥感观测土壤湿度数据在一般情况下可以较好地反映降雨、干旱等特殊情况及土壤湿度的季节性变化。但由于其探测方式及空间分辨率的原因，其观测值与陆面站点实测值及水文、陆面模型模拟值都存在一定的系统性偏差[3]。一般认为由水文或者陆面模型在运用过程中产生的对土壤水分的估计是满足研究区域水量平衡条件的，所以在土壤水分系列的均值和时间变异性上，水文模型的估计值存在一定的参考意义[4]。因此在将遥感土壤湿度数据同化到栅格新安江模型之前，为满足流域水量平衡要求，首先对遥感土壤湿度数据进行系统偏差校正[5]。通常情况下，一般采用模型模拟土壤湿度值作为校正基准，对遥感反演的土壤湿度值进行校正。先对融合产品(SS)采用一阶(均值)校正法校正。

一阶(均值)校正法的原理是假定遥感反演土壤水分值与模型模拟的土壤水分值在一段时间内是相同的，其值在均值一定的情况下产生一定范围的波动，其计算公式为：

$$W''_{RS,obs}=\overline{W}_{MD,sim}+(W_{RS,obs}-\overline{W}_{RS,obs}) \tag{3.2-1}$$

其中，$W''_{RS,obs}$ 代表进行均值校正后的遥感观测土壤湿度值，mm；$\overline{W}_{MD,sim}$ 代表模型模拟的土壤含水量在一段时间内的均值，mm；$W_{RS,obs}$ 代表遥感观测土壤湿度原值，mm；$\overline{W}_{RS,obs}$ 代表遥感观测土壤湿度原值在同样一段时间内的均值，mm。

但在进行遥感观测土壤湿度数据与模型同化前还需要满足两个条件：

一是遥感观测数据的空间分辨率需要与模型一致，若不一致，需要对每个遥感数据栅格及模型数据栅格进行面积加权，以合理分配每一栅格对应面积内的土壤含水量。因此采用基于地形湿度指数的降尺度方式，将多源遥感土壤湿度融合数据降尺度到 1 km，以满足与栅格新安江模型下垫面条件一致，则每一栅格单元的遥感观测数据与模型模拟的土壤水分数据处于一一对应的状态，在此种状态下进行同化的后续处理。

二是遥感观测数据是对土壤体积含水量的表征，其值代表单位体积土壤中所含有的水分所占的比例，而模型模拟土壤湿度值是对单位面积上一定土层厚度内含有的水层厚度的表征，因此需要进行遥感观测土壤体积含水量向模型模拟土壤含水量水层厚度的转化。

因为土壤水分系列的均值和时间变异性上水文模型的估计值具有较好的参考价值，因此采用模型模拟的上、下、深层张力水容量进行遥感土壤体积含水量向模型模拟土壤含水量水层厚度的转化。经过对栅格新安江模型内部设置分析，栅格新安江模型将腐殖质土层以下分为上、下、深三层，其值受到在构造模型下垫面条件时输入的 0～30 cm 与 30～100 cm 土壤类型影响，且与各不同种类土壤的饱和含水量、田间持水量、凋萎含水量值有关。

由于卡尔曼滤波同化遥感反演土壤湿度只有在针对近地表观测的情况下具有准确性和可行性，因此采用模型上层张力水作为遥感观测土壤湿度的同化对象，采用模型上层张力水转化遥感观测土壤体积含水量，遥感观测土壤体积含水量的转化公式如下：

$$W_{URS}=(\theta_{RS}-\theta_{wp})\times L_u \tag{3.2-2}$$

$$L_u=\frac{W_{UMMD}}{\theta_{fc}-\theta_{wp}} \tag{3.2-3}$$

式中：W_{URS} 代表遥感观测上层土壤水分所代表的水层厚度，mm；θ_{RS} 代表遥感观测土壤表层的体积含水量，m^3/m^3；W_{UMMD} 代表模型上层张力水容量，mm；L_u 代表包气带的上层土壤厚度，mm。

因为遥感观测无法反映土壤深层的真实土壤水分情况，因此对模型下层、深层土壤含水量采用表层遥感观测土壤水分值进行推演，且认为模型设置对于土壤水分在垂直方向上的分布具有一定参考意义，则遥感观测下层、深层土壤水分推测值计算公式为：

$$W_{LRS}=\frac{W_{URS}\times(W_{UMD}+W_{LMD})}{W_{UMD}}-W_{URS} \tag{3.2-4}$$

$$W_{DRS}=\frac{W_{URS}\times(W_{UMD}+W_{LMD}+W_{DMD})}{W_{UMD}}-W_{URS}-W_{LRS} \tag{3.2-5}$$

式中：W_{LRS} 代表遥感观测下层土壤水分所代表的水层厚度，mm；W_{DRS} 代表遥感观测深层土壤水分所代表的水层厚度，mm；W_{UMD} 代表模型上层张力水值，mm；W_{LMD} 代表模型下层张力水值，mm；W_{DMD} 代表模型深层张力水值，mm。

当进行模型下垫面条件设置时，划分出水域及城市用地区域，则模型在对应栅格内将其上、下、深三层张力水容量值均设置为0，因此对应栅格内遥感观测土壤水分值为0，即 W_{URS}、W_{LRS}、W_{DRS} 均为0；当模型模拟上层土壤张力水值为0，即 $W_{UMD}=0$，但模型下层土壤张力水值存在时，表明此时该栅格点模型上层张力水受蒸发等因素影响被消耗，并非因为该栅格点为不透水层或水域，因此该栅格点下层及深层土壤水分状态无法通过上层土壤水分状态反映出来，故对该栅格点采用模型模拟原值作为遥感观测土壤水分的下、深层状态。

3.2.3 土壤湿度同化数据在栅格新安江模型中的应用

为验证遥感同化数据在径流模拟过程中的作用，将经过以上滤波同化处理后分为三层的遥感土壤水分状态作为模型次洪模拟过程中的逐日土壤含水量状态，对应于模型中的上、下、深层张力水容量。采用2016—2018年三年间前埠村（秦淮）、赤山闸、前埠村（句容）三个流量观测站点有观测且符合以上滤波过程中具有长时段遥感观测数据的时段进行径流模拟。图3.2-1～图3.2-6为各场次洪水模拟期间，原模型模拟逐日土壤含水量及经遥感同化后的土壤含水量状态，图3.2-7、图3.2-8为以上三个流量站点遥感同化与模型模拟效果对比径流过程图。

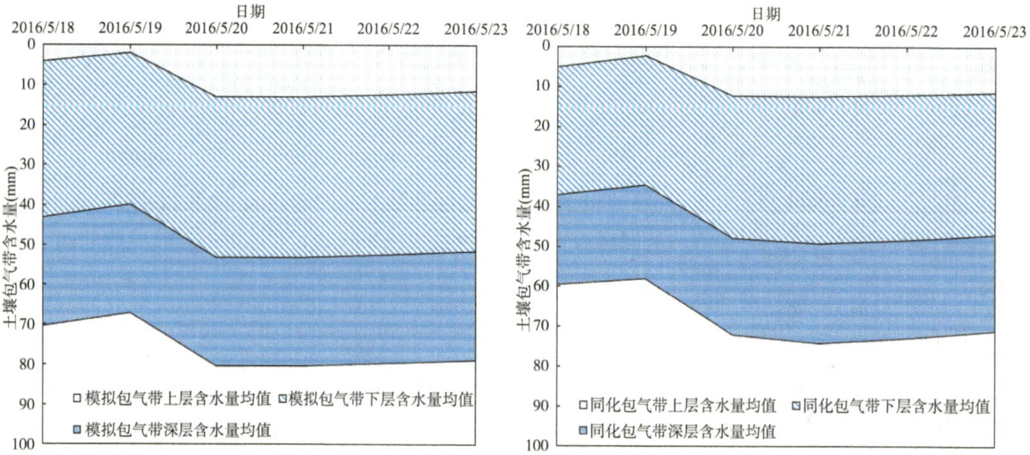

图 3.2-1　20160519 次洪逐日土壤含水量模型模拟值(左)、遥感同化模拟值(右)

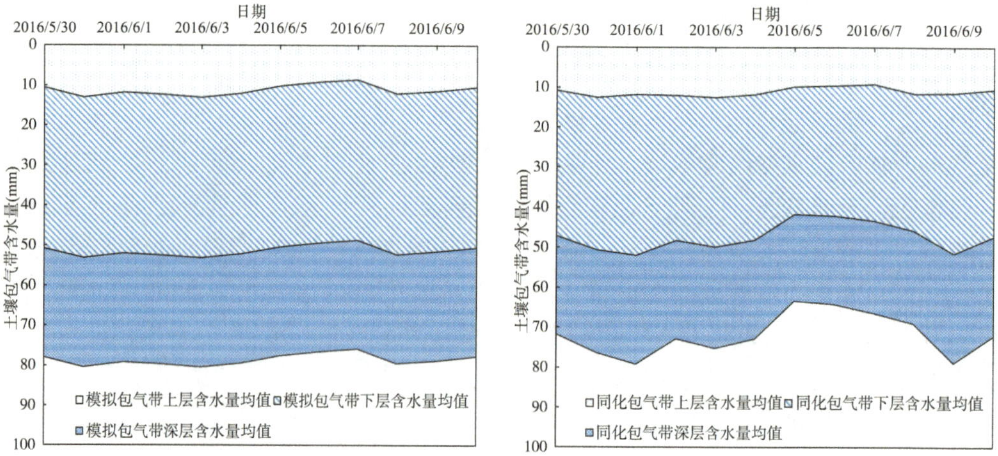

图 3.2-2　20160531 次洪逐日土壤含水量模型模拟值(左)、遥感同化模拟值(右)

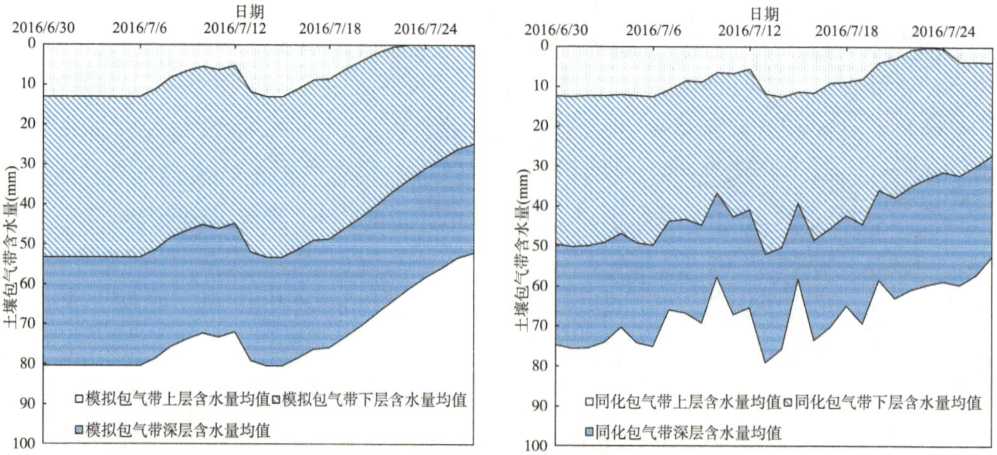

图 3.2-3　20160701 次洪逐日土壤含水量模型模拟值(左)、遥感同化值(右)

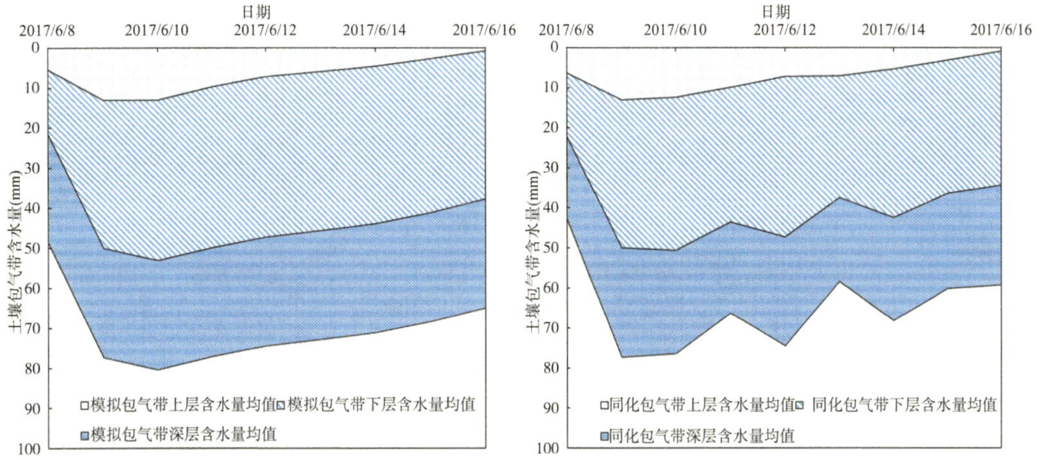

图 3.2-4　20170609 次洪逐日土壤含水量模型模拟值(左)、遥感同化值(右)

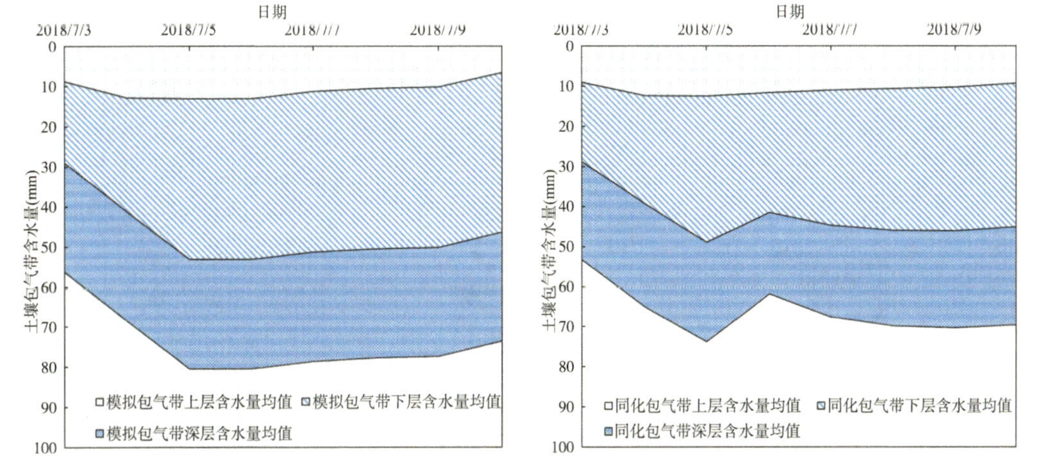

图 3.2-5　20180704 次洪逐日土壤含水量模型模拟值(左)、遥感同化值(右)

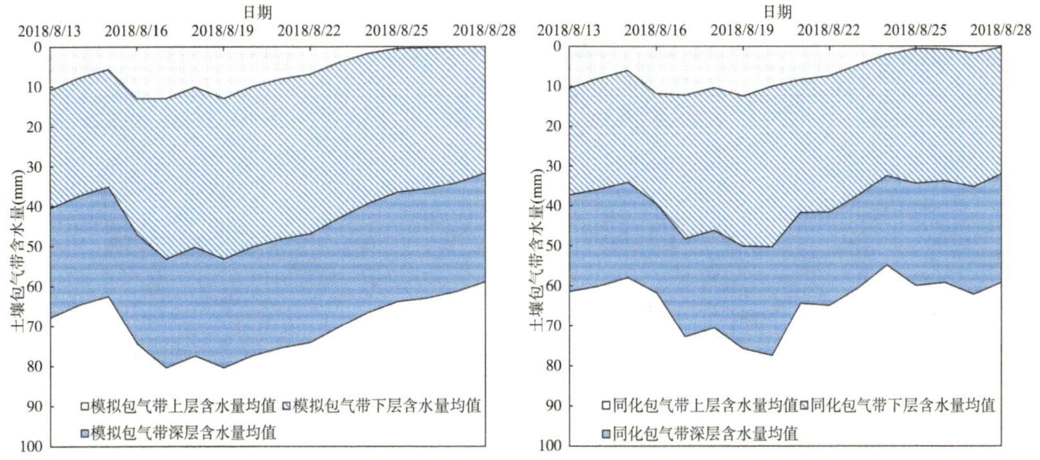

图 3.2-6　20180814 次洪逐日土壤含水量模型模拟值(左)、遥感同化值(右)

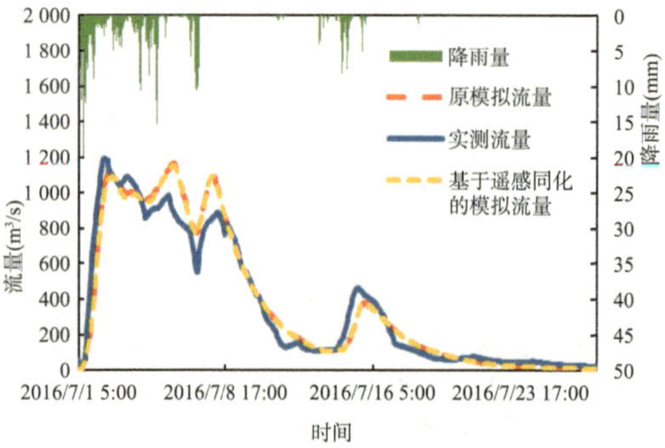

(a) 前埠村(秦淮)20160701 次洪

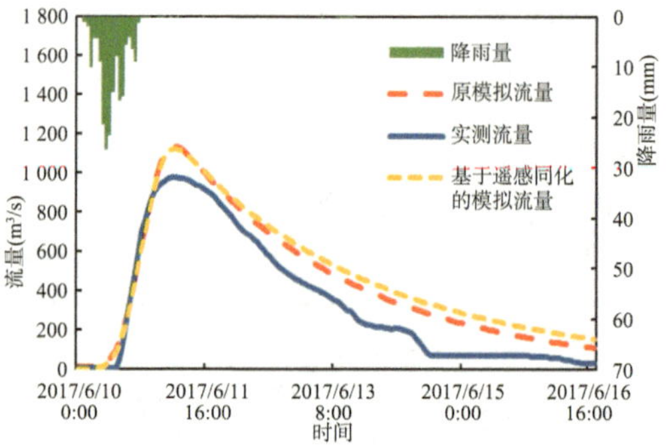

(b) 前埠村(秦淮)20170609 次洪

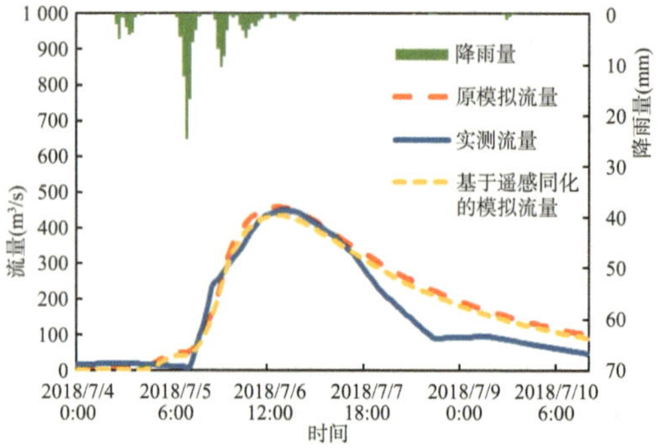

(c) 前埠村(秦淮)20180704 次洪

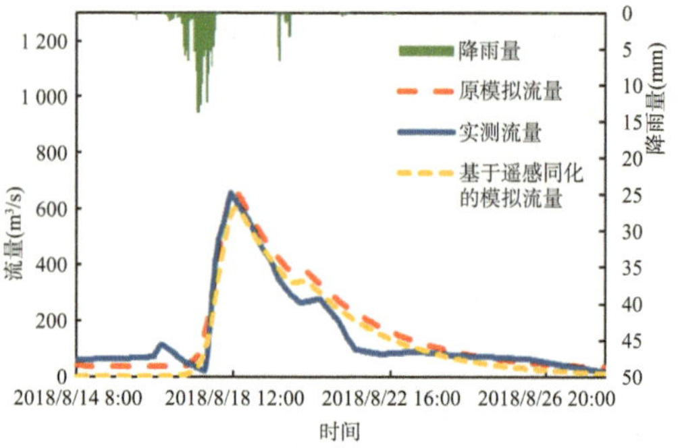

(d) 前埠村(秦淮)20180814 次洪

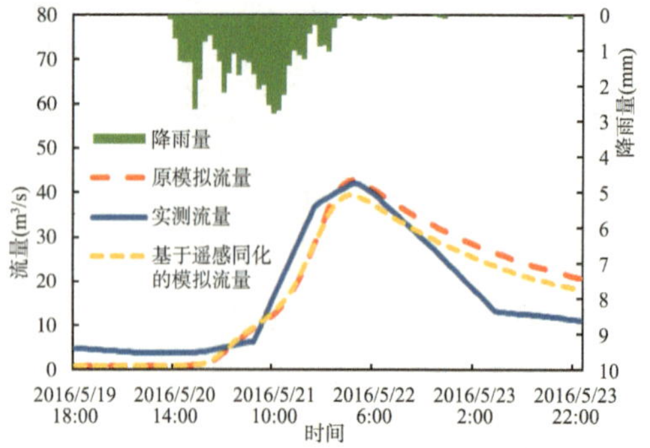

(e) 赤山闸 20160519 次洪

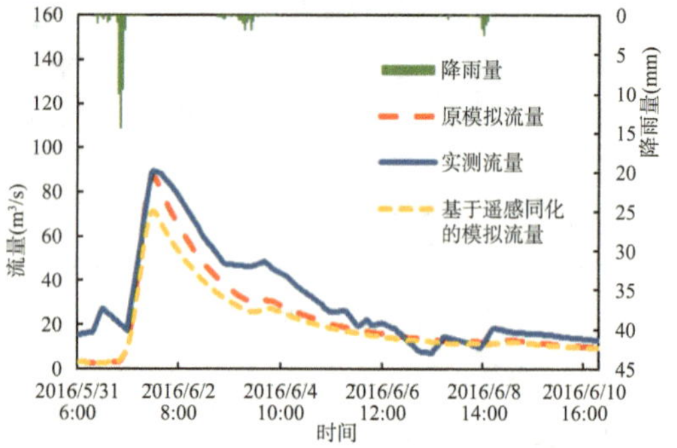

(f) 赤山闸 20160531 次洪

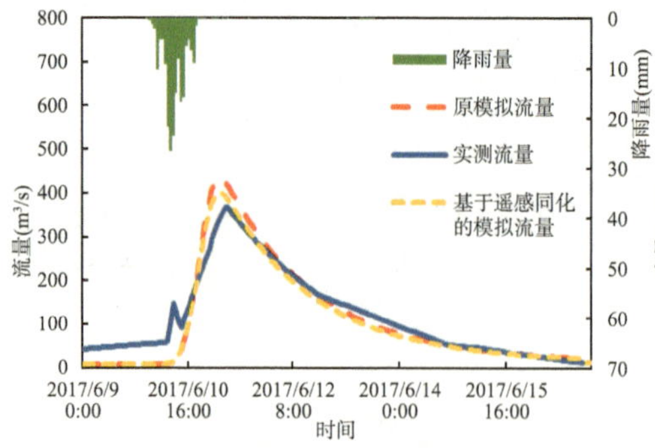

(g) 赤山闸 20170609 次洪

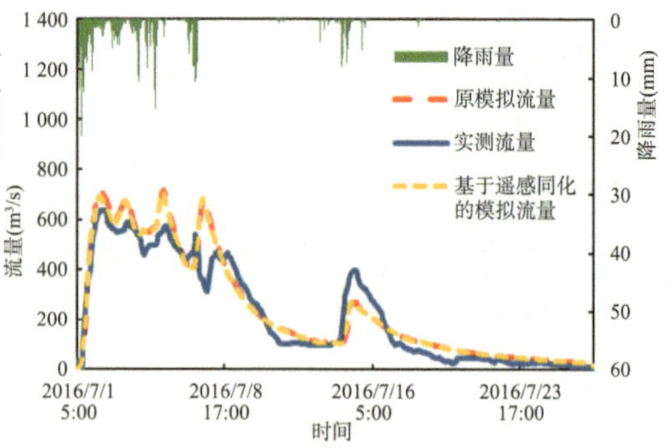

(h) 前埠村(句容)20160701 次洪

图 3.2-7　遥感同化与模型模拟对比径流过程图

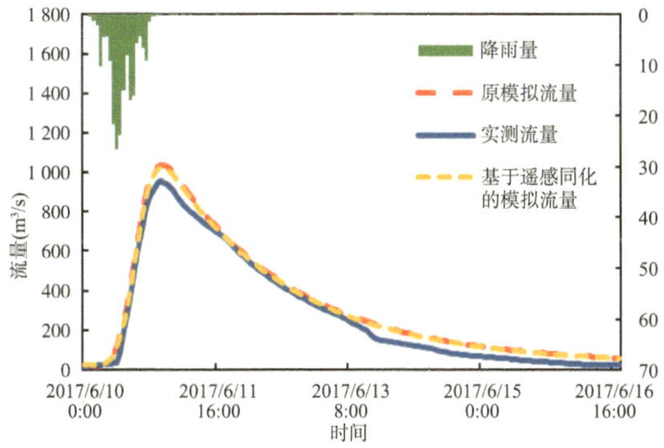

(i) 前埠村(句容)20170609 次洪

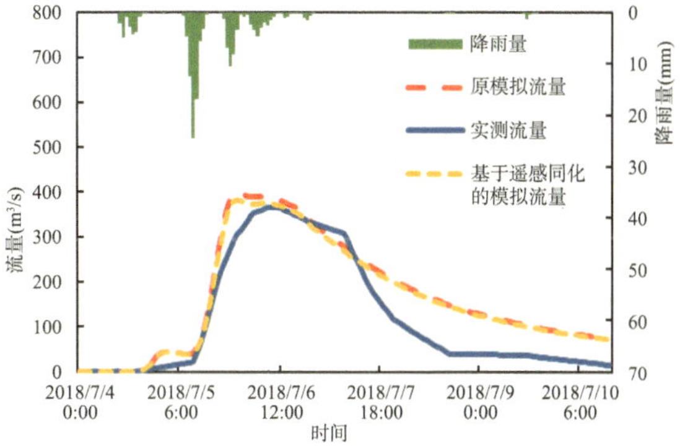

(j) 前埠村(句容)20180704 次洪

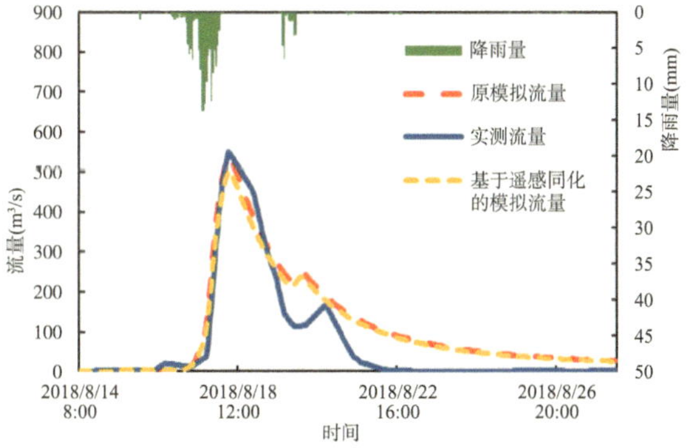

(k) 前埠村(句容)20180814 次洪

图 3.2-8　遥感同化与模型模拟对比径流过程图

结合表 3.2-1 对前埠村(秦淮)站模拟效果进行分析,发现采用遥感同化后的土壤湿度数据作为次洪开始时段及逐日土壤湿度状态校正后,对峰现时间误差影响较小;从两种方式模拟结果中洪峰误差来看,以经过遥感同化校正后的土壤湿度状态为基础的模拟结果造成了洪峰误差普遍增大,但对径流深相对误差均起到了减小的作用,这是由于次洪过程中在原本模型模拟基础上利用遥感观测数据对土壤湿度状态产生了改变,从而影响了模型水量平衡关系,导致洪量出现整体上的增多或减少。但由于采用了一阶(均值)校正法,因此遥感观测数据仍然符合在一段时间内与模型模拟土壤含水量均值相一致的假定。遥感观测值只在符合均值校正原理基础上,产生了一定范围内的波动,从整体上来说在一次径流过程中只针对逐日土壤湿度状态校正的情况,对次洪全过程水量平衡关系的影响较小。从确定性系数角度来看,基于遥感观测同化的土壤湿度状态进行的模拟对于 20180704、20180814 次洪过程的确定性系数在一定程度上起到了增大的作用,但对于 20170609 次洪过程造成了确定性系数降低,对于 20160701 次洪过程的确定性系数则无影响。结合四场洪水过程前期及次洪过程中土壤含水量的变化过程分别进行分析。对于 20160701 次洪过程,由于本场次洪水的发生前期受到降雨影响,由在进行模型日径流模拟过程中同时生成的土壤湿度状态得知此时模型模拟包气带状态处于蓄满状态,即 2016 年 6 月 30 日的模型土壤水状态处于上、下、深三层均蓄满的状态,因此在模型进行次洪模拟过程中 7 月 1 日流域面积上接收到的降水量会直接产流。结合研究流域实际情况，秦淮河流域每年 6—9 月处于多雨季节，土壤含水量应处于高值状态，这种情况在遥感观测数据中也得到了一定的反映，但实际情况，土壤中的水分会受蒸发、植物吸收或人为因素等影响造成其处于并非完全蓄满的状态，因此采用遥感观测数据在模型模拟的情况下进行了相应的调整，且结合地形指数降尺度的原理，认为采用遥感观测数据进行同化后能更好地反映结合流域下垫面条件的实际土壤水分分布情况。因此本场次洪模拟采用遥感同化后的 2016 年 6 月 30 日土壤湿度状态作为次洪发生前期影响雨量，7 月 1 日的降水优先用于补充土壤缺水量，使得第一次起涨洪峰较模拟值偏小。后续采用逐日的同化后土壤湿度状态对次洪模拟计算时段进行依次更替，意在使次洪过程中逐日产流的初始土壤含水量状态均受到遥感观测数据同化的影响。采用以上的方式，分别对 20170609、20180704、20180814 次洪过程进行了同样的处理，尽管在洪峰流量上 20170609、20180704 次洪受到了遥感观测数据同化结果的影响，但影响较小，对整体模拟效果影响不显著；但对于 20180814 场次洪水而言，其不仅在流量起涨阶段、洪峰、洪量上受到了遥感观测数据同化作用的影响，在其退水过程中，由于土壤含水量状态的快速消退，退水过程加速，与实测径流过程比较，更加贴合实际的退水过程，使得确定性系数也得到了相应的提高。

表 3.2-1　基于遥感同化土壤湿度的径流模拟成果

站点及洪号		峰现时间误差(h)		洪峰相对误差(%)		径流深相对误差(%)		确定性系数	
		模型模拟	遥感同化	模型模拟	遥感同化	模型模拟	遥感同化	模型模拟	遥感同化
前埠村(秦淮)	20160701	85	85	−2.85	−3.68	3.18	2.00	0.93	0.93
	20170609	0	0	15.96	16.73	23.98	25.09	0.87	0.86
	20180704	−2	−1	1.62	−3.69	18.93	12.85	0.85	0.88
	20180814	3	4	1.05	−8.22	12.85	−7.79	0.88	0.89
赤山闸	20160519	0	−1	1.59	−6.64	8.49	1.07	0.76	0.85
	20160531	0	0	−2.89	−20.65	−30.04	−49.58	0.80	0.63
	20170609	−2	−2	18.16	8.99	−5.35	−12.77	0.87	0.89
前埠村(句容)	20160701	0	76	12.93	11.49	8.89	7.79	0.88	0.89
	20170609	1	1	8.37	6.39	13.11	12.02	0.97	0.98
	20180704	−10	−10	9.12	4.46	27.33	25.05	0.79	0.82
	20180814	0	1	−2.14	−8.79	34.57	30.30	0.84	0.85
绝对平均值		9.36	16.45	6.97	9.07	16.97	16.94	0.858 2	0.860 9

结合表 3.2-1 对赤山闸站模拟效果进行分析，20160519 次洪流量过程线整体下降，结合同化后土壤湿度状态，从整体包气带含水量来看，同化后土壤湿度值相较于模型模拟土壤湿度原值表现为降低，则降雨优先补给土壤缺水量，使洪水总量降低，导致洪水过程线整体下移，虽然洪峰相对误差增大，但洪水总量相对误差相对减小，其确定性系数也从 0.76 上升到 0.85。对于 20160531 次洪流量过程，采用同化后土壤湿度状态作为次洪过程中土壤含水量状态，对其洪峰与洪量的影响较大，与原模型模拟效果相比，原模型模拟效果

更好，同化数据对本场次洪的效果有限。对于20170609次洪，原模型模拟效果显示模拟洪峰较实测洪峰大，且次洪前期土壤包气带处于未蓄满状态，但降雨在补充包气带缺水后仍有较多余水产流，采用遥感观测数据同化后，其土壤含水量值降低，多余水量正好用于补充包气带缺水直至蓄满，故采用同化后土壤含水量作为本场洪水过程中土壤含水量状态对模拟效果起到了优化的效果，其确定性系数从0.87上升到了0.89，说明对于前期土壤湿度状态未蓄满或处于较低值的区域采用此种同化方式进行模拟在一定程度上具有优化模拟效果的作用。

结合表3.2-1对前埠村(句容)站模拟效果进行分析，采用遥感同化土壤湿度数据进行次洪模拟对确定性系数的影响在四场次洪中均表现为增大，但在20160701、20170609两场次洪模拟中产生的影响较小；在产生较大影响的两场洪水过程中，同化土壤湿度数据主要通过洪峰流量与洪水总量来影响其确定性系数，在峰现时间误差表现中并不显著。

综合以上分析，在所采用的三个流量站共11场洪水过程中，有8场洪水径流深相对误差得到了降低，其平均误差降低3.56%，其中降低最高达7.42%；有4场洪水洪峰相对误差得到了降低，其平均误差降低4.31%，其中降低最高达9.17%；有8场确定性系数得到了提升，提升范围在0.01～0.09，相较于原模型模拟效果最高提升可达11.84%，表明采用土壤湿度多源遥感反演值与分布式水文模型相同化，在一定程度上可以起到提高径流模拟精度的作用。但对于模型模拟前期土壤包气带处于几乎蓄满状态的情况，尽管采用一阶(均值)校正法进行遥感观测数据与模型模拟数据的校正，但对两者进行同化不免会使得前期影响雨量达不到模型模拟状态下的全流域包气带高度蓄满的状态。因此与原模型模拟结果相比，本同化方法的影响多表现为洪峰降低、洪量减小。且由于采用人工率定参数的方式难以得到最优参数估计，因此模拟效果具有一定的随机误差。研究流域为秦淮河流域，属于亚热带季风气候，每年5—9月雨量充沛，但研究所用资料多为汛期实测，其他月份实测资料则相对缺乏，对照组的缺少使得在本研究中此种同化方法对土壤湿度本身较大且气候温润地区的次洪过程模拟影响并不显著。

3.2.4 小结

通过基于卡尔曼滤波的方式将经集合平均、降尺度、一阶(均值)校正后的土壤湿度多源遥感反演数据，与栅格新安江模型径流模拟生成的逐日土壤湿度状态进行了同化。在原模型包气带含水层划分原理基础上，通过遥感反演上层土壤含水量与模型上层张力水容量间的相关关系，对模型全包气带含水量值进行估计与滤波同化，最后将滤波同化数据作为场次洪水模拟过程中逐日土壤湿度状态进行径流模拟。结论如下：采用基于多源遥感滤波同化后的土壤湿度状态进行径流模拟的效果主要表现在对洪峰、径流深的影响上；在所采用的三个流量站共11场洪水过程模拟中，有8场洪水径流深相对误差得到了降低，其平均误差降低3.56%，其中降低最高达7.42%；有4场洪水洪峰相对误差得到了降低，其平均误差降低4.31%，其中降低最高达9.17%；有8场确定性系数得到了提升，提升范围在0.01～0.09，相较于原模型模拟效果最高提升可达11.84%，表明采用土壤湿度多源遥感反演值与分布式水文模型相同化，在一定程度上可以起到提高径流模拟精度的作用。

参考文献

[1] CUI H Z, JIANG L M, DU J Y, et al. Evaluation and analysis of AMSR-2, SMOS, and SMAP soil moisture products in the Genhe area of China[J]. Journal of Geophysical Research: Atmospheres, 2017, 122(16): 8650-8666.

[2] 周俊利，薛华柱，董国涛，等. 基于 AMSR2 微波植被指数与地表温度的旱情分析[J]. 水土保持研究，2018,25(6)：377-382.

[3] REICHEL R H, KOSTER R D. Bias reduction in short records of satellite soil moisture[J]. Geophysical Research Letters, 2004, 31(19):L19501.

[4] 刘永伟. 基于 EnKF 方法及 SWAT 模型的径流与遥感土壤湿度数据同化研究[D]. 南京：河海大学，2016.

[5] DEE D P, DA SILVA A M. Data assimilation in the presence of forecast bias[J]. Quarterly Journal of the Royal Meteorological Society, 1998, 124(545): 269-295.

第4章

蓄超组合分析

4.1 概述

水文现象是最复杂的自然现象之一，它是由降水、蒸发等气象现象与地形、地貌、土壤、植被、地质、水文地质等下垫面条件共同作用或相互作用的产物。以往的研究试图依赖现有的物理定律和数学方程来认识、预测预报如此复杂的自然现象，事实证明困难重重，而“大数据”也许是破解水文学中一些难题的途径之一[1,2]。目前已有不少学者发现，“大数据”在分析水文现象时空分布、揭示水文特征与地貌特征关系、构建真正的分布式流域水文模型或者精细流域水文模型等方面起着重要的作用[3-7]。

水文学虽有了长足进步，但制约其进一步发展的瓶颈也日益凸显，尤其是如何真实地描述气象现象时空分布和下垫面条件空间分布以及如何考虑其对水文现象的影响等问题，是长期以来没有得到解决、困扰水文学发展的问题。例如，流域的产流模式是由下垫面及水文气象因素综合确定的，在两者的共同影响下，静态的下垫面条件在遭遇不同类型的降雨后，流域的土壤湿度的时空分布必然存在差异，从而导致洪水产流模式呈现时空变化的特征[8-10]。随着遥感技术的发展，多源遥感影像所蕴藏的水文气象和下垫面信息也越来越丰富[11,12]，因此，可以利用数据挖掘技术进行水文现象时空信息的挖掘，从大量数据中提取所隐含的特征与规则，开展流域产流模式的精细化识别。

基于此，本章考虑采用大数据挖掘的思路，基于两个基本产流模式（蓄满、超渗）和半湿润半干旱地区水文和下垫面特点，提出适用于该地区产流模式时空判别的新方法。在挖掘影响流域产流模式的有效指标因子后，采用滚动修正的聚类分析法在网格尺度上开展产流模式判别，实现流域蓄满或超渗产流模式的精细化识别和判定[13]。

4.2 流域产流模式组合规律及判别方法

4.2.1 流域产流模式及时空组合规律

流域的降雨落在地面，扣除损失后的净雨量向流域出口汇集，即为降雨径流过程。其中扣除损失的净雨过程称为流域产流，由于降雨和下垫面差异性大，为准确描述流域的产流模式，学者们对水文过程进行了大量的概化和实验，到目前为止，发展较为完善的主要有超渗产流和蓄满产流。

超渗产流常发生在干旱半干旱地区，其包气带土层较厚，通常缺水量较大，经过一场降雨，不易补充至田间持水量或全流域蓄满。产流量主要与降雨强度、地表下渗能力以及土壤含水量有关，主要形成超渗地表径流，基本没有地下径流。目前，比较著名的下渗公式有霍顿、菲利普、Green-Ampt 等，在干旱半干旱地区的洪水预报中被广泛应用[14]。

20 世纪 60 年代，我国赵人俊先生[15]提出了蓄满产流的概念，即任一点上，其土壤含水量达到蓄满前不产流，降雨全部被土壤吸收，补充包气带的缺水；而当土壤蓄满后，后续净雨(扣除蒸散发等损失)全部产流。蓄满产流比较接近或符合土壤缺水量不大的湿润地区，一场降雨极易使全流域达到蓄满或局部蓄满状态，降雨持续时间越长，地下径流越丰富[16]。

半湿润半干旱地区，顾名思义，是湿润地区与干旱地区的过渡地带。如图 4.2-1 所示，该地区既有类似湿润地区成片的森林分布，也有类似干旱地区植被贫瘠的裸地、草地或还有人类活动的耕地等。如此复杂的地形地貌条件，势必导致该地区产流模式的多样性。

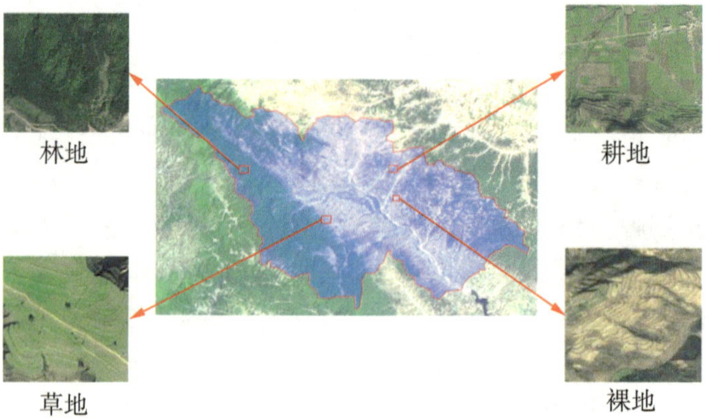

图 4.2-1　半湿润半干旱地区典型流域卫星图

综合前人的研究发现，当流域尺度减小到一定程度后，本质上其实是两种基本产流模式在时间和空间的组合与转换。所以，应该对产流模式进行空间和时间两个维度的准确识别，才能对水文过程进行更精准的模拟。

流域蓄超状态的确定主要根据以下两个方面：①根据流域下垫面的地形、土壤、植被等分布对流域蓄满和超渗的初始空间分布进行确定；②根据流域前期土壤湿度对初始的蓄超空间分布进行调整，调整原则为：将土壤含水量达到田间持水量的调整为蓄满状态，将小于毛管断裂含水量的调整为超渗状态，见图 4.2-2。

结合产流模式判别的理论，下面从网格尺度探究半湿润半干旱地区的蓄满区域和超渗区域识别方法以及分布特点。

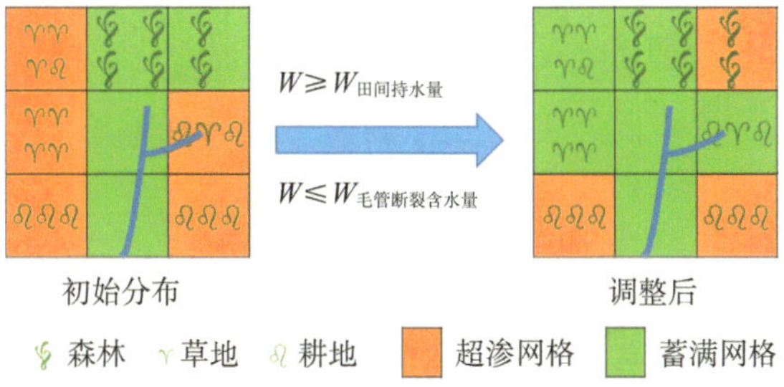

图 4.2-2　流域初始网格分布示意图

4.2.2　产流模式空间组合判别方法研究

实际上，流域的产流过程十分精细复杂，对于某一特定流域，其降雨特性及下垫面条件的时空变化可能导致径流形成过程具有多样性，复杂多变的产流模式很难用简单的指标进行量化[17, 18]。根据以往研究可知，产流模式的相互转化过程受到气候、地形、土壤、下垫面变化的影响[19]。本研究在已有学者对产流模式变化特征研究的基础上，建立网格层次-聚类产流模式判别方法。

(1) 初始指标优化筛选

对于分布于流域范围内的水文气象及下垫面等数据，其包含了时间上的变化过程以及空间上的分布情况，因此，在数据挖掘建模过程中，只有充分考虑了这些数据的时空特性，才能准确地分析整个流域层面的水文情势。

在实际的数据挖掘建模过程中，如何从众多的数据中找出与目标信息有统计关系的水文特征，关乎模型的成败，因为模型输入过多的无关特征不仅增加了模型的计算量，还会对模型的精度产生负面影响；相反，受到对水文不确定性因素认识的限制，在建立水文学模型的过程中，如果输入数据缺失了对影响水文过程的重要关系或者因素的考虑，模型往往会产生大的偏差，因此特征因子筛选至关重要。

常用的数据之间的相关性分析法有互信息法、PCA 算法以及基于 Copula 函数的相关性分析法等，它们通过计算两变量之间的相关性系数，得出变量间的相关性程度，相关性系数越大，两变量相关性越高；对于一些数据，其整体变化幅度不大，也可以使用方差过滤算法，对于方差小的数据集，认为其所携带的信息量小，可以删除。借鉴其他学者的研究[20]，采用相关分析法优选影响产流模式的有效指标。在剔除相似指标的基础上，对各指标进行相关分析计算。依据各指标与径流系数的相关性，优选出 10 个判别指标，结果如表 4.2-1 所示。

(2) 构建判别指标层级

产流模式判别指标由三个层级组成，即目标层、准则层和指标底层。水文气象、地形土壤和植被地貌等因子为 3 个准则层，在 3 个准则层内依据专家学者的研究成果进行分析[20]，划分了前期累计降雨量、前期土壤湿度、前期累计蒸散发量、土壤粒径、土壤孔隙度、坡度、土地利用类型、植被覆盖度、土壤裸露指数和地形湿度指数 10 个底层指标，表 4.2-1 为产流模式判别指标层级。

表 4.2-1　产流模式判别层级及指标内涵

目标层	准则层	指标底层	指标内涵
产流模式判别	水文气象	前期累计降雨量	洪水发生前 15 天累计降雨量
		前期土壤湿度	洪水发生前 15 天土壤湿度
		前期累计蒸散发量	洪水发生前 15 天累计的蒸散发量
	地形土壤	土壤粒径	土壤中矿物质颗粒的粒径大小
		土壤孔隙度	土壤孔隙容积占土体容积的百分比
		坡度	坡面的垂直高度和路程的比值
	植被地貌	土地利用类型	土地的利用形式和用途
		植被覆盖度	森林面积占土地总面积的比例
		土壤裸露指数	土壤裸露状况
		地形湿度指数	地形和土壤特性对土壤水分布的影响

(3) 指标权重评估

在统计学中，指标的权重评估方法多种多样，其中，层次分析法[21]的权重评估精度较高，既可定性分析又能定量分析，且在很多研究领域的分析中都有较好的应用。因此，本研究采用层次分析法计算各指标的权重，主要步骤为：①构建层次体系；②构建各个指标间的判断矩阵；③计算重要性排序(和积法)；④一致性检验。

(4) 产流模式判别综合指标

经过以上方法的研究，确定了影响产流模式变化的因素及其权重，得到产流模式综合判别指标的计算公式，即

$$K=\sum_{i=1}^{n}\lambda_i\frac{A_i}{A_{\max}} \tag{4.2-1}$$

式中：K 为产流模式判别综合指标；λ_i 为各指标的权重；A_i 为第 i 场洪水各指标标准化取值；$A_{\max}$ 为所有洪水各指标标准化的最大值。

(5) 综合指标评判的阈值推求

采用滚动修正的聚类分析法对产流模式各指标进行分类，去推求产流模式判别综合指标阈值，步骤如下：

①选取待分类指标的 80%数据作为样本集，20%数据作为验证集。

②采用标准化公式消除不同指标间物理量纲的差异性。

③根据贴近度法，采用海明距离公式计算相似系数 h 以表征样本集中元素的接近程度，h 越接近 1，表示对应指标的特征值越相似。

④设单指标的阈值集合为 $\{\lambda_1,\lambda_2,\cdots,\lambda_n\}$，依次对阈值集合赋值，根据分类规则，将样本集中的所有元素归为两类。

⑤聚类结束后，采用公式(4.2-1)计算综合指标及阈值。先直接采用综合指标阈值对

验证集进行分类，然后，再采用聚类分析方法对验证集进行分类，比较两种方法分类的结果。如果两种结果误差在10%以内，则表明聚类分析推求的综合阈值可行，否则，调整单指标的阈值集合，重复步骤④、步骤⑤，重新聚类计算综合阈值，直至两种结果误差在10%以内。

4.3　研究流域和数据

本研究选择半湿润半干旱地区的绥德流域作为研究对象，绥德流域位于陕西省，隶属无定河水系，控制站是绥德水文站，流域面积3 893 km^2，见图4.3-1。绥德流域属于典型大陆性季风气候区，冬季寒冷干燥少雨，夏季炎热多雷雨或暴雨，秋季昼暖夜凉温差较大，多年平均气温为7.8 ℃。降雨量的年内分配不均，主要集中在6—9月，雨量占比可达全年的60%～70%，多年平均年降水量为460.2 mm，多年平均年径流量为142.7万m^3，是典型的半干旱流域。流域洪水主要由暴雨形成，洪水特性受流域地形地貌和暴雨特点影响很大。流域内的长历时、小强度降雨，因黄土高原土质疏松易下渗，所以较难形成洪水；短历时、高强度降雨，易形成洪水，洪水的大小主要取决于暴雨面积和强度。绥德流域地形跨度大，主要以山地为主，总体呈现西北高东南低的趋势；地貌主要为黄土丘陵沟谷，植被覆盖

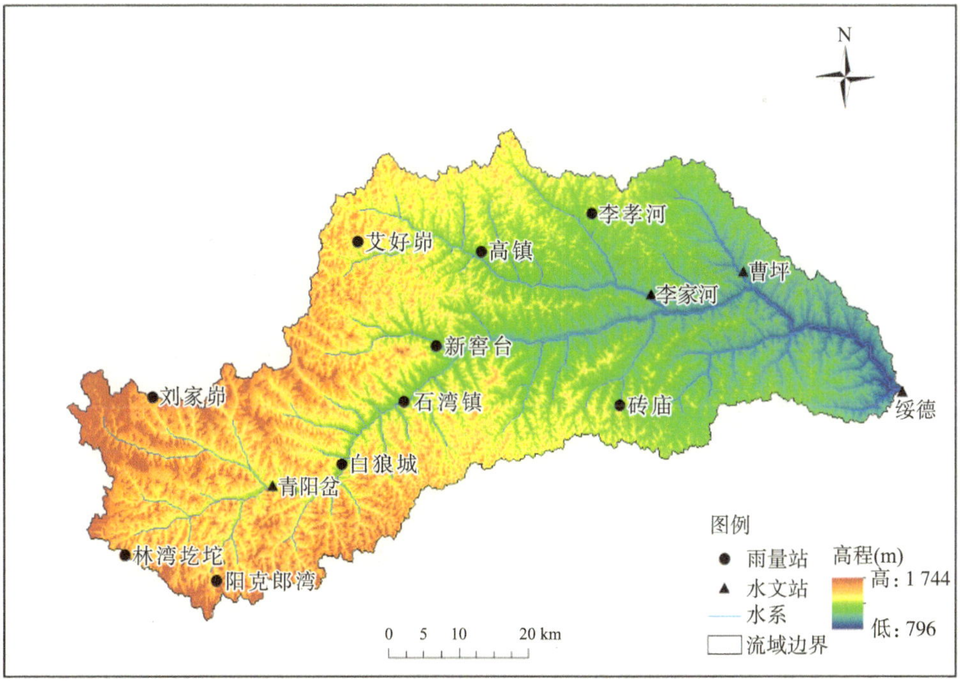

图4.3-1　绥德流域的地形、水系以及水文站点分布图

度较低。流域内水保工程、淤地坝数量较多。流域内共有绥德、青阳岔等 4 个水文站，高镇、石湾镇等 10 个雨量站，如图 4.3-1 所示。

本研究使用的土壤数据来源于世界土壤数据库（HWSD），分辨率为 1 km×1 km。该土壤由上、下两层组成，即上层 0～30 cm 和下层 30～100 cm。根据流域边界和流域范围内的土壤类型（图 4.3-2），绥德流域的各层土壤中，壤土占绝对主导类型（占比 97.1%），并分布少量黏土；绥德流域下层土壤的壤土含量减少（减少至 48.4%），主要分布在流域中上游；而黏土占比增加至 35.9%，主要分布在流域下游。

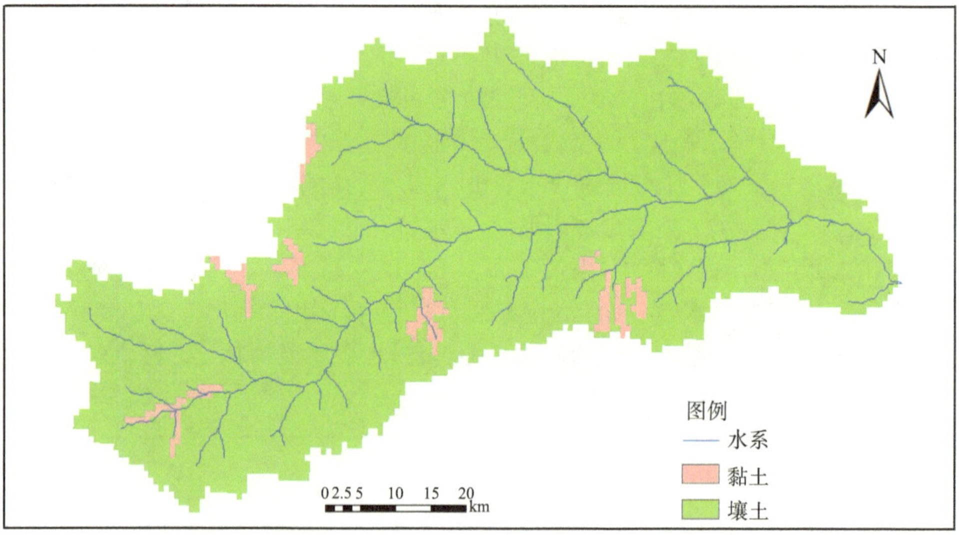

图 4.3-2 绥德流域的土壤类型分布图

土地利用数据是从国家基础地理信息中心下载的 GlobeLand30 全球 30 m×30 m 数据（http://www.ngcc.cn/）。绥德流域的土地利用类型分布如图 4.3-3 所示，流域内的土地利用类型基本以耕地和草地为主。其中，流域上游主要以草地（占比 51.0%）为主，下游分布大量耕地（占比 46.6%），两者占总流域的 97.6%。另外，植被覆盖度数据采用归一化植被指数（*NDVI*）来表示，是根据美国国家海洋和大气管理局（NOAA）极轨卫星所载的高分辨率辐射仪（AVHRR）的反射率观测数据计算而来的。

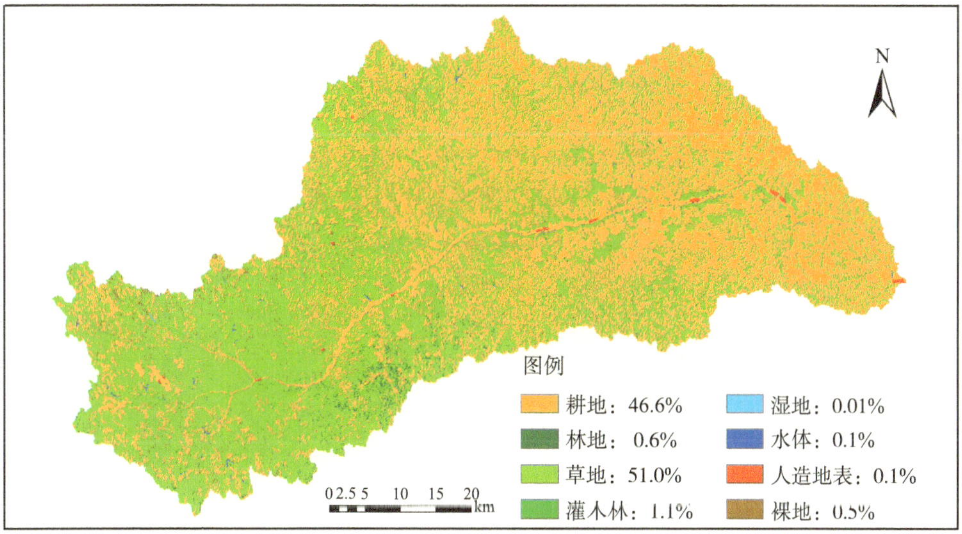

图 4.3-3　绥德流域的土地利用类型分布图

4.4　蓄超空间组合结果及分析

依据层次分析法指标间的重要度及前人的研究[22]，对每个层级的各指标进行相互比较，得到各层指标间的比较判断矩阵，详见表 4.4-1 至表 4.4-4。

表 4.4-1　准则层判断矩阵

指标	水文气象	地形土壤	植被地貌
水文气象	1	1/2	1/2
地形土壤	2	1	4
植被地貌	2	1/4	1

表 4.4-2　水文气象指标判断矩阵

指标	前期累计降雨量	前期土壤湿度	前期累计蒸散发量
前期累计降雨量	1	3	6
前期土壤湿度	1/3	1	1/8
前期累计蒸散发量	1/6	8	1

表 4.4-3　地形土壤指标判断矩阵

指标	土壤粒径	土壤孔隙度	坡度
土壤粒径	1	3	5
土壤孔隙度	1/3	1	3
坡度	1/5	1/3	1

表 4.4-4　植被地貌指标判断矩阵

指标	土地利用类型	植被覆盖度	土壤裸露指数	地形湿度指数
土地利用类型	1	1/2	1/3	1/2
植被覆盖度	2	1	2	1/3
土壤裸露指数	3	1/3	1	3
地形湿度指数	2	3	1/3	1

根据方根法求得各指标的权重以及一致性检验指标，详见表 4.4-5。

表 4.4-5　各指标权重以及一致性检验

一级指标	权重	二级指标	权重	一致性检验
水文气象	0.474	前期累计降雨量	0.285	0.043<0.1
		前期土壤湿度	0.653	
		前期累计蒸散发量	0.062	
地形土壤	0.149	土壤粒径	0.205	0.033<0.1
		土壤孔隙度	0.258	
		坡度	0.537	
植被地貌	0.376	土地利用类型	0.224	0.061<0.1
		植被覆盖度	0.259	
		土壤裸露指数	0.351	
		地形湿度指数	0.166	

多层指标权重叠加后，产流模式判别指标按权重从大到小依次为：前期土壤湿度、前期累计降雨量、土壤裸露指数、植被覆盖度、土地利用类型、坡度、地形湿度指数、土壤孔隙度、土壤粒径、前期累计蒸散发量，详见表 4.4-6。

表 4.4-6　指标综合权重及排序

二级指标	综合权重	排序
前期累计降雨量	0.135 090	2
前期土壤湿度	0.309 522	1
前期累计蒸散发量	0.029 388	10
土壤粒径	0.030 545	9
土壤孔隙度	0.038 442	8

续表

二级指标	综合权重	排序
坡度	0.080 013	6
土地利用类型	0.084 224	5
植被覆盖度	0.097 384	4
土壤裸露指数	0.131 976	3
地形湿度指数	0.062 416	7

将研究流域所有洪水的水文气象、地形土壤、植被地貌等数据进行标准化后，通过滚动修正聚类分析法，计算得到产流模式的综合指标阈值，详见表4.4-7，最终得到的阈值为4.232。

表4.4-7　各产流模式的指标特征的阈值

指标	极大值	极小值
蓄满产流	9.593	4.232
超渗产流	4.232	1.054

绥德流域的产流模式判别后的初始分布见图4.4-1，橘色区域为超渗产流，绿色区域为蓄满产流。绥德流域超渗网格面积占比在70%以上，最大可达91.18%。由于绥德流域的流域形状狭长，降雨分布极不均匀，在前期土壤湿度的影响下时空分布差异相对较大。

从典型洪水蓄超空间分布来看，蓄满网格主要分布在河道附近，而超渗网格呈现局部成片的分布特征。整体来看，绥德流域的蓄超分布以超渗为主，常年降雨量偏小，前期土壤湿度较低，再加上受局部降雨的影响，初始蓄超的空间分布变化明显。

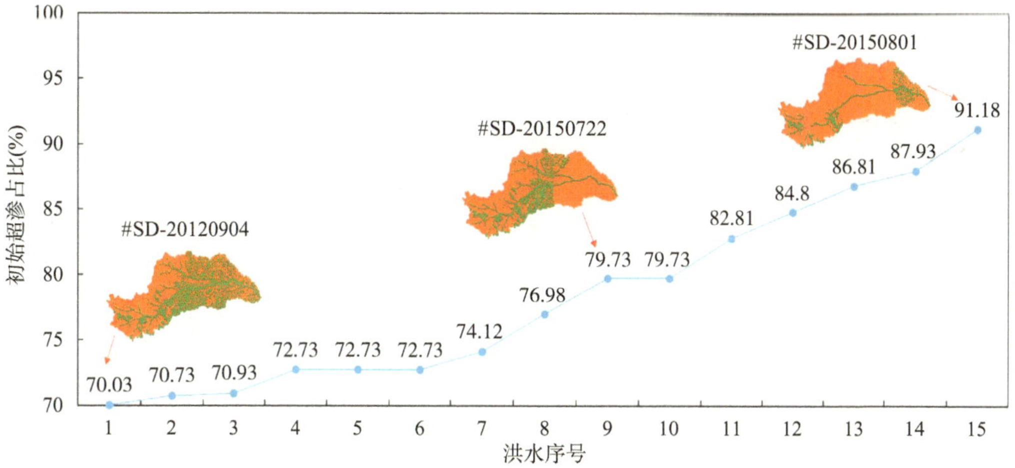

图4.4-1　绥德流域典型场次洪水的初始产流模式分布图

4.5 小结

本章基于大数据挖掘的思路，通过结合半湿润半干旱地区的蓄超产流模式时空组合的规律，提出了基于网格的层次-聚类产流模式判别方法，并以绥德流域为例分析蓄满和超渗产流模式分布的特点。研究结果表明，在挖掘水文气象、地形土壤和植被地貌等影响产流模式的有效因子后，基于网格的层次-聚类产流模式判别方法能够精确地识别出流域蓄满产流和超渗产流的空间分布，反映出流域内不同下垫面特征空间变化的特点。

基于网格的层次-聚类产流模式判别方法可以获取更加精细的蓄满超渗网格的分布状态，划分结果更接近实际情况，为下一步蓄超组合的分布式水文模型研究提供理论基础，在我国半湿润半干旱地区有着很大的研究价值以及较高的应用价值。

参考文献

[1] 芮孝芳. 水文学与“大数据”[J]. 水利水电科技进展，2016,36(3):1-4.

[2] 芮孝芳. 对流域水文模型的再认识[J]. 水利水电科技进展，2018,38(2):1-7.

[3] 朱跃龙，彭力，李士进，等. 水文时间序列模体挖掘[J]. 水利学报，2012,43(12):1422-1430.

[4] 陈鑫，刘艳丽，张建云，等. 数据挖掘技术在洪水预报实时校正中的应用[J]. 水力发电学报，2022,41(8):54-62.

[5] 袁定波，艾萍，熊传圣. 水文时空数据挖掘方法及其应用评述[J]. 水利信息化，2018(1):14-17.

[6] 霍文博，朱跃龙，李致家，等. 新安江模型和支持向量机模型实时洪水预报应用比较[J]. 河海大学学报(自然科学版)，2018,46(4):283-289.

[7] 冯钧，郭涛，陈志飞. 基于模式挖掘的中小河流暴雨洪水模式库[J]. 计算机与现代化，2018(12):32-39.

[8] HRACHOWITZ M, SAVENIJE H, BOGAARD T A, et al. What can flux tracking teach us about water age distribution patterns and their temporal dynamics? [J]. Hydrology and Earth System Sciences, 2013,17(2):533-564.

[9] 李致家，黄鹏年，张永平，等. 半湿润流域蓄满超渗空间组合模型研究[J]. 人民黄河，2015,37(10):1-6+34.

[10] LIU Y H, ZHANG K, LI Z J, et al. A hybrid runoff generation modelling framework based on spatial combination of three runoff generation schemes for semi-humid and semi-arid watersheds[J]. Journal of Hydrology, 2020,590:125440.

[11] 晁丽君，张珂，陈新宇，等. 基于多源降水融合驱动的 WRF-Hydro 模型在中小河流洪水预报中的适用性[J]. 河海大学学报(自然科学版)，2022,50(3):55-64.

[12] 刘荣华，张珂，晁丽君，等. 基于多源卫星观测的中国土壤湿度时空特征分析[J]. 水科学进展，2017,28(4):479-487.

[13] 刘玉环. 半湿润半干旱地区洪水预报方法研究[D]. 南京：河海大学，2022.

[14] 王全九，来剑斌，李毅. Green-Ampt 模型与 Philip 入渗模型的对比分析[J]. 农业工程学报，

2002(2):13-16.
[15] 赵人俊. 流域水文模拟——新安江模型与陕北模型[M]. 北京：水利电力出版社，1984.
[16] 姚成. 基于栅格的新安江(Grid-Xin'anjiang)模型研究[D]. 南京：河海大学，2009.
[17] CLARK M P, KAVETSKI D, FENICIA F. Pursuing the method of multiple working hypotheses for hydrological modeling[J]. Water Resources Research, 2011,47(9):178-187.
[18] WESTERN A W, ZHOU S L, GRAYSON R B, et al. Spatial correlation of soil moisture in small catchments and its relationship to dominant spatial hydrological processes[J]. Journal of Hydrology, 2004,286(1-4):113-134.
[19] 芮孝芳. 产流模式的发现与发展[J]. 水利水电科技进展，2013,33(1):1-6+26.
[20] ZHANG Q, JIANG T, GEMMER M, et al. Precipitation, temperature and runoff analysis from 1950 to 2002 in the Yangtze Basin, China[J]. Hydrological Sciences Journal, 2005,50(1):65-80.
[21] 常建娥，蒋太立. 层次分析法确定权重的研究[J]. 武汉理工大学学报(信息与管理工程版)，2007(1):153-156.
[22] 王登. 黄河中游产流机制变化综合判别指标构建研究[D]. 郑州：郑州大学，2019.

第 5 章

网格新安江模型在湿润地区研究与应用

结合地球物理观测数据，构建河道断面宽度空间分布估算模型；基于百米级全球数字土壤制图系统（SoilGrids）等流域下垫面特征，明确网格新安江（Grid Xin'anjiang，Grid-XAJ）模型参数物理意义，研发参数空间分布估算方案（GeoPara），提取陕西省陈河和大河坝流域、安徽省屯溪流域以及湖南省五强溪流域的模型参数空间分布，利用结合 GeoPara 参数方案的 Grid-XAJ 模型进行近百次洪水过程模拟，与实测径流过程和新安江模型的计算结果对比，验证 Grid-XAJ 模型对于洪水过程的模拟效果。

5.1 河道断面宽度空间分布估算

受集水面积影响，河道宽度从上游到下游具有逐渐增大的趋势。但是山区性河道流量普遍较小、地形地貌对河道形状的控制作用较大，可能导致下游局部河道宽度小于上游。因此，本研究采用集水面积描述河道的整体性增大趋势，并采用河道附近的坡度量化地形对河宽的控制作用，建立河道宽度与上游集水面积、河道两岸附近坡度间的河相函数关系，构建河宽估算模型 GeoRW。

5.1.1 河宽变化的趋势性控制

将上游集水面积作为量化河道宽度趋势性变化的因子。以陕西省陈河流域为例，在水系网络中设置若干样本断面，结合 Landsat 卫星影像量取断面宽度，依据上、下游位置关系在图 5.1-1 的横坐标上由左向右依次排列，纵轴为各个样本断面的河道宽度与相应的上游集水面积。结合式（5.1-1）计算河道宽度与上游集水面积间的斯皮尔曼等级相关系数（Charles Spearman，采用 ρ_s 表示），衡量两个数据序列间变化趋势的一致性。斯皮尔曼系数是变量间线性相关程度的度量，取值范围介于－1 到 1 之间。正值表示正相关，即变量变化方向是一致的，如变量 Y 随着 X 的变大而变大；反之，负值表示负相关。斯皮尔曼系数绝对值接近 1，表示两个变量间关系密切，对应的相关强度见表 5.1-1。

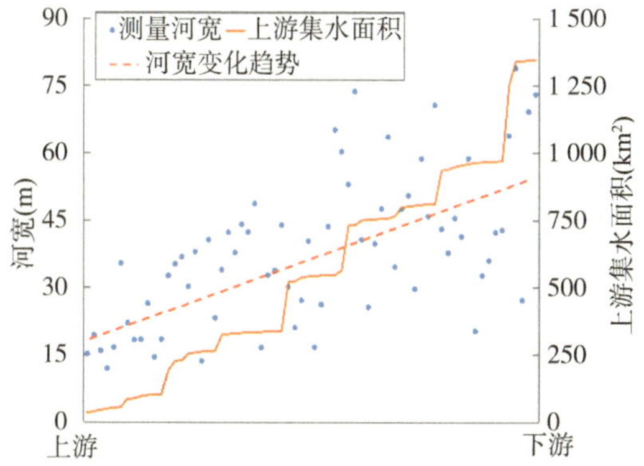

图 5.1-1　河道宽度随上游集水面积变化

表 5.1-1　斯皮尔曼系数相关性

系数绝对值	0.8～1.0	0.6～0.8	0.4～0.6	0.2～0.4	0.0～0.2
相关性	极强相关	强相关	中度相关	弱相关	极弱相关或无相关

计算得到 ρ_s 为 0.63，此时样本数(n)为 68。根据表 5.1-1 可以认为，在陈河流域，河宽和上游集水面积间具有强线性相关关系，河道宽度随上游集水面积的累积具有明显增大趋势，与图 5.1-1 结果一致。

$$\rho_s = 1 - \frac{6\sum d_i^2}{n(n^2-1)} \tag{5.1-1}$$

式中：ρ_s 为斯皮尔曼秩相关系数，d_i 为秩次差，对原始数据 X_i 、Y_i 从大到小排序，记 X'_i 、Y'_i 为原始 X_i 、Y_i 排序后的位置，即秩次，$d_i = X'_i - Y'_i$；n 为数据序列的元素数目。

5.1.2　河宽变化的局地性控制

假设样本断面间河道宽度呈线性变化，在图 5.1-1 的基础上绘制图 5.1-2，在其红色矩形方框中，上游集水面积陡然上升，然而河道宽度局部性减小。将红色方框中的局部区域放大绘制(图 5.1-3)并结合卫星影像(图 5.1-4)综合分析河相特征。相较 B 区域，A 区域中的平缓地形比例较大，经统计可知，A 区和 B 区平均坡度分别为 22.1°和 33.6°，平均河宽分别为 41.5 m 和 24.1 m。平缓区域的河流边界对水流约束作用较弱，导致河流较易摆动、加宽；若河流附近广泛分布硬质岩石，河道两侧坡度通常较陡，河流边界对水流的限制较大，使得河流较窄。虽然地形影响难以改变河宽与上游集水面积间的总体性正相关关系，但显然对局部河段的河宽估算精度具有较大影响。

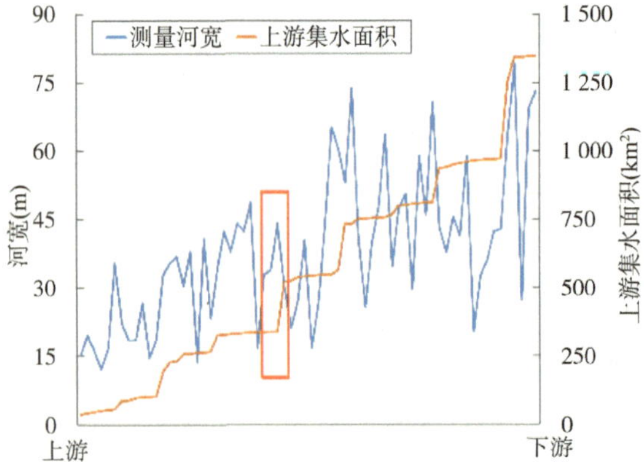

图 5.1-2　局部河道宽度变化

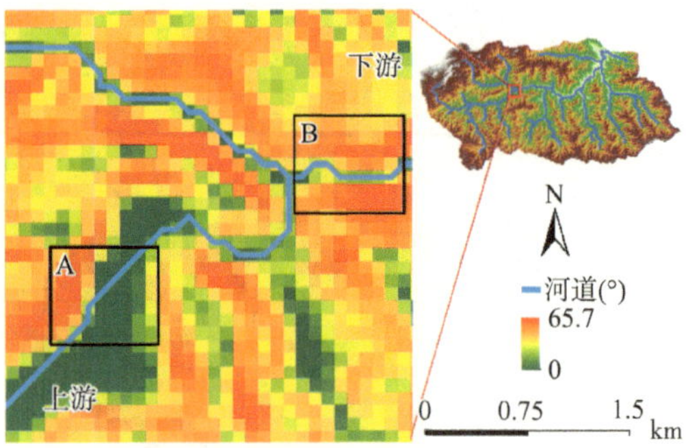

图 5.1-3　局部河段地形坡度

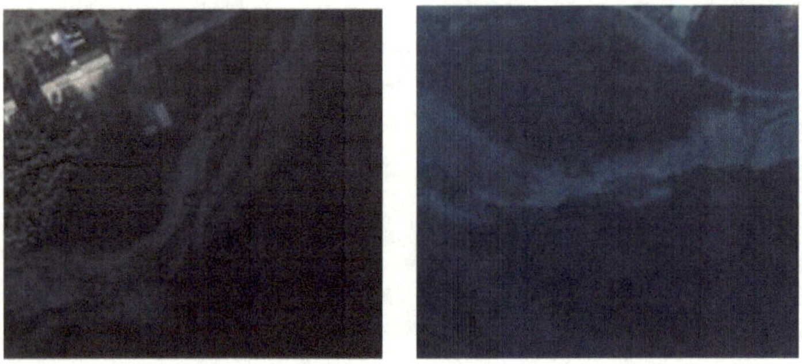

(a) A区域　　(b) B区域

图 5.1-4　局部河段卫星影像

将河道附近的地形地貌作为影响河道宽度变化的局地性控制因素，以河道栅格单元为中心，设置搜索半径 R[式(5.1-2)]，提取搜索半径内栅格单元的坡度值，结合式(5.1-3)计算坡度值一阶原点矩(以下简称坡度原点矩)，量化河段附近地形地貌对河道的约束作用(图 5.1-5)。

$$R=\frac{\sqrt{2}B_{\max}}{2}+2Z \tag{5.1-2}$$

式中：R 为搜索半径；$B_{\max}$ 为最大河道宽度；Z 为数字高程模型(DEM)数据分辨率，即栅格单元边长。

$$M_{er}=\frac{1}{n}\sum_{i=1}^{n}S_i \tag{5.1-3}$$

式中：M_{er} 为坡度原点矩；i 为搜索半径内栅格单元编号，从 1 到 n，n 为栅格单元数目；S_i 为编号为 i 的栅格单元坡度值。

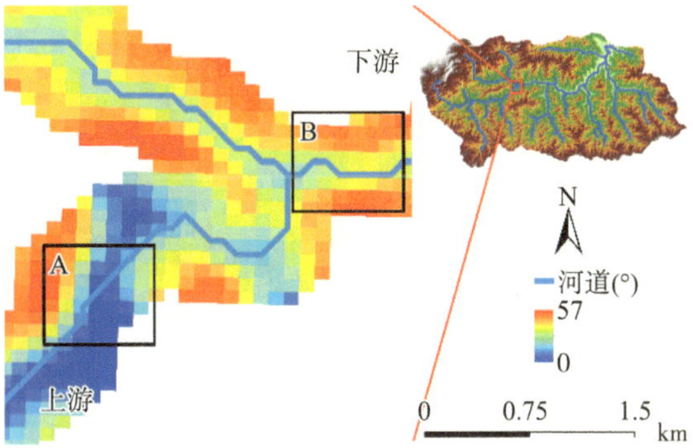

图 5.1-5　局部河段坡度原点矩

5.1.3　河宽估算模型

将上游集水面积和坡度原点矩作为影响山区河流宽度的关键因素，构建河宽估算模型 GeoRW。趋势性因子反映河宽整体性变化趋势，其值通常与数据样本序列的上、下界以及样本的序列位置相关。因此，采用流域面积（样本序列上界）、各个河道栅格单元的上游集水面积（反映样本点位置）以及形成河道的集水面积阈值（样本序列下界）构建趋势性因子 f_a；局地性因子 f_s 通常与河道附近的地形地貌有关，因此采用坡度原点矩进行量化。

集水面积和坡度原点矩的量级不同，需要分别进行归一化处理[式(5.1-4)至式(5.1-6)]。

$$f_a = 1 - \frac{\sqrt{A_{\text{tot}}} - \sqrt{A_c}}{\sqrt{A_{\text{tot}}} - \sqrt{A_{th}}} \tag{5.1-4}$$

式中：A_{tot} 为流域出口处的集水面积，即流域面积；A_c 为每个河道栅格单元的上游集水面积；A_{th} 为河道阈值。

$$f_s = 1 - \frac{M_{er}}{M_{Mer}} \tag{5.1-5}$$

式中：M_{Mer} 为最大坡度原点距。

为反映趋势性因子和局地性因子对河道宽度的共同影响，将 f_a 和 f_s 的乘积作为河宽因子 f_{te}，采用一阶方程拟合河宽因子与河道宽度间的函数关系[式(5.1-6)]。

$$B = \delta \times f_{te} + \beta \tag{5.1-6}$$

式中：B 为河道宽度；δ 为河宽估算模型比例系数；β 为基础河宽，即河源附近的河道宽度，受河道集水面积阈值、流域地形地貌以及气候条件等多种因素影响，与河源点处河道宽度的算术平均值接近。

5.2　网格新安江模型构建

由于水文过程的非线性特点以及水文过程间的相互作用，水文现象总是在不同的时间与空间上表现出高度的变异性。与其他水文模型相比，分布式水文模型能够更准确地描述水文过程的机理，并能够更有效地利用 GIS 技术与遥感技术所提供的大量空间信息，以考虑水文现象在时间与空间上所呈现出的变异性。任何一个分布式水文模型都只是在一定程度上反映了流域的空间多样性与水文过程的物理机制，而并没有“完全”的分布式物理模型。目前，概念性降雨径流模型与物理性汇流模型相结合的分布式水文模型受到了越来越多的关注。该类模型利用现有的概念性模型进行 DEM 栅格单元的产流计算，再结合基于物理机制的汇流模型进行栅格间的汇流演算，不仅降低了模型对资料的需求，提高了运行时效，还可以考虑降雨及下垫面因子的空间变异性。Koren 等人所构建的 HL-RMS 模型即是此类模型的典型代表，该模型结合了在美国广泛应用的概念性 SAC-SMA 模型与基于物理机制的运动波汇流模型。研究结果表明，HL-RMS 模型在提高降雨径流模拟精度以及在资料缺乏地区进行水文预测等方面均表现出很大潜力。

本章拟构建以新安江模型以及扩散波汇流模型为基础的分布式水文模型——Grid-XAJ 模型。该模型可以采用小时(或更短)为时间步长进行洪水模拟及预报，也可以采用日为时间步长进行连续的降雨径流模拟。下面将对 Grid-XAJ 模型的结构、产汇流原理以及相关参数方面做详细的介绍。

Grid-XAJ 模型以流域内每个 DEM 栅格作为计算单元，并假设在栅格单元内的降雨和地貌特征、土壤类型以及植被覆盖等下垫面条件空间分布均匀，模型只考虑各个要素在不同栅格之间的变异性。Grid-XAJ 模型先计算出每个栅格单元的植被冠层截留量、河道降水量和蒸散发量，然后计算出栅格单元的产流量并采用自由水蓄水库结构对其进行水源划分，即划分为地表径流、壤中流以及地下径流三种水源，最后根据栅格间的汇流演算次序，依次将各种水源演算至流域出口(图 5.2-1)。

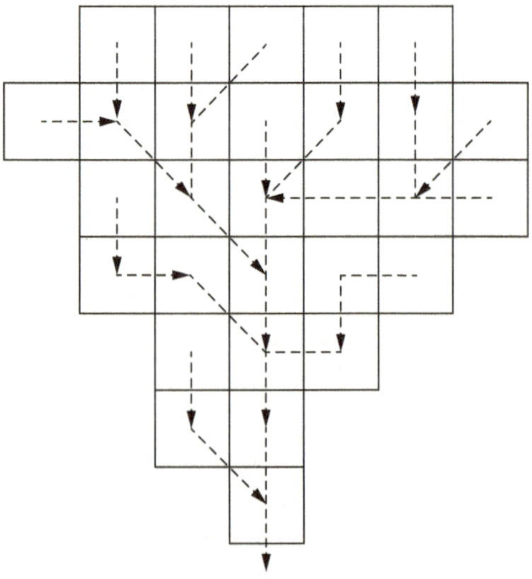

图 5.2-1　栅格间汇流演算示意图

模型的产流部分采用蓄满产流模型，本节对于蓄满产流的计算采用新安江模型的计算方法。模型的蒸散发计算部分采用三层蒸散发模型，以考虑土壤湿度垂向分布的作用。

次洪模型的汇流部分。(1) 采用一维扩散波模型：扩散波虽然是动力波(St. Venant

方程组)的一种简化形式,但在许多实际情况下,它都是适用的。而且,利用扩散波模型进行坡面汇流与河道汇流演算,都能取得足够好的精度,在很多时候其精度与动力波汇流演算模型的精度相当。本研究在进行扩散波模型汇流演算时,假设在原来的坡地栅格内也存在一个虚拟河道,每个栅格单元的壤中流和地下径流直接流入河道,采用河道汇流的计算方法,则栅格间的扩散波汇流演算只包括坡面汇流和河道汇流两种方式。(2) 采用基于栅格的 Muskingum 汇流方法:在暂无河道断面资料的流域可以根据此法进行栅格间的地表径流、壤中流、地下径流以及河道水流的汇流演算。

考虑到日径流模拟时对汇流演算精度要求不高且时间步长较大,为了增加模型的运行效率,Grid-XAJ 模型采用了比较简便的方法处理日径流模拟的汇流演算问题。对于每个栅格单元,其壤中流和地下径流均采用新安江模型中线性水库的方法计算栅格出流,根据栅格间的汇流演算次序,依次叠加,直至流域出口。栅格单元上的地表径流不再进行栅格间的汇流演算,直接叠加至流域出口。在流域出口处,再采用滞后演算法即可获得日径流模拟的出流过程。对于日径流模拟而言,河道汇流演算可以暂不考虑。

针对湿润地区的主要产流方式为蓄满产流,Grid-XAJ 模型在进行栅格单元产汇流计算时,考虑了栅格间的水量交换问题,即如果当前计算单元的土壤含水量处于未蓄满状态,则上游栅格的入流量首先补充当前栅格的土壤含水量,直至其蓄满。同时,Grid-XAJ 模型也考虑了河道排水网络对栅格产汇流的影响,即如果当前栅格有真实的河道存在,则地表径流的出流量将先按一定的比例汇入河道,然后再汇至下游栅格。

Grid-XAJ 模型的结构如图 5.2-2 所示。

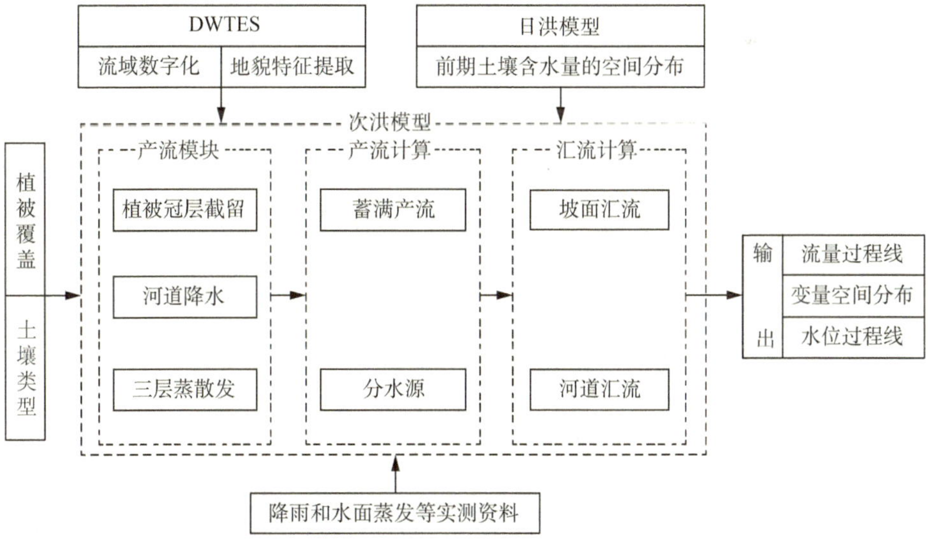

图 5.2-2　Grid-XAJ 模型结构框图

5.3 参数空间分布估算

随着流域尺度的遥感分析和空间观测等研究的逐步推进，能够反映土壤质地等下垫面特征的新版数字土壤制图系统（SoilGrids250m™ V2.0，以下简称 SoilGrids）于 2020 年 5 月上线。SoilGrids 基于 WoSIS 数据库中的 23 万个土壤剖面观测数据和一系列环境协变量拟合了土壤脊线预测模型，并采用机器学习方法绘制全球范围内六个标准深度间隔（5 cm，15 cm，30 cm，60 cm，100 cm，200 cm）的土壤特性图（主要包括 pH 值、土壤有机碳含量、容重、粗碎屑含量、含沙量、含泥量、黏粒含量、阳离子交换量和总氮等），其空间分辨率为 250 m。协变量主要包括地球观测衍生产品和其他环境信息（如气候、土地覆盖和地形等）的 400 多个环境层。相较于原始版本，SoilGrids 的 V2.0 版本更新了更为丰富的土壤剖面观测数据，是目前全球范围内较为完善可靠的数字土壤制图系统。DEM 是通过有限的高程数据对地形进行数字模拟，通过一组有序的数字阵列来表示地面高程。它不受传统观测手段的限制和约束，因此在偏远的山区流域也可以很方便地获得地面高程数据。并且由于其包含了丰富的流域下垫面的信息，因此可以用来提取出如坡度、集水面积、流向和坡向等地理特征要素用于参数估算，同时也可以提取出流域中水系的分布。本节使用的 DEM 数据为美国国家航空航天局（NASA）和国防部国家图像测绘局（NIMA）联合测量的 SRTM 数据，这一款产品自 2003 年公开发布以来，已经历了多次修改，当前的数据版本是 V4.1。

结合 SoilGrids 提供的土壤质地等数据资料，本节提出了参数空间分布先验估算方案。其主要思路是：在坡地区域内，结合土壤质地等下垫面信息估算得到饱和含水量 θ_s、田间含水量 θ_f、凋萎含水量 θ_{wp} 和饱和水力传导度 KS 等土壤水文属性，进而对 WM，SM，KI，KG，CI 和 CG 等参数进行估算。

5.3.1 参数 *WM*，*SM* 估计

土壤是由大小不同的无机矿物、空气和水构成的复合体。矿物组分由火成岩生成的原始矿物（如石英和长石）及其次生分解的矿物（如黏土矿物）组成。原始矿物的尺寸一般较大，构成土壤的骨架。黏土矿物、有机胶质等更为细小的成分填充在土壤骨架之间，构成了土壤中的桥梁，将大颗粒的原始矿物连接在一起，共同组成土壤结构中的单元，而水分就在土壤结构中各个单元的孔隙之间被存储和传递。水分与空气的接触界面产生的表面张力使其能够对抗重力的作用而被蓄积在土壤孔隙中，一般来讲，在地下水较深和排水良好的土地上充分灌水或降水后，允许水分充分下渗，并防止其水分蒸发，经过一定时间，土壤剖面所能维持的较稳定的土壤含水量（土水势或土壤水吸力达到一定数值）被定义为土壤的田间持水量。田间持水量长期以来被认为是土壤所能保持的土壤含水量的最大值，也是土

壤中所能存蓄悬着水的最大土壤水分，是作物生长的主要控制因子之一，也是水文、气象、生态环境、农业等领域研究的重要参数。相应的，当土壤中的水分因为蒸发、下渗等原因逐渐消退，直至基本不能够被植物根系所利用时的水分被定义为凋萎含水量。在赵人俊提出的新安江模型中，以田间持水量作为水分能否在土壤中受到重力作用而自由流动的“门槛”，即未达到田间持水量时，水分会因受到土壤孔隙中的张力作用不能参与径流形成的过程，只有当土壤水含量超过田间含水量时才会受到重力的作用，在有一定坡度的土壤及地表发生流动。因此本节根据新安江模型中的蓄满产流理论，采用是否超过田间持水量作为判别土壤水分能否自由流动的标准。将分层之后的土壤概化为一个多孔结构，以田间含水量与凋萎含水量之间的差值与土壤包气带厚度之间的乘积作为土壤的张力水蓄水容量 WM，饱和含水量与田间含水量之间的差值与土壤活跃层厚度之间的乘积作为自由水蓄水容量 SM。

$$\begin{cases} SM = L_h \times (\theta_s - \theta_f) \\ WM = L_a \times (\theta_f - \theta_{wp}) \end{cases} \tag{5.3-1}$$

式中：L_h 为土壤活跃层厚度；L_a 为土壤包气带厚度，可以对 SoilGrids 提供的土壤厚度数据进行分层概化得到。土壤水文属性特征主要包括凋萎含水量（θ_{wp}）、田间含水量（θ_f）、饱和含水量（θ_s）和饱和水力传导度（KS）等。在 SoilGrids 提供的土壤质地数据（粉粒、黏粒、沙粒以及有机质含量）的基础上，本节主要采用美国农业部农业研究中心（USDA-ARS）水文学与遥感实验室得到的公式对土壤水文属性特征进行估算。

5.3.2　参数 KI，KG，CI，CG 的估计

本章采用动力存储模型对壤中流的侧向运动进行模拟，以坡段为控制体，对侧向径流进行计算。认为降水会在垂直方向上渗漏，到达坡段中的土壤底部的不透水层后逐渐累积，形成饱和带，并在重力作用下发生侧向流动。结合壤中流侧向排水系数 KI 的定义，可以得到：

$$KI = \frac{2 \times KS_u \times S_c}{\varphi_d \times L_{\text{hill}}} \tag{5.3-2}$$

式中：KS_u 为下层土壤的饱和水力传导度，mm/h；L_{hill} 的单位是 m。可以得到 KI 的单位是 1/h，与其物理意义相一致。

类比 KI，得到 KG 的计算公式：

$$KG = \frac{2 \times KS_m \times S_c}{\varphi_d \times L_{\text{hill}}} \tag{5.3-3}$$

式中：KS_m 为下层土壤的饱和水力传导度。

将坡段概化为一个线性水库，参数 CI 和 CG 即为壤中水和地下水径流的线性水库出流系数，本章主要采用坡段长度、坡度和饱和水力传导度对径流进入沟道系统的延迟时间

进行估计，然后计算参数 CI 和 CG 的值。

$$\begin{cases} CI = e^{(-1/tthi)} \\ CG = e^{(-1/tthg)} \end{cases} \tag{5.3-4}$$

式中：$tthi$ 为壤中径流进入沟道系统的延迟时间，$tthi = \dfrac{L_{\text{hill}}}{KS_u \times S_c}$；$tthg$ 为地下径流进入沟道系统的延迟时间，$tthg = \dfrac{L_{\text{hill}}}{KS_m \times S_c}$。

5.4 模型应用示例

利用结合参数空间分布估算方案的 Grid-XAJ 模型，对陕西省大河坝、陈河流域以及湿润地区的安徽省屯溪、湖南省五强溪流域内日尺度和小时尺度的径流过程进行模拟，采用径流量误差、洪峰误差、峰现时间误差和确定性系数等指标评价洪水模拟精度水平。

5.4.1 研究流域介绍

(1) 陈河流域

黑河发源于秦岭北麓、太白山主峰东侧，自西南向东北汇入渭河，是渭河水系的一级支流。河流上的陈河水文站以上集水面积约 1 350 km^2（图 5.4-1）。陈河流域地处秦岭北麓，为秦岭褶皱带，上游大部分为高中山区，海拔高程在 604～3 748 m，峰谷相间，地形破碎，峪口附近和沿河两岸有低山丘陵。流域内属暖温带落叶阔叶林及针阔混合林带，林相的垂直分布规律比较明显，流域森林覆盖率为 82%。土壤分布由下到上有黄褐土、褐土、褐棕壤、高山草甸土，由于母岩的风化，流域表层有沙性土壤分布。

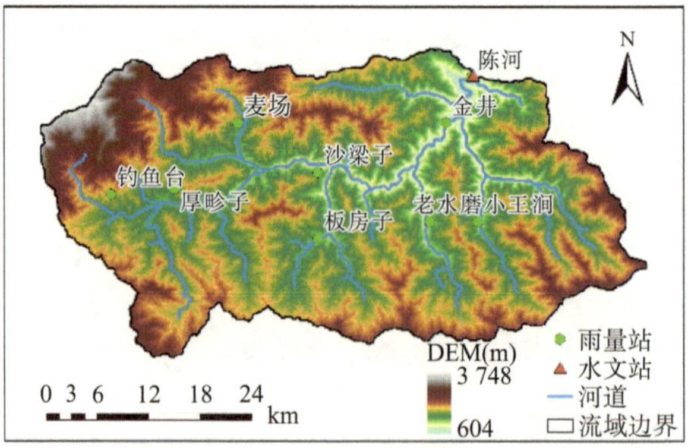

图 5.4-1 陈河流域 DEM 以及水系图

陕西省陈河流域位于秦岭山脉北麓，属半湿润地区，具有北温带大陆性季风气候特征，河流水量主要系雨水补给，局部暴雨是发生洪水的主要原因。多年平均年降水量约为 780 mm，主要集中在 6—10 月的汛期，流域所辖雨量站有 9 个，具有 2003—2020 年的日降雨资料和场次洪水的时段降雨资料。流域内无蒸发站，因此移用黑峪口站 E601 蒸发器的实测蒸发资料。

(2) 大河坝流域

子午河为汉江上游北岸的一级支流，主要流经秦岭深山区。大河坝水文站以上集水面积 2 198 km^2，地理位置如图 5.4-2 所示。流域呈扇形，地势北高南低，河道平均比降为 9.3‰，因受河流切割，多分布自南向北伸展的山梁，海拔在 526～2 956 m，主峰秦岭梁为流域最高峰。流域内植被发育良好，林木茂密，森林覆盖率达 70%，土地北部以石渣土为主，沙粒含量较高。

大河坝流域位于秦岭山脉南麓，属于半湿润地区，多年平均年降水量约为 790 mm，具有山地南温带的气候特点，降雨多集中于每年夏季(6—10 月)，一般占年总降水量的 65% 以上。流域内有 16 个雨量站，出口设有大河坝水文站，2013 年开始监测数据。由于引汉济渭工程的建设，作为工程调蓄中枢的三河口水利枢纽选址于佛坪县与宁陕县交界的子午河峡谷段，在流域内主要支流交汇口下游 2 km 处，于 2016 年实现截流。为避免工程施工对降雨径流过程模拟的影响，本节选用 2013—2015 年的日降雨资料和相应的场次洪水时段降雨资料用于研究。流域内无蒸发站，因此移用酉水街站 E601 蒸发器的实测蒸发资料。

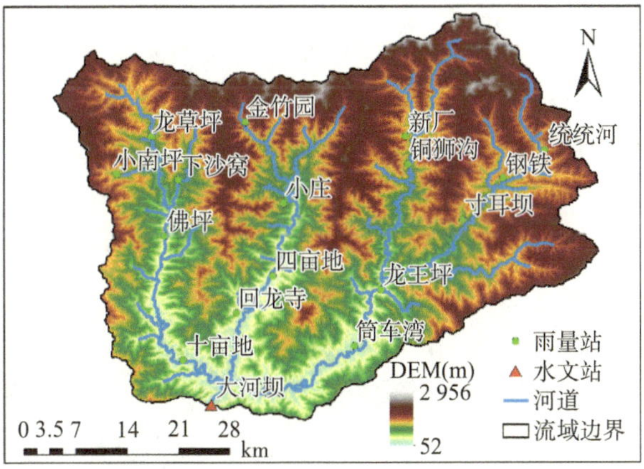

图 5.4-2　大河坝流域 DEM 以及水系图

(3) 屯溪流域

横江发源于黄山南麓，向东南至屯溪汇入新安江。屯溪水文站以上集水面积为 2 692 km^2，地势西高东低，高程在 111～1 619 m，相对高差较大，流域内水系分析以及土壤质地等地理要素分布特征见图 5.4-3。

屯溪流域邻近中国东南沿海，位于湿润地区，属亚热带季风气候，雨量充沛、四季分明，多年平均年降水量约为 1 800 mm。降水在年内年际分配较不均匀，5—9 月汛期内的降雨量一般占年总量的 60%以上。屯溪流域内有 18 个雨量站，收集有 2008—2017 年的日降雨

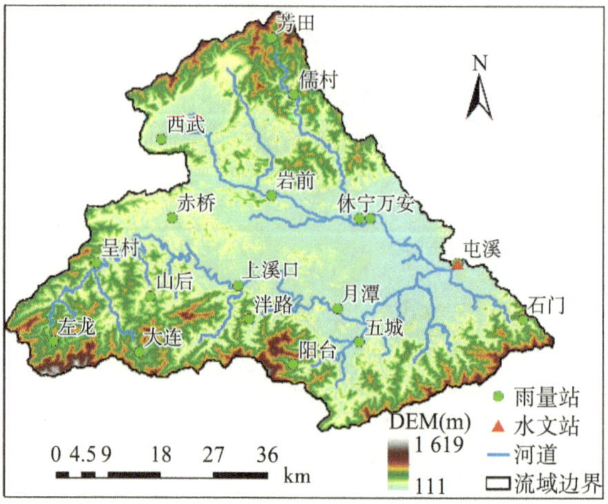

图 5.4-3　屯溪流域 DEM 以及水系图

资料和场次洪水的时段降雨资料，流域内的屯溪站具有 E601 型蒸发器的实测蒸发资料。

（4）浦市—五强溪坝上区间流域

沅水是洞庭湖水系中仅次于湘江的第 2 大河流，发源于贵州东南部，跨四川、湖南、湖北等省份，以洪江、凌津滩为界，将干支流分为上、中、下游 3 段。五强溪水库是沅水下游控制性水库，入库径流主要包括高砌头、河溪和浦市水文站处的上游来水以及五强溪水库坝上的区间入流。浦市到五强溪水库坝上的区间（以下简称五强溪流域）集水面积约为 7 864 km^2，属亚热带常绿及落叶阔叶林带，流域森林覆盖率为 82%。主要建造岩为变质混合岩类，花岗岩体也有零星分布。土壤分布由下到上有黄褐土、褐土、褐棕壤、高山草甸土，由于母岩的风化，流域表层有沙性土壤分布。区间多分布长短不一的峡谷，高程在 42～1 396 m，区间来水的流程短、汇流快以及突发性强，对五强溪的入库径流具有较大影响。

五强溪流域位于湿润地区，多年平均年降水量约为 1 724 mm，主要集中在 4—9 月的汛期。流域内有 22 个雨量站（图 5.4-4），收集有 2014—2020 年的日降雨资料和场次洪水的时段降雨资料。以五强溪流域作为研究区域，计算区间入流，加上经过河道演算的上游来水后，模拟得到五强溪入库径流过程。结合五强溪水库的出库径流监测数据和水位-库容特征曲线，反向推算入库径流过程，作为评价入库径流过程模拟结果的依据，蒸发数据可采用五强溪坝址处的水面蒸发观测资料。

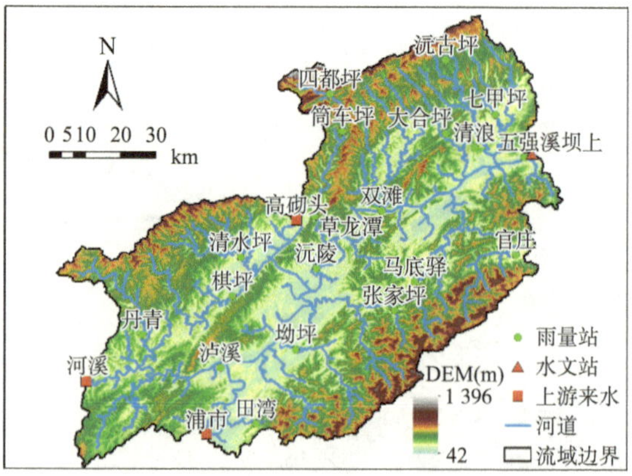

图 5.4-4　五强溪流域 DEM 以及水系图

5.4.2　流域径流模拟及分析

利用结合参数空间分布估算方案的 Grid-XAJ 模型对陈河、大河坝、屯溪和五强溪流域日尺度和小时尺度的径流过程进行模拟，采用径流深相对误差 ΔR 、洪峰相对误差 ΔQ_{peak} 、峰现时间误差 ΔT_{peak} 和确定性系数 DC 等指标评价洪水模拟精度水平，并与新安江模型进行对比分析（表 5.4-1 至表 5.4-8、图 5.4-5 至图 5.4-6）。

$$DC = \frac{1}{n}\sum_{i=0}^{n}(Q_{est,i} - Q_{obs,i})^2 \tag{5.4-1}$$

$$\Delta Q_{peak} = \frac{Q_{peak,est} - Q_{peak,obs}}{Q_{peak,obs}} \tag{5.4-2}$$

$$\Delta R = \frac{1}{\sum_{i=0}^{n} Q_{obs,i}}\left(\sum_{i=0}^{n} Q_{est,i} - \sum_{i=0}^{n} Q_{obs,i}\right) \tag{5.4-3}$$

$$\Delta T_{peak} = T_{peak,est} - T_{peak,obs} \tag{5.4-4}$$

式中：$Q_{est,i}$ 和 $Q_{obs,i}$ 分别为 i 时刻模拟和观测得到的径流量，m^3/s；$Q_{peak,est}$ 和 $Q_{peak,obs}$ 分别为模拟和观测的洪峰流量，m^3/s；$T_{peak,est}$ 和 $T_{peak,obs}$ 分别为模拟和观测的洪峰出现时间，h。

（1）径流模拟结果

表 5.4-1　大河坝流域日径流模拟结果特征值统计

年份	P (mm)	R_{obs} (mm)	ΔR(%)		DC	
			Grid-XAJ	XAJ	Grid-XAJ	XAJ
2013	704	199	8.1	12.1	0.83	0.20
2014	779	267	6.8	−7.4	0.76	0.80
2015	955	319	−11.9	−23.8	0.37	0.77

表 5.4-2　大河坝流域次洪模型模拟结果特征值统计

洪号	P (mm)	R_{obs} (mm)	$Q_{peak,obs}$ (m^3/s)	ΔR(%)		ΔQ_{peak}(%)		ΔT_{peak}(h)		DC	
				Grid-XAJ	XAJ	Grid-XAJ	XAJ	Grid-XAJ	XAJ	Grid-XAJ	XAJ
20130722	56.9	44.3	1 470	−2.1	1.6	9.8	7.7	0	1	0.95	0.92
20140910	104	112	1 790	1.6	5.4	−7.0	−9.6	0	3	0.66	0.70
20150628	110	100	3 300	0.5	25.6	6.1	6.8	−1	−5	0.96	0.56

表 5.4-3　陈河流域日径流模拟结果特征值统计

年份	P (mm)	R_{obs} (mm)	ΔR(%)		DC	
			Grid-XAJ	XAJ	Grid-XAJ	XAJ
2003	997	668	13.5	−8.7	0.85	0.90
2004	631	280	16.6	−27.5	0.19	0.58
2005	922	572	10.7	−10.7	0.81	0.90
2006	612	294	28.8	−33.8	0.56	0.82
2007	719	390	17.7	−21.8	0.72	0.86
2008	681	173	−57.5	38.7	0.48	0.68
2009	758	243	−46.9	36.7	0.40	0.72
2010	834	377	−12.0	13.1	0.73	0.85
2011	1 101	548	−12.9	19.9	0.72	0.81
2012	685	239	−34.1	11.9	0.53	0.68

表 5.4-4　陈河流域次洪模型模拟结果特征值统计

洪号	P (mm)	R_{obs} (mm)	$Q_{peak,obs}$ (m^3/s)	ΔR(%)		ΔQ_{peak}(%)		ΔT_{peak}(h)		DC	
				Grid-XAJ	XAJ	Grid-XAJ	XAJ	Grid-XAJ	XAJ	Grid-XAJ	XAJ
20030826	142	95.2	628	−9.8	17.5	−4.8	14.2	0	−3	0.78	0.71
20030903	62.8	71.8	740	−13.0	−10.4	−12.4	−13.0	−1	−1	0.92	0.94
20030917	99.8	81.4	694	−13.1	−9.6	3.1	−1.5	−3	0	0.79	0.91
20040902	43.2	33.6	153	−17.6	−18.8	6.8	−0.2	−1	7	0.72	0.82
20050925	237	186	1 740	−14.1	6.4	−6.1	−15.2	1	−4	0.71	0.72
20060903	25.8	20	328	17.1	12.6	−10.3	−14.2	3	−4	0.74	0.79
20060925	78.4	45.4	293	2.4	16.5	29.9	33.1	−4	4	0.88	0.76
20070704	83.2	42.7	341	10.5	17.4	16.8	2.0	2	1	0.70	0.70
20100715	40.2	16	198	18.1	79.3	49.7	17.1	2	−2	0.68	0.25
20100721	86.4	57	623	−14.8	7.2	−19.1	−22.0	1	−2	0.85	0.85
20100818	73.3	31.3	647	22.7	41.8	3.6	−12.3	0	−3	0.82	0.69
20100822	54.9	55.9	585	11.9	12.7	−2.8	−5.5	−3	2	0.96	0.91
20110803	43.5	36.9	390	16.0	13.2	16.3	7.7	−1	0	0.96	0.90
20110910	69.1	61.4	865	−28.1	−14.7	−7.5	−18.9	0	−3	0.89	0.90
20110915	125	117	1 200	−14.3	−11.4	−14.5	−13.8	−3	1	0.95	0.95
20120707	73.4	33	386	39.5	54.9	11.6	19.2	−2	−2	0.54	0.30
20120830	135	87.9	1 710	0.6	−4.2	−21.2	−34.6	1	−4	0.81	0.80

表 5.4-5　屯溪流域日径流模拟结果特征值统计

年份	P (mm)	R_{obs} (mm)	ΔR(%)		DC	
			Grid-XAJ	XAJ	Grid-XAJ	XAJ
2008	1 951	1 138	7.3	6.0	0.88	0.95
2009	1 792	865	19.8	10.6	0.51	0.81
2010	2 240	1 584	−6.3	−2.1	0.93	0.93
2011	1 877	1 079	5.0	6.8	0.92	0.96
2012	2 213	1 305	12.7	9.4	0.83	0.95
2013	1 625	1 014	11.0	−3.1	0.88	0.91
2014	2 183	1 343	13.5	13.5	0.91	0.93
2015	2 476	1 676	9.3	6.8	0.91	0.95
2016	2 395	1 648	11.9	6.4	0.84	0.93
2017	1 856	1 060	13.3	10.0	0.86	0.91

表 5.4-6　屯溪流域次洪模型模拟结果特征值统计

洪号	P (mm)	R_{obs} (mm)	$Q_{peak,obs}$ (m^3/s)	ΔR(%)		ΔQ_{peak}(%)		ΔT_{peak}(h)		DC	
				Grid-XAJ	XAJ	Grid-XAJ	XAJ	Grid-XAJ	XAJ	Grid-XAJ	XAJ
20080527	133	70.7	1 340	4.9	5.0	8.1	0.1	1	2	0.98	0.96
20080607	361	255	5 290	7.9	10.3	−9.9	−5.1	−2	−3	0.89	0.94
20080613	127	98.9	1 900	−4.2	8.3	−10.2	−2.6	−2	−2	0.91	0.92
20080729	129	78.8	1 200	1.7	0.9	6.0	−4.9	−3	−3	0.90	0.96
20090424	22.2	32.1	385	−42.7	−47.1	−59.8	−53.8	2	3	0.23	0.29
20090727	134	133	1 300	−10.0	−11.5	12.3	1.1	−3	−2	0.69	0.72
20100410	107	56.9	1 123	5.4	11.4	6.8	12.4	1	−1	0.94	0.91
20100420	73.4	62.9	943	−5.7	−1.1	−9.1	−1.7	3	−2	0.92	0.93
20100516	144	111	1 969	−5.4	5.0	−3.7	−8.4	4	2	0.94	0.96
20100706	234	157	1 870	−1.0	−7.7	7.9	0.8	−1	3	0.87	0.93
20100713	174	167	1 700	−6.2	−3.3	−9.7	−7.0	1	0	0.97	0.97
20110609	228	161	3 400	0.6	16.8	−5.0	37.1	−1	−1	0.93	0.84
20110614	428	385	5 230	−3.8	1.3	−9.9	−7.2	−3	0	0.92	0.98
20120421	170	126	3 170	−6.4	2.6	−10.2	1.9	−1	0	0.95	0.99
20130605	141	128	3 610	1.0	−4.8	−15.6	−16.5	0	−1	0.97	0.96
20130624	272	211	4 214	−2.0	4.2	−1.3	0.6	−1	0	0.95	0.98
20140611	187	105	2 380	15.3	0.6	18.4	−1.3	−1	−1	0.92	0.98

续表

洪号	P (mm)	R_{obs} (mm)	$Q_{peak,obs}$ (m^3/s)	ΔR(%)		ΔQ_{peak}(%)		ΔT_{peak}(h)		DC	
				Grid-XAJ	XAJ	Grid-XAJ	XAJ	Grid-XAJ	XAJ	Grid-XAJ	XAJ
20140712	234	221	3 640	−5.4	−15.4	−3.5	−4.0	0	−1	0.96	0.94
20150607	176	148	3 010	−28.7	−7.2	−17.0	4.9	3	2	0.68	0.96
20150801	131	68.2	1 060	0.8	−7.8	−14.1	−15.0	3	3	0.87	0.93
20160328	389	244	2 350	40.5	23.9	4.0	−22.8	−4	1	0.30	0.62
20160618	179	179	4 280	−3.2	−8.1	3.9	−0.8	−4	−1	0.91	0.98
20160702	156	162	1 980	−10.7	−8.6	−30.9	−17.6	5	−1	0.49	0.96
20160715	79.7	64.9	1 220	1.2	3.5	−3.8	22.8	3	2	0.94	0.95
20170518	257	262	1 730	−20.8	−33.0	7.2	−9.1	−1	3	0.88	0.87

表 5.4-7　五强溪流域日径流模拟结果特征值统计

年份	P (mm)	R_{obs} (mm)	ΔR(%)		DC	
			Grid-XAJ	XAJ	Grid-XAJ	XAJ
2014	1 536	892	7.7	10.4	0.92	0.84
2015	1 339	799	18.6	21.8	0.83	0.77
2016	1 625	914	17.0	19.1	0.83	0.85
2017	1 645	820	16.4	18.7	0.95	0.83
2018	1 430	542	13.5	16.2	0.82	0.79
2019	1 490	819	12.2	15.9	0.90	0.88
2020	1 764	1 136	10.9	10.8	0.85	0.81

表 5.4-8　五强溪流域次洪模型模拟结果特征值统计

洪号	P (mm)	R_{obs} (mm)	$Q_{peak,obs}$ (m^3/s)	ΔR(%)		ΔQ_{peak}(%)		ΔT_{peak}(h)		DC	
				Grid-XAJ	XAJ	Grid-XAJ	XAJ	Grid-XAJ	XAJ	Grid-XAJ	XAJ
20140523	104	447	17 356	5.0	2.4	6.7	0.1	−1	0	0.86	0.86
20140703	156	351	22 705	−5.5	3.1	3.6	−4.8	0	2	0.89	0.95
20140714	212	972	35 725	−2.8	2.5	−7.7	0.1	−1	−2	0.93	0.94
20150601	168	507	17 762	−9.8	−1.7	−9.7	−3.6	2	2	0.86	0.93
20150607	46.4	289	12 017	−6.1	−2.0	−9.8	−11.7	0	1	0.69	0.95
20150620	73.5	387	19 196	−4.2	7.2	−8.6	−6.9	−1	2	0.96	0.91
20160507	88.7	337	13 051	2.9	−4.7	−3.9	−18.0	1	−2	0.95	0.72
20160627	92.3	242	14 996	−3.6	2.1	1.9	−5.8	4	3	0.91	0.97

续表

洪号	P (mm)	R_{obs} (mm)	$Q_{peak,obs}$ (m^3/s)	ΔR(%)		ΔQ_{peak}(%)		ΔT_{peak}(h)		DC	
				Grid-XAJ	XAJ	Grid-XAJ	XAJ	Grid-XAJ	XAJ	Grid-XAJ	XAJ
20160703	57.3	574	22 278	6.2	5.1	−5.1	1.4	2	−3	0.96	0.89
20170522	58.1	168	8 871	−2.7	8.0	−0.9	0.4	−6	20	0.87	0.94
20170627	136	1 223	32 147	8.0	20.3	2.1	14.3	2	3	0.75	0.67
20170811	172	253	13 091	7.7	2.0	1.1	1.4	0	0	0.88	0.92
20180530	34.5	221	7 348	6.0	−0.9	3.4	−5.6	−2	1	0.86	0.94
20190519	23.2	281	14 024	−0.2	0.1	−1.8	−4.8	0	−11	0.96	0.96
20190707	117	744	14 046	−1.7	−7.5	17.1	−9.9	−1	0	0.89	0.87
20200718	101	206	18 688	−3.2	−3.8	4.1	−17.8	1	1	0.91	0.86
20200915	175	817	20 829	−1.2	−1.5	7.6	−1.6	2	1	0.97	0.96

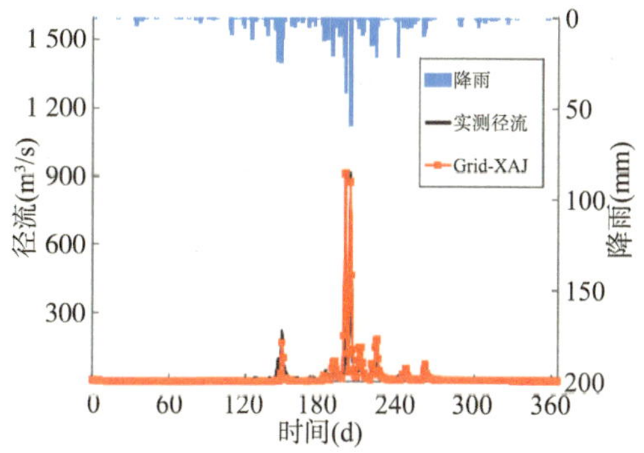

(a) 大河坝 2013 年

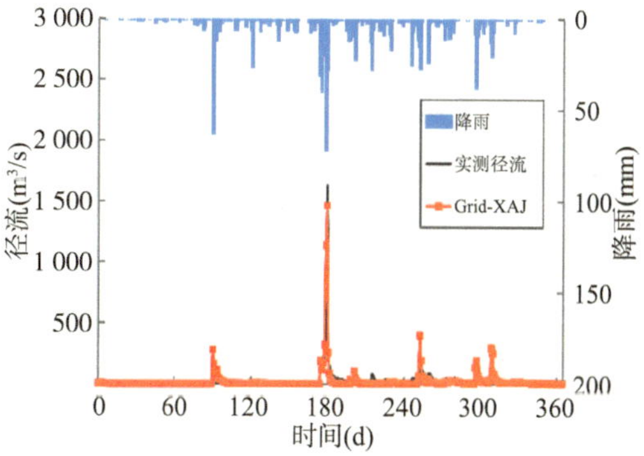

(b) 大河坝 2015 年

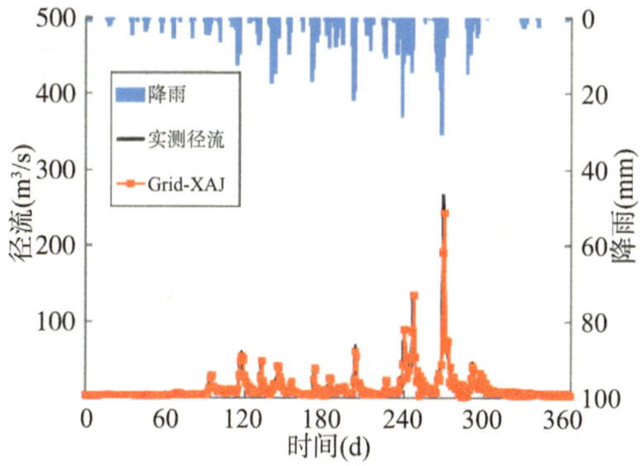

(c) 陈河 2006 年

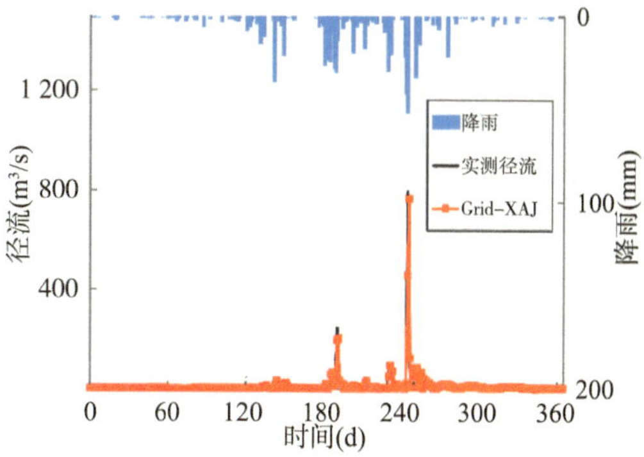

(d) 陈河 2012 年

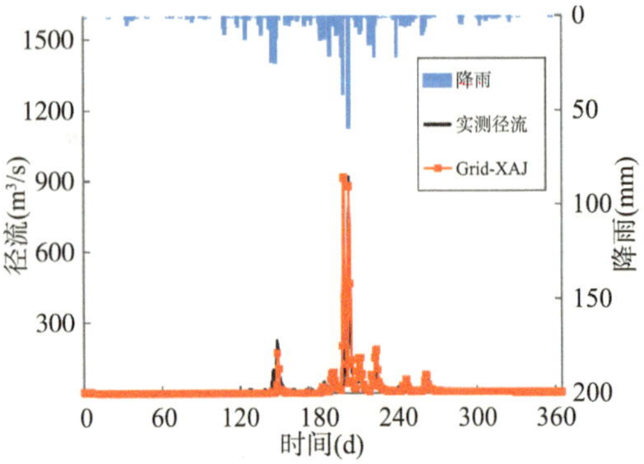

(e) 屯溪 2013 年

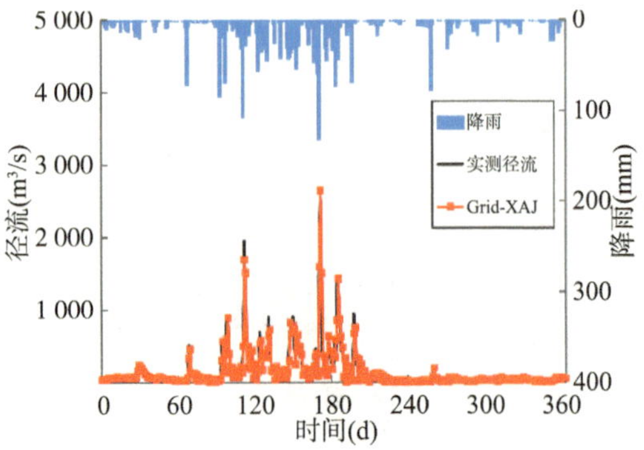

(f) 屯溪 2016 年

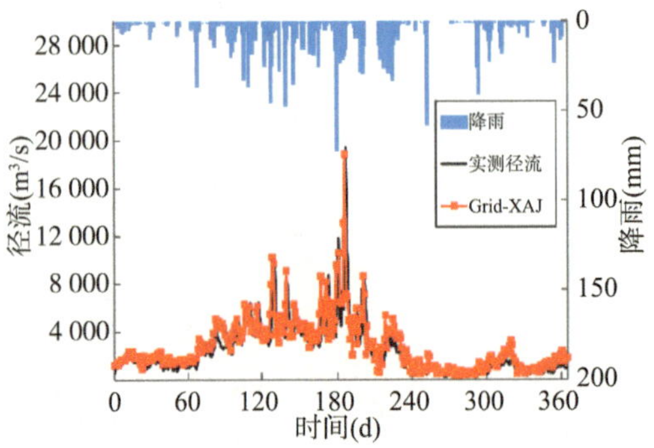

(g) 五强溪 2016 年

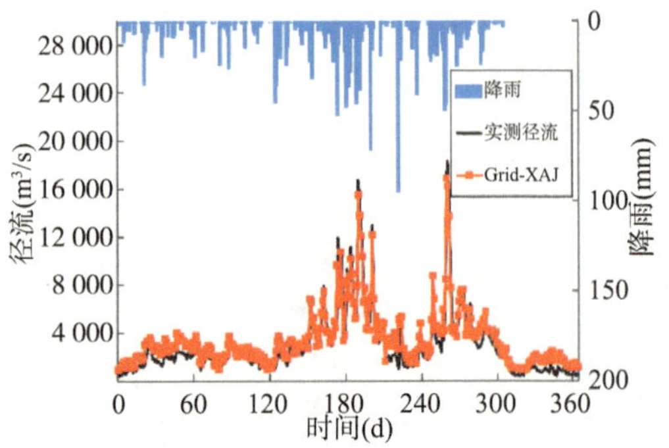

(h) 五强溪 2020 年

图 5.4-5　日径流模拟结果

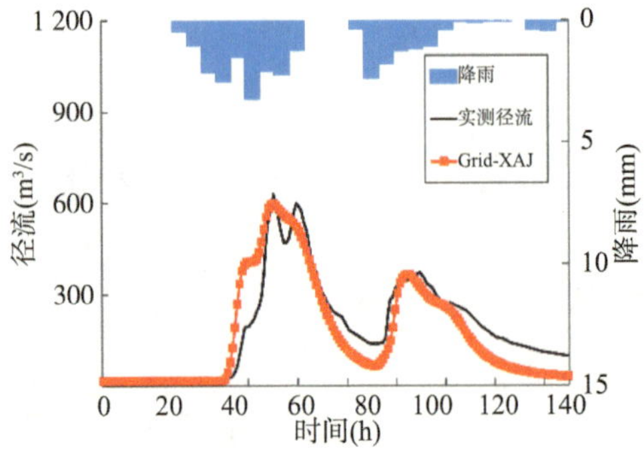

(a) 陈河 20030826 场次洪水

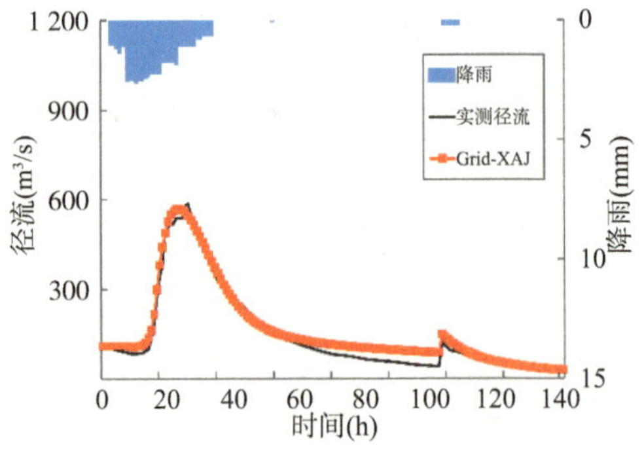

(b) 陈河 20100822 场次洪水

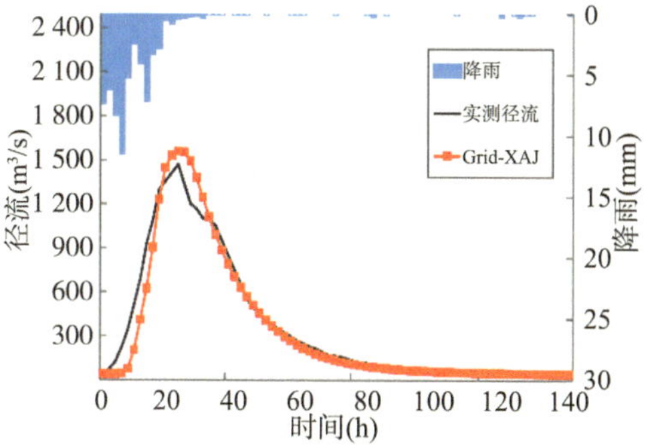

(c) 大河坝 20130722 场次洪水

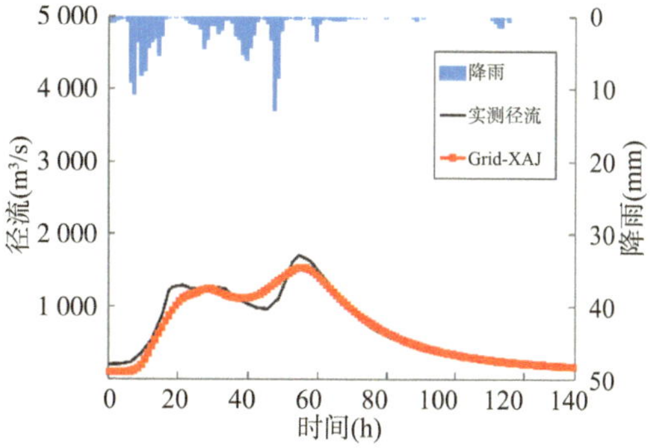

(d) 屯溪 20100713 场次洪水

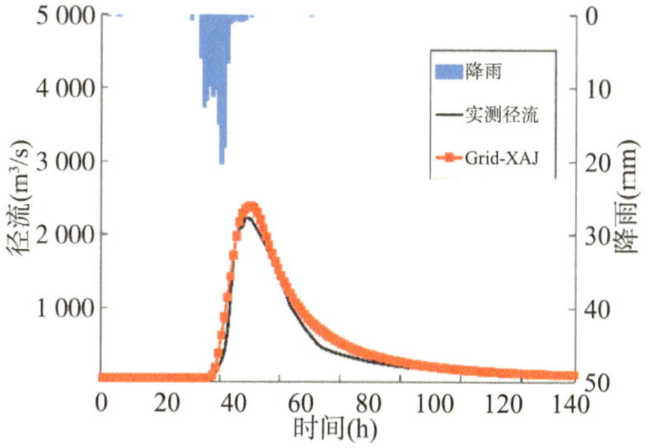

(e) 屯溪 20140611 场次洪水

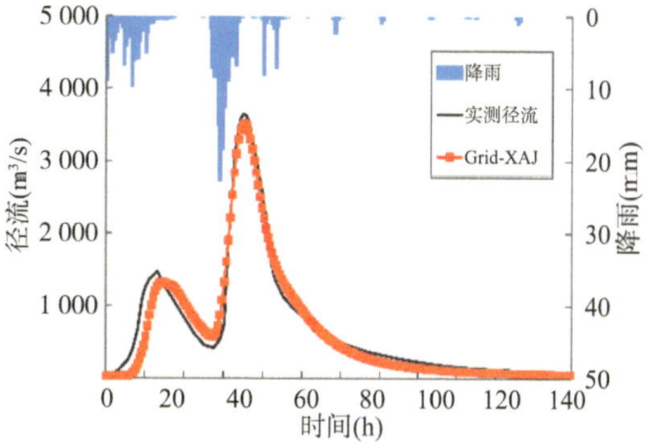

(f) 屯溪 20140712 场次洪水

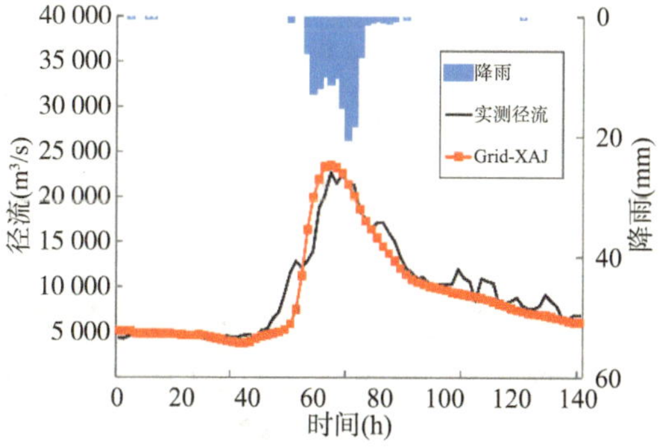

(g) 五强溪 20140703 场次洪水

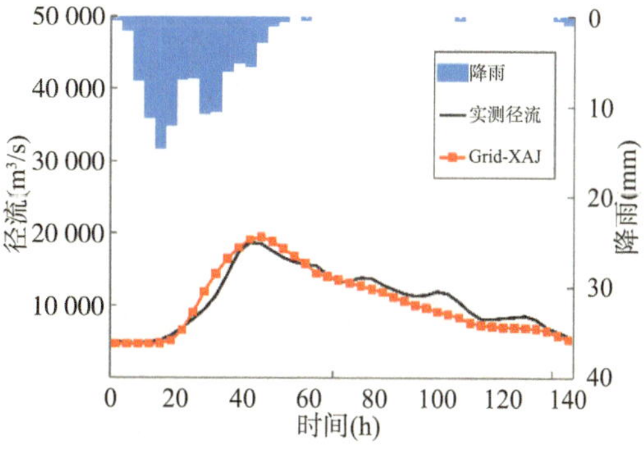

(h) 五强溪 20200718 场次洪水

图 5.4-6　场次洪水模拟结果

(2) 模拟结果分析

基于统计的径流深相对误差(ΔR)、洪峰相对误差(ΔQ_{peak})、峰现时间误差(ΔT_{peak})和确定性系数(DC)等指标,采用雷达图直观表现各评价指标均值在不同研究流域的分布情况(图 5.4-7)。

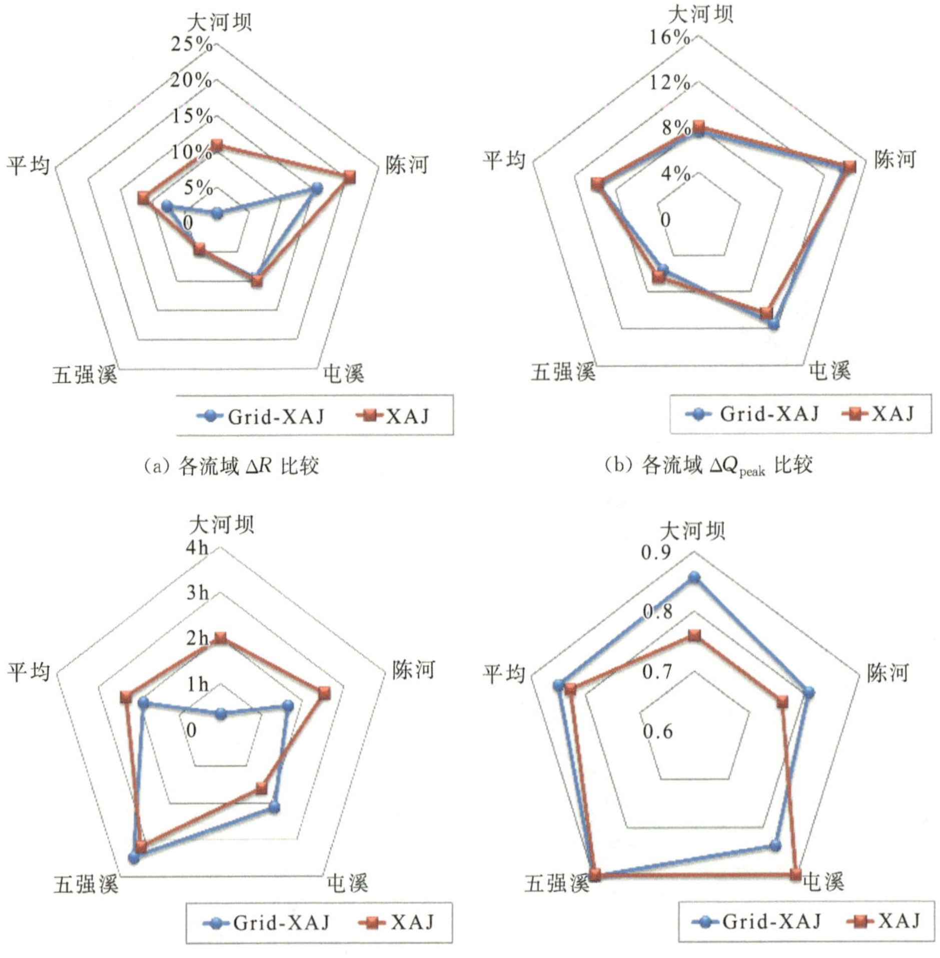

(a) 各流域 ΔR 比较

(b) 各流域 ΔQ_{peak} 比较

(c) 各流域 ΔT_{peak} 比较

(d) 各流域 DC 比较

图 5.4-7　洪水模拟结果比较分析

由图 5.4-7 可以看出，在湿润地区的屯溪流域，新安江模型的平均峰现时间误差和确定性系数分别为 1.6 h 和 0.89，略优于 Grid-XAJ 模型（2.2 h 和 0.84）。对于径流深和洪峰的模拟，Grid-XAJ 模型的模拟精度与新安江模型基本一致，各流域平均误差分别为 9.5%、9.9%、11.5%和 10.4%。在五强溪流域，Grid-XAJ 模型的平均径流深相对误差、洪峰相对误差、峰现时间误差以及确定性系数分别为 4.5%、5.6%、3.4 h 和 0.90，与新安江模型的模拟结果较为接近（4.4%、6.3%、3.2 h 以及 0.89）。在位于半湿润地区的陈河流域，Grid-XAJ 模型与新安江模型的洪峰相对误差分别为 13.9%和 14.3%，差距较小。但是 Grid-XAJ 模型的平均洪峰相对误差、峰现时间误差和确定性系数分别为 15.5%、1.64 h 和 0.8，均优于新安江模型（20.5%、2.5 h 和 0.75）。受数据观测资料限制和工程建设影响，大河坝流域仅进行了 2013—2015 年 3 场洪水的模拟，但是仍可以看出 Grid-XAJ 模型在洪量、峰现时间以及确定性系数等指标上优于新安江模型。

综上可以看出，在位于湿润地区的屯溪流域，新安江模型对于峰现时间和洪水涨落过程的模拟效果略优于 Grid-XAJ 模型，而对于径流深和洪峰的模拟效果基本相当，且五强溪流域的模拟结果也说明 Grid-XAJ 模型的各误差统计指标均与新安江模型接近，其洪水模拟精度基本处于同一水平；而在半湿润地区的陈河、大河坝流域，Grid-XAJ 模型能够更好地模拟出洪峰出现时间以及洪水陡涨陡落的变化特点。

第6章

分布式水文模型在强人类活动地区研究

洪水是一种常见的自然灾害,为了有效地模拟和预报洪水过程,需要选择合适的水文模型。水文模型的结构和参数是决定模型性能的关键因素,它们分别反映了流域的水文规律和特征。随着人类活动对流域水文过程的影响日益增大,甚至在某些流域成为主导因素,水文模型也需要相应地进行调整和改进。目前,能够考虑人类活动影响的水文模型主要有两大类,一类是基于网格的分布式水文模型,它们能够在空间上细化地表示流域内各种水文过程;另一类是概念性水文模型,它们通过一些简化的假设和公式来描述流域内的水文过程。

基于网格的分布式水文模型能够细致地模拟流域内各种水文要素和下垫面因素的空间分布与变化,如降雨、蒸发、地形、土壤、植被等,从而反映流域的空间异质性,提高模拟精度和可靠性。网格水文模型还有以下几个优点:一是可以方便地利用遥感和地理信息系统提供的大量空间数据来构建和驱动模型,降低参数估计的不确定性;二是可以灵活地根据研究目的和数据可用性来选择合适的时间和空间分辨率,并进行优化和平衡;三是可以更容易地与其他类型的模型进行耦合,如气象模型、生态模型、水质模型等,实现多学科的综合分析和评估。因此,网格水文模型是一种具有广泛应用前景和潜力的水文模拟工具。

然而,基于网格的分布式水文模型需要大量的数据来反映流域的水文过程和特征。对于天然流域,主要需要的数据有地形、土壤、植被、地质和河道资料等;对于受人类活动影响的流域,如海河流域,还需要各种水利工程和水土保持工程的数据。然而,这些数据并不容易获取,有些是保密的,有些是缺失的,有些甚至是不存在的。如果网格水文模型在数据不足的情况下运行,就需要对很多参数进行估计或率定,这会增加模型的不确定性和误差。

概念性模型是另一类可以考虑人类活动对流域水文过程的影响的模型,例如,Buytaert[1]用线性水库模型定量估计了土地利用变化对流域水文过程的影响,Fenicia[2]揭示了流域地理特征与概念性模型的结构特征之间存在着一定的对应关系。因此,在人类活动强烈的流域,可以通过改进概念性模型的结构来专门反映人类活动的影响。

本章节采用了基于网格的分布式模拟方法和基于子流域的分散式模拟方法,探讨了半干旱半湿润强人类活动地区的降雨径流模拟问题。通过引入地表、地下双重拦蓄模块和蓄满超渗空间组合结构,本章节分析了不同模拟方法和模型结构对模拟精度和效率的影响,为提高半干旱半湿润强人类活动地区的水文模拟能力提供了一些思路和建议。

6.1 新安江-海河模型

6.1.1 模型原理

新安江模型是一种概念性水文模型，它通过抛物线方程来计算流域内的产流过程，考虑了下垫面要素的空间变异性。海河流域是一个受人类活动影响较大的流域，下垫面要素的空间分布非常不均匀，因此，新安江模型能够较好地适应海河流域的水文特征，提高模拟精度和效果。尽管新安江模型的产流原理并不完全符合海河流域的产流现状，但在实际业务工作中，新安江模型仍然是海河流域很受欢迎的模型，主要是因为它具有精度高、参数少、结构简单、易于操作等优点。

但是，如果直接将新安江模型用于海河流域，也存在一些问题，如模型参数的取值不合理，导致自由水蓄水容量 SM 大于张力水蓄水容量 WM 等。这些问题会影响模型的可靠性和稳定性。因此，在保持新安江模型主体结构不变的前提下，有必要根据海河流域当前的水文特点，对模型进行适当的改进，以使模型参数和结构更加合理，同时保持或提高模拟精度。

海河流域是一个受人类活动影响较大的流域，人类活动导致了流域内径流量的显著减少。为了反映这一水文特征，在新安江模型的基础上，增加了两个新的模块，分别是地表拦蓄模块和地下拦蓄模块。这两个模块可以分别描述地表水利工程和地下水开采对流域内径流过程的削减作用。将改进后的新安江模型命名为新安江-海河模型[3-5]。

地表拦蓄模块采用空间拦蓄水库描述小型水利工程及水土保持工程对地表径流的拦蓄作用。在进行模型参数率定之前，需要对流域内的各类拦蓄设施进行调查，获取其控制面积、蓄水容量等基本信息，作为参数的初始值，而后再进行参数调试。每一计算时段的地表径流拦蓄量可用下述公式估算：

$$R_v=\min\left(R_{vm}-R_0,\frac{F_v}{F_t}\times R_s\right) \tag{6.1-1}$$

式中：R_{vm} 为地表拦蓄能力；R_0 为初始拦蓄量；F_v、F_t 分别为模拟单元内小型蓄水工程控制面积及模拟单元总面积。

F_v/F_t 体现了空间的含义，它表示受到地表水利工程影响的地表径流占总地表径流的比例。这个参数并不意味着所有的地表径流都会被地表拦蓄水库截留，而只是针对那些流经水利工程控制区域的地表径流。需要注意的是，空间拦蓄水库是一个阈值函数，它与常用的蓄泄关系不同，它假设地表径流进入拦蓄水库后，就不会再排出，而是消耗于蒸散发或用于灌溉等。当地表拦蓄水库拦蓄量达到容量上限后，地表径流就直接进入河道，不再受到拦蓄影响。

海河流域地下水开采导致了地下水面的快速下降，这种人为干扰对流域的产流过程有着间接而又显著的影响。当地下水位下降时，流域土壤逐渐从湿润转为干旱。这样，即使降雨来临，也很难形成大面积的蓄满产流，而只有在部分下渗率较低的区域才会出现局部产流。这些局部产流并不一定能够汇入河道，有可能在途中又重新渗入地下。因此，洪水的洪量一般不大，但由于超渗产流的关系，洪峰可能较高[6,7]。

海河流域秋冬季节降雨较少，用水量较大，地下水开采量超过了补给量，地下水位持续下降。汛期开始时，地下水埋深较深，径流在坡地汇流过程中会不断渗漏，补充地下水，抬升地下水面。

在新安江-海河模型中，地下拦蓄模块采用时间拦蓄水库描述地下水开采对产流过程的影响。这个模块与地表径流、壤中流和地下径流并联，它们按照一定的比例因子向下渗漏补给地下拦蓄水库。时间拦蓄水库有一个阈值 R_d，当水库蓄水量小于 R_d 时，不出流，全部蓄积在水库内；当水库蓄水量大于 R_d 时，超过部分按照地下径流的参数出流。所谓时间拦蓄水库，是指从洪水开始到结束，地下水开采对产汇流过程的影响是持续不断的。这是因为海河流域地下水埋深很深，一次降雨不足以让地下水位恢复到天然状态，这是一个时间的概念，与地表拦蓄水库空间的概念相区别。地下拦蓄模块的计算公式如下：

$$R_s = R_{s0} \times (1 - F_0) - R_v \tag{6.1-2}$$

$$R_i = S \times K_i \times F_r \times (1 - F_0) \tag{6.1-3}$$

$$R_g = S \times K_g \times F_r \times (1 - F_0) \tag{6.1-4}$$

式中：R_{s0} 为原有新安江模型计算出的地表径流量，也就是未经拦蓄的地表径流量；F_0 是地表径流、壤中流及地下径流向地下拦蓄水库渗漏的比例因子；S 是原有新安江模型自由水蓄水量；K_i 和 K_g 分别是原有新安江模型自由水蓄水库壤中流及地下径流出流系数；F_r 是产流面积比例；R_s、R_i 和 R_g 分别是新安江-海河模型最终计算出的地表径流量、壤中流量及地下径流量。

6.1.2 模型应用

本小节以阜平流域为研究对象。阜平水文站位于大清河南支沙河支流上游，控制面积为 2 210 km^2。流域内地形复杂，多为深山区，河道纵坡平均为 5.3‰，两岸多为岩石，几无台地。流域内植被覆盖较少，仅局部有小片林地。流域内多年平均年降水量约为 600 mm。

分别采用新安江模型和新安江-海河模型，对阜平流域 1958—2004 年的 41 场洪水进行模拟与分析。阜平流域是一个受人类活动影响较大的流域，20 世纪 80 年代前后，流域内的下垫面特征发生了明显的变化。同时，由于该流域地处半干旱半湿润地区，不同量级的洪水产汇流特性也有显著的差别，因此，需要对洪水进行分年代、分量级的模拟，这与湿润流域的情况不同。模拟结果如表 6.1-1 和表 6.1-2 所示，其中大水表示洪峰流量大于或等于 10 年一遇，中水表示洪峰流量 5 至 10 年一遇，小水表示洪峰流量小于 5 年一遇。

表 6.1-1　阜平流域新安江模型各时期模拟结果

洪水量级	年份	SM(mm)	C_s	径流深合格率(%)	洪峰合格率(%)
大水	20 世纪 80 年代前	30	0.15	100	100
	20 世纪 80 年代后	30	0.15	100	100
中水	1958 年、1966 年、1967 年	20	0.02	100	100
	1973 年、1975 年、1976 年、1977 年	35	0.15	75	75
	1978 年、1979 年、1982 年、1995 年、2000 年	69	0.20	80	100
小水	20 世纪 80 年代前	40	0.29	73	—
	20 世纪 80 年代后	70	0.14	77	—

表 6.1-2　阜平流域新安江-海河模型各时期模拟结果

洪水量级	年份	SM(mm)	C_s	F_v/F_t	F_0	径流深合格率(%)	洪峰合格率(%)
大水	20 世纪 80 年代前	30	0.15	0	0	100	100
	20 世纪 80 年代后	30	0.15	0	0	100	100
中水	1958 年、1966 年、1967 年	15	0.05	0	0	100	100
	1973 年、1975 年、1976 年、1977 年	25	0.29	0	0	100	75
	1978 年、1979 年、1982 年、1995 年、2000 年	35	0.36	0.1	0.17	80	80
小水	20 世纪 80 年代前	40	0.29	0	0	73	—
	20 世纪 80 年代后	40	0.15	0.1	0.21	92	—

从模拟结果来看，新安江-海河模型能够保持或提高新安江模型的精度，同时使模型参数的取值更加合理。这说明，通过改进模型结构来考虑海河流域人类活动的影响，是一种客观和合理的方法。

6.2　考虑拦蓄的蓄满超渗空间组合模型

6.2.1　模型原理

大多数流域水文模型只采用了蓄满产流模式或者超渗产流模式来描述径流生成过程，这也是目前大多数流域水文模型存在的局限性。在半湿润半干旱流域中，径流生成过程并不单一，而是由多种因素共同作用的结果。例如，在河畔、山坡坡脚等地，由于土壤饱和度较高，容易出现蓄满产流；而在孔隙度和水力传导性较低的地方，则容易出现超渗产流。因此，单一产流模式的水文模型可能无法准确地反映半湿润半干旱流域的复杂水文特征。为了克服这一缺点，学界提出了蓄满超渗空间组合模型[8-13]。

蓄满超渗空间组合模型，根据子流域的土地利用、土壤属性和地形地貌资料，将子流域划分为蓄满产流主导和超渗产流主导两种产流类型。在蓄满产流主导的子流域，使用蓄满产流模型（例如新安江模型）计算产流量；在超渗产流主导的子流域，使用超渗产流模型（例如河北雨洪模型）计算产流量。然后，通过汇流和河道洪水演算，将各个子流域的流量过程叠加，得到流域出口的总流量过程。

蓄满超渗空间组合模型，综合了 SCS-CN 模型和 TOPMODEL 模型的优点，能够有效判别子流域的产流类型。该模型利用 CN 值和地形指数两个指标，分别反映下垫面的下渗能力和土壤水分状况。CN 值由土地利用和土壤类型查表得到，适用于超渗产流的判别；地形指数由 DEM 数据计算得到，适用于蓄满产流的判别。蓄满超渗空间组合模型首先根据 CN 值，采用 ArcGIS 中的自然分级功能，将子流域分为蓄满产流和超渗产流两类，然后根据地形指数进行修正，使两类子流域的面积比例接近。子流域蓄满产流与超渗产流的具体划分方法可参见第 4 章。

半湿润半干旱流域人口密集，水资源供需矛盾较为突出，水文过程更容易受人类活动的影响。因此，半湿润半干旱流域的水文模拟需要综合考虑自然因素和人为因素的影响，建立适合于该类地区的水文模型。为了实现这一目标，我们在蓄满超渗空间组合模型的基础上，进一步增加了地表拦蓄模块和地下拦蓄模块，构建了考虑拦蓄的蓄满超渗空间组合模型。这两个模块可以描述地表水利水保工程对地表径流的拦蓄作用和地下水超采、地下水位下降对径流过程的拦蓄效应。地表拦蓄模块和地下拦蓄模块的计算方法与新安江-海河模型中的相同，具体可参见 6.1.1 节。

6.2.2 模型应用

选取半湿润半干旱地区的典型城市化流域——羊坊闸流域作为研究对象，对 1986—2019 年的 14 场洪水进行了模拟。羊坊闸流域面积 143.8 km^2，流域出口羊坊闸水文站地处北京市朝阳区奥运村地区，始建于 1980 年。

本次研究中，考虑拦蓄的蓄满超渗空间组合模型（RSIDE）是在新安江模型和超渗产流模型空间组合的基础上，增加了地表拦蓄模块和地下拦蓄模块，以反映人类活动对流域水文过程的影响。本次研究采用了河北雨洪模型[14,15]作为超渗产流模块的产流模式。为了更加全面地分析该模型的性能和适应性，还同时使用了五个结构相近的对比模型，分别是新安江模型（XAJ）、超渗产流模型（IE）、考虑拦蓄的新安江模型（RXAJ，即新安江-海河模型）、考虑拦蓄的超渗产流模型（RIE）和未考虑拦蓄的蓄满超渗空间组合模型（SIDE）。通过对比这些模型在羊坊闸流域的模拟结果，考察考虑拦蓄的蓄满超渗空间组合模型是否具有优势，以及空间组合结构和拦蓄结构是否发挥了作用。

采用 SCE-UA 全局优化程序，对六个水文模型进行参数率定，目标函数是使洪峰合格数和径流深合格数达到最大。表 6.2-1 显示了羊坊闸流域各模型洪水模拟的合格情况。

表 6.2-1　羊坊闸流域模拟结果统计表

	新安江模型	新安江-海河模型	超渗产流模型	带拦蓄的超渗产流模型	蓄超模型	带拦蓄的蓄超模型
径流深合格数	9	9	8	9	10	10
洪峰合格数	8	9	7	8	9	9

新安江-海河模型和考虑拦蓄的超渗产流模型都是在原有模型的基础上，增加了地表拦蓄模块和地下拦蓄模块，以反映人类活动对流域水文过程的影响。从表 6.2-1 可以看出，新安江-海河模型的表现优于新安江模型，考虑拦蓄的超渗产流模型的表现优于超渗产流模型，说明在强人类活动流域中，增加拦蓄模块可以提高模拟精度，更适合于描述产汇流过程。

另一方面，蓄满超渗空间组合模型是将新安江模型和超渗产流模型进行空间组合，综合考虑了蓄满产流和超渗产流两种机制，并根据下垫面特征确定不同区域的产流方式。这种模型的表现远远优于单一产流模式的模型，说明在半湿润半干旱流域中，空间组合结构可以优化模拟效果，反映流域的空间异质性。

值得注意的是，当蓄满超渗空间组合模型增加了拦蓄结构后，其精度并没有提高，而是与未考虑拦蓄的情况相当。我们推测这可能与模型复杂度有关，当模型已经足够复杂时，进一步增加拦蓄结构，不一定能够提高精度，可能还会增加参数不确定性和计算负担。具体原因还需要进行更深入的研究。

2023 年 7 月 28 日至 8 月 1 日，受第 5 号台风“杜苏芮”残余环流和冷空气共同影响，华北地区出现 1963 年以来最强降雨过程，海河发生“23・7”流域性特大洪水。羊坊闸流域也出现了显著的洪水过程，从 7 月 29 日 8 点到 8 月 2 日 8 点，流域降雨总量达 253.2 mm，径流深 97.3 mm，洪峰流量 133 m^3/s。为了评估 6 个不同的水文模型在羊坊闸流域的适用性和精度，本次研究选取了羊坊闸流域“23・7”暴雨洪水事件作为验证案例，使用原有参数条件对 6 个模型进行了模拟计算，并从径流深相对误差、洪峰相对误差和确定性系数 *DC* 三个方面，对模型的模拟结果进行了分析和比较，具体如表 6.2-2 所示。

表 6.2-2　羊坊闸流域“23・7”洪水模拟结果统计表

	新安江模型	新安江-海河模型	超渗产流模型	带拦蓄的超渗产流模型	蓄超模型	带拦蓄的蓄超模型
径流深相对误差(%)	37.2	−2.37	−22.5	−8.4	−3.2	−8.6
洪峰相对误差(%)	60.1	6.3	−2.9	−38.7	9.2	−0.5
DC	0.4	0.55	0.05	0.46	0.34	0.83

根据《水文情报预报规范》(GB/T 22482—2008)，当径流深相对误差小于 20%的时候，径流深模拟合格；洪峰相对误差小于 20%的时候，洪峰模拟合格；确定性系数大于 0.7 的时候，洪水过程模拟合格。在羊坊闸流域参与模拟的 6 个模型中，只有带拦蓄的蓄超模型在 3 个标准上均达到了合格水平，而其他模型均存在一定的偏差，表明带拦蓄的蓄超模型能

较好地反映半湿润半干旱条件下的产流机制，以及人类活动对流域水文响应的影响。

6.3 基于网格的考虑拦蓄的蓄满超渗空间组合模型

6.3.1 模型原理

网格水文模型是一种能够细致地描述流域内各种水文要素的空间分布与变化的模型，它适合于进行流域洪水的精细模拟。在6.2节中，介绍了一种基于子流域的考虑拦蓄的蓄满超渗空间组合模型，它将流域划分为若干子流域。而在本节中，我们将介绍另一种基于网格的考虑拦蓄的蓄满超渗空间组合模型(Grid Xin'anjiang Saturation-Infiltration Double Excess dynamic recognition model, Grid-XAJ-SIDE)，它将流域划分为多个网格单元。

基于网格的蓄满超渗空间组合模型[16-20]，通过给定流域的初始蓄超空间分布，结合产流模式时空判别方法，动态识别洪水过程中流域网格的蓄超属性，并分别采用网格新安江的蓄满产流模块和格林-安普特超渗产流模块进行产流计算，在水源划分后，根据网格间的汇流演算次序，依次将不同径流成分演算至流域出口，具体流程参见第7章。

本章节提出的基于网格的考虑拦蓄的蓄满超渗空间组合模型，是在基于网格的蓄满超渗空间组合模型的基础上，增加了地表拦蓄模块和地下拦蓄模块，以反映人类活动对流域水文过程的影响。这两个模块可以描述地表水利水保工程对地表径流的拦蓄作用和地下水超采、地下水位下降对径流过程的拦蓄效应。地表拦蓄模块和地下拦蓄模块的计算公式如公式(6.1-1)至公式(6.1-4)所示，其中，每个网格单元都有自己的拦蓄参数和阈值。

6.3.2 模型应用

采用基于网格的新安江模型、基于网格的蓄满超渗空间组合模型和基于网格的考虑拦蓄的蓄满超渗空间组合模型，分别对羊坊闸流域1986—2019年的14场洪水进行模拟，结果如表6.3-1所示。

表6.3-1 羊坊闸流域网格模型模拟结果统计表

	网格新安江模型	网格蓄超模型	考虑拦蓄的网格蓄超模型
径流深合格数	6	5	7
洪峰合格数	5	6	6

表6.3-1展示了羊坊闸流域的模拟结果，并对比了网格新安江模型、网格蓄超模型、考虑拦蓄的网格蓄超模型三种基于网格的水文模型的性能。从表中可以发现，这三种基于网格的水文模型在整体精度上都不如6.2节中介绍的基于子流域的水文模型，这主要是由于参数率定方法的不同。基于子流域的水文模型使用了SCE-UA全局优化算法来寻找最优

参数组合，而基于网格的水文模型则根据下垫面特征如地形地貌、土地利用、土壤属性、水利工程等资料来推求每个网格的参数，这些资料的精度有限，导致推求出的参数存在一定的误差。

为了评估 3 个不同的分布式网格水文模型在羊坊闸流域的适用性和精度，选取羊坊闸流域“23 · 7”暴雨洪水事件作为验证案例，使用原有参数条件对网格新安江模型、网格蓄超模型和考虑拦蓄的网格蓄超模型进行模拟计算，并从三个方面对模型的模拟结果进行分析和比较，即径流深相对误差、洪峰相对误差和确定性系数 *DC* 。分析结果如表 6.3-2 所示。

表 6.3-2　羊坊闸流域“23 · 7”洪水网格模型模拟结果统计表

	网格新安江模型	网格蓄超模型	考虑拦蓄的网格蓄超模型
径流深相对误差(%)	40.2	6.7	−46.5
洪峰相对误差(%)	44.7	9	−12.8
DC	−0.43	0.41	0.35

从表 6.3-2 中可以明显看出，网格蓄超模型和考虑拦蓄的网格蓄超模型的精度都远高于网格新安江模型的精度，这表明在半干旱半湿润强人类活动地区，单一产流模式的网格水文模型难以准确地反映产流过程的空间异质性和人类活动的影响。因此，需要采用更加复杂和灵活的产流模式，或者引入拦蓄等人类活动因素，来提高网格水文模型的适应性和可靠性。

从表 6.3-1 和表 6.3-2 两个表中可以发现，考虑拦蓄的网格蓄超模型在表 6.3-1 中的精度高于网格蓄超模型，而在表 6.3-2 中的精度低于网格蓄超模型。这个结果与 6.2 节中基于子流域的水文模型的模拟结果相一致，说明在已经考虑了蓄满超渗空间组合结构的情况下，再增加拦蓄结构，并不一定能够提高模拟精度。这也反映了模型结构的复杂度与精度之间的关系，即模型结构应该在一定的复杂度范围内，过于简单或过于复杂都会影响模拟效果。

6.4　小结

半干旱半湿润地区降水时空分布严重不均，基流匮乏，水量平衡关系十分脆弱。同时，该地区人口密集，人类活动影响强烈，对降雨径流过程造成严重干扰，对水量平衡关系造成严重冲击。为了探究半干旱半湿润地区在地表水利水保工程建设、地下水开采等强人类活动条件下的降雨径流模拟问题，本章节设计了地表、地下双重拦蓄模块和蓄满超渗空间组合结构，构建了三种不同的水文模型：新安江-海河模型、考虑拦蓄的蓄满超渗空间组合模型和基于网格的考虑拦蓄的蓄满超渗空间组合模型。其中，前两种模型是基于子流域的分散式模拟方法，后一种模型是基于网格的分布式模拟方法。

研究结果表明，无论是基于子流域的分散式模拟，还是基于网格的分布式模拟，引入地表、地下双重拦蓄模块和蓄满超渗空间组合结构都能够显著提高模型的模拟精度。这说明在半干旱半湿润强人类活动地区，空间组合结构能够有效地优化模型的模拟效果，反映流域的空间异质性，而拦蓄模块能够有效地反映人类活动对径流的削减作用，提高模型的适应性和可靠性，同时使模型参数的取值更加合理。

研究结果同样表明，当同时使用拦蓄模块和空间组合结构时，模拟精度并没有进一步提升，这说明模型结构的复杂度与精度之间存在一定的平衡关系，过于简单或过于复杂的模型结构都会降低模拟效果。由于蓄满超渗空间组合结构已经是一种较为复杂的模型结构，再增加拦蓄模块会使模型过于冗余。因此，正确的做法是根据实际情况选择使用拦蓄模块或空间组合结构，或者在两者结合之后进行适当的简化处理。

本章节探讨了半干旱半湿润强人类活动地区的降雨径流模拟方法，分析了拦蓄模块和空间组合结构在此地区的适用性和优势，为提高模型的精度和可靠性提供了一种客观和合理的方案。同时，本章节也指出了两者之间的结合方式需要进一步研究，以便在保证模型精度的同时，简化模型复杂度，提高模型效率。

参考文献

[1] BUYTAERT W, DE BIÈVRE B, WYSEURE G, et al. The use of the linear reservoir concept to quantify the impact of changes in land use on the hydrology of catchments in the Andes[J]. Hydrology and Earth System Sciences Discussions, 2004, 8(1): 108-114.

[2] FENICIA F, KAVETSKI D, SAVENIJE H H G, et al. Catchment properties, function, and conceptual model representation: is there a correspondence? [J]. Hydrological Processes, 2014, 28(4): 2451-2467.

[3] 李致家，黄鹏年，张建中，等. 新安江-海河模型的构建与应用[J]. 河海大学学报(自然科学版)，2013，41(3):189-195.

[4] HUANG P N, LI Z J, LI Q L, et al. Application and comparison of coaxial correlation diagram and hydrological model for reconstructing flood series under human disturbance[J]. Journal of Mountain Science, 2016, 13(7): 1245-1264.

[5] 钟栗，姚成，李致家，等. 应用新安江-海河模型研究下垫面变化对设计洪水的影响[J]. 湖泊科学，2015，27(5):975-982.

[6] PETRONE K C, HUGHES J D, VAN NIEL T G, et al. Streamflow decline in southwestern Australia, 1950-2008[J]. Geophysical Research Letters, 2010, 37(11):L11401.

[7] 于翚，刘思清. 海河流域地下水超采对洪水的影响研究[J]. 海河水利，2009(2):36-38+41.

[8] 李致家，黄鹏年，张永平，等. 半湿润流域蓄满超渗空间组合模型研究[J]. 人民黄河，2015，37(10):1-6+34.

[9] 刘玉环，李致家，刘志雨，等. 半湿润半干旱流域空间组合模型研究[J]. 湖泊科学，2020，32(3):826-839.

[10] HUANG P N, LI Z J, YAO C, et al. Spatial combination modelling framework of saturation-excess and infiltration-excess runoff for semihumid watersheds[J]. Advances in Meteorology, 2016(1): 1-15.

[11] LIU Y H, ZHANG K, LI Z J, et al. A hybrid runoff generation modelling framework based on

spatial combination of three runoff generation schemes for semi-humid and semi-arid watersheds[J]. Journal of Hydrology，2020，590：125440.

[12] SAVENIJE H H G. HESS Opinions "Topography driven conceptual modelling (FLEX-Topo)"[J]. Hydrology and Earth System Sciences，2010，14(12)：2681-2692.

[13] GAO H，HRACHOWITZ M，FENICIA F，et al. Testing the realism of a topography-driven model (FLEX-Topo) in the nested catchments of the Upper Heihe，China[J]. Hydrology and Earth System Sciences，2014，18(5)：1895-1915.

[14] 胡春岐. 河北雨洪模型[C]//张建云. 中国水文科学与技术研究进展：全国水文学术讨论会论文集. 南京：河海大学出版社，2004：270-273.

[15] 陈玉林，韩家田. 半干旱地区洪水预报的若干问题 [J]. 水科学进展，2003(5)：612-616.

[16] 杜若愚，姚成，刘玉环，等. 基于蓄满超渗时空动态组合的网格新安江模型[J]. 河海大学学报(自然科学版)，2022，50(6)：25-32+122.

[17] 张珂，张企诺，陈新宇，等. 栅格新安江-地表地下双人工调蓄分布式水文模型[J]. 水资源保护，2021，37(5)：94-101+139.

[18] CHEN X Y，ZHANG K，LUO Y N，et al. A distributed hydrological model for semi-humid watersheds with a thick unsaturated zone under strong anthropogenic impacts：A case study in Haihe River Basin[J]. Journal of Hydrology，2023：129765.

[19] 李致家，刘志雨，张珂，等. 半湿润半干旱地区分布式降雨径流模型的研究与应用[M]. 南京：河海大学出版社，2022. 12.

[20] 李致家，张珂，王栋，等. 现代水文模拟与预报技术[M]. 2 版. 南京：河海大学出版社，2021.

第 7 章

分布式水文模型在半干旱地区研究

7.1 概述

洪水是中国最常见的自然灾害之一，特别是在中国北方半干旱地区，陡涨陡落的洪水极易造成严重的生命和财产损失[1-3]。半干旱地区的降水与下垫面条件具有明显的空间不均匀性，此类地区降水历时短、强度大，地表植被覆盖较差，使得降水的汇流速度很快，从而造成洪水的陡涨陡落现象[4]。同时，半干旱地区的下垫面条件极为复杂，土层的入渗能力较弱且入渗作用层不深，使得表层土壤含水量变化剧烈，极易出现蓄满产流和超渗产流交替主导的现象[5]。因此，半干旱地区的水文预报方法研究始终是国内外研究的热点和难点之一。

为了寻找适应于半干旱地区洪水预报的方法，学者们通过大量的野外试验和数值模拟，研制出了多种类型的水文模型，从基于下渗公式或下渗曲线理论建立的侧重超渗径流计算的单一产流模型，如 Horton 模型、SCS 模型、TANK 模型等[6-8]，到混合产流模型如垂向混合产流模型、增加超渗的新安江模型、蓄满超渗兼容模型等[9-11]，再到目前较为流行的灵活框架模型如 FUSE、FARM 及 SCCM 等[12]，取得了阶段性的研究成果。但不可否认的是，目前半干旱地区的洪水模拟精度相比湿润半湿润地区仍然较差[13]。

为此，本章深入研究半干旱地区实用的分布式水文模型，以 Grid-XAJ 模型和 TOKASIDE 两个经典的分布式水文模型为对象进行改进研究，使其能更好地适应半干旱地区洪水模拟及预报。在原模型产流模块中添加超渗模块，结合产流模式时空动态判定规则，对洪水过程中的产流模式进行动态识别和调整计算，构建蓄超时空动态组合的网格新安江模型（Grid-XAJ-SIDE 模型）和 TOKASIDE-D 模型。在半干旱地区的绥德流域进行应用和实时检验，探究改进前后的模型的洪水模拟效果，重现洪水产流模式时空动态演变的过程[14]。

7.2 蓄超时空动态组合模型构建

7.2.1 Grid-XAJ-SIDE 模型

网格新安江(Grid-XAJ)模型是以三水源新安江模型为理论基础,网格为计算单元,地形数据、植被覆盖和土壤类型作为参数空间分布估算依据发展而来[15-17]。与新安江模型相似,Grid-XAJ 模型包含蒸散发、蓄满产流、分水源、汇流 4 个计算模块。模型假设每个网格的降雨和下垫面条件空间分布均匀,不存在张力水蓄水容量分布曲线和自由水蓄水容量分布曲线,只需考虑各要素在不同网格间的变异性。随着分布式水文模型的广泛研究和发展,Grid-XAJ 模型作为典型的蓄满产流型分布式水文模型,被广泛应用于我国湿润地区的洪水预报[18-20]。

新安江模型自创建以来在全国多数流域得到了广泛应用且模拟精度较好,也是我国生产实践单位洪水预报业务工作最常用的水文模型。但是,新安江模型是蓄满产流模式,主要适用于湿润地区,因而考虑在 Grid-XAJ 模型的基础上,构建具有时空蓄超动态组合功能的网格新安江模型(Grid-XAJ-SIDE 模型),用于完善该模型在半干旱地区复杂产流模式的洪水模拟与预报。

7.2.1.1 Grid-XAJ-SIDE 模型结构

Grid-XAJ-SIDE 模型在原 Grid-XAJ 模型的产流模块中添加 Green-Ampt 超渗产流计算模块,通过给定流域的初始蓄超空间分布,结合产流模式时空判别方法,动态识别洪水过程中流域网格的蓄超属性,并分别采用 Grid-XAJ 的蓄满产流模块和 Green-Ampt 超渗产流模块进行产流计算,在水源划分后,根据网格间的汇流演算次序,依次将不同径流成分演算至流域出口,详见图 7.2-1。

Grid-XAJ-SIDE 模型主要分为蒸散发、蓄超网格动态识别、产流、分水源、汇流 5 个计算模块,模型结构如图 7.2-1 所示。蒸散发模块采用三层蒸散发模型计算实际蒸发量;蓄超网格动态识别模块通过降雨强度与下渗能力、土壤含水量与土壤蓄水容量之间的判定关系,动态识别蓄满网格和超渗网格;产流与分水源模块中,蓄满网格采用 Grid-XAJ 产流与分水源的方法计算,超渗网格采用 Green-Ampt 下渗公式计算;汇流模块分为坡面汇流和河道汇流两个阶段,均可采用一维扩散波方程或逐网格马斯京根演算方法。

7.2.1.2 Grid-XAJ-SIDE 模型原理

1) 蓄超网格时空动态判定

Grid-XAJ-SIDE 模型的蓄超网格动态识别是在产流计算过程中,根据当前时段网格单元的土壤含水量情况、降雨强度与土壤下渗能力之间的关系,动态识别蓄满网格和超渗网

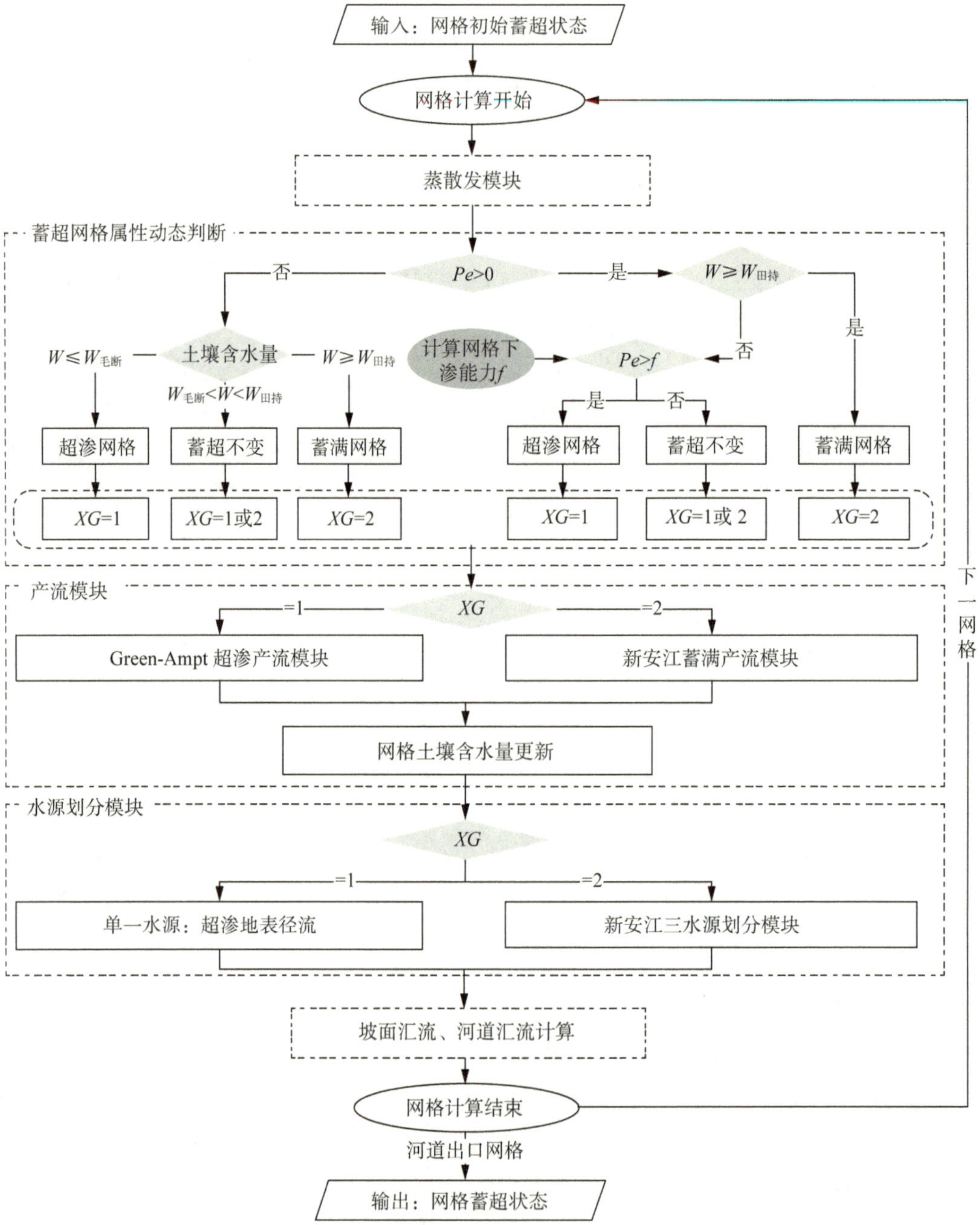

图 7.2-1　Grid-XAJ-SIDE 模型结构图

格，见图 7.2-1。识别原则为：

(1) 未发生降雨时，以土壤含水量作为判断指标。土壤含水量达到田间持水量的超渗网格转换为蓄满网格，小于毛管断裂含水量的蓄满网格调整为超渗网格，土壤含水量介于两者之间的网格蓄超状态不变。

(2) 发生降雨时，以降雨强度和土壤含水量两个指标共同判定。首先判断土壤含水量的状态，当网格的土壤含水量达到田间持水量，全部转换为蓄满网格；接着，当降雨强度大于下渗能力时，该网格转换为超渗网格；否则，下渗量用于该网格土壤含水量，其网格的蓄超状态不变。

2) 产流计算

产流模式动态识别完成后，需要根据网格的产流属性，匹配相应的产流模块进行计算。其中，蓄满网格采用原 Grid-XAJ 的产流模块计算，超渗网格采用 Green-Ampt 下渗公式计算，详细计算如下。

(1) 蓄满网格。采用蓄满产流模式计算，即在降雨过程中，直到土壤含水量达到田间持水量才能产流，而在此之前，所有来水均用于补充土壤含水量。将计算时段内网格单元的实测降雨先扣除相应时段的蒸散发量，另外，考虑上游入流是否补足当前单元的土壤含水量，即可得到实际用于产流计算的时段雨量 Pe ，则产流量计算如下：

$$R=\begin{cases}0, & Pe+W_0\leqslant WM\\ Pe+W_0-WM, & Pe+W_0>WM\end{cases} \tag{7.2 1}$$

式中：R 为时段产流量，mm；W_0 为网格单元实际的张力水容量，mm。

(2) 超渗网格。采用 Green-Ampt 下渗公式计算，当降雨强度大于土壤下渗能力时，部分降雨以下渗能力下渗，超出下渗能力的降雨形成超渗地表径流，计算步骤如下：

①根据式(7.2-2)计算各网格下渗能力 f_i 。其中，初始土壤含水率由日模型计算得到，初始土壤累积下渗量 F_0 赋极小值 0.000 01：

$$f_i=KS[1+(\theta_s-\theta_i)\varphi/F_{\Delta t_{i-1}}] \tag{7.2-2}$$

②计算时段 Δt_i 每个网格的时段产流量 R_i ：

$$R_i=\begin{cases}0, & Pe_i\leqslant f_i\cdot\Delta t\\ Pe_i-f_i\cdot\Delta t, & Pe_i>f_i\cdot\Delta t\end{cases} \tag{7.2-3}$$

③计算该网格当前时段的下渗量 q_{f_i} ：

$$q_{f_i}=Pe_i-R_i \tag{7.2-4}$$

④计算该网格 Δt_i 时段的累积下渗量 $F_{\Delta t_i}$ ：

$$F_{\Delta t_i}=F_{\Delta t_{i-1}}+q_{f_i} \tag{7.2-5}$$

⑤重复步骤①到步骤④，依次计算每个网格在各时段下的超渗径流量。

(3) 蓄超转换的水量平衡

由于产流模式计算方式存在差异性，需要专门考虑产流模式转换中水量平衡的问题。在 Grid-XAJ-SIDE 模型中，我们通过控制网格土壤含水量的连续状态来实现洪水计算过程中的水量平衡。其中，蓄满网格土壤含水量按照原新安江的蓄满产流算法进行更新；而超渗网格的土壤含水量则按照下述方式更新。

根据超渗产流原理可知，无论降雨强度是否大于土壤下渗能力，土壤下渗量是一个连续发生的状态。虽然在超渗产流计算时，没有考虑土壤分层，但是为了与原新安江的三层土壤水更新方式保持一致，这里假设超渗网格的下渗水量自上而下分层补充土壤缺水量。即网格当前时段下渗量为 q_{f_i} ，上一时段上层、下层和深层的土壤含水量分别为 WU_0、WL_0、WD_0，三层土壤的蓄水容量分别为 WUM 、WLM 、WDM ，按照先上层后下层的次序更新土壤含水量。

3）模型参数

Grid-XAJ-SIDE 模型以 Grid-XAJ 模型为基础，添加超渗产流计算模块，实现蓄超产流时空动态组合的定量模拟，因此，Grid-XAJ-SIDE 模型的参数确定的方法与 Grid-XAJ 模型基本一致。包含两种确定方法：①参数空间估算，Grid-XAJ-SIDE 模型中网格张力水蓄水容量 WM 、自由水蓄水容量 SM 等参数均采用网格新安江 Grid-XAJ 模型中的参数估计方法进行估算[21]；土壤湿润锋处土壤吸力 φ 和土壤饱和水力传导度 KS 等超渗产流模块参数与土壤类型相关，可根据已有研究方法进行估算[22-24]。②人工经验优选，Grid-XAJ-SIDE 模型中蒸散发折算系数 K 、深层蒸散发系数 C 等参数采取集总式考虑，根据流域实测水文资料，采用人工优选法在经验取值范围内进行率定。

7.2.2 蓄超时空动态组合 TOKASIDE-D 模型

TOKASIDE 模型（TOpgraphic Kinematic Approximation and Saturation-Infiltration Double Excess grid-based distributed model）是刘志雨等[25, 26]提出的基于地形与运动波的分布式水文模型。该模型是在 TOPKAPI 模型的基础上发展起来的，进一步考虑了地下水运动、水库入流与调蓄等计算功能。TOKASIDE 模型在空间上进行非线性运动波方程的集总，将降雨径流过程概化为 3 个“结构上相似”、零维、非线性水库方程，用以描述水流在土壤层、饱和坡面以及河道中的运动过程。通过对 3 个方程进行空间积分，计算得到土壤中的壤中流、饱和土壤（或不透水土壤层）的地面径流以及河道径流。TOKASIDE 模型的参数与尺度无关，可以直接从 DEM、土壤、土地利用地图获取。

7.2.2.1 TOKASIDE-D 模型结构

在 TOKASIDE 模型的基础上，通过给定流域的初始蓄超空间分布以及产流模式时空判别方法，对洪水过程中流域网格产流属性进行的蓄超时空动态识别和产流模块及时调整，构建基于物理基础的蓄超时空动态组合 TOKASIDE-D 模型（TOpgraphic Kinematic Approximation and Saturation-Infiltration Double Excess Dynamic recognition grid-based distributed model）。TOKASIDE-D 模型中包含蒸散发、融积雪、土壤水、渗漏、地表水、河道演算等 6 个主要模块，结构见图 7.2-2。

通过第四章的网格层次-聚类产流模式判别方法，将流域网格初步划分为“蓄满网格”和“超渗网格”两类。随着洪水模拟时间的推移，在模型的土壤水模块中，实时判断降雨、土壤含水量的状态，循环动态更新网格的蓄超属性。在蓄满网格和超渗网格，分别采用 TOKASIDE 模型的土壤水非线性水库方程和 Green-Ampt 下渗公式计算产流量。

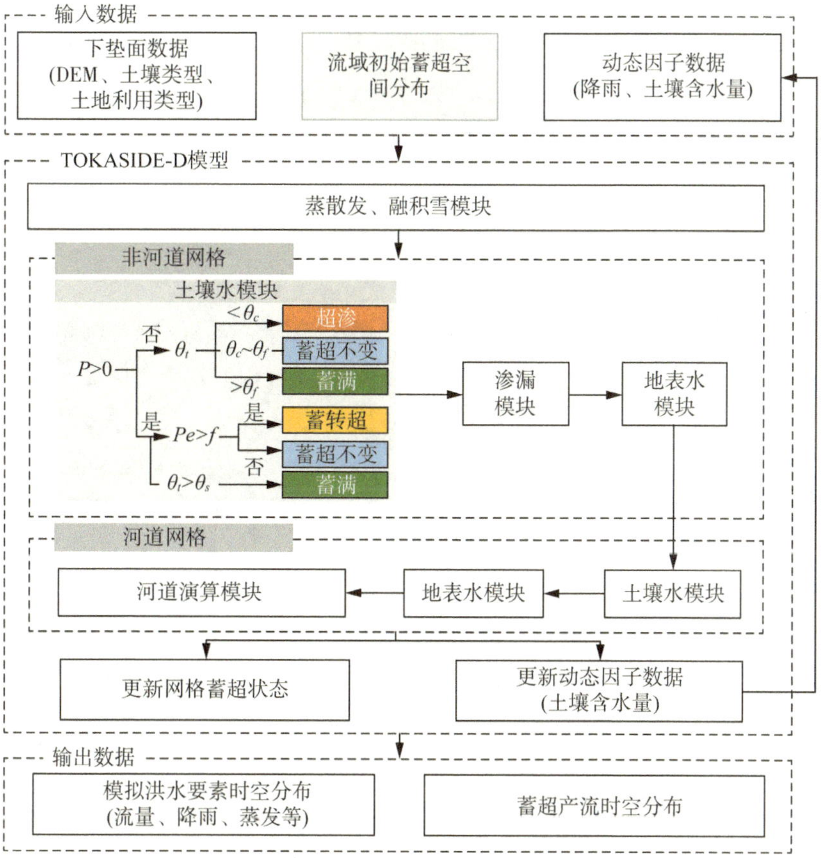

图 7.2-2　TOKASIDE-D 模型结构图

注：图中 P 为降雨量，Pe 为降雨强度，θ_t 为网格土壤含水量，θ_f 为网格田间持水量，θ_c 为毛管断裂含水量率，f 为土壤下渗率。

7.2.2.2　TOKASIDE-D 模型原理

从图 7.2-2 可以看出，TOKASIDE-D 模型产流模式的动态转换主要发生在土壤水模块，因此重点介绍模型在土壤水模块的调整和改进。

1）土壤水模块修改

在土壤水计算前，先采用第四章节的产流模式时空判别方法进行流域蓄满超渗产流模式的精细判断。如图 7.2-2 所示，当降雨发生前（或结束后），①非河道网格的土壤含水量低于毛管断裂含水量时转为超渗网格；②达到田间持水量时转为蓄满网格；③介于两者之间时网格属性不变。当降雨发生时，判断网格的降雨强度与下渗率之间的关系：①土壤含水量超过田间持水量，转为蓄满网格；②雨强超过下渗率，（未蓄满）蓄满网格的转为超渗网格；③雨强小于下渗率，所有网格属性不变。

蓄满产流模块计算产生饱和地面径流和壤中流，而超渗产流模块计算产生超渗地表径流。下面重点介绍土壤水模块中不同属性网格的水量计算：

（1）超渗网格计算

在土壤水模块中，超渗网格的土壤下渗率采用 Green-Ampt 下渗公式计算，则超渗网格的蓄水量计算如下：

$$f = KS\left[1+\frac{(\theta_t-\theta_0)\varphi}{F}\right] \tag{7.2-6}$$

$$\frac{\partial V_s}{\partial t} = Q_{uo} + Q_{us} + fX^2 \tag{7.2-7}$$

式中：V_s 为网格单元的土壤蓄水量，m^3；f 为网格下渗率，m/s；X 为网格单元尺寸，m；Q_{uo} 为从上游区域进入当前网格单元 i 的地表径流量，m^3；Q_{us} 为从上游区域进入当前网格单元 i 的地下径流量，m^3；KS 为垂向饱和水力传导度，m/s；θ_t 为当前时刻土壤含水量，m^3/m^3；θ_0 为初始土壤含水量，m^3/m^3；φ 为湿润锋面处土吸力，m；F 为累积下渗量，m。

由网格蓄水量 V_s 可以换算出网格的土壤水深度 h_{out}，单位为 m。根据网格转换的方式不同，超渗地表径流计算分以下三种情况：

①未降雨时，土壤含水量低于毛管断裂含水量，超渗地表径流为：$h_{ixf}=0$，下渗量为 0；

②降雨时，超渗网格的 $Pe \leqslant f$，超渗地表径流为：$h_{ixf}=0$，净雨作为下渗量全部补充土壤含水量，不产生壤中流。直至土壤含水量达到田间持水量，产生壤中流 h_{soil}：

$$h_{\text{soil}} = h_{\text{out}} - h_{\max} \tag{7.2-8}$$

式中：$h_{\max}$ 为土壤水最大深度，m。

③降雨时，如果超渗网格的 $Pe > f$，超渗地表径流为：

$$h_{ixf} = Pe - f \tag{7.2-9}$$

剩余部分下渗，补充土壤含水量，超出田间持水量的部分产生壤中流 h_{soil}，采用公式(7.2-8)计算。扣除壤中流后，更新时段末土壤水深度 h_{out}，作为下一时刻的时段初土壤水深度。

（2）蓄满网格计算

土壤水模块中，蓄满网格的蓄水量采用非线性水库方程计算，公式如下：

$$\frac{\partial V_s}{\partial t} = (PX^2 + Q_{uo} + Q_{us}) - \frac{C_s X}{X^{2\alpha_s}} V_s^{\alpha_s} \tag{7.2-10}$$

式中：P 为网格单位时间的降水量，m；C_s 为当地的传导系数；α_s 为土壤特性决定的参数。

根据网格转换的方式不同，计算分以下两种情况：

①当土壤含水量达到田间持水量时，由公式(7.2-10)求解出网格土壤蓄水量和壤中流，可以换算出网格的土壤水深度 h_{out} 和壤中径流深度 h_{soil}，单位为 m。扣除壤中流和土壤蓄水后，剩余部分为饱和地表径流 h_{exf}：

$$h_{exf} = h_{\text{out}} - h_{\text{soil}} - h_{\max} \tag{7.2-11}$$

时段末，更新时段末土壤水深度 h_{out}，作为下一时刻的时段初土壤水深度。

②当降雨强度小于下渗率，对于土壤含水量未达到田间持水量的蓄满网格，其网格的净雨量全部补充土壤缺水量，由公式(7.2-10)计算土壤蓄水量和产生壤中流 h_{soil}，但不产生饱和地面径流，即 $h_{exf}=0$。

(2) 渗漏模块

对于半干旱地区，地下水位埋深大，建模时考虑垂向土壤深层的渗透。当土壤水的含水量超过蓄水能力时，水流穿过饱和层以上的厚土壤层向下垂直运移。假定上层土壤的下渗率是土壤水含量的一个函数，则下渗水量为：

$$P_r = KS_v\left(\frac{V}{V_{sat}}\right)^{\alpha_p} \tag{7.2-12}$$

式中：P_r 为下渗水量，mm；KS_v 为土壤垂向饱和水力传导度，m/s；V 为当前土壤蓄水量；V_{sat} 为土壤饱和蓄水量；α_p 为取决于土壤类型的指数(沙石：$\alpha_p\cong 11$；泥土：$\alpha_p\cong 25$)。

(3) 模型参数

TOKASIDE-D 模型的主要参数包括：土壤类型对应的土壤厚度 L(m)、土壤横向饱和水力传导度 KS_h(m/s)及垂向饱和水力传导度 KS_v(m/s)，土地利用类型对应的植被作物系数 K_c、地表曼宁糙率 n_s，河道曼宁糙率 n_c 等。Green-Ampt 下渗公式的参数为垂向饱和水力传导度 KS_v(m/s)、湿润锋面处的土壤吸力 φ(m)。

TOKASIDE-D 和 Green-Ampt 超渗产流均是基于物理基础开发的，模块计算所需的参数可根据土壤类型的性质得到。在构建 TOKASIDE-D 模型时，将 TOKASIDE-D 模型与 Green-Ampt 下渗公式中物理含义相同的参数合并，比如：TOKASIDE-D 模型的垂向饱和水力传导度 KS_v 和 Green-Ampt 下渗公式的饱和水力传导度 KS。因此，TOKASIDE-D 模型虽然增加了产流模块计算的复杂度，但是计算所需的参数数量并没有增加。

7.3　研究流域

综合考虑流域面积、干湿程度以及洪水资料的代表性，本章选择半干旱地区的绥德流域作为研究对象。绥德流域详细的流域概况以及下垫面情况在第四章节已做详细分析，本章节不再赘述。

7.4　模拟结果与分析

为了探究 Grid-XAJ-SIDE 模型和 TOKASIDE-D 模型在增加蓄超时空动态产流模式后的应用效果，将其分别与原模型 Grid-XAJ 和 TOKASIDE 在绥德流域进行应用检验和对比分析。选取绥德流域 2010—2018 年 15 场典型洪水事件进行模拟，其中 2010—

2016 年 11 场为率定期洪水，后 4 场为验证期洪水。

选用四个统计指标评估模型对一组洪水事件的总体性能：径流深合格率、洪峰合格率、峰现时间合格率、纳什效率系数（*NSE*）。半干旱地区的洪水模拟更加关注洪峰的模拟情况，结合该地区洪水特点以及实际洪水预报要求，本次模型评价将以“洪峰合格率”与“峰现时间合格率”作为主要的评价指标，“径流深合格率”为次要评价指标，“确定性系数”为参考性指标。

7.4.1 洪水模拟结果分析

（1）Grid-XAJ 和 Grid-XAJ-SIDE 模拟结果对比

Grid-XAJ 和 Grid-XAJ-SIDE 两个模型的模拟结果如表 7.4-1 所示。可以看出，两个模型的洪水径流深模拟结果普遍比较好，率定期和验证期的合格率均为 100%和 75%，主要由于绥德流域的实测径流深普遍偏小（允许误差 3 mm），所有洪水中只有 #SD-20170723 洪水事件的实测径流深大于 15 mm，模型的径流深误差大多在 3 mm 以内，因而模拟洪水的径流深合格率整体较高。在洪峰误差合格率方面，Grid-XAJ-SIDE 的模拟精度最高，其合格率为 73%，相比于 Grid-XAJ 模型（45%）有明显提高。在峰现时间误差方面，两个模型的合格率相同，说明模型对洪峰出现时间控制能力相近。两个模型的确定性系数普遍较差，都只有 5 个洪水事件的 *NSE* 大于 0.5，说明确定性系数不适合在绥德这样的半干旱地区评价洪水模拟的好坏。另外，在绥德流域的模拟洪水结果中发现，当其他三个指标都合格时，该洪水事件确定性系数自然也比较好。

表 7.4-1 绥德流域 Grid-XAJ 和 Grid-XAJ-SIDE 模型洪水模拟评价指标结果

模型	率定期				验证期			
	径流深合格率	洪峰合格率	峰现时间合格率	*NSE*>0.5 洪水事件	径流深合格率	洪峰合格率	峰现时间合格率	*NSE*>0.5 洪水事件
Grid-XAJ	100%	45%	63%	4	75%	50%	75%	1
Grid-XAJ-SIDE	100%	73%	63%	5	75%	75%	75%	0

（2）TOKASIDE 和 TOKASIDE-D 模拟结果对比

绥德流域在 TOKASIDE 和 TOKAOSIDE-D 模型的洪水模拟结果如表 7.4-2 所示。在径流深误差方面，虽然两个模型率定期和验证期的结果均较好，超过 70%，但 TOKASIDE-D 模型的模拟误差“正值”偏多且分布更加集中，使模拟总径流深有所增加，弥补了原模型径流深模拟偏小的缺陷。在洪峰误差方面，TOKASIDE-D 模型的合格率相比于 TOKASIDE 模型有明显提高，率定期提高了 28%，验证期提高了 25%。且 TOKASIDE-D 模型的洪峰误差的均值更接近 0。在峰现时差方面，相比 TOKASIDE 模型，TOKASIDE-D 模型在率定期和验证期合格率提高了 20%以上，说明模型在洪峰模拟方面优势较大，且对洪峰出现时间控制较好。两个模型的确定性系数普遍较差，只有几个洪水事件确定性系数大于 0.5。

表 7.4-2　绥德流域 TOKASIDE 和 TOKASIDE-D 模型洪水模拟评价指标结果

模型	率定期				验证期			
	径流深合格率	洪峰合格率	峰现时间合格率	$NSE>0.5$ 洪水事件	径流深合格率	洪峰合格率	峰现时间合格率	$NSE>0.5$ 洪水事件
TOKASIDE	91%	45%	55%	1	75%	50%	50%	1
TOKASIDE-D	100%	73%	82%	4	75%	75%	75%	1

综合对比两个蓄超时空动态组合模型的洪水模拟效果发现，两个模型在洪水径流深和洪峰的精度方面相似，相比原模型都有非常明显的提高（见表 7.4-1 和表 7.4-2）。然而，在对比洪水过程线后，明显看出 TOKASIDE-D 模型的洪水过程拟合效果更好（见图 7.4-1）。在径流总量差异不大的前提下，相比 Grid-XAJ-SIDE 模型采用线型水库的出流方式，TOKASIDE-D 模型在坡面和河道汇流的非线性水库更加适合该地区的复杂产汇流过程。

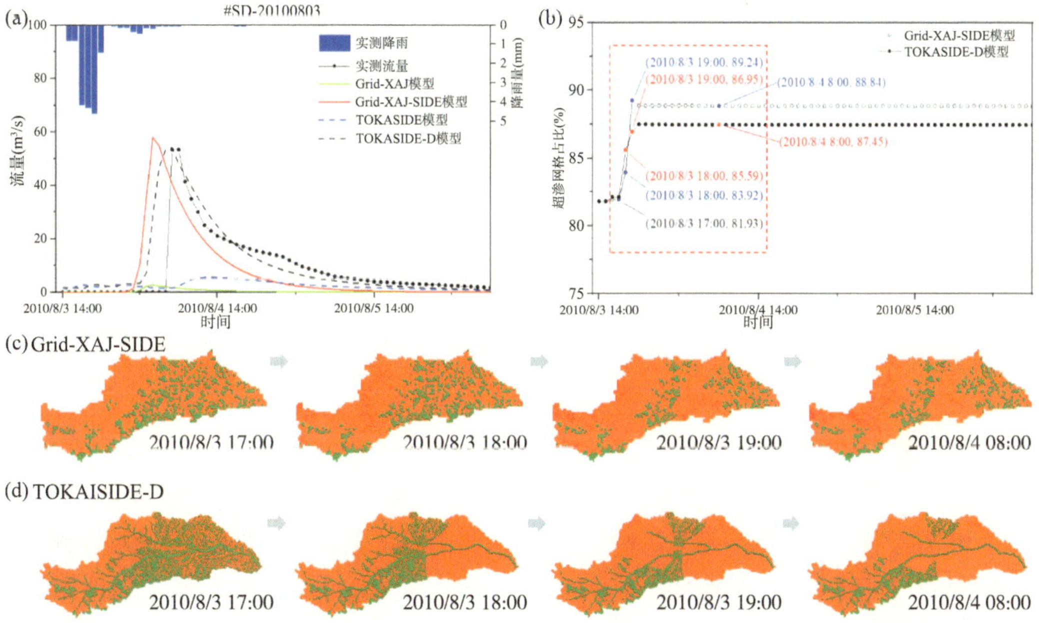

图 7.4-1　绥德流域＃SD-20100803 洪水过程线及其蓄超网格动态变化过程

7.4.2　典型洪水的蓄超时空分布

＃SD-20100803 洪水事件的发生时间短促，面平均降雨 17.4 mm，前期土壤含水量低。从图 7.4-1(a) 可以看出，Grid-XAJ-SIDE 模型和 TOKASIDE-D 模型在＃SD-20100803 洪水事件中的模拟过程十分接近，而 Grid-XAJ 模型和 TOKASIDE 模型需要在满足土壤缺水量后才产流，因下渗量大导致模拟洪水非常小。

＃SD-20100803 洪水事件的前期土湿小，洪水发生前，其初始超渗网格占比增加至

82%左右，随着降雨的进行(2010/08/03 14:00—17:00)，短促型降雨使流域的超渗网格在随后的 2 h 内(17:00—19:00)迅速增加至 90%附近，见图 7.4-1(b)。整体来看，#SD-20100803 洪水过程蓄满网格数量远少于超渗网格，是以超渗网格为主导的洪水过程。

Grid-XAJ-SIDE 模型和 TOKASIDE-D 模型均可以通过对逐时刻的土壤含水量和降雨等因子进行实时“监控”，动态调整网格的产流方式。从流域的蓄超网格分布来看[图 7.4-1(c)、(d)]，随着降雨的进行，流域下游的超渗网格逐渐增多。这是因为本场降雨属于局部暴雨，雨峰集中在流域下游，从而导致快速洪水的发生，这也是两个模型的模拟洪峰略微提前的原因。

综上，#SD-20100803 洪水事件是由局部暴雨形成的，流域的土壤下渗量较小且蓄水程度不高，是一场极为典型的超渗产流过程。这也是绥德流域发生最频繁且最常见的一类洪水，比如：#SD-20110728、#SD-20170821、#SD-20180710。

TOKASIDE-D 模型与 Grid-XAJ-SIDE 模型在蓄超转换方面最大的差别在于土壤蓄水容量的计算。虽然两个模型中，在单一网格土壤蓄水容量计算均是田间持水量与凋萎含水量之差乘以土壤厚度，但是两者土壤厚度计算方法存在差异。在 Grid-XAJ-SIDE 模型中，土壤厚度与地形指数成相关关系，形成流域的蓄水容量曲线；而 TOKASIDE-D 模型的土壤厚度由土壤类型决定，从而导致两者土壤蓄水容量的分布存在差异。这一点也反映在两者蓄超转换的分布上，Grid-XAJ-SIDE 模型的“超转蓄”基本上是沿河道延展至坡面，或与降雨分布有关，如图 7.4-1(c)所示。而在 TOKASIDE-D 模型中，除了前两个特征外，还呈现了与土壤类型分布相近的特点，如图 7.4-1(d)所示，绥德流域的蓄超网格呈现不规则片状分布。

7.5 小结

本章基于蓄超产流模式时空组合规律和产流模式判别方法，研发网格精细化蓄超时空动态组合模拟技术。对网格新安江和 TOKASIDE 两种分布式水文模型进行改进，构建了 Grid-XAJ-SIDE 模型与 TOKASIDE-D 模型，并在半干旱地区的绥德流域进行应用和验证，得到如下结论：

(1) 考虑蓄超时空动态组合的 Grid-XAJ-SIDE 模型与 TOKASIDE-D 模型较原模型洪水模拟的精度均得到了不同程度的提高，增加了原模型在复杂产流地区的适应性。

(2) 改进后的模型的产流计算更加精细，其蓄超判别方法可以展现两种产流模式交替出现以及相互转换的过程，在结合两种产流模式的优点后，既实现了径流量的增加，也保证了洪水峰值和出现的时间。

通过蓄超时空动态组合分布水文模型的研制和应用，验证了蓄超产流模式时空组合规律和产流模式判别方法的可行性，说明该思路在我国半干旱地区的中小流域，有着很大的研究价值以及较高的应用价值。未来，可以尝试在更多水文模型中进行改进研究，深入研究复杂产流区产流模式的变化规律。

参考文献

[1] WMO. Manual on flood forecasting and warning[R]. Geneva: World Meteorological Organization, 2011.

[2] JONKMAN S N. Global perspectives on loss of human life caused by floods[J]. Natural Hazards, 2005,34(2):151-175.

[3] 刘静，殷淑燕，李慧芳. 晋陕蒙毗邻区域历史洪涝灾害时空特征研究[J]. 云南大学学报(自然科学版)，2016,38(6):903-911.

[4] LIU Y, LI Z, LIU Z, et al. Impact of rainfall spatiotemporal variability and model structures on flood simulation in semi-arid regions[J]. Stochastic Environmental Research and Risk Assessment, 2022,36(3):785-809.

[5] 李致家，黄鹏年，张永平，等. 半湿润流域蓄满超渗空间组合模型研究[J]. 人民黄河，2015,37(10):1-6+34.

[6] WILLIAMS J R, LASEUR W V. Water yield model using SCS curve numbers[J]. Journal of the Hydraulics Division, 1976,102(9):1241-1253.

[7] ZHANG R H, CHEN G H, HUANG S. Multiphase mixture flow model and numerical simulation for leak of LPG underground storage tank (Ⅱ) Numerical simulation and validation[J]. Journal of Chemical Industry and Engineering (China), 2008,59(9):2168-2174.

[8] HORTON R E. The role of infiltration in the hydrologic cycle[J]. Eos, Transactions American Geophysical Union, 1933,14(1):446-460.

[9] 包为民，王从良. 垂向混合产流模型及应用[J]. 水文，1997(3):19-22.

[10] 李致家，孔祥光，张初旺. 对新安江模型的改进[J]. 水文，1998(4):20-24.

[11] 张沥，胡彩虹. 蓄满-超渗兼容的耦合产流模型与基本产流模型的比较分析[J]. 河北水利，1999(2):37.

[12] LIU Y H, ZHANG K, LI Z J, et al. A hybrid runoff generation modelling framework based on spatial combination of three runoff generation schemes for semi-humid and semi-arid watersheds[J]. Journal of Hydrology, 2020,590:125440.

[13] 李彬权，牛小茹，梁忠民，等. 黄河中游干旱半干旱区水文模型研究进展[J]. 人民黄河，2017,39(3):1-4+9.

[14] 刘玉环. 半湿润半干旱地区洪水预报方法研究[D]. 南京：河海大学，2022.

[15] YAO C, LI Z J, YU Z B, et al. A priori parameter estimates for a distributed, grid-based Xin'anjiang model using geographically based information[J]. Journal of Hydrology, 2012,468:47-62.

[16] YAO C, YE J J, HE Z X, et al. Evaluation of flood prediction capability of the distributed Grid-Xin'anjiang model driven by weather research and forecasting precipitation[J]. Journal of Flood Risk Management, 2019,12:e12544.

[17] YAO C, LI Z J, BAO H J, et al. Application of a Developed Grid-Xin'anjiang Model to Chinese Watersheds for Flood Forecasting Purpose[J]. Journal of Hydrologic Engineering, 2009,14(9):923-934.

[18] 姚成，李致家，张珂，等. 基于栅格型新安江模型的中小河流精细化洪水预报[J]. 河海大学学报(自然科学版)，2021,49(1):19-25.

[19] 李致家，姚成，汪中华. 基于栅格的新安江模型的构建和应用[J]. 河海大学学报(自然科学版)，2007,35(2):131-134.

[20] 黄小祥，姚成，李致家，等. 栅格新安江模型在天津于桥水库流域上游的应用[J]. 湖泊科学，2016，28(5):1134-1140.

[21] 姚成，纪益秋，李致家，等. 栅格型新安江模型的参数估计及应用[J]. 河海大学学报(自然科学版)，2012,40(1):42-47.

[22] CARSEL R F，PARRISH R S. Developing joint probability distributions of soil water retention characteristics[J]. Water Resources Research，1988,24(5):755-769.

[23] ANDERSON R M，KOREN V I，Reed S M. Using SSURGO data to improve Sacramento Model a priori parameter estimates[J]. Journal of Hydrology，2006,320(1-2):103-116.

[24] RAWLS W J，BRAKENSIEK D L，MILLER N. Green-ampt Infiltration Parameters from Soils Data [J]. Journal of Hydraulic Engineering，1983,109(1):62-70.

[25] LIU Z Y，TODINI E. Towards a comprehensive physically-based rainfall-runoff model [J]. Hydrology and Earth System Sciences，2002,6(5):859-881.

[26] 刘志雨，孔祥意，李致家. TOKASIDE 模型及其在洪水预报中的应用[J]. 水文，2021,41(3):49-56+24.

第8章 陆气双向耦合的网格新安江模型

陆气耦合模型在天气预报、气候预测和水文模拟等领域具有重要应用价值。本章将介绍一种陆气双向耦合的网格新安江模型，主要涉及该模型的构建结构和其在洪水模拟中的应用效果。

8.1 引言

陆气耦合模型描述了陆地—大气交界面物质和能量交换的物理生化过程，并涵盖了地表下垫面（如植被、土壤、雪盖）与大气之间的水分、热量、动量、辐射以及化学元素（如碳、氮）的交换[1-4]。该模型通过气候模型预报大气环流形式和天气要素（如降水、气温），以驱动陆面水文模型进行水文过程的模拟，并将相应的蒸散发、土壤含水量等水文要素反馈到气象模式中，以改进后者对陆面过程的描述。

根据陆气耦合模型间空间变量的交互情况，可将其划分为：单向耦合模型和双向耦合模型[4，5]。在单向耦合中，数值天气预报模型只提供输出数据给陆面水文模型，不接受后者的反馈。其中，输出的陆面通量主要包括降水、地表温度、感热通量和潜热通量等。这种耦合方法相对简单，通过数值天气预报模型输出的预报降水，对延长洪水预报的预见期及预报精度具有重要意义。而双向耦合可以实现更复杂的耦合方案。在这种耦合方式下，数值天气预报模型不仅提供输出数据给陆面水文模型，同时还允许后者给前者提供反馈。双向反馈的陆气耦合方式能够模拟完整的水文循环过程、增强陆-气相互作用的表达，并将水文模型提供的更精细合理的土壤含水量、蒸散发等水文气象过程纳入气象模型中，进一步地模拟较完整的水文循环过程，延长水文气象预测的预见期，提高相应的精度，对天气模式和水文过程的改进具有较大的潜力，有助于改善灾害应对和减灾工作。本章构建的陆气耦合模型采用了双向耦合的构建方案。

8.2 模型简介与结构

陆气双向耦合的网格新安江模型(以下简称 WRF/Grid-XAJ 双向耦合模型)主要包含三部分:数值天气模式 WRF 模式、分布式水文模型网格新安江(Grid-XAJ)模型和两者的转换模块[6]。

8.2.1 WRF 模式

WRF 模式是一种广泛应用于天气和气候研究的数值天气预报模型(图 8.2-1)。它是一个可配置的、可扩展的模式,能够模拟大气的动力、热力和湿度过程,以及与地表和边界层的相互作用。WRF 模式基于非静力学和非定常的 Navier-Stokes 方程组,采用可变网格和多尺度技术,能够灵活地适应不同地区和时间尺度的气象模拟需求[7]。

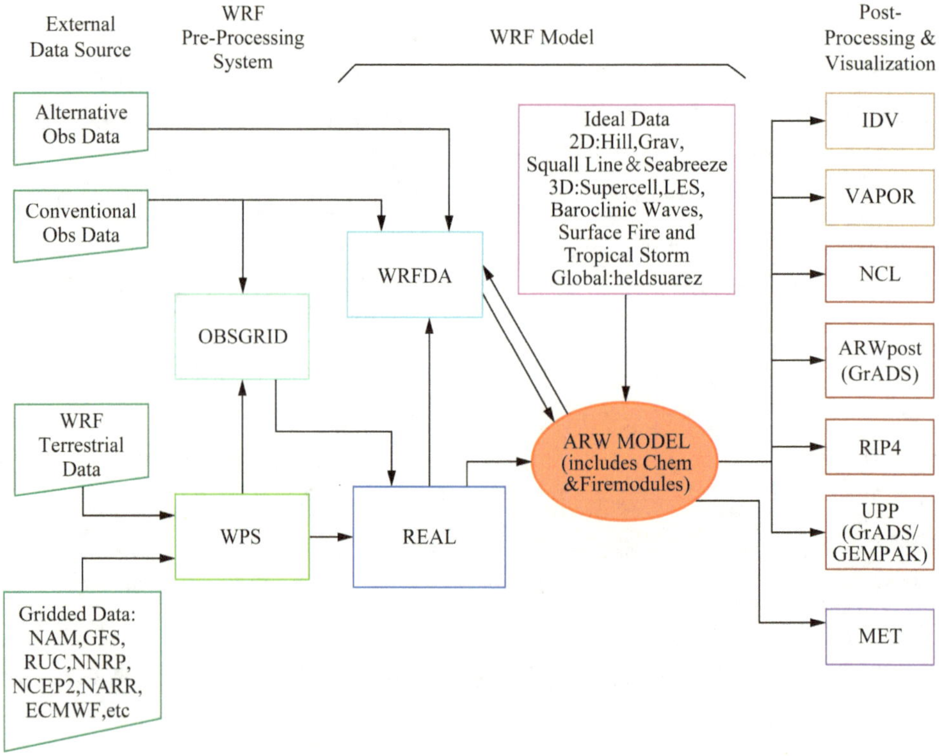

图 8.2-1　WRF 模式结构图(源于文献[8])

WRF 模式能够提供从短期天气预报到气候模拟的广泛应用。它可以模拟大气中的各种物理过程,如辐射传输、湍流混合、云微物理、降水生成等,还可以考虑地形、土地利用、植被覆盖等因素对气象过程的影响。WRF 模式支持多种嵌套网格结构,可以在不同的空间和时间尺度上进行模拟,小到局部尺度,大到全球尺度。因其灵活性和可配置性,WRF 模式被广泛应用于天气预报、气候研究、空气质量模拟等领域,为气象科学和应用提供了重要的工具。

8.2.2 网格新安江(Grid-XAJ)模型

网格新安江(Grid-XAJ)模型是一种分布式水文模型,可用于模拟流域的水文过程和洪水预报(图 8.2-2)[10,11]。它以新安江模型为基础,将流域划分为一系列网格单元,并在每个单元中考虑降雨、蒸发、产流、汇流等水文过程,对流域水资源管理和洪水防治具有重要意义。

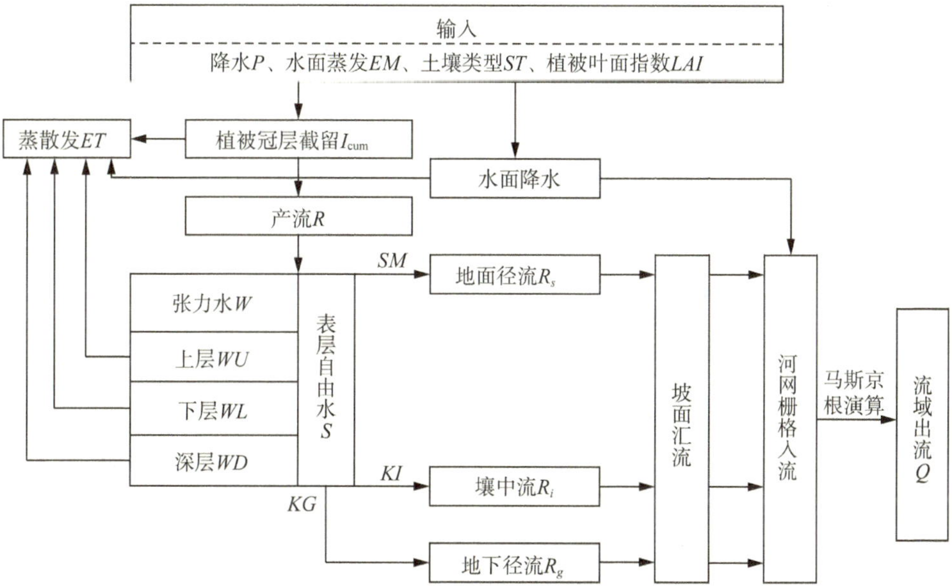

图 8.2-2 Grid-XAJ 模型的结构图(源于文献[9])

8.2.3 陆气耦合转换模块

由于 WRF 模式和 Grid-XAJ 模型的土层结构和空间分辨率不同,陆气双向耦合的 Grid-XAJ 模型的核心是构建两者之间的数据转换方案,相互合理地吸收彼此的状态信息(图 8.2-3)[6]。本章以对水文气象模拟有重要影响的土壤含水量为桥梁,其他变量的转换将在日后进一步研究。

土壤含水量与土层结构有关。WRF 模式和 Grid-XAJ 模型的土层数分别为 4 层和 3 层。假设前者的总土层厚度大于后者,那么两者的土层关系存在如下 20 种情况,其中黑色土层代表 WRF 模式,红色土层代表 Grid-XAJ 模型。设 WRF 模式和 Grid-XAJ 模型的

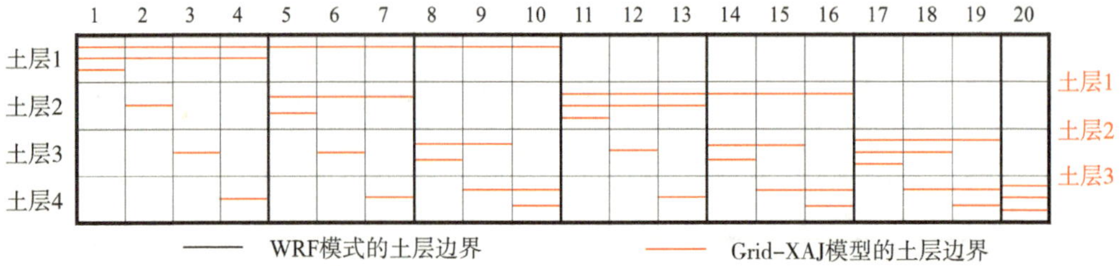

图 8.2-3　WRF 模式和 Grid-XAJ 模型的土层结构关系

土壤含水量(单位 m^3/m^3)分别为:

$$\boldsymbol{\Theta}=(\Theta_1,\Theta_2,\Theta_3,\Theta_4)^{\mathrm{T}},\boldsymbol{\theta}=(\theta_1,\theta_2,\theta_3)^{\mathrm{T}} \tag{8.2-1}$$

各层的土层厚度分别为(单位 m):

$$\boldsymbol{D}=(D_1,D_2,D_3,D_4)^{\mathrm{T}},\boldsymbol{d}=(d_1,d_2,d_3)^{\mathrm{T}},\sum_{k=1}^{4}D_k\geqslant\sum_{i=1}^{3}d_i \tag{8.2-2}$$

结合质量守恒定律分别计算土壤含水量的转化。

(1)对于 Grid-XAJ 模型,首先将 WRF 模式的土壤含水量转化为与其相同的空间结构:

$$\begin{bmatrix}\boldsymbol{\theta}_0^{\Theta\to\theta}\odot\boldsymbol{d}\\ W_p\end{bmatrix}_{4\times1}=\boldsymbol{M}_{4\times1}\odot(\boldsymbol{\Theta}_{0,4\times1}\odot\boldsymbol{D}_{4\times1}) \tag{8.2-3}$$

式中:$\boldsymbol{M}_{4\times1}$ 为 WRF 模式的土壤含水量向 Grid-XAJ 模型转化的权重向量;$\odot$ 为向量的 Hadamard 乘积,即相应元素对应相乘;W_p 为 WRF 模式向 Grid-XAJ 模型分配后多余的土壤水深,如图 8.2-3 中最下部的红线与其最下部临近黑线之间的土层对应的土壤含水量,m;下标 0 代表当前时段的初始时刻;上标的 $\Theta\to\theta$ 代表 WRF 模式的土壤含水量向 Grid-XAJ 模型的转化。

转化计算完成后,将 WRF 模式转化得到的土壤含水量与 Grid-XAJ 模型原始的土壤含水量线性组合,即可获得同化后的土壤含水量:

$$\hat{\boldsymbol{\theta}}_0=\omega\boldsymbol{\theta}_0+(1-\omega)\boldsymbol{\theta}_0^{\Theta\to\theta} \tag{8.2-4}$$

式中:ω 为原始的土壤含水量的权重。该权重为模型的重要参数,该值越大说明在双向耦合方面 WRF 模式与 Grid-XAJ 模型的差异越大;该值取 0.5 说明两者的土壤含水量计算模式接近。若有额外信息,可据此合理地设置权重。

(2) 对于 WRF 模式,首先将 Grid-XAJ 模型的土壤含水量转化为与其相同的空间结构:

$$\boldsymbol{\Theta}_{0,4\times1}^{\theta\to\Theta}\odot\boldsymbol{D}=\boldsymbol{N}_{4\times1}\odot\left(\begin{bmatrix}\boldsymbol{\theta}_0\odot\boldsymbol{d}\\ W_p\end{bmatrix}_{4\times1}\right) \tag{8.2-5}$$

式中:$\boldsymbol{N}_{4\times1}$ 为 Grid-XAJ 模型的土壤含水量向 WRF 模式转化的权重向量;上标的 $\theta\to\Theta$ 代

表 Grid-XAJ 模型的土壤含水量向 WRF 模式的转化,其余符号同前。

转化计算完成后,将 Grid-XAJ 模型转化得到的土壤含水量与原始的 WRF 模式土壤含水量线性组合,即可获得同化后的土壤含水量:

$$\widehat{\boldsymbol{\Theta}}_0 = \omega \boldsymbol{\Theta}_0 + (1 - \omega) \boldsymbol{\Theta}_0^{\theta \to \Theta} \tag{8.2-6}$$

8.2.4 WRF/Grid-XAJ 双向耦合模型

在前三小节的基础上,本章构建了一种网格新安江模型,实现了陆气的双向耦合。在该模型中,WRF 模式为 Grid-XAJ 模型提供土壤含水量、降水或融合降水数据,而 Grid-XAJ 模型则为 WRF 模式提供土壤含水量数据[6]。图 8.2-4 展示了该模型的流程图。

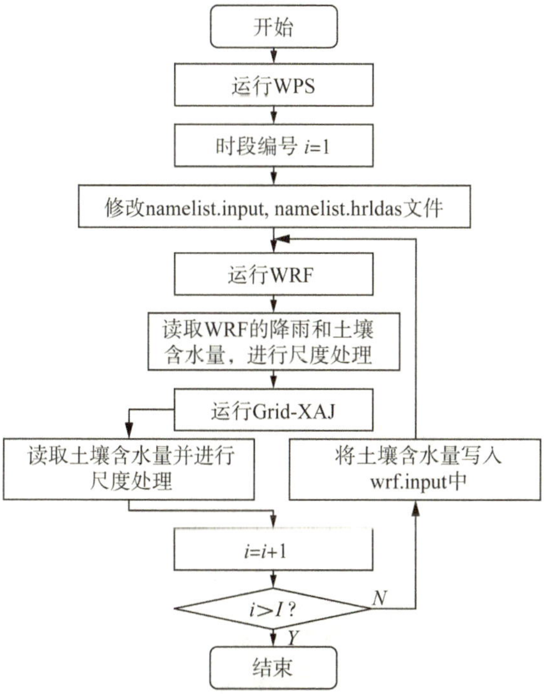

图 8.2-4 WRF/Grid-XAJ 双向耦合模型的流程图

(1) 运行 WRF 模式:需配置运行环境,包括设置环境变量和 namelist. input 文件;接着整理模式的输入数据;并运行该模式以及整理 wrfout 文件中的输出数据,其中输出数据包括降水 P 和土壤含水量 W。

(2) 变量的传递与同化:将整理后的 WRF 模式的降水 P 和土壤含水量 W 整合到记录 Grid-XAJ 模型状态变量的 hourlyIn 文件中。

(3) 运行 Grid-XAJ 模型:需为 Grid-XAJ 模型配置运行环境;整理模型的输入数据;并运行该模型以及整理 hourlyOut 文件中的输出数据,其中包括土壤含水量 W 数据。

(4) 变量的传递与同化:将整理后的 Grid-XAJ 模型的土壤含水量 W 整合到记录

WRF 模式状态变量的 wrf. input 文件中，以实现对 WRF 模式的反馈。

重复循环以上四个步骤，直至所有时段计算完成。

8.3 模型在屯溪流域的应用

8.3.1 研究流域及洪水场次

屯溪流域位于安徽省东南部，属于湿润区，集水面积为 2 670 km^2(图 8.3-1)。主要河流包括横江、率水河和新安江，属于新安江水系。流域地势由西向东逐渐升高，最高海拔为 1 398 m，最低海拔为 116 m，平均海拔为 380 m，地势变化较大。该流域位于亚热带季风气候区，春季和初夏多锋面降雨，夏秋季多受台风影响。年平均降水量约为 1 600 mm，降水在年内和年际分布不均匀，其中 4 月至 6 月为多雨期，占降水总量的 50%，容易发生洪涝灾害；7 月至 9 月占 20%，干旱灾害较为频繁。该流域有 8 个可利用的雨量站和 2 个水文站。根据 USGS 数据，流域土地利用主要以农田和林地为主(占 68.56%)，土壤类型以黏壤土为主(占 77.52%)。

考虑到 WRF/Grid-XAJ 双向耦合模型较高的计算成本，本章仅在屯溪流域选择一场典型洪水过程以分析该模型的洪水模拟潜力，相关信息见表 8.3-1。

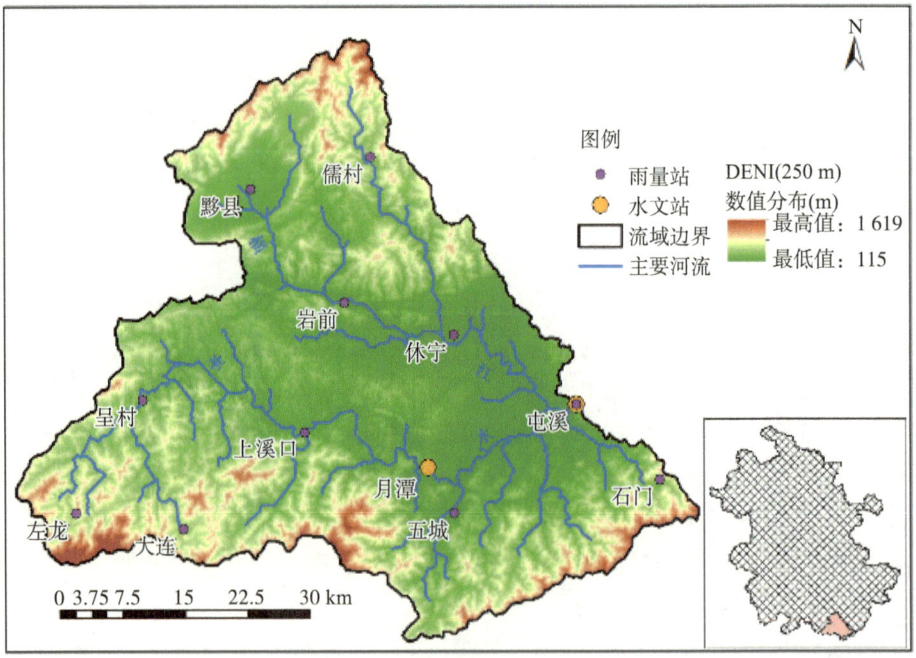

图 8.3-1　屯溪流域示意图

表 8.3-1　研究洪水事件的信息

编号	洪号	年份	开始时间	结束时间
1	20130606	2013	2013/6/6 14:00	2013/6/11 8:00

8.3.2　模型配置

8.3.2.1　WRF 模式的配置

本章使用 WRF 模式(Ver4.0)，在研究流域中以三层嵌套的方式获得最内层嵌套的降水数据。研究流域上的三层嵌套的格点分辨率分别为 25 km，5 km 和 1 km。最外层的嵌套网格(143×139 个格点)覆盖了中国的大部分地区；中层的嵌套网格(221×211 个格点)覆盖了华东地区；内层的嵌套网格(111×91 个格点)覆盖了屯溪流域。鉴于第三章中 WRF 模式采用默认参数化方案会在降水模拟方面存在一定误差，为提升降水模拟的准确性与可靠性，本研究中 WRF 模式的主要的物理参数化方案的设置参考安徽省气象局针对安徽省降水预报的方案，见表 8.3-2。

表 8.3-2　WRF 模式的参数化方案设置

类型	所选的参数化方案	参考文献
微物理过程	Thompson graupel 模型	Thompson 等[12]
积云方案	Kain-Fritsch 方案①	Kain 和 Fritsch[13]
行星边界层	YSU 方案	Hong 和 Pan[14]
辐射方案	RRTMG 方案	Shin 等[15]
陆面模式	Noah 模式	Chen 等[16]
投影	Lambert	Williams[17]

WRF 的输入数据主要包含再分析数据、下垫面属性数据和模型设置等。再分析数据采用时空分辨率为 6 h，1°×1°的 FNL 数据，其作用在于驱动 WRF 模式。其他的属性数据，例如空间分辨率为 30″的土地利用和土壤类型数据，由 WRF 模式的前处理系统 WPS (WRF Preprocessing System)提供。模型设置方面，三个嵌套网格的空间分布、嵌套关系和参数化方案如前所述；时间分辨率分别设置为 150 s，30 s 和 6 s。

WRF 包含众多的输出数据，本节主要关注降水数据。WRF 模式输出的降水时空分辨率分别为 1 h，1 km×1 km。考虑到 WRF 模式在每个网点降水上会存在一定的误差，仍然采用逐步订正法将 WRF 模式输出的降水与雨量站的站点观测降水进行融合，其中权重函数取 Cressman 权重函数，迭代次数为 5 次，影响半径取研究流域方框的行数与列数的最小值。

① 在最外层和中层的嵌套网格内采用 Kain-Fritsch 方案，在最内层的嵌套网格不采用积云方案。

8.3.2.2 Grid-XAJ 模型的配置

Grid-XAJ 模型在 WRF 模式的内层的嵌套网格上构建，其需要的输入数据主要包含气象数据、下垫面属性数据和模型设置等。气象数据主要包含降水数据和蒸发数据：由于是在 WRF/Grid-XAJ 双向耦合模型中构建，所以降水直接由 WRF 模式提供；蒸发数据源于屯溪站的水面蒸发观测值。下垫面属性数据包含 USGS 提供的精度为 1 km 的 DEM 高程数据；美国马里兰大学（UMD）提供的全球 1 km 精度的植被覆盖数据；联合国粮农组织（FAO）提供的全球 19 km 精度的土壤类型数据。模型设置包含时空分辨率的设置和参数的率定等：模型的时间分辨率为 1 h，空间分辨率为 1 km；主要参数的率定结果见表 8.3-3。

表 8.3-3 Grid-XAJ 模型的主要参数的率定结果

序号	参数名称	符号	数值
1	蒸发折算系数	*K*	0.98
2	深层散发系数	*C*	0.18
3	上层土层比列	*LUM*	0.167
4	下层土层比例	*LLM*	0.500
5	壤中流消退系数	*CI*	0.3
6	地下水消退系数	*CG*	0.98
7	河网消退系数	*CS*	0.93
8	河网汇流滞时(h)	*Lag*	1
9	马斯京根法系数——地表水洪水波传播时间(h)	*Kes*	0.12
10	马斯京根法系数——地表水流量比重系数(h)	*Xes*	0.45
11	马斯京根法系数——壤中流洪水波传播时间(h)	*Kei*	0.6
12	马斯京根法系数——壤中流流量比重系数	*Xei*	0.3
13	马斯京根法系数——地下水洪水波传播时间(h)	*Keg*	1
14	马斯京根法系数——地下水流量比重系数	*Xeg*	0
15	马斯京根法系数——河道洪水波传播时间(h)	*Kech*	0.08
16	马斯京根法系数——河道水流量比重系数	*Xech*	0.45

8.3.2.3 WRF/Grid-XAJ 双向耦合模型的配置

WRF/Grid-XAJ 双向耦合模型主要的参数为水文气象模型的耦合频率和原始的土壤含水量的权重。在研究流域中将 WRF 模式与 Grid-XAJ 模型的耦合频率设置为 1 h；土壤含水量的权重 $\omega=0.999$①。

① 双耦框架中的权重取 0.999 代表土壤含水量融合时，两个模型自身占非常大的权重，对方占的比例很小，但是两个模型对这种微小的影响都较敏感。这说明两个模型土壤含水量计算差异大。注意到，这里 Grid-XAJ 模型的土壤含水量是指原始 Grid-XAJ 模型的土壤含水量与自由水含水量之和。

8.3.3　结果分析

WRF/Grid-XAJ 双向耦合模型会对原始的 WRF 模式和 Grid-XAJ 模型的模拟结果产生影响，下面将分别从降水和流量两方面进行分析讨论。

8.3.3.1　降水的模拟

图 8.3-2 显示了降水过程线。其中，黑线粗线表示观测降水过程，粉色虚点和虚线分别为未经降水同化和经过降水同化的 WRF 模式的模拟降水，蓝色虚点和虚线分别为未经降水同化和经过降水同化的 WRF/Grid-XAJ 双向耦合模型的模拟降水。

首先，WRF 模式在模拟降水方面存在一定程度的不足，总体雨量偏小。然而，通过与观测降水进行融合，WRF 模式的降水得到显著改善，在雨量、峰值和过程线方面误差均有所减小(图 8.3-2)。具体而言，在降水融合前发现：①WRF 模式对降水的模拟能够大致反映降水变化的趋势，与实际降水存在一定的相关性(相关系数为 0.800 8)。②WRF 模式对降水峰值的模拟能力较弱，峰值降水模拟的相对误差为－18.8%。③尽管 WRF 模式模拟的峰值偏低，但整体拟合效果较好，*NSE* 达到 0.63。④在当前参数化方案下，WRF 模式模拟的降水量较低，总体相对误差为－26.9%。而经过与降雨观测站点的融合后，WRF 模式的模拟结果在各个方面有显著改进：①因为吸收了观测过程的信息，融合降水过程与观测过程的相关系数超过 0.99。②融合降水的峰值稍稍偏高(相对误差为 5.3%)，相对于 WRF 模式的初始模拟降水误差有明显降低。③融合降水的过程线拟合程度显著增加，*NSE* 均达到 0.99，相较于原始降水有明显提高。④经过降水融合后，总降水量误差显著减少，相对误差为－0.6%。

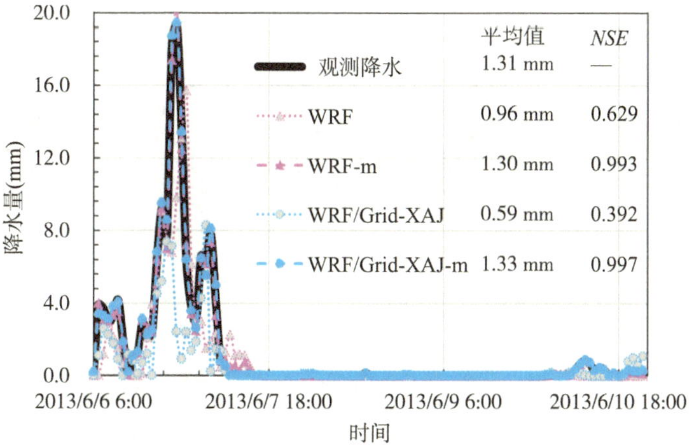

图 8.3-2　降水过程线与相应的指标对比(后缀 m 指考虑降水同化)

对于 WRF/Grid-XAJ 双向耦合模型，降水过程与原始 WRF 模式相比发生明显变化。降水过程在峰值处存在低估，平均降水量(0.59 mm)相对于原始 WRF 模式(0.96 mm)偏低 41.0%，相对于观测降水(1.31 mm)偏低 55.0%。然而，使用观测降水同化的 WRF/Grid-XAJ 双向耦合模型能够与原始 WRF 融合降水和观测降水过程较为接近。降水过程平均误差(0.02 mm)稍微偏大，但 *NSE* 较高(0.997)。

综上所述，WRF/Grid-XAJ 双向耦合模型在降水时间序列方面与原始 WRF 模式存在差异，证实了该模型对 WRF 降水模拟具有有效的影响，并实现了水文模型对数值天气模式的反馈作用。通过将该模型的输出降水与观测资料进行同化，可以提高降水时间序列的模拟效果。

8.3.3.2　流量的模拟

图 8.3-3 显示了与 Grid-XAJ 模型相关的洪水过程线。其中，黑线表示观测流量，粉色虚线表示 Grid-XAJ 模型的模拟流量，绿色方块点虚线与红色菱形点虚线分别表示 WRF/Grid-XAJ 双向耦合模型的未经降水同化和经降水同化的模拟流量。研究结果表明，WRF/Grid-XAJ 双向耦合模型在洪水模拟方面的误差主要源于降水误差，从而影响了洪量相对误差和 *NSE* 。具体地，根据前一节的内容，未使用同化降水的 WRF/Grid-XAJ 双向耦合模型的模拟降水与观测降水存在较大差异，平均降水量的相对误差为−55.4%。这进一步导致其在洪量、洪峰和过程线模拟方面相对于观测流量存在较大误差(表 8.3-4)。洪量相对误差、洪峰相对误差和 *NSE* 分别为−54.4%、−70.5%和 0.264。

研究还表明，使用同化降水的 WRF/Grid-XAJ 双向耦合模型达到了与原始 Grid-XAJ 模型相当的模拟效果，这得益于较准确的降水数据。具体而言，根据前一节的内容，使用同化降水的 WRF/Grid-XAJ 双向耦合模型的模拟降水与观测降水差异较小，平均降水量的相对误差为 1.5%。因此，在洪量、洪峰和过程线模拟方面，该模型显示出明显的改进。洪量相对误差、洪峰相对误差和 *NSE* 分别为 15.7%、−5.5%和 0.876，与 Grid-XAJ 模型的模拟结果相近(分别为 6.6%、−14.4%和 0.897)。

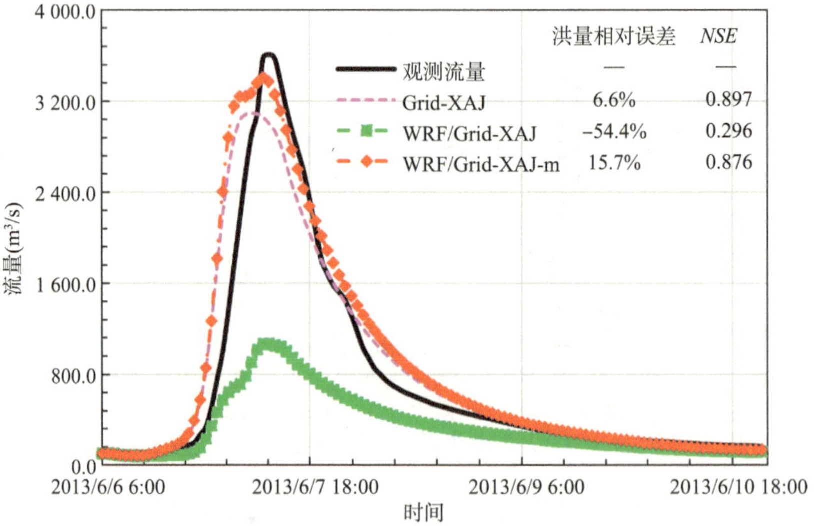

图 8.3-3　洪水过程线与相应的指标对比(后缀 m 指考虑降水同化)

综上所述，根据使用降水同化的耦合模型的结果，其表现接近于原始水文模型，各项指标有轻微的波动。使用降水同化的耦合模型在洪峰模拟方面取得了一定的改善，改善幅度为 8.9%。相比之下，不使用降水同化的耦合系统表现较差，不能直接用于洪水模拟。根据 Grid-XAJ 模型在研究流域有较好的应用表现，说明使用同化降水的 WRF/Grid-XAJ 双向耦合模型在研究流域存在较好的应用潜力。

表 8.3-4 模拟流量过程的评价指标

评价指标	Grid-XAJ	双耦模型	双耦模型(同化降水)
洪量相对误差	6.6%	−54.4%	15.7%
洪峰相对误差	−14.4%	−70.5%	−5.5%
NSE	0.897	0.296	0.876

8.4 小结

本章通过构建一种陆气双向耦合的网格新安江(WRF/Grid-XAJ 双向耦合)模型，以土壤含水量为桥梁，利用水量平衡等科学转化模式实现了水文气象模型之间的双向反馈。在降水模拟方面，该模型的模拟降水量相对于 WRF 模式的模拟降水量偏低(雨量相对误差为−41.0%)，这表明该模型对 WRF 模式的降水模拟产生了影响，并有效地反馈到数值天气模式中。与实测降水相比，模型的模拟降水量偏低 55.0%。然而，经过降水同化后，模拟降水的性能得到了显著提升(*NSE* 从 0.392 提升至 0.997)，与观测资料的差距明显缩小。

对于流域出口断面的流量模拟，未经降水同化的 WRF/Grid-XAJ 双向耦合模型在洪水模拟中洪量和洪峰偏低，不能直接应用于洪水模拟。尽管双向耦合系统对 WRF 模式的降水进行了调整，但其对洪水模拟的影响似乎有限。降水误差是洪水模拟误差的主要来源。相比之下，使用降水同化的 WRF/Grid-XAJ 双向耦合模型表现较好，其洪峰模拟误差(相对误差)与原始的 Grid-XAJ 模型相比降低了 9.1%。模型在洪水模拟方面表现较好，洪峰相对误差为 0.876，与原始的 Grid-XAJ 模型相当(0.897)。由于 Grid-XAJ 模型在研究流域有较好的应用，相当的表现说明使用降水同化的 WRF/Grid-XAJ 双向耦合模型在研究流域的洪水模拟和预报方面具有较大的潜力。

需要注意的是，本章仅研究了 WRF/Grid-XAJ 双向耦合模型在洪水模拟方面的表现，并未将其用于实时洪水预报的研究中。然而，实时洪水预报对中小流域的暴雨洪水预警和预见期的延长至关重要。因此，今后将继续进行相关研究以探索该模型在实时洪水预报方面的应用。

参考文献

[1] LIN C A, WEN L, LU G H, et al. Atmospheric-hydrological modeling of severe precipitation and floods in the Huaihe River Basin, China[J]. Journal of Hydrology, 2006, 330 (1-2): 249-259.

[2] MACDONALD R J, BYRNE J M, KIENZLE S W. A physically based daily hydrometeorological model for complex mountain terrain[J]. Journal of Hydrometeorology, 2009, 10 (6): 1430-1446.

[3] 彭涛，张利平，沈铁元，等. 现代水文气象预报技术研究进展[J]. 人民黄河，2010,32(9): 29-32.

[4] GIVATI A, GOCHIS D, RUMMLER T, et al. Comparing one-way and two-way coupled hydrometeorological forecasting systems for flood forecasting in the mediterranean region[J]. Hydrology, 2016, 3 (2): 19.

[5] YU Z B, LAKHTAKIA M N, YARNAL B, et al. Simulating the river-basin response to atmospheric forcing by linking a mesoscale meteorological model and hydrologic model system[J]. Journal of Hydrology, 1999, 218 (1): 72-91.

[6] 孙明坤. 基于 WRF-Hydro 的中小流域水文气象模拟及陆气耦合的研究[D]. 南京：河海大学，2023.

[7] 王澄海，隆霄，杨毅. 大气数值模式及模拟[M]. 北京：气象出版社，2011.

[8] WANG W, BRUYÈRE C, DUDA M, et al. User's Guide for the Advanced Research WRF (ARW) Modeling System Version 4. 0[M]//RESEARCH M M M D N C F A. Mesoscale & Microscale Meteorology Division; National Center for Atmospheric Research. Boulder (Colorado); Mesoscale & Microscale Meteorology Division; National Center for Atmospheric Research, 2018.

[9] 李致家，孔凡哲，王栋，等. 现代水文模拟与预报技术[M]. 南京：河海大学出版社，2010.

[10] YAO C, LI Z J, YU Z B, et al. A priori parameter estimates for a distributed, grid-based Xin'anjiang model using geographically based information[J]. Journal of Hydrology, 2012, 468: 47-62.

[11] YAO C, YE J Y, HE Z X, et al. Evaluation of flood prediction capability of the distributed Grid-Xin'anjiang model driven by weather research and forecasting precipitation[J]. Journal of Flood Risk Management, 2019, 12(S1):e12544.

[12] THOMPSON G, RASMUSSEN R M, MANNING K. Explicit forecasts of winter precipitation using an improved bulk microphysics scheme. Part I: Description and sensitivity analysis[J]. Monthly Weather Review, 2004, 132 (2): 519-542.

[13] KAIN J S, FRITSCH J M. The role of the convective "trigger function" in numerical forecasts of mesoscale convective systems[J]. Meteorology and Atmospheric Physics, 1992, 49 (1): 93-106.

[14] HONG S Y, PAN H L. Nonlocal boundary layer vertical diffusion in a medium-range forecast model [J]. Monthly Weather Review, 1996, 124 (10): 2322-2339.

[15] SHIN H H, HONG S Y, DUDHIA J, et al. Orography-induced gravity wave drag parameterization in the global WRF: Implementation and sensitivity to shortwave radiation schemes[J]. Advances in Meteorology, 2010, 2010:959014.

[16] CHEN F, DUDHIA J. Coupling an advanced land surface-hydrology model with the Penn State-NCAR MM5 modeling system. Part I: Model implementation and sensitivity[J]. Monthly Weather Review, 2001, 129 (4): 569-585.

[17] WILLIAMS R T. Lambert and Mercator map projections in geology and geophysics[J]. Computers & Geosciences, 1995, 21 (3): 353-364.

第9章 XAJ-DCH 模型与应用

新安江模型作为至今国内使用最普遍的水文模型之一，在水文预报、水资源规划及管理方面的运用已经取得了较大的社会经济效益。模型所采用的马斯京根分段连续演算法，在无资料地区参数率定困难；并且在受回水顶托区域，马斯京根法应用前提，即流量沿程线性变化、河道水面为直线均不再成立；另外随着气候的变化以及人类活动的影响，流域特征以及河道水力特性也在逐渐发生变化，但是新安江模型现有的河道汇流参数是稳态的，不能考虑变化环境的影响。为了使新安江模型在新的形势下更好地用于洪水预报，必须拓展现有的河道汇流方法，使模型参数能够考虑河道真实状态，减少对实测水文资料的依赖。因此，本章节以新安江模型为研究对象，对其中的河道汇流进行改进，引入了四种非线性汇流方法。要将四种非线性方法用到新安江模型，并能使其准确描述河道特征以及河网结构对径流的影响，就必须将河道数字化，因此改进后的模型命名为 XAJ-DCH 模型（Xin'anjiang-Digital CHannel model）。本章重点介绍了 XAJ-DCH 模型的结构、参数以及应用。

9.1 XAJ-DCH 模型的构建

9.1.1 数字河道上的汇流演算

XAJ-DCH 模型[1-3]是在新安江模型的基础上对河道汇流进行改进发展而来。模型分为四个模块，产流模块、蒸散发模块、三水源划分模块以及汇流模块。模型前三个模块仍然与新安江模型保持一致，基于子流域计算，而汇流模块中的河道汇流除了原马斯京根方法，还增加了一阶显式扩散波[4]、MCT（Muskingum-Cunge-Todini）[5]、非线性水库方法[6]以及局地惯性波[7]四种汇流方法。以上几种圣维南方程组的简化方法均可以根据实测的水力学资料（河底比降、河宽和河段长度）来计算断面流量，而不需要根据历史洪水流量资料进行推算，而且几种方法概念简单，被广泛用作洪水演算问题的工具。在利用 MCT 以及其他几种以水力学理论为基础的方法进行河道汇流的逐网格演算，需要每个网格的河道特征，如河段长、河宽、河底比降等。根据 DEM 来提取流域特征、建立数字流域已经成为分布式水文模型不可或缺的一部分，从中提取的数字水系和汇流网格更是分布式汇流计算不可或缺的基础数据。数字水系是对实际水系的概化，它能够在一定程度上表现实际水系的特征，但又不能完全与真实河道特征一致。

在以从 DEM 中提取的数字水系为汇流路径的河道汇流演算中，河段长度 Δx 可由 DEM 网格的尺寸或者分辨率决定，假设上下游两个栅格的中心点代表河道断面，则两者之间的直线距离就代表该河段长 Δx 。

网格单元 i 点的河底比降计算公式如下：

$$S_{0,i}=\frac{1}{\Delta x}(E_{c,i}-E_{c,i+1}) \tag{9.1-1}$$

式中：S_0 为河底比降；E_c 为河底高程，m；Δx 为 i 、$i+1$ 两个网格点之间的距离，m。

横断面信息则需要根据河道断面宽度进行估算。河道断面宽度与河道的几何形状、流量有关，在水力学中可用水位流量关系曲线求出。在分布式流域水文模拟中，不可能获得每一网格的水位流量关系曲线，常将河道概化为宽浅矩形，水面宽度即为河道宽度(下文简称为河宽)，用河宽估算模型来估算。本次研究为了计算的简易性，选择了河宽与集水面积相关的计算公式。在无资料河段，河道中每个断面的河宽计算可采用 TOPKAPI 模型中河宽计算公式。河宽计算公式[6]在考虑地形的基础上，河道的宽度作为通过河道的河网排水面积的函数，随之增加而增加，如公式(9.1-2)所示：

$$w_{c,i}=w_{c,\max}+\left[\frac{w_{c,\max}-w_{c,\min}}{\sqrt{A_{\text{tot}}-A_{th}}}\right](\sqrt{A_i}-\sqrt{A_{\text{tot}}}) \tag{9.1-2}$$

式中：$w_{c,i}$ 为第 i 个河道网格的河宽，m；$w_{c,\max}$ 为河道最大宽度，m；$w_{c,\max}$ 为临界面积的最小宽度，m；A_{th} 为临界面积，即形成河道所需的最小上游集水面积，m^2；A_{tot} 为总面积，m^2；A_i 为第 i 个网格单元上游集水面积，m^2。

在使用 MCT 方法时，波速 c 的确定也极为关键，在矩形河道中，各网格的波速则根据以下公式确定：

$$Q(h)=\frac{\sqrt{S_0}}{n}\frac{A(h)^{\frac{5}{3}}}{P(h)^{\frac{2}{3}}} \tag{9.1-3}$$

$$c(h)=\frac{\mathrm{d}Q(h)}{\mathrm{d}A(h)}=\frac{1}{w_c}\frac{\mathrm{d}Q(h)}{\mathrm{d}h}=\frac{5}{3}\frac{\sqrt{S_0}}{n}\frac{A(h)^{\frac{2}{3}}}{P(h)^{\frac{2}{3}}}\left(1-\frac{4}{5}\frac{A(h)}{w_cP(h)}\right) \tag{9.1-4}$$

式中：h 为水深，m；S_0 为河底比降；$A(h)$ 为过水断面面积，m^2；$P(h)$ 为湿周，m；w_c 为河宽，m；n 为河道糙率。

9.1.2 河道网格计算排序

以数字河道为水流载体进行汇流演算，在流域汇流非线性的假设条件下，各个河道网格到流域出口的汇流过程不再符合叠加和倍比原理，需要严格按照水流在网格间汇集的先后顺序进行演算，因此必须要确定这些网格的计算顺序，才能顺着河道网络进行汇流演算。

关于河道网格计算次序的确定已有大量研究，但是都需依据每个网格的方向，其区别在于算法上的改进以减少时间。在 XAJ-DCH 模型中，为了计算效率，减少计算量，并没有将流域内全部河道网格采用 MCT、非线性水库、局地惯性波进行河道汇流演算，只对主河道采用以上几种方法进行河道汇流计算，主河道定义为每个子流域出口到整个流域出口之间的河道，其他河网仍跟新安江模型一样，仍采用滞后演算法进行计算。将整个流域的出口点设为编号为 0，根据 D8 法[8]原则，用最陡坡度法来确定水流的方向，即在 3×3 的 DEM 栅格上，计算中心网格与各相邻网格间的距离权落差（即栅格中心点落差除以栅格中心点之间的距离），取距离权落差最大的栅格为中心栅格的流出栅格。从编号为 0 的栅格开始向上游搜索入流网格，依次设置上游网格编号 1，2，3，4……直至上游每个子流域的出口点，如果在搜索中发现有两个入流网格，则设置两个入流网格编号相同，如图 9.1-1 所示。在进行河道演算时，从上游栅格最大编号开始计算，寻找每个编号出现的次数，对相同编号的河段依次进行河道演算，直至流域出口。

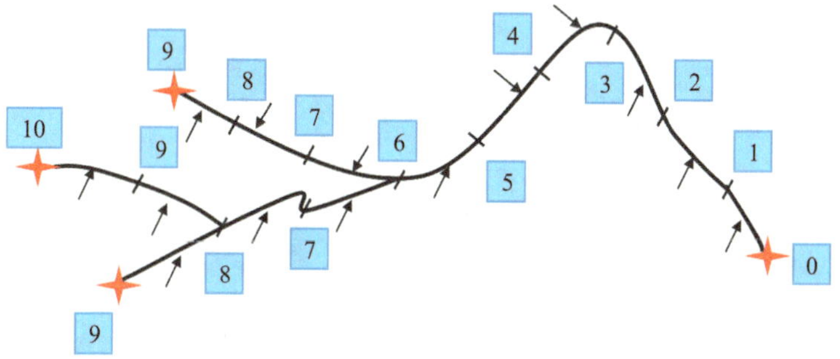

图 9.1-1　河道计算顺序编码图

9.1.3　子流域汇流与分布式河道汇流耦合

实现子流域与计算河道汇流之间的耦合是一个关键问题。本节主要把子流域进行两种划分，第一种是位于计算河道上游的子流域，如图 9.1-2 所示，子流域 A、B、C 在进行三水源划分之后，用滞后演算法进行子流域河网汇流演算，得到每个子流域出口点的流量，作为主河段的上游断面的入流；第二种是计算河道所在的子流域，如图 9.1-2 所示的 D、E、F 和 G，这些子流域进行三水源划分之后，根据每个子流域中河道网格数，将水量进行均分，平摊到每个河段中，作为侧向入流。

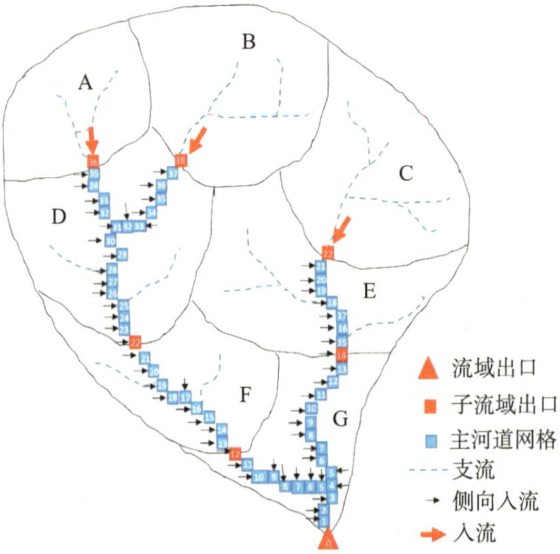

图 9.1-2　XAJ-DCH 模型结构图

9.2　XAJ-DCH 模型结构及参数

XAJ-DCH 模型是在新安江模型的基础上对河道汇流进行改进。模型分为四个模块，产流模块、蒸散发模块、三水源划分模块以及汇流模块，模型参数及框架图如图 9.2-1 所示。

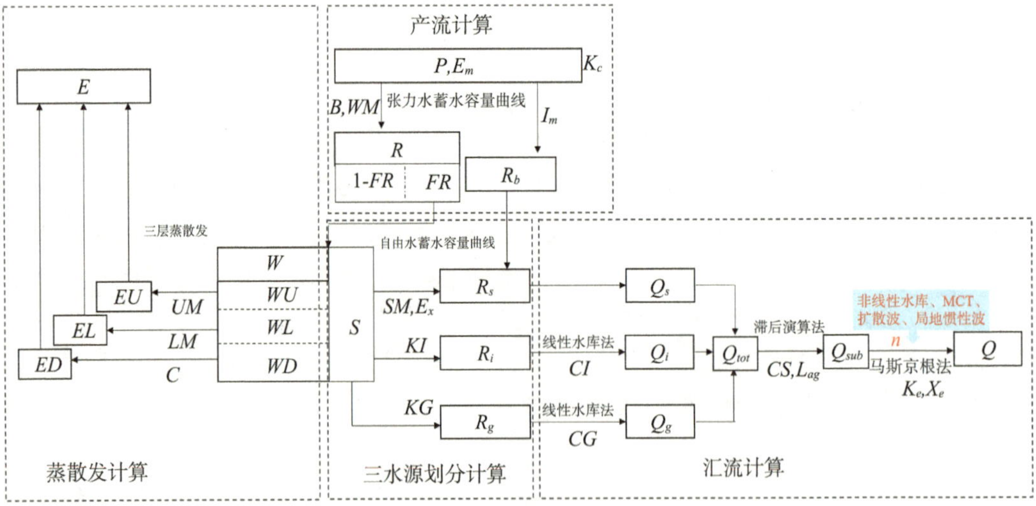

图 9.2-1　XAJ-DCH 模型参数及框架图

XAJ-DCH 模型共有 18 个参数，如图 9.2-1 所示。根据其物理意义与在模型中的作用可以分为 4 类，分别为蒸散发参数、产流参数、三水源划分参数以及汇流参数。其中采用马斯京根法时河道汇流参数为 K_e、X_e，其余 MCT、非线性水库、扩散波以及局地惯性波四种汇流方法河道汇流参数为河道糙率 n。模型中较为敏感的参数有 K_c、SM、KG、KI、CG、CI、CS、L_{ag}、K_e、X_e、n，对敏感性参数需要仔细分析，认真优选；对不敏感的参数可粗略一些或根据一般经验进行设置。

9.3 模型应用

9.3.1 研究流域

为了检验 XAJ-DCH 模型的模拟精度，选取湿润地区屯溪流域的历史洪水进行模拟分析。屯溪流域共选择了 1986 年至 1998 年 33 场洪水进行模拟，前 22 场用于率定期，后 11 场用于验证期。由于 XAJ-DCH 模型属于分布式水文模型，可以实现流域内部径流过程的模拟。本次研究利用屯溪流域内呈村和月潭两个内部水文站观测的径流过程，来评估 XAJ-DCH 模型对于嵌套流域径流过程的模拟精度。选取了月潭 33 场洪水，呈村 25 场洪水，在不对模型重新率定的基础上，输出呈村和月潭两个站点的模拟流量，并与实测流量进行对比。

因为屯溪流域均属于山区，地势陡峭，河底比降较大，惯性项占河底比降的比例非常小，可以忽略，因此在这两个流域分别使用 XAJ-DCH 模型中的扩散波、非线性水库、MCT 以及原新安江模型中的马斯京根法进行汇流计算并进行比较。流域河道网格空间分辨率均设置为 360 m，非线性水库方法为运动波解析解，不存在不稳定，河道演算时间步长设置为与模型降雨径流时间保持一致，设置为 1 h，而 MCT 和扩散波方法的河道演算时间步长根据数值计算的稳定性条件进行设置。

9.3.2 屯溪流域模拟结果

图 9.3-1 为用马斯京根法、非线性水库法、MCT 法以及扩散波模拟的屯溪流域洪量相对误差、洪峰相对误差、峰现时间误差、纳什效率系数箱线图。整体来看，四种汇流方法对屯溪流域的模拟效果普遍偏好，下面根据各项指标进行详细分析。

根据洪量相对误差可以看出，无论是率定期还是检验期，采用四种汇流方法模拟的洪量相对误差合格率均达到了 100%，这说明 XAJ-DCH 模型中四种汇流方法均能达到水量平衡；根据洪峰相对误差可以看出，四种汇流方法对洪峰的模拟差异较大，马斯京根法的合格率在率定期和检验期均是四种方法中最高的，其他三种方法的合格率相当，略低于马斯京根法，但大部分场次洪水洪峰合格率位于－20%到 20%之间；从峰现时间误差来看，马

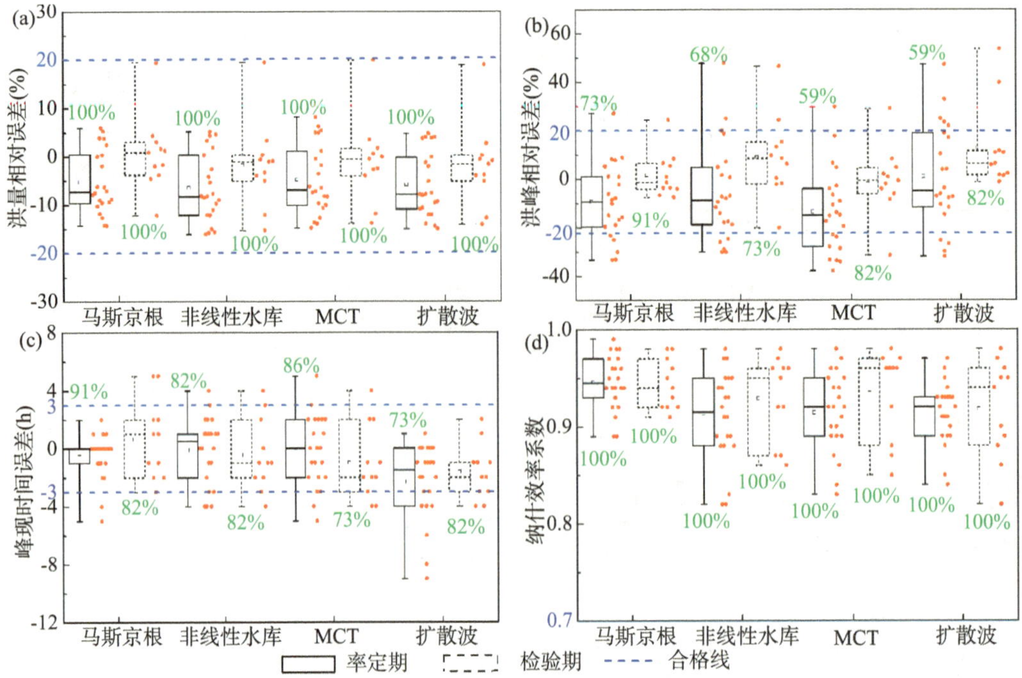

图 9.3-1　屯溪流域模拟结果箱线图

斯京根法的合格率在率定期和检验期仍然是四种方法最高的，但其他方法的峰现时间误差合格率也大于 70%，达到了乙级标准。从纳什效率系数来看，无论是检验期还是率定期，四种汇流方法的平均纳什效率系数均大于 0.9，达到了甲级标准。

选取屯溪流域不同量级的两场洪水进行分析：

根据图 9.3-2 可以看出，四种汇流方法对屯溪流域不同量级的两场洪水均能进行良好的模拟，模拟的洪水过程线与实际洪水过程线拟合程度较高。四种汇流方法的差异主要体现在对洪峰的模拟上。根据图 9.3-2(a)中 19870501 号洪水模拟结果可以看出，扩散波法和马斯京根法模拟的洪峰和峰现时间与实际洪峰和实际峰现时间更接近，而非线性水库法和 MCT 模拟的洪峰稍微偏小，峰现时间稍有滞后。根据图 9.3-2(b)中 19960601 号洪水模拟结果可以看出，四种方法与实际洪水过程线拟合程度很高，但非线性水库法和扩散波法对于洪峰的模拟偏大，MCT 和马斯京根法对洪峰模拟与实测洪峰近似。

综合来看，四种汇流方法在屯溪流域模拟结果良好，主要差别体现在洪峰模拟上，马斯京根法对于洪峰的模拟要稍优于其他几种方法。马斯京根法简单实用，计算效率高，在资料充足情况下可以使用；相比于马斯京根法，其他几种方法更加考虑了流域地形地貌、河网结构以及河道水力特性的影响，虽然也包含一个需要率定的河道参数——河道糙率，但河道糙率可根据河道分级进行估算，在无资料地区该参数相比于马斯京根参数更容易确定。

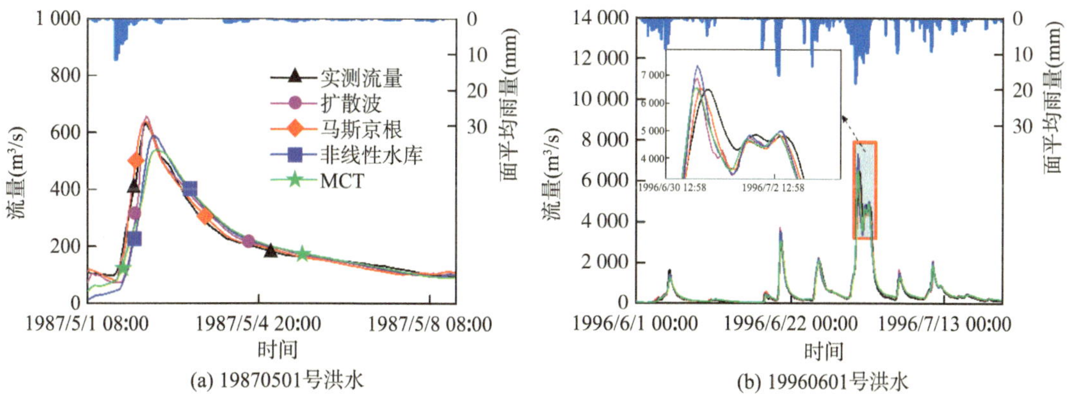

图 9.3-2　屯溪流域 19870501 号和 19960601 号洪水

9.3.3　屯溪嵌套流域模拟结果分析

由图 9.3-3 可以看出，在呈村使用非线性水库、MCT 和扩散波三种方法模拟的洪量相对误差、洪峰相对误差、峰现时间误差、纳什效率数结果相似，洪量相对误差合格率、洪峰相对误差合格率、峰现时间合格率均大于 80%，平均纳什效率系数分别为 0.87、0.85、0.87，均达到洪水预报的乙级标准。由图 9.3-4 也可以看出，呈村两场洪水三种汇流方法模拟的洪水过程线与实测洪水过程线拟合程度较好。

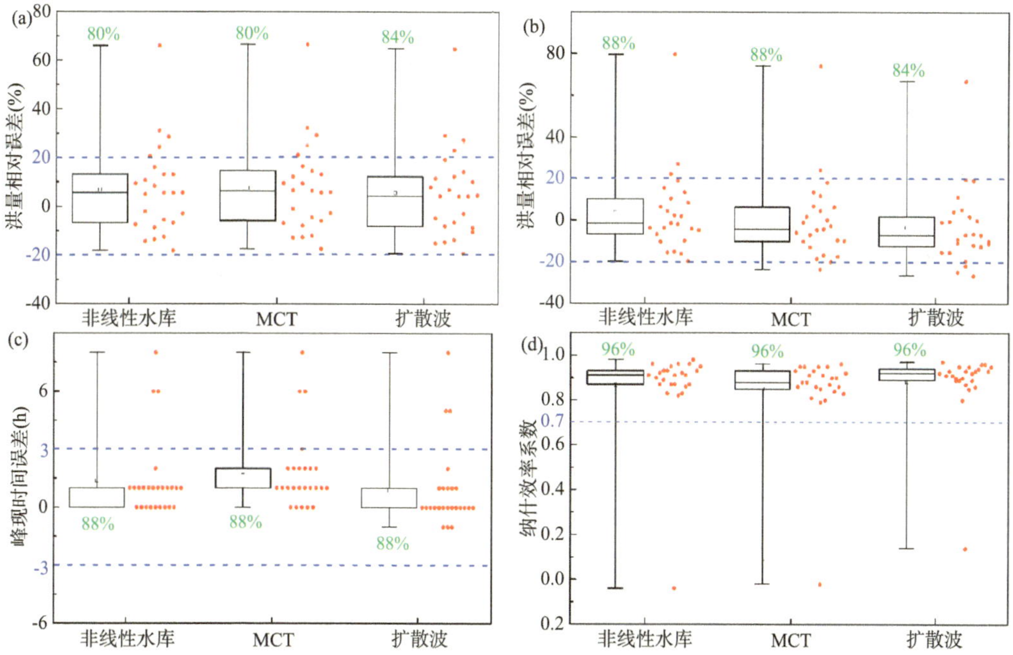

图 9.3-3　呈村模拟结果箱线图

由图 9.3-5 可以看出，对于月潭的模拟，采用非线性水库、MCT 法和扩散波法的平均纳什效率系数分别为 0.85、0.9、0.81，非线性水库法和扩散波法达到了乙级标准，MCT 法达到了甲级标准，图 9.3-6 也可以看出三种汇流方法模拟结果相差不大，均与实测洪水过程线拟合较好。

综上，XAJ-DCH 模型能够在无须重新率定的情况下对内部站点进行有效模拟，虽然模拟精度不如出口站点模拟精度，但模拟结果在可接受范围内。

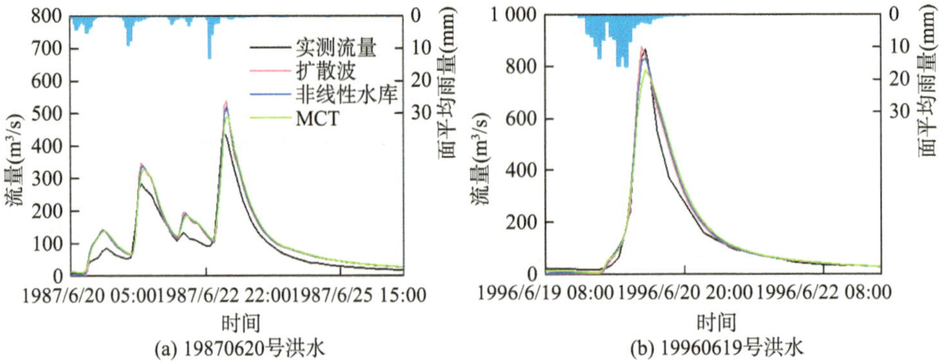

图 9.3-4　星村 19870620 号和 19960619 号洪水

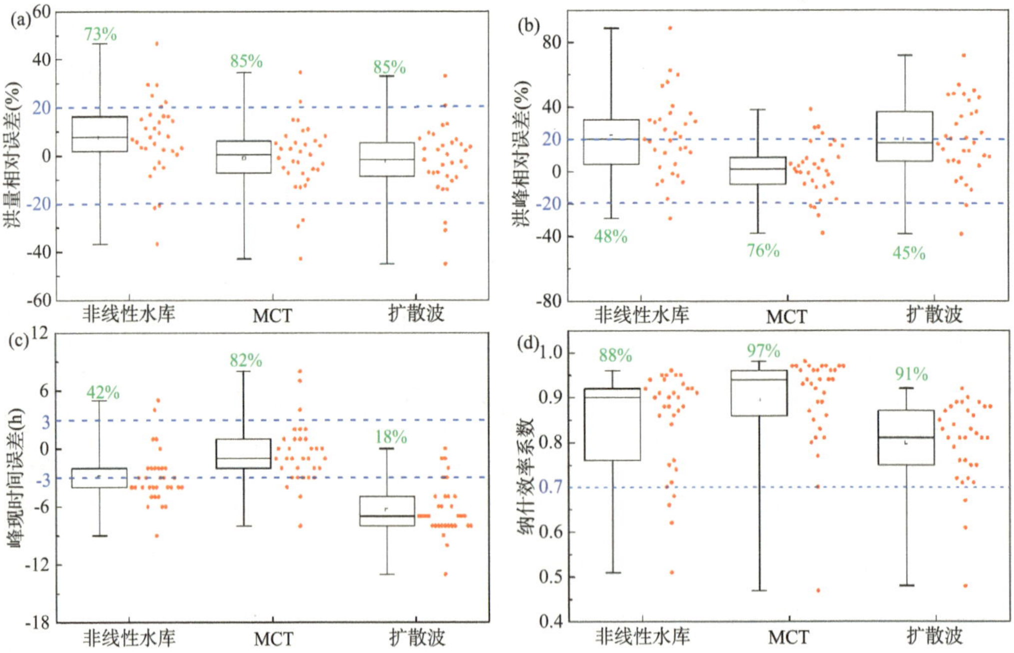

图 9.3-5　月潭模拟结果箱线图

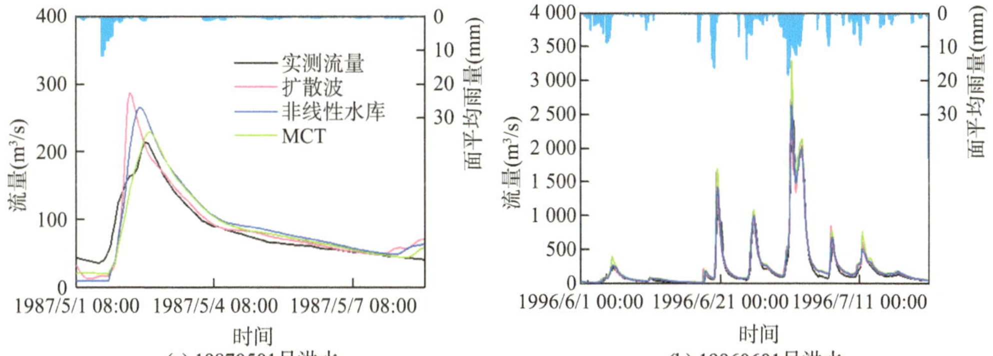

(a) 19870501号洪水　　(b) 19960601号洪水

图 9.3-6　月潭 19870501 号和 19960601 号洪水

9.3.4　计算效率比较

从模型计算效率来看，四种汇流方法的计算效率从高到低依次为马斯京根法、非线性水库法、MCT 法、扩散波方法。屯溪流域率定期 22 场洪水马斯京根法模拟时间步长大约需要 1 min；其次是非线性水库方法，非线性水库方法不会涉及计算不稳定问题，可采用 1 h 作为河道演算步长，模拟所需时间较短，屯溪流域率定期 22 场洪水模拟大约需要 10 min；MCT 方法虽然可能会出现不稳定问题，但基本上可采用 600 s 作为河道演算时间步长，极少数洪水涨落较快的场次洪水，需要 200 s 作为时间步长模拟结果才会收敛，屯溪流域 22 场洪水模拟时间大约需要 1 h 左右；扩散波方法由于是显式差分，极容易出现不稳定的现象，基本上采用时间步长为 10 s，极少数涨落较快的洪水场次采用 6 s 作为时间步长，屯溪流域 22 场洪水模拟时间大约需要 3 h。

9.4　小结

在原新安江模型的基础上，增加了扩散波、MCT、非线性水库、局地惯性波四种汇流方法，实现分布式河道与子流域汇流之间的耦合，建立了 XAJ-DCH 模型，模型需要的数据（河宽、河道坡降、河段长等）可根据数字水系进行获取。将该模型用于中小河流地区屯溪流域，根据不同流域的洪水波特征分析，最终采用马斯京根、非线性水库、MCT 以及扩散波四种汇流方法对屯溪及内部嵌套流域场次洪水进行模拟。主要可以得出以下结论：

（1）XAJ-DCH 模型中非线性水库、MCT、扩散波三种汇流方法在湿润地区屯溪流域取得了良好的模拟效果，可达到与马斯京根法相似的模拟效果，在屯溪流域平均纳什效率系数均大于 0.9，达到了甲级标准。

（2）XAJ-DCH 模型除了对出口站点能进行良好的模拟外，在不对模型重新率定的情况下也可对内部站点进行有效模拟，屯溪流域内部站点呈村和月潭的模拟精度均达到了乙级标准(平均纳什效率系数大于 0.7)。

(3) 相比于新安江模型，XAJ-DCH 模型中新增的四种非线性汇流方法可考虑真实河道特征和水力特性的空间变化，几种汇流方法的流量过程均可根据实测的水力学资料(如河宽、河道坡降、河段长、初始水深等)来确定，在缺河道断面资料地区也可根据谷歌地图等量几段代表性河宽根据汇流累积面积来推求整个水系的河宽。通过对新安江模型河道汇流的改进，模型进一步反映了流域地形地貌、河网结构、河道特征的时空变化对汇流过程的影响，拓宽模型的适用范围。

参考文献

[1] 李致家，臧帅宏，刘志雨，等. 新安江模型中河道汇流方法的改进[J]. 河海大学学报(自然科学版)，2020，48(3)：189-194.

[2] ZANG S H，LI Z J，ZHANG K，et al. Improving the flood prediction capability of the Xin'anjiang model by formulating a new physics-based routing framework and a key routing parameter estimation method[J]. Journal of Hydrology，2021，603：126867.

[3] 臧帅宏. 新安江模型汇流模块的改进及其在洪水预报的应用[D]. 南京：河海大学，2023：23-83.

[4] JULIEN P Y，SAGHAFIAN B. CASC2D user's manual：a two-dimensional watershed rainfall-runoff model [D]. Colorado：Colorado State University，1991.

[5] TODINI E. A mass conservative and water storage consistent variable parameter Muskingum-Cunge approach [J]. Hydrology Earth System Sciences，2007，11(5)：1645-1659.

[6] LIU Z，TODINI E. Towards a comprehensive physically-based rainfall-runoff model [J]. Hydrology Earth System Sciences，2002，6(5)：859-881.

[7] BATES P D，HORRITT M S，FEWTRELL T J. A simple inertial formulation of the shallow water equations for efficient two-dimensional flood inundation modelling [J]. Journal of Hydrology，2010，387(1-2)：33-45.

[8] O'CALLAGHAN J F，MARK D M. The extraction of drainage networks from digital elevation data [J]. Computer Vision，Graphics，and Image Processing，1984，28(3)：323-344.

第 10 章

基于灵活框架的流域实时洪水预报

本章使用集合卡尔曼滤波器(Ensemble Kalman Filter, EnKF)对分布式灵活框架水文模型 Grid-XAJ-Flex 模型进行状态量校正,进而实现洪水预报的实时校正之目的。

10.1 Grid-XAJ-Flex 模型

10.1.1 引言

由于水文过程的非线性特点以及水文过程间的相互作用,水文现象总是在不同的时间与空间上表现出其高度的变异性。与其他水文模型相比,分布式水文模型能够更准确的描述水文过程的机理,并能够更有效地利用 GIS 技术与遥感技术所提供的大量空间信息,以考虑水文现象在时间与空间上所呈现出的变异性。任何一个分布式水文模型都只是在一定程度上反映了流域的空间多样性与水文过程的物理机制,而并没有"完全"的分布式物理模型[1]。目前,概念性降雨径流模型与物理性汇流模型相结合的分布式水文模型受到了越来越多的关注[2]。该类模型利用现有的概念性模型进行 DEM 栅格单元的产流计算,再结合基于物理机制的汇流模型进行栅格间的汇流演算,不仅降低了模型对资料的需求,提高了运行时效,还可以考虑降雨及下垫面因子的空间变异性。河海大学李致家团队研发的网格新安江(Grid-XAJ)模型即是该种类型的分布式模型[3]。该模型可以采用小时(或更短)为时间步长进行洪水模拟及预报,也可以日为时间步长进行连续的降雨径流模拟。

除了发展分布式水文模型之外,灵活框架是解决流域内水文过程的异质性和复杂性的另一种思路[4],国内有时也称为基于多重工作假说的水文模拟理论与框架[5]。模型结构应真实反映流域产汇流规律。流域之间水文特征差异甚大,因此,灵活架构理论认为,用统一的、一成不变的模型架构,模拟不同流域、不同类型的产汇流过程,是不恰当的,也是不能成功的。模型架构应该是由模型各个构件机动组合而成,随着流域的不同,模型构件是可以灵活加减或更替的。也就是说,以往经典概念性模型相当于一台完整的机器,而灵活架构方法给予的则是平台和可拆卸零件,能够快速地装配成一台机器。在 Grid-XAJ 模型的基础上,进一步引入灵活框架之思路,进而构建了基于灵活框架的网格新安江(Grid-XAJ-Flex)模型[6]。

10.1.2 模型的结构

Grid-XAJ-Flex 模型以流域内每个 DEM 栅格作为计算单元，并假设在栅格单元内的降雨和地貌特征、土壤类型以及植被覆盖等下垫面条件空间分布均匀，模型只考虑各个要素在不同栅格之间的变异性。Grid-XAJ-Flex 模型先计算出每个栅格单元的植被冠层截留量、河道降水量和蒸散发量，然后再依据网格单元的地形指数将栅格划分为蓄满网格和超渗网格，分别使用蓄满产流方案和超渗产流方案计算出栅格单元的产流量，最后再根据栅格间的汇流演算次序，依次将各种水源演算至流域出口。Grid-XAJ-Flex 模型结构示意图见图 10.1-1。

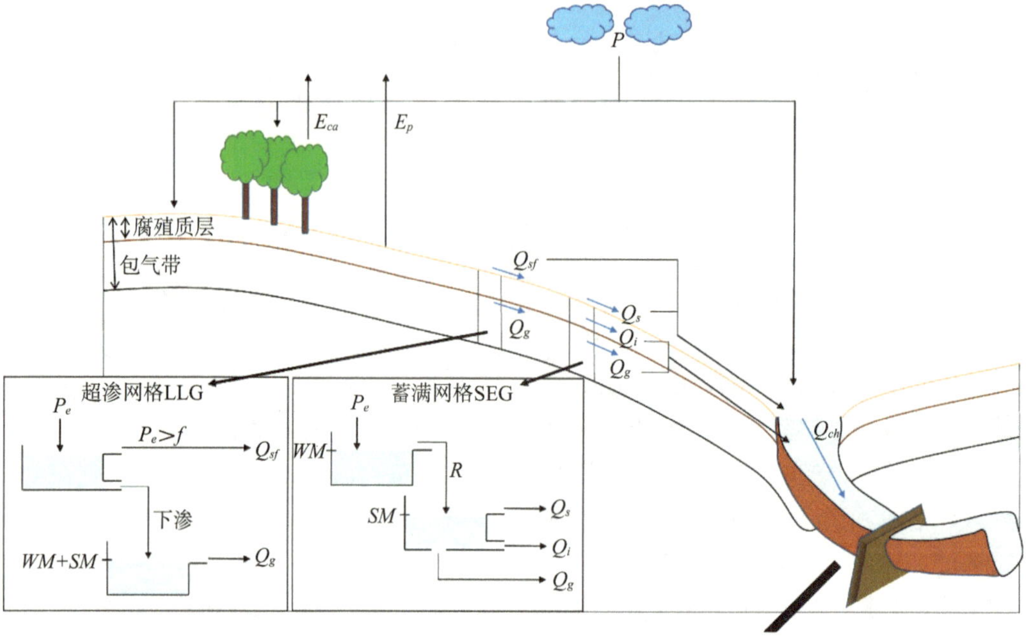

图 10.1-1 Grid-XAJ-Flex 模型示意图[7]

10.1.3 模型原理

Grid-XAJ-Flex 模型由降雨与蒸散发、产流与分水源、汇流和水库四个模块组成。

10.1.3.1 降雨与蒸散发

Grid-XAJ-Flex 模型可以使用遥感/再分析降雨产品或雨量站观测数据作为模型输入。当使用雨量站观测数据时，需要将降雨的空间分布网格化，本节使用反距离加权法对雨量站观测降雨进行空间插值：

$$P_i=\sum_{j=1}^{N_P}\left[\frac{(1/d_j^k)}{\sum_{j=1}^{N_P}(1/d_j^k)}P_j\right] \tag{10.1-1}$$

式中：N_P 为雨量站个数；P_i 为待估网格的降雨量；d_j 为待估网格的中心点与雨量站的欧氏距离；k 为权重指数。

雨滴落在植被冠层时，其中一部分被吸着力、承托力、水分重力、表面张力等的作用截留，储存在植被冠层表面的现象称为植被冠层截留。Grid-XAJ-Flex 模型使用网格 Grid-XAJ 模型中的方法模拟植被冠层截留[3]。

在一场降雨过程中，河道直接降雨就是指直接落到河面的那一部分雨量，它们不被用于产流及坡面汇流计算，而是直接参与河道汇流演算。在河网密集的流域内或降雨强度较大的情况下，河道直接降雨会增大洪峰且使洪峰提前，其影响不能忽视。假设每个网格内降雨分布均匀，且河道形态稳定，则可以根据网格内河道面积占网格总面积的比例分配河道直接降雨：

$$I_{ch,t}=\frac{L_{ch}\cdot W_{ch}}{GL^2}(P_t-I_{ca,t}) \tag{10.1-2}$$

式中：$I_{ch,t}$ 为河道直接降雨；P_t 为降雨量；$I_{ca,t}$ 为植被冠层截留量；W_{ch} 为网格内的河宽；L_{ch} 为网格内的河道长度。

在计算各网格的实际蒸散量时，首先按蒸发能力蒸发植被冠层截留量，若植被冠层截留量小于网格蒸散发能力时，则按新安江模型的三层蒸散发模型计算待估网格的实际蒸散量[8]。

10.1.3.2　产流与分水源

(1) 蓄满产流

正交网格是 Grid-XAJ-Flex 模型的空间基本计算单元，假设各种模型变量(如土壤含水量)在网格内部均是空间均匀分布的，在单位时段内任一网格的蓄满产流为：

$$R_i=\begin{cases}0, & P_{e,i}\leqslant 0 \text{ 或 } P_{e,i}+W_i\leqslant WM_i\\ P_{e,i}+W_i-WM_i, & P_{e,i}+W_i>WM_i\end{cases} \tag{10.1-3}$$

式中：R_i 表示产流量；P_e 为考虑冠层截留和土壤蒸散发后的净雨量；W_i 为实际张力水蓄水量；WM_i 为张力水容量。

类似地，假设自由水含量在网格内的空间上均匀分布，地面径流深的计算简化为：

$$R_{s,i}=\begin{cases}0, & R_i+S_i\leqslant SM_i\\ R_i+S_i-SM_i, & R_i+S_i>SM_i\end{cases} \tag{10.1-4}$$

对应的壤中流径流深 $R_{i,i}$ 和地下径流深 $R_{g,i}$ 为：

$$R_{i,i}=KI\cdot S_i \tag{10.1-5}$$

$$R_{g,i}=KG\cdot S_i \tag{10.1-6}$$

式中：$R_{s,i}$、$R_{i,i}$ 和 $R_{g,i}$ 分别表示地面径流深、壤中流径流深和地下径流深；S_i 为实际自由水蓄水量。

(2) 超渗产流

Grid-XAJ-Flex 模型使用基于网格的格林-安普特模型(Green-Ampt model)方法计算单位时段内每个网格的土壤下渗能力[9]：

$$f_i=KS_i\left[1+\frac{(\theta_{s,i}-\theta_{0,i})S_F}{F_i}\right] \tag{10.1-7}$$

式中：f_i 为下渗能力；KS_i 为饱和导水率；S_F 为湿润锋处土壤吸力；$\theta_{s,i}$ 为饱和含水量；$\theta_{0,i}$ 为初始土壤含水量；F_i 为累积下渗量。

网格 i 在单位时段内的地面径流深 $R_{s,i}$ 为：

$$R_{s,i}=\begin{cases}0, & P_{e,i}\leqslant f_i\\ P_{e,i}-f_i, & P_{e,i}>f_i\end{cases} \tag{10.1-8}$$

网格 i 在单位时段内的下渗量为：

$$INF_i=P_{e,i}-R_{s,i} \tag{10.1-9}$$

第 T 个时段的网格累积下渗量为：

$$F_{i,t=T}=INF_{i,t=1}+INF_{i,t=2}+\cdots+INF_{i,t=T} \tag{10.1-10}$$

在超渗产流中，径流仅划分为地面径流和地下径流两部分。在一场洪水过程中，网格内的累积下渗量达到最大累积下渗量 $FM_i=WM_i+SM_i$ 后，多出的下渗水量产生单位时段内的地下径流 $R_{g,i}$：

$$R_{g,i}=\begin{cases}0, & F_i\leqslant FM_i\\ F_i-FM_i, & F_i>FM_i\end{cases} \tag{10.1-11}$$

(3) 灵活框架

Grid-XAJ-Flex 模型的产流过程的灵活框架被划分为两个层面，即流域水文气象特征的判定和流域内产流机制的空间分配。

首先，根据流域的地理位置判别所属的水文气候区域，湿润流域和干旱流域的主导性产流机制是明确的，分别为蓄满产流和超渗产流。因此，对于湿润流域，Grid-XAJ-Flex 模型将流域内全部网格标记为蓄满产流网格(Saturation-Excess Grid, SEG)，蓄满产流网格使用蓄满产流方式计算；对于干旱流域，将流域内全部网格标记为超渗产流网格(Infiltration-Excess Grid, IEG)，超渗产流网格使用超渗产流方式计算。

在半湿润和半干旱地区，蓄满产流和超渗产流在空间上并存，并且不同地点的主导性产流机制受到地形特征、植被类型、土壤条件及地质因素等的影响。地形指数综合了地形因子及汇水面积因子，反映流域上每点长期的土壤水分状况。地形指数大的区域，靠近河网水系，较为湿润，下渗能力强，以蓄满产流为主；地形指数小的区域，一般为流域上游山坡，地势陡峭，地下水埋深较深，易发生超渗产流[10]。因此，可以依据地形指数来划分流域内的蓄满网格 SEG 和超渗网格 IEG。基于 Natural breaks(Jenks)分类方法，以最大化地形指数的组间方差且最小化组内方差为原则，将流域内的网格划分为两组，地形指数较大的一组网格标记为 SEG，较小的一组标记为 IEG，两种网格分别使用之前介绍的蓄满产流和超渗产流计算方法进行产流计算。

10.1.3.3　汇流

Grid-XAJ-Flex 模型依据网格演算次序矩阵，逐网格进行汇流演算，且假设任意网格的汇流过程均包括坡面汇流及河道汇流，即原来的坡地网格在汇流演算时也存在“虚拟河道”，地下径流和壤中流经过线性水库调蓄之后，直接汇入河道或“虚拟河道”，而后进行河道汇流。

坡面和河道汇流演算的实质都是求解一维的圣维南方程组：

$$\frac{\partial A}{\partial t}+\frac{\partial Q}{\partial x}=q_l\text{（连续方程）} \tag{10.1-12}$$

$$\frac{1}{g}\cdot\frac{\partial V}{\partial t}+\frac{V}{g}\cdot\frac{\partial V}{\partial x}+\frac{\partial h}{\partial x}=s_0-s_f\text{（运动方程）} \tag{10.1-13}$$

式中：A 为过水断面面积；Q 为过水断面流量；x 为水流流程；q_l 为单宽旁侧入流；g 为重力加速度；V 为过水断面平均流速；$\frac{1}{g}\cdot\frac{\partial V}{\partial t}$ 为局地惯性项；$\frac{V}{g}\cdot\frac{\partial V}{\partial x}$ 为迁移惯性项；$\frac{\partial h}{\partial x}$ 为附加比降；s_0 为底面比降；s_f 为摩阻比降。圣维南方程组无解析解，一般通过有限差分等技术求其数值解或通过水文学理论将其简化。当忽略惯性项和附加比降时，圣维南方程组中的运动方程简化为运动波（Kinematic Wave）运动方程；当仅忽略惯性项时，简化为扩散波（Diffusion Wave）运动方程。Grid-XAJ-Flex 模型使用基于两步法 MacCormack 算法的二阶显式有限差分格式进行扩散波方程组的求解[11]。

10.1.3.4　水库

Grid-XAJ-Flex 模型将水库模块在空间上与汇流过程耦合。大中型水库及极少数小型水库记录有实测出流量，称这些水库为有观测水库，这些水库的泄流量直接读取相关观测数据。

另一方面，大部分小型水库没有闸门，而是直接通过溢洪道泄流，且基本不存在观测的泄流量数据，这种类型的水库被称为无控制水库。对于无控制水库，Grid-XAJ-Flex 模型使用了一种分布式的水库蓄泄方法模拟无控制水库的蓄泄过程[12]，该方法将水库视为一个点，仅在水库出口处的网格进行蓄泄演算。无控制水库的泄洪过程可以通过两个简化泄洪道的泄流表示，即主泄洪道和应急泄洪道，水库结构见图 10.1-2。调洪库容是水库中位于应急泄洪道以上的部分。两个泄洪道之间的部分称为防洪库容，这两个库容用于防洪任务。主泄洪道以下的部分分别被称为兴利库容和死库容。

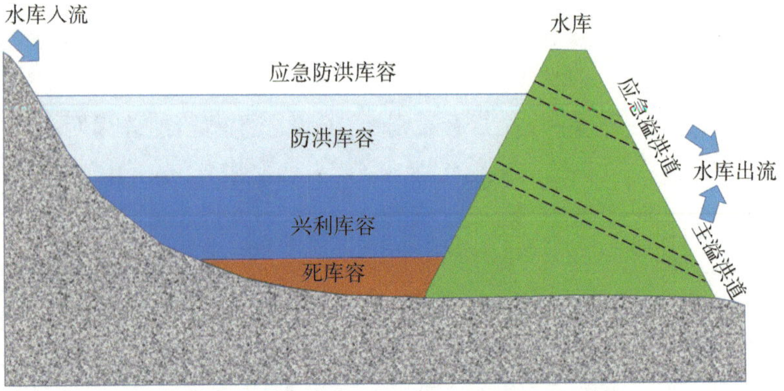

图 10.1-2　Grid-XAJ-Flex 模型水库结构示意图

在定义了水库结构后，水库出口所在的网格被标记为水库网格。当演算至水库网格需进行水库蓄泄演算。水库网格的入流量 Q^{in} 即是相邻的上游网格的河道流出量，而水库网格的出流量 Q^{out} 是水库调蓄后的出流量。水库的蓄水和泄水是根据水库运行规则、前一时刻库容、水库蒸发量和泄流量来计算的，水库的蓄泄方案见下式[6]：

$$Q_t^{out}=\begin{cases}0, & RV_t \leqslant RV_C \\ \alpha \cdot \gamma \cdot \dfrac{(RV_t-RV_C)}{\Delta t}, & RV_C \leqslant RV_t \leqslant RV_F, Q_{t-1}^{outlet} \leqslant Q_{max}^{outlet} \\ 0, & RV_C \leqslant RV_t \leqslant RV_F, Q_{t-1}^{outlet} > Q_{max}^{outlet} \\ \dfrac{(RV_t-RV_F)}{\Delta t}, & RV_t > RV_F\end{cases} \tag{10.1-14}$$

根据质量守恒，水库的蓄水量计算如下：

$$RV_t = RV_{t-1} + \Delta t \cdot (Q_t^{in} - E_t^R \cdot A_R - Q_t^{out}) \tag{10.1-15}$$

式中：RV_C 和 RV_F 分别是水位达到主溢洪道和应急溢洪道时的水库库容；RV_t 是 t 时刻水库蓄水量；α 是洪水条件系数；γ 是基于坝体结构的出流系数；Q_{max}^{outlet} 是流域出口控制站的警戒流量；Q_{t-1}^{outlet} 是 $t-1$ 时刻流域出口的流量。水库模块的参数包括洪水条件系数 α 和水库出流系数 γ。

10.2　洪水预报实时校正

10.2.1　引言

大量研究表明水文模型状态量中的误差累积是洪水预报开始时不确定性的主要来源。

水文数据同化即是通过数据同化技术修正预报之前以及预报开始时刻的水文模型状态量，以降低预报开始时刻水文模型初始条件中的误差积累，达到为洪水预报提供一个最优的初始场的目的。

传统上，预报人员可以对集总式模型的状态变量进行人工修正，但分布式模型中状态变量的维度通常很大，人工修正工作量巨大，在实际应用中难以实现[13]。随着数据同化技术被引入水文学领域，基于观测信息的自动化模型状态校正方法越来越受到青睐。适用于非线性系统的顺序同化方法，如集合卡尔曼滤波、粒子滤波及它们的各种变体，不需要编写伴随模式，且由于其递推的特性不需要储存大量历史数据，使该类方法在水文数据同化领域展示出巨大的潜力。相较而言，集合卡尔曼滤波需要的集合数量较少，对模型误差和输入不确定性的敏感度也比粒子滤波方法低。集合卡尔曼滤波的另一个优点是，集合体成员是通过随机扰动模型输入和状态产生的，因此很容易在数据同化系统中包含不同的不确定性来源[14]。因此，集合卡尔曼滤波及其变体适用于洪水预报的实时校正研究。在水文数据同化研究中，研究者使用的观测信息通常来自卫星遥感（通常是土壤水分、蒸发量等），或者流量观测。在实际应用中，观测流量往往是更实用的选择，因为它与洪水预报有更直接的关系，可以反映出流域的综合水文信息，并且站点实测径流数据可靠性较高[15]。

10.2.2　卡尔曼滤波

卡尔曼滤波（KF）是由 Kalman 于 1960 年正式提出的一种顺序数据同化算法[16]。KF 方法的目的是力图得到一个模式与观测噪声在时间上线性无关（白噪声）、在空间上呈正态分布的线性系统的条件概率密度的演变过程。它基于状态空间法在时域内设计滤波器，采用动力学方程（状态方程）描述被估计量的动态变化规律，并综合利用一切可能的观测信息以及模式和观测的误差统计特征得到被估计量的最小方差估计。

形式上，KF 滤波由一个状态方程和一个观测方程来描述线性系统中状态的动态演变过程。状态方程描述当前时刻状态与前一时刻状态之间的关系，观测方程表征观测值与状态值之间的关系，如下：

状态方程：

$$\boldsymbol{x}_{t+1}=\boldsymbol{M}_{t,t+1}\boldsymbol{x}_t+\boldsymbol{\Gamma}_t\boldsymbol{\omega}_t \tag{10.2-1}$$

式中：$\boldsymbol{x}_t$ 为 t 时刻状态向量，$\boldsymbol{x}_t=(x_{1,t},\cdots,x_{N_x,t})$；$\boldsymbol{M}_{t,t+1}$ 为 t 至 $t+1$ 时刻的状态转移矩阵，用于状态量在时域的前演；$\boldsymbol{\Gamma}_t$ 为噪声驱动矩阵；$\boldsymbol{\omega}_t$ 为过程噪声。

观测方程：

$$\boldsymbol{y}_t=\boldsymbol{H}_t\boldsymbol{x}_t+\boldsymbol{v}_t \tag{10.2-2}$$

式中：$\boldsymbol{y}_t$ 为 t 时刻观测向量，$\boldsymbol{y}_t=(y_{1,t},\cdots,y_{N_y,t})$；$\boldsymbol{H}_t$ 为 t 时刻的观测算子矩阵，表示了状态值与观测值之间的函数关系；$\boldsymbol{v}_t$ 为测量噪声。

卡尔曼滤波需要满足如下假设：①状态转移算子（如动力模型）和观测算子均为线性；②过程噪声 $\boldsymbol{\omega}_t$ 和测量噪声 $\boldsymbol{v}_t$ 均为均值为 0 的高斯白噪声且在时空上相互独立，即

$$
\begin{cases}
E(\boldsymbol{\omega}_t)=E(\boldsymbol{v}_t)=0\\
E(\boldsymbol{\omega}_t\boldsymbol{\omega}_t^{\mathrm{T}})=\boldsymbol{Q}_t\\
E(\boldsymbol{v}_t\boldsymbol{v}_t^{\mathrm{T}})=\boldsymbol{R}_t\\
E(\boldsymbol{\omega}_t\boldsymbol{v}_t^{\mathrm{T}})=0
\end{cases}
\tag{10.2-3}
$$

式中：$\boldsymbol{Q}_t$ 和 $\boldsymbol{R}_t$ 分别为过程噪声和测量噪声的协方差矩阵，且均为对角矩阵；$E(.)$ 为期望计算符；上标 T 表示矩阵的转置。

当满足上述假设时，卡尔曼滤波对状态量的更新可分为两步，预测步和分析步，见图 10.2-1。预测步主要用于时间更新，即将分析值及其协方差在时域上向前演进一个时间步长。

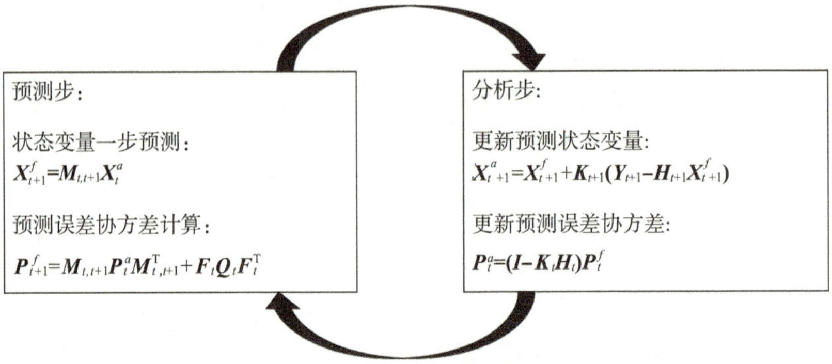

图 10.2-1　卡尔曼滤波器流程图

预测步方程为：

$$
\boldsymbol{x}_{t+1}^{f}=\boldsymbol{M}_{t,t+1}\boldsymbol{x}_t^{a}
\tag{10.2-4}
$$

预测误差协方差为：

$$
\boldsymbol{P}_{t+1}^{f}=\boldsymbol{M}_{t,t+1}\boldsymbol{P}_t^{a}\boldsymbol{M}_{t,t+1}^{\mathrm{T}}+\boldsymbol{\Gamma}_t\boldsymbol{Q}_t\boldsymbol{\Gamma}_t^{\mathrm{T}}
\tag{10.2-5}
$$

式中：上标 f 表示预测步得到的预测值，上标 a 表示分析步得到的分析值；$\boldsymbol{x}_t^a$ 为状态量在 t 时刻的分析值，$\boldsymbol{x}_{t+1}^f$ 为状态量在 $t+1$ 时刻的预测值；$\boldsymbol{P}_{t+1}^f$ 为 $t+1$ 时刻预测值的误差协方差矩阵；$\boldsymbol{P}_t^a$ 为 t 时刻分析值的误差协方差矩阵。

分析步用于状态量校正，即基于最新观测信息对状态变量的预测值及协方差进行更新。

分析步方程为：

$$
\boldsymbol{x}_t^{a}=\boldsymbol{x}_t^{f}+\boldsymbol{K}_t(\boldsymbol{y}_t-\boldsymbol{H}_t\boldsymbol{x}_t^{f})
\tag{10.2-6}
$$

分析误差协方差为：

$$
\boldsymbol{P}_t^{a}=(\boldsymbol{I}-\boldsymbol{K}_t\boldsymbol{H}_t)\boldsymbol{P}_t^{f}
\tag{10.2-7}
$$

式中：$\boldsymbol{I}$ 为单位矩阵；$\boldsymbol{K}_t$ 为 t 时刻卡尔曼增益矩阵，计算公式如下：

$$\boldsymbol{K}_t = \boldsymbol{P}_t^f \boldsymbol{H}_t^{\mathrm{T}} (\boldsymbol{H}_t \boldsymbol{P}_t^f \boldsymbol{H}_t^{\mathrm{T}} + \boldsymbol{R}_t)^{-1} \tag{10.2-8}$$

KF 滤波的优点主要表现在:①KF 滤波是用状态方程和递推方法进行估计的,因此它对信号的平稳性和时不变性不做要求,并且适用于多维随机过程的估计;②KF 滤波采用时域内的递推形式,不需要存储历史数据,便于计算机实现;③KF 滤波可以离线计算出增益矩阵,从而可以大大减少实时在线计算量。

但是,从 KF 滤波的计算公式可以看出,该算法要求模型算子和观测算子均为线性。然而,对于复杂的非线性系统,很难得到线性化的模型算子。为此,模型算子与观测算子的线性化问题成为制约 KF 滤波应用的最关键问题。对解决 KF 滤波在非线性系统中的应用问题,Jazwinski 提出了扩展卡尔曼滤波(EKF)[17],其基本思想是将模型算子与观测算子线性化处理后,再基于线性 KF 算法进行估计。具体来讲,EKF 滤波将非线性的过程方程和观测方程在状态估计值处计算 Jacabian 矩阵,并对其进行 Taylor 展开且只保留一阶导数项,从而得到状态与观测的非线性方程的切线方程,即可以把 KF 滤波应用到非线性问题中。但是,EKF 滤波要求计算 Jacabian 矩阵,这对一些非线性系统模型(如分布式水文模型)很难获得;而且,EKF 滤波只是对非线性系统的一阶近似,高阶截断误差可能会带来很大的计算误差,甚至导致滤波发散。因此,EKF 方法只适用于较弱的非线性系统。而对于基于物理机制的分布式水文模型,EKF 方法通常不适用。

10.2.3 集合卡尔曼滤波

集合卡尔曼滤波(EnKF)是由 Evensen 于 1994 年基于随机动态预报理论,将集合预报思想引入线性卡尔曼滤波(KF),提出的一种顺序数据同化算法[18]。EnKF 方法的基本思想是基于 Monte Carlo 方法和 KF 滤波方法,采用一组服从高斯分布的随机变量来代表随机动态预报中状态变量的概率密度函数,并基于观测信息,在模型模拟/预报过程中不断更新这组随机变量使其逐步逼近状态变量总体的真实概率分布。

作为一种典型的顺序数据同化算法,EnKF 方法主要分为两步:预报(状态转移过程)和分析(状态更新过程),EnKF 流程图见图 10.2-2。

首先,定义需要同化的模型状态变量,记为 $\boldsymbol{X} = [X_1, X_2, X_3, \cdots, X_m]^{\mathrm{T}}$,$m$ 为需要更新的状态变量总数。然后,基于 Monte Carlo 方法,将模型状态变量 $\boldsymbol{X}$ 加入初始状态误差(初始背景场误差)生成一组(数目 N)随机变量集合 $X_{t,n}(t=0, n=1,2,\cdots,N)$,$t$ 表示第 t 个同化时刻,n 表示第 n 个集合成员。

每个随机变量 $X_{k,i}$ 在 k 时刻的一步预报方程,如下:

$$\boldsymbol{x}_{n,t+1}^f = M(\boldsymbol{x}_{n,t}^a, \boldsymbol{U}_t) + \boldsymbol{\omega}_t \tag{10.2-9}$$

式中:$M(.)$:$R^{N_x} \to R^{N_x}$ 为动力学模型(如水文模型);$\boldsymbol{U}$ 是模型驱动数据(如降雨量、蒸发量等);$\boldsymbol{\omega}_t \in R^{N_x}$ 是均值为 0、协方差为 $\boldsymbol{Q}_t$ 的过程噪声(或者称为系统噪声),上标 f 表明是动力学模型预测值,上标 a 表明是 EnKF 的分析值(更新值)。

状态空间中的预测模型状态量的集合平均值为:

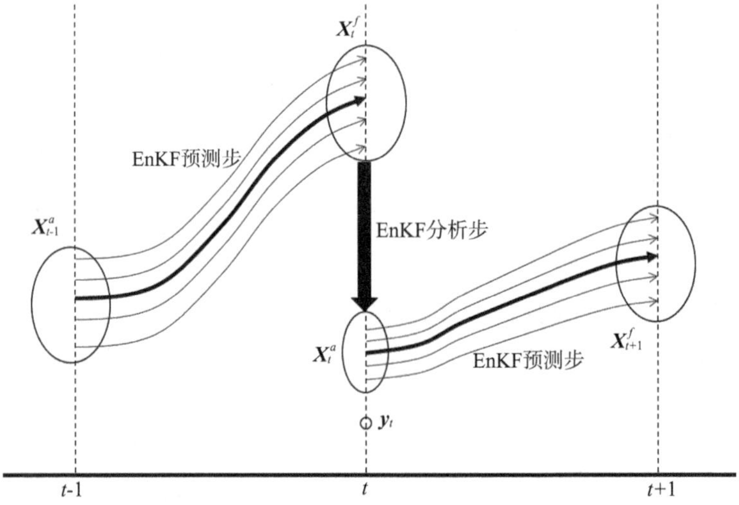

图 10.2-2　集合卡尔曼滤波器原理示意图

$$\bar{x}_t^f = \frac{1}{N_e}\sum_{n=1}^{N_e} x_{n,t}^f \tag{10.2-10}$$

观测空间中,模型预测量(如预测流量)的集合平均值为:

$$\overline{H(x_t^f)} = \frac{1}{N_e}\sum_{n=1}^{N_e} H(x_{n,t}^f) \tag{10.2-11}$$

式中:$H(.)$ 是观测算子,作用是将状态空间映射到观测空间。

在分析步中,通过高斯噪声 v_t 扰动观测向量 y_t,产生一组扰动后的观测向量:

$$y'_{n,t} = y_t + v_t \tag{10.2-12}$$

式中:y'_t 是扰动后的观测向量;v_t 为均值为 0、协方差为 R_t 的高斯噪声。通常假设观测误差在空间上是相互独立的,因此 R_t 是一个对角矩阵。进一步,状态更新方程可以表示如下:

$$x_{n,t}^a = x_{n,t}^f + K_t \cdot [y'_{n,t} - H(x_{n,t}^f)] \tag{10.2-13}$$

式中:K 为卡尔曼增益矩阵,可通过下式计算:

$$K_t = P_t^f H^T (H P_t^f H^T + R_t)^{-1} \tag{10.2-14}$$

$$P_t^f = \frac{1}{N_e - 1}\sum_{n=1}^{N_e} (x_{n,t}^f - \bar{x}_t^f)(x_{n,t}^f - \bar{x}_t^f)^T \tag{10.2-15}$$

$$P_t^f H^T = \frac{1}{N_e - 1}\sum_{n=1}^{N_e} (x_{n,t}^f - \bar{x}_t^f)[H(x_{n,t}^f) - \overline{H(x_t^f)}]^T \tag{10.2-16}$$

$$H P_t^f H^T = \frac{1}{N_e - 1}\sum_{n=1}^{N_e} [H(x_{n,t}^f) - \overline{H(x_t^f)}][H(x_{n,t}^f) - \overline{H(x_t^f)}]^T \tag{10.2-17}$$

式中：$\boldsymbol{P}_t^f$ 是 t 时刻状态变量预测值的误差协方差；$\boldsymbol{H}$ 矩阵是观测算子 $\boldsymbol{H}(.)$ 的线性化表达式；$\boldsymbol{P}_t^f\boldsymbol{H}^{\mathrm{T}}$ 是 t 时刻模型在状态空间的预测值误差与模型在观测空间的预测值误差的协方差；$\boldsymbol{H}\boldsymbol{P}_t^f\boldsymbol{H}^{\mathrm{T}}$ 是 t 时刻模型在观测空间的预测值误差的协方差。从计算成本的角度来看，当状态空间维度 N_x 较大时，避免直接计算 $\boldsymbol{P}_t^f$，转而计算 $\boldsymbol{P}_t^f\boldsymbol{H}^{\mathrm{T}}$ 和 $\boldsymbol{H}\boldsymbol{P}_t^f\boldsymbol{H}^{\mathrm{T}}$ 是一种提高计算效率的有效手段。另一方面，将 $\boldsymbol{P}_t^f\boldsymbol{H}^{\mathrm{T}}$ 和 $\boldsymbol{H}\boldsymbol{P}_t^f\boldsymbol{H}^{\mathrm{T}}$ 作为整体计算，可以避免计算观测算子 $\boldsymbol{H}(.)$ 的线性化表达式 $\boldsymbol{H}$。

EnKF 通过对集合成员的统计分析得到的误差分布的一阶矩和二阶矩来估计真实误差分布的，因此模型状态变量的集合平均值即是模型状态变量的最优估计值，而集合成员的协方差即是分析误差协方差。

$$\bar{\boldsymbol{x}}_t^a = \frac{1}{N_e}\sum_{n=1}^{N_e}\boldsymbol{x}_{n,t}^a \tag{10.2-18}$$

$$\boldsymbol{P}_t^a = \frac{1}{N_e - 1}\sum_{n=1}^{N_e}(\boldsymbol{x}_{n,t}^a - \bar{\boldsymbol{x}}_t^a)(\boldsymbol{x}_{n,t}^a - \bar{\boldsymbol{x}}_t^a)^{\mathrm{T}} \tag{10.2-19}$$

式中：$\bar{\boldsymbol{x}}_t^a$ 为模型状态变量的最优估计值；$\boldsymbol{P}_t^a$ 为分析误差协方差矩阵。

EnKF 方法中的预报误差和分析误差的确定都是通过对集合成员统计得到，而不需要像 KF 方法中那样通过对分析误差协方差矩阵的切线性模型和伴随模式的积分实现误差协方差的传播，也不需要像扩展 KF 中那样要对模型算子和观测算子进行切线性近似，更不像变分方法中那样需要计算模型与观测的伴随算子。EnKF 方法的这一特点使其非常易于编程实现。另外，EnKF 方法中的各个集合成员，除误差统计外，在预报和分析过程中都相互独立，这意味着 EnKF 方法可以有效地实现并行计算，这可以大大提高计算效率。EnKF 方法中对于模型误差和观测误差服从高斯分布的假设，虽然对于一些水文和陆面过程模型并不适合，但大量研究表明，EnKF 方法在较强的非线性和非高斯情况下也能得到比较好的结果，说明 EnKF 方法具有适用范围广，并且可靠、稳定的特点。

EnKF 滤波继承了 KF 滤波的优点，并且克服了 KF 滤波的一些缺陷（如非线性应用问题），但其本身也存在一些问题。其中，最主要的问题是由于集合成员数目的限制导致的不满秩问题和同化过程中的滤波发散问题。不满秩问题存在于卡尔曼增益逆矩阵的计算中，主要是由于 EnKF 滤波的集合样本数目远小于状态向量维数情况所致。滤波发散是指在同化过程中，分析场越来越向背景场靠近，最终完全排斥观测资料的情况，其可能是由于有限的集合成员数导致预报误差协方差被低估，从而使得同化过程中更新后的状态变量不断地向背景场倾斜，最终完全排斥观测信息而倒向背景场。鉴于 EnKF 方法的这两点不足，在实际应用中要注意防止不满秩问题和滤波发散问题的出现，设置合理的集合数，注意平衡 EnKF 滤波算法的稳定性和计算负担之间的矛盾。

10.3 屯溪流域示例

屯溪流域是一个典型的湿润流域，本节通过屯溪流域的 2 场历史洪水数据（20100706 和 20150809 号洪水），展示基于 Grid-XAJ-Flex 模型的实时校正系统在湿润地区进行洪水预报的性能。此外，为了不引入天气预报的不确定性，使用观测降雨作为预报期的“完美”天气预报。

实时校正系统的运行模式被设计为以下两种：

(1) Open Loop 模式(OL)。此模式下仅以集合模式运行系统，但不对模型状态变量进行校正，作为同化实验的对照组。

(2) EnKF 同化模式(EnKF)。此模式下以集合模式运行系统，同时使用 EnKF 方法对模型状态变量进行校正。

图 10.3-1 和图 10.3-2 分别展示了 OL 模式、EnKF 模式对两场典型洪水的一步预报流量过程线，黑色线为观测流量，灰色线为 OL 的预报流量，灰色条带为 OL 的集合范围，绿色线为 EnKF 的预报流量，绿色条带为 EnKF 的集合范围。

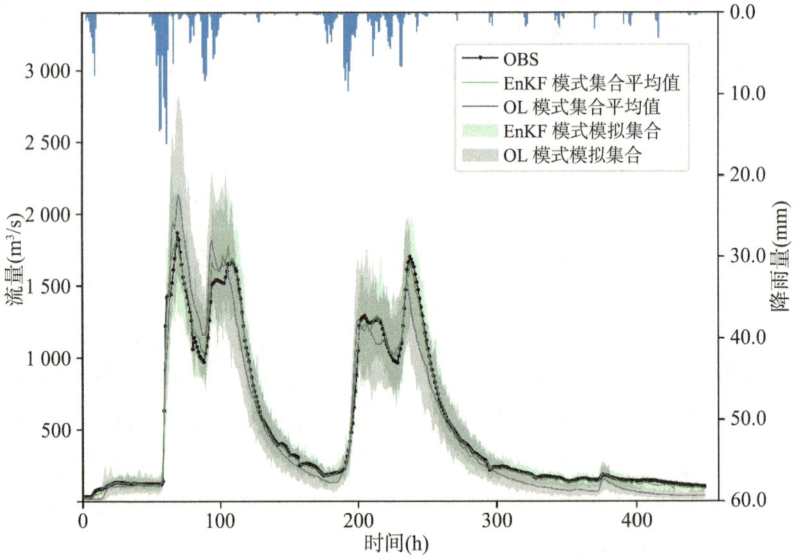

图 10.3-1　屯溪流域 20100706 号洪水的预报流量过程线

由图 10.3-1 可见，20100706 号洪水是一场多峰洪水，OL 模式在屯溪站的前两个洪峰处高估了洪峰流量，在后两个洪峰处低估了洪峰流量，EnKF 对洪峰流量进行了有效的校正。由图 10.3-2 可见，20150809 号洪水中，OL 模式在屯溪站低估了洪峰流量。通过 EnKF 校正后，洪峰流量接近观测洪峰，这说明了 EnKF 校正可以有效地进行洪水预报的

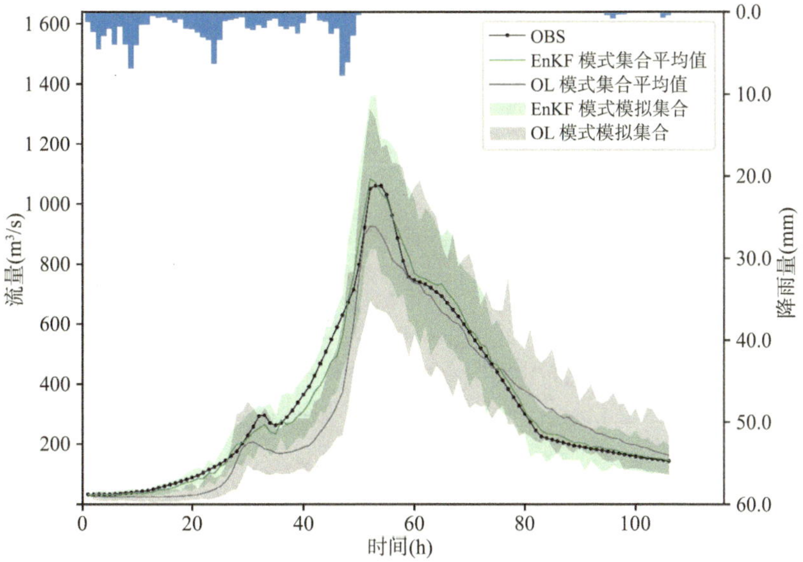

图 10.3-2　屯溪流域 20150809 号洪水的预报流量过程线

实时校正。

另一方面，从集合预报的角度来看，在两场典型洪水中，EnKF 的集合分布（绿色条带）与 OL 的集合分布（灰色条带）相比均更靠近观测值，说明了 EnKF 预报集合的可靠性和准确性更高；此外可见绿色条带的宽度更窄，说明了 EnKF 的集合离差较小；集合综合性能要优于 OL。此外，在洪峰附近的集合分布比涨洪和退洪过程中的集合分布更宽，这是由于使用的误差模型在高流量处给予同化系统更大的误差扰动，使得系统可以产生足够宽的集合分布，进而保证在洪峰附近有更强的校正效果。

参考文献

[1] 贾仰文，王浩，倪广恒，等. 分布式流域水文模型原理与实践[M]，北京：中国水利水电出版社，2005.

[2] 芮孝芳，黄国如. 分布式水文模型的现状与未来[J]. 水利水电科技进展，2004，24(2)：55-58.

[3] YAO C, LI Z J, YU Z B, et al. A priori parameter estimates for a distributed, grid-based Xin'anjiang model using geographically based information [J]. Journal of Hydrology, 2012, 468: 47-62.

[4] CLARK M, KAVETSKI D, FENICIA F. Pursuing the method of multiple working hypotheses for hydrological modeling [J]. Water Resources Research, 2011, 47(9): W09301.

[5] 林凯荣，胡杨. 基于多重工作假说的水文模拟理论与框架[J]. 水资源研究，2014(3)：395-403.

[6] GONG J F. WEERTS A H, YAO C, et al. State updating in a distributed hydrological model by ensemble Kalman filtering with error estimation [J]. Journal of Hydrology, 2023, 620: 129450.

[7] 龚珺夫. 基于改进集合卡尔曼滤波及分布式模型的洪水预报实时校正研究[D]. 南京：河海大学，2023.

[8] 赵人俊. 流域水文模拟——新安江模型与陕北模型[M]. 北京：水利电力出版社，1984.

[9] HUO W B, LI Z J, ZHANG K, et al. GA-PIC: An improved Green-Ampt rainfall-runoff model with a physically based infiltration distribution curve for semi-arid basins[J]. Journal of Hydrology, 2020, 586: 124900.

[10] HUANG P N, LI Z J, YAO C, et al. Spatial combination modeling framework of saturation-excess and infiltration-excess runoff for semihumid watersheds[J]. Advances in Meteorology, 2016, 2016: 1-15.

[11] MACCORMACK R W. Numerical solution of the interaction of a shock wave with a laminar boundary layer[C]//HOLT M. Proceedings of the second international conference on numerical methods in fluid dynamics, Lecture Notes in Physics, 1971:151-163.

[12] ZHAO G, GAO H L, NAZ B S, et al. Integrating a reservoir regulation scheme into a spatially distributed hydrological model [J]. Advances in Water Resources, 2016, 98: 16-31.

[13] LEE H, SEO D J, LIU Y, et al. Variational assimilation of streamflow into operational distributed hydrologic models: Effect of spatiotemporal scale of adjustment[J]. Hydrology and Earth System Sciences, 2012, 16(7): 2233-2251.

[14] MARTYN P C, DAVID E R, ROSS A W, et al, Hydrological data assimilation with the ensemble Kalman filter: Use of streamflow observations to update states in a distributed hydrological model [J]. Advances in Water Resources, 2008, 31(10): 1309-1324.

[15] LI Y, RYU D, WESTERN A W, et al. An integrated error parameter estimation and lag-aware data assimilation scheme for real-time flood forecasting[J]. Journal of Hydrology, 2014, 519: 2722-2736.

[16] KALMAN R E. A new approach to linear filtering and prediction problems[J]. Journal of Basic Engineering, 1960, 82 (1): 35-45.

[17] JAZWINSKI A H. Stochastic processes and filtering theory[M]. New York: Academic Press, 1970.

[18] EVENSEN G. Sequential data assimilation with a nonlinear quasi-geostrophic model using Monte Carlo methods to forecast error statistics[J]. Journal of Geophysical Research: Oceans, 1994, 99 (C5): 10143-10162.

第 11 章 降雨洪水模式库

11.1 概述

近年来,极端天气和局部强降雨造成的洪水已成为自然灾害中人员伤亡的主要因素[1]。洪水作为一种复杂的自然现象,其发生时间和地区与暴雨时空变化基本相应,洪水的大小与降雨范围、强度以及暴雨的移动路径等密切相关[2]。场次洪水的形成是暴雨中心位置、降雨的区间分布与移动方向、流域产汇流过程、水利工程调蓄和洪水演进等诸多物理阶段共同作用、逐步演化的过程;各个阶段都具有其自身的时空变化规律,阶段之间也存在相互的关联关系[3]。

暴雨洪水演变过程中各阶段间的规律,通常在历史场次暴雨洪水资料中以时空相似性模式和关联规则等形式重复出现[3,4]。暴雨洪水的时空相似性规律发现对未来暴雨洪水过程的预测及防洪决策具有十分重要的借鉴价值:一方面,经过多年的水文观测与不断积累,水文部门已经形成了大量丰富的一手水雨情历史资料,为时空相似模式和关联规则挖掘提供了坚实的数据支撑[5-7];另一方面,大数据分析能力和机器学习、深度学习技术的发展,为历史暴雨洪水过程分级归类、历史相似暴雨洪水过程挖掘、暴雨洪水关联关系发现等应用提供新的技术手段和算力支撑[8-15]。

因此,借助快速发展的大数据挖掘、机器学习和人工智能等分析技术级方法,对日益丰富的水文气象大数据资源进行挖掘分析,通过构建暴雨洪水各个阶段的指标体系,将暴雨洪水概化为语义特征模式;结合水文业务专家知识,优选指标组合进行相似场次暴雨过程和洪水过程识别、分级归类及时空关联规则挖掘,构建基于时空特征的暴雨-洪水特征模式库;从而发掘暴雨洪水的时空变化规律、提升暴雨洪水辨识能力,实现基于特征指标的相似暴雨-洪水过程搜索和智能决策方案推荐,对洪水预测、同类型洪水应对及洪水资源化利用具有十分重要的价值。

11.2 模式库定义与构建技术路线

11.2.1 模式库定义

水文数据本质上是一种时空多元时间序列，时间序列数据非常有利于模式挖掘，通过模式挖掘技术可以较好地解决中小河流的水雨情预报问题。中小河流暴雨洪水模式库的构建是基于降雨、洪水过程特征的相似性度量，模式库高度概化了洪水形成的机理与细节，且能反映出一些在水文模型中容易忽略掉，但是又很有意义的一些水文现象形成因素。

定义 11.1 时间序列模式：时间序列模式表示时间序列子序列上某种变化特征趋势，该变化趋势可以是基于某种统计特征度量（如序列段最大最小值、均值等）或者某种数学变换（如傅里叶变换）。形式化表达中，若给定时间序列 T，则 T 的模式可形式化的表示为模式-时刻元组：

$$T=<(m_1,t_1),\ (m_2,t_2),\cdots,\ (m_i,t_i),\cdots,(m_N,t_N)> \tag{11.2-1}$$

式中：模式-时刻元组(m_i,t_i)表示时间序列 T 在 $0\sim t_1$ 时刻的模式为 m_1，$t_1\sim t_2$ 时刻模式为 m_2，依次类推，$t_{N-1}\sim t_N$ 时刻模式为 m_N。其中，m_i 表示模式集合 M 上的一个元素，t_i 为模式结束时间，$i=1,2,\cdots,N$；N 为时间序列 T 的模式划分数量。

定义 11.2 降雨模式：具有相似降雨特征的降雨过程，可表示为降雨过程中各特征子集（如降雨前下垫面特征、面雨量、暴雨中心、降雨时空分布）与降雨过程的多对一映射关系，其形式化表达如下：

$$\begin{aligned}&\mathrm{FP}=\{\text{降雨特征因子集合}\}\\&\mathrm{PP}=\{(\mathrm{V}_{\mathrm{FP}(1)},\mathrm{V}_{\mathrm{FP}(2)},\cdots,\mathrm{V}_{\mathrm{FP}(i)},\cdots,\mathrm{V}_{\mathrm{FP}(n)})\rightarrow\mathrm{PP}\ \middle|\ n=|\mathrm{FP}|\}\end{aligned} \tag{11.2-2}$$

式中：$\mathrm{V}_{\mathrm{FP}(i)}$ 表示第 i 个降雨特征因子的取值，$(\mathrm{V}_{\mathrm{FP}(1)},\mathrm{V}_{\mathrm{FP}(2)},\cdots,\mathrm{V}_{\mathrm{FP}(i)}\cdots,\mathrm{V}_{\mathrm{FP}(n)})\rightarrow\mathrm{PP}$ 表示降雨特征因子集对应的模式 PP。

定义 11.3 降雨模式库：历史上所有降雨模式构成的模式集合，形式化的表示为：

$$\mathrm{PW}=\{\mathrm{PP}_1,\mathrm{PP}_2,\mathrm{PP}_3,\cdots,\mathrm{PP}_i,\cdots\} \tag{11.2-3}$$

式中：PP_i 表示第 i 个降雨模式。

定义 11.4 洪水模式：具有相似洪水特征的洪水过程，水位（流量）上升并超过警戒值，到达最高点后回落至警戒线以下的一段序列，表征为洪水特征因子（洪水形态、洪峰量级、洪量量级、洪水历时、洪水涨幅）与洪水过程的多对一映射关系，其形式化表达如下：

$$\begin{aligned}&FF=\{降雨特征因子集合\}\\&PF=\{(V_{FF(1)},V_{FF(2)},\cdots,V_{FF(i)},\cdots,V_{FF(n)})\rightarrow PF\mid n=|FF|\}\end{aligned}\tag{11.2-4}$$

式中：$V_{FF(i)}$ 表示第 i 场洪水特征因子的取值；$(V_{FF(1)},V_{FF(2)},\cdots,V_{FF(i)},\cdots,V_{FF(n)})\rightarrow PF$ 表示洪水特征因子集对应的模式 PF。

定义 11.5　洪水模式库：历史上所有洪水模式构成的模式集合，形式化的表示为：

$$FW=\{PF_1,PF_2,PF_3,\cdots,PF_i,\cdots\}\tag{11.2-5}$$

式中：PP_i 表示第 i 个洪水模式。

定义 11.6　降雨洪水模式库：不同时空特性（季节性、地区性）条件下降雨过程和洪水过程间的响应关系，可表征为降雨模式和洪水模式间的关联规则，可形式化的表示为：

$$W=\{PW_i\rightarrow FW_j\mid 1\leqslant i\leqslant |PW|,1\leqslant j\leqslant |FW|\}\tag{11.2-6}$$

式中：$PW_i\rightarrow FW_j|$ 表示第 i 场降雨模式与第 j 场洪水模式间的响应关系。

11.2.2　模式库构建技术路线

降雨洪水模式库构建主要采用数理统计、知识规则、机器学习、智能识别等技术方法，结合气象学、水文学、信息学、形似学等专业理论，以暴雨洪水长序列观测资料为基础，划分暴雨洪水类型，研究暴雨洪水发展、演化规律和特性，提取暴雨洪水特征，分别制定刻画暴雨和洪水特征的指标体系，依据雨洪指标体系识别生成暴雨、洪水模式，据此挖掘降雨-洪水关联关系，建立降雨-洪水关联模式库并对其进行检验和评价。具体技术路线如图 11.2-1 所示。

（1）对暴雨洪水主要类型辨识开展分析，通过分析流域暴雨洪水发生、发展与演化规律，抽象雨洪特性与共性，实现各子流域暴雨洪水主要类型的初步辨别与划分，为暴雨洪水特征提取和暴雨洪水关联关系挖掘提供研究基础和理论支撑；

（2）结合子流域分区暴雨、洪水共性、流域拓扑结构和水力联系，通过文献分析、专家经验，抽象梳理暴雨过程和洪水过程的发生、发展演变特征，构建和提取刻画各类特征的指标，为降雨-洪水关联关系挖掘提供技术支持；

（3）通过提取的暴雨、洪水特征量化指标，考虑雨洪时空特性，实现降雨-洪水关联模式库的建立；最后，采用本研究提出的方法对流域的降雨-洪水关联模式库进行构建，并进行试验性匹配，并对其匹配效果进行检验，实现对技术方法实践效果的评价。

（4）降雨-洪水模式挖掘

降雨模式库和洪水模式库分别提取完成后，依据降雨-洪水过程的时空特性，通过分析历史雨洪变化成因和响应关系初步成果，初置暴雨洪水关联规则，结合专家辨识机制，设计暴雨模式和洪水模式的关联规则分析方法，挖掘不同暴雨模式与洪水模式的相关关系，对不合理的关系模式予以优化调整或剔除，建立暴雨、洪水模式库模式因子之间的映射关系，有效组织关联场次暴雨洪水，降雨-洪水关联模式库的建立。

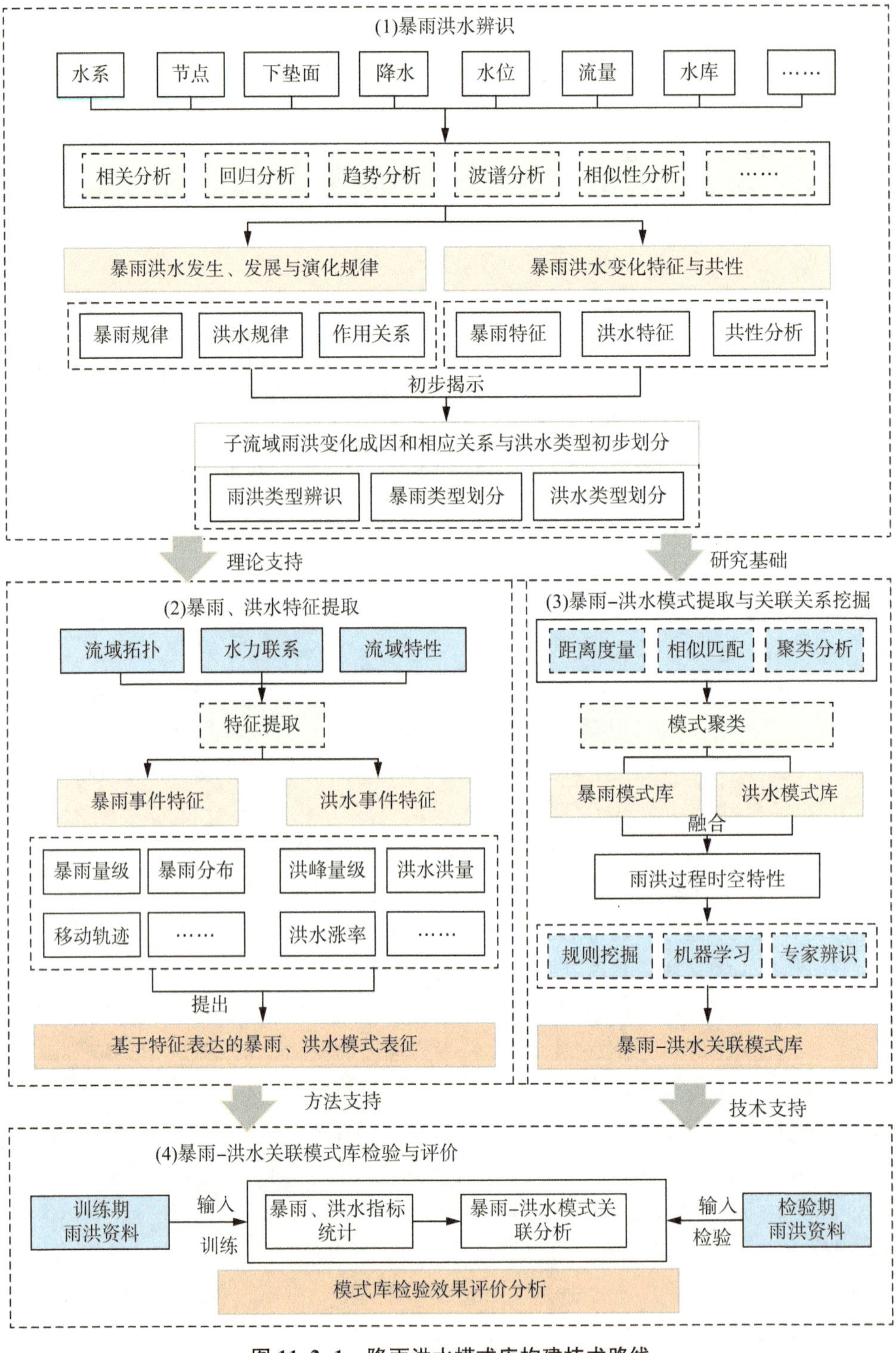

图 11.2–1　降雨洪水模式库构建技术路线

11.3　降雨洪水模式库构建

雨量图是降雨空间数据可视化的方式之一。目前关于降雨相似性的研究中，绝大多数都是直接依据雨量站的降雨数据展开的。这种传统的、直接使用雨量站降雨数据的方法具有难以直观展现数据空间特征的缺点，使用雨量图研究降雨相似性能够更加充分地考虑到降雨的空间分布特征。图 11.3-1 为某流域日降雨量图，其中不同颜色代表不同的降雨量，由流域内多个雨量站的观测数据使用空间插值法计算得到。相较于直接使用观测站观测雨量数据，降雨量图中颜色标注是一个大概雨量范围，但能更清晰地反映降雨的空间分布特征、降雨中心所在位置、不同地区降雨情况等特征。

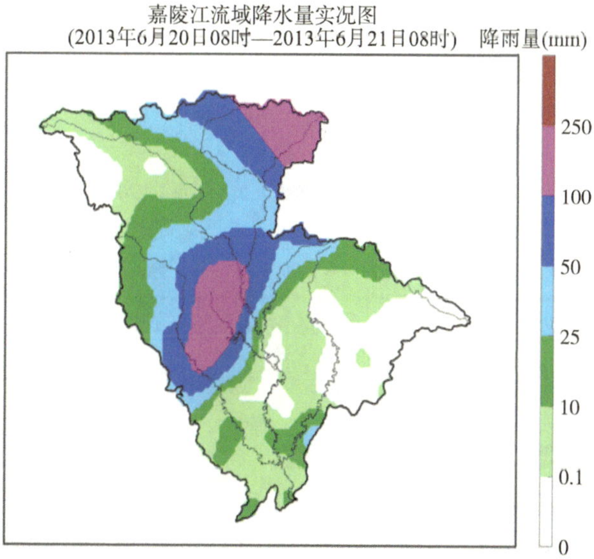

图 11.3-1　某流域日降雨量图

11.3.1　降雨图像特征提取与相似性度量

特征提取（Feature Extraction，FE）是模式识别、数字图像处理和机器视觉等研究的重要步骤[16,17]。图像特征提取是用来提取图像数据集中呈现的最独特、最有用的信息，形成一个低维特征空间来表示和描述图像，供搜索、浏览或检索使用。对日降雨量图像，同一区域不同日期的降雨量具有相同的形状和纹理特征，仅需提取颜色特征即可表征不同的降雨特征。因此，基于颜色直方图技术，将图像划分为 $m \times n$ 个网格，提取降雨空间分布、降雨中心等详细的信息，更好地描述降雨量图。

(1) 日降雨量

日降雨量通常代表当日某一特定地区的降雨总量。在降雨量图中，每个颜色对应一个降雨量范围。因此，对颜色直方图进行加权，可以得到区域降雨特征。设降雨图像对应的颜色直方图包含 K 种颜色 $C_1, C_2, \cdots, C_K$，图像中每种颜色的出现次数为 $n(C_i)(1 \leqslant i \leqslant K)$，每种颜色对应的降雨量为 $p(C_i)$，则给定区域内的面降雨量的计算方法如下：

$$P = \sum_{i=1}^{K} n(C_i) p(C_i) \tag{11.3-1}$$

则日降雨量为 P_1 和 P_2 的两张降雨量图间的距离 D_P 可表示为：

$$D_p = | P_1 - P_2 | \tag{11.3-2}$$

(2) 降雨空间分布

日降雨量可以反映区域降雨总量，但无法表达降雨的空间分布特征。采用基于分块的颜色直方图，在截断冗余标注后，按式(11.3-1)计算 $m \times n$ 个网格中各小格网的区域降雨，得到降雨分布矩阵 $\boldsymbol{R}$：

$$\boldsymbol{R} = \begin{bmatrix} P_{(1,1)} & P_{(1,2)} & \cdots & P_{(1,n)} \\ P_{(2,1)} & P_{(2,2)} & \cdots & P_{(2,n)} \\ \vdots & \vdots & \vdots & \vdots \\ P_{(m,1)} & P_{(m,2)} & \cdots & P_{(m,n)} \end{bmatrix} \tag{11.3-3}$$

图 11.3-2 是对降雨量图进行分块运算后的降雨分布矩阵。记 $D_{AB(i,j)}$ 为两降雨图像分布矩阵 $\boldsymbol{R}_A$ 和 $\boldsymbol{R}_B$ 第 i 行第 j 列网格($1 \leqslant i \leqslant m, 1 \leqslant j \leqslant n$)间的距离，则两降雨量图 A、B 间的降雨空间分布距离 D_R 计算方法如下：

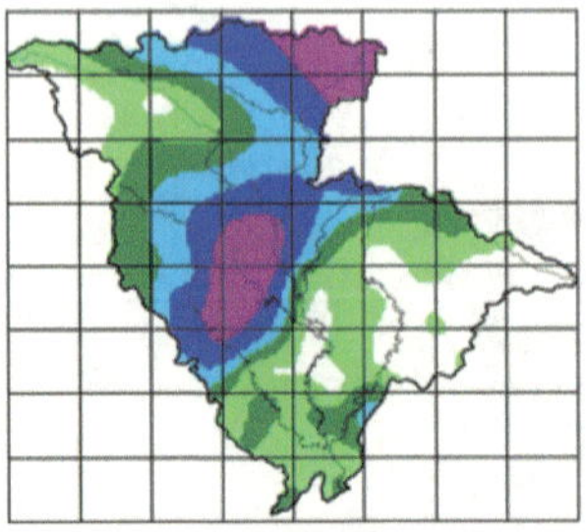

0.15	3.76	15.98	37.7	55.66	9.38	0	0
0	0.14	3.01	24.32	37.4	2.34	0	0
0	3.11	16.12	29.67	18.85	4.26	0.23	0
0	4.61	36.0	75.39	21.05	3.61	1.91	0.01
0	1.6	44.79	67.42	1.2	0.03	0.01	0
0	0	18.85	15.2	0.21	0.25	0.01	0
0	0	0.16	2.75	3.6	0.96	0	0
0	0	0	0.52	0.31	0	0	0

图 11.3-2　降雨分布矩阵

$$D_R = \sum_{i=1}^{m} \sum_{j=1}^{n} D_{AB(i,j)} \tag{11.3-4}$$

(3) 降雨中心

洪水过程受降雨中心的影响较大，降雨中心是降雨图像相似度研究的一个重要特征。结合实际降雨情况和图像相似度检索要求，将降雨图像分块后降雨最大的块作为降雨中心。

设 $P_{(i,j)}(1 \leqslant i \leqslant m,\ 1 \leqslant j \leqslant n)$ 是降雨图像中各块的最大降雨量，则降雨中心 $C_{(i,j)}$ 可以表示为第 i 行第 j 列的位置。设 $C(i_1, j_1)$ 和 $C(i_2, j_2)$ 为两幅降雨图像的降雨中心。欧氏距离 Dc 定义为两个降雨中心的差值，其计算方法如下：

$$D_C = \sqrt{(i_1 - i_2)^2 + (j_1 - j_2)^2} \tag{11.3-5}$$

（4）多特征融合降雨相似性度量

降雨图像具有不同的特征。因此，如果采用单一的特征来表示和度量降雨图像的相似度，可能会丢失其他特征信息，降低相似度检索的精度。因此，如何融合多个特征距离度量来表示两幅降雨图像之间的综合距离，成为一项必要而紧迫的任务。给定两幅降雨图像 A、B，取 D_P、D_R、D_C 分别表示两幅图像之间的面降雨量距离、降雨分布距离和降雨中心距离，则两幅图像 A、B 之间的融合距离 D 计算如下：

$$D = \gamma_1 D_p + \gamma_2 D_R + \gamma_3 D_C \tag{11.3-6}$$

其中，γ_1、γ_2 和 γ_3 为面降雨量、降雨分布和降雨中心的待定系数权重。确定待定系数有主观权重法、客观权重法和主客观综合权重法三种方法[18]。以 NDCG 指标对多特征加权的图像搜索结果为评价指标，通过粒子群优化（PSO）算法[19]中的惯性权重 w、学习因子 c_1 和 c_2，动态调整公式（11.3-6）中的权重系数 γ_1、γ_2 和 γ_3，从而获取降雨图像检索的最优距离 D；NDCG－IPSO 过程如图 11.3-3 所示。

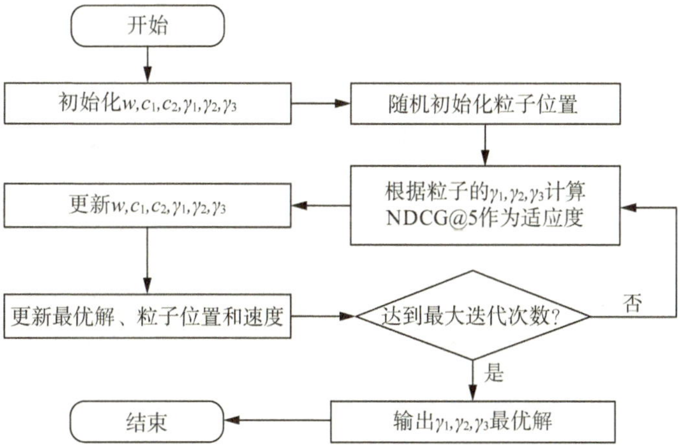

图 11.3-3　NDCG-IPSO 方法流程

11.3.2　场次降雨模式库构建

场次降雨过程是由多个连续（或者间隔时间不超过某一阈值）的单日降雨时间序列组成。相较于单日降雨，相似场次降雨过程分析对洪水事件相似性分析更有意义和价值。在降雨量图像特征提取和相似性搜索的基础上，场次降雨模式库的构建方法如下：

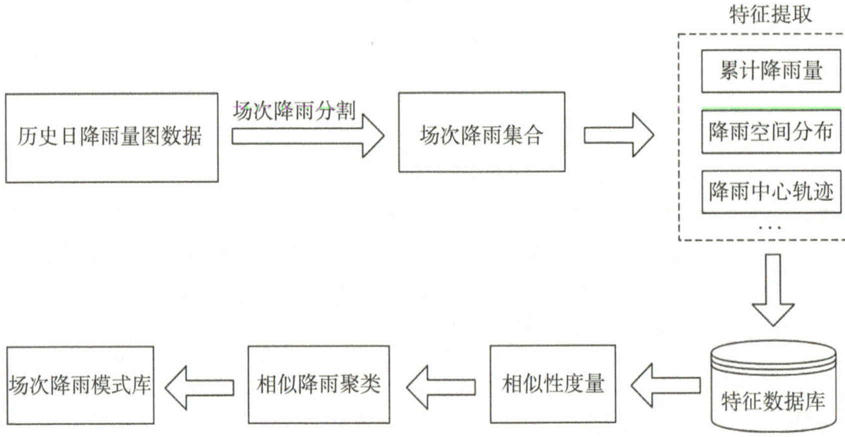

图 11.3-4　降雨模式库构建流程

(1) 场次降雨过程分割

由于场次降雨过程是非连续序列，不同场次降雨过程中存在无降雨序列，因此需要对场次降雨进行划分。对于总降雨序列 $C = c_1, c_2, \cdots, c_N$，给定窗口大小的范围 $[a, b]$，采用滑动窗口的思想，遍历得到所有符合长度的子序列。根据滑动窗口思想划分子序列就是分别让窗口大小取值为 $[a, b]$ 中的每一个正整数，将窗口从总序列 C 的开始位置滑动到末尾，得到长度在给定范围内的所有降雨子序列，即场次降雨过程。

(2) 场次降雨特征提取

在日降雨量、降雨空间分布、降雨中心等三个单日降雨相似性搜索特征的基础上，定义场次降雨的降雨持续天数 N、累积降雨量 CP、降雨时间分布 TD、降雨空间分布 SD 和降雨中心的运动轨迹 C_m 五个指标作为其特征指标，既考虑了场次降雨的强度特征，又考虑了降雨在空间上的分布特征。根据图像颜色特征，采用加权颜色直方图技术提取场次降雨过程中的降雨时空特征，形成场次降雨特征向量 $[N, CP, TD, SD, C_m]$。

第 d 场降雨过程 $Proc_d$ 持续天数为 N_d，则其累积降雨量 CP 是 N_d 个日降雨量之和：

$$CP_d = \sum_{k=1}^{N_d} P_{dk} \tag{11.3-7}$$

记场次降雨过程 $Proc_d$ 和 $Proc_s$ 降雨持续天数 N_d 和 N_s 之间的距离为 D_N，累积降雨量 CP_d 和 CP_s 之间的距离为 D_{CP}，并使用曼哈顿距离度量 D_N 和 D_{CP}：

$$D_N = | N_d - N_s | \tag{11.3-8}$$

$$D_{CP} = | CP_d - CP_s | \tag{11.3-9}$$

场次降雨过程的日降雨时间分布 TD 指场次降雨过程中每日降雨量分布，第 d 场降雨过程的日降雨时间分布 TD_d 形式化表示为向量 $[P_{d1}, P_{d2}, \cdots, P_{dNd}]$；采用动态弯曲距离 DTW[20] 计算场次降雨过程 $Proc_d$ 和 $Proc_s$ 间的距离降雨时间分布 D_{TD}：

$$D_{TD}=DTW(TD_d, TDs) \tag{11.3-10}$$

场次降雨过程的降雨空间分布 SD 指场次降雨过程中降落在 $m\times n$ 个网格中各小格网的累积降雨量信息；以 $P_{k(i,j)}(1\leqslant i\leqslant m,\ 1\leqslant j\leqslant n)$ 表示降雨过程第 k 日降落在网格 (i,j) 上的雨量大小，则整个降雨过程中降落在网格 (i,j) 上累积降雨量 $SP_{(i,j)}$ 计算公式为：

$$SP_{(i,j)}=\sum_{k=1}^{Nd}P_{k(i,j)} \tag{11.3-11}$$

SD 表示为

$$SD=\begin{bmatrix} SP_{(1,1)} & \cdots & SP_{(1,n)} \\ \vdots & \vdots & \vdots \\ SP_{(m,1)} & \cdots & SP_{(m,n)} \end{bmatrix}$$

场次降雨过程 $Proc_d$ 和 $Proc_s$ 降雨空间分布 SD_d 和 SD_s 间的距离 D_{SD} 表示为

$$D_{SD}=\left(\sum_{i=1}^{M}\sum_{j=1}^{N}\mid SP_{d(i,j)}-SP_{s(i,j)}\mid^2\right)^{\frac{1}{2}} \tag{11.3-12}$$

场次降雨过程的中心轨迹表征场次降雨过程中最大降雨子网格空间变化情况；记场次降雨过程第 k 日的降雨中心为 c_k，则降雨中心运动轨迹 C_m 为$[c_1, c_2, \cdots, c_{Nd}]$。使用动态弯曲距离 DTW 求解降雨过程 $Proc_d$ 和 $Proc_s$ 降雨中心运动轨迹 C_{md} 和 C_{ms} 间距离 D_C 如下：

$$D_C=DTW(C_{md}, C_{ms}) \tag{11.3-13}$$

（3）场次降雨相似性搜索

为更精确地表示和度量场次降雨过程的相似性，采用多指标加权融合方法对上述提取的场次降雨特征距离度量进行融合，得到场次降雨过程的综合距离度量 DP_M：

$$DP_M=\omega_1D_N+\omega_2D_{SP}+\omega_3D_{TD}+\omega_4D_{SD}+\omega_5D_C \tag{11.3-14}$$

式中：$\omega_1\sim\omega_5$ 依次是上述五个特征相似度的权重系数；为获取最优综合距离度量 DP_M，使用基于 Tent 混沌映射的多族群灰狼优化算法 IGWO[21]获得最优权重系数 $\omega_1\sim\omega_5$，算法步骤如下：

①从历史场次降雨数据中选取一部分作为样本集，剩余的部分作为对照集，通过使用 IGWO 动态调整权重系数，使得最终的搜索结果最接近人为标注的结果。

②初始化权重系数 $\omega_1\sim\omega_5$、灰狼 α、β、δ 的位置以及整个灰狼群的位置。

③引入基于 Tent 混沌映射初始化整个灰狼群的位置；Tent 混沌映射计算公式如下：

$$f(y_w)=y_{w+1}=\begin{cases}\dfrac{y_w}{0.7}, & y_w<0.7\\ \dfrac{10}{3}(1-y_w), & y_w\geqslant 0.7\end{cases} \tag{11.3-15}$$

式中：y_{w+1}和 y_w 均是中间计算量。

④引入多领导机制，将灰狼群划分为4个小族群，在每次迭代过程中，小族群内部对最优位置进行更新；每10次迭代结束，进行小族群之间的信息交流，将整个种群的个体进行打乱重组；并计算归一化折损累计增益指标 $NDCG$ 作为全部灰狼的适应度。

⑤更新权重系数 $\omega_1 \sim \omega_5$、灰狼 α、β、δ 的位置以及灰狼群的位置。

⑥判断是否达到最大迭代数，如果没有达到最大迭代数，重复步骤④～步骤⑤，如果已经达到最大迭代数，输出最优的权重系数 $\omega_1 \sim \omega_5$；并以最优权重系数对应的综合距离度量 DP_M 作为相似场次降雨过程判定的依据。

(4) 场次降雨模式库构建

采用基于DBI指数[22]的K-means聚类方法[23]完成相似降雨的分类。DBI指数是聚类有效性的一种评估方法，通过计算每个簇与其最相似簇之间的平均相似性来衡量分类的效果。将DBI指数与传统K-means算法结合起来可以自动确定聚类的最优的聚类簇数 K，算法步骤如下：

①设置 K 的初值和取值范围。

②随机取 K 个聚类中心，按照降雨特征距离度量的方法，计算各个样本点到各个中心的距离，并将样本点分入距离最小的簇中。

③对于每一个 K 值，计算DBI指数，选择指数最小的 K 值作为分类的个数。

分类得到的每一个簇为一种降雨模式，将不同模式中包含的降雨及其特征信息组合起来，即可得到场次降雨模式库。

11.3.3 洪水模式库构建

(1) 场次洪水分割

场次洪水过程一般被定义为水位上升并超过水位阈值，形成单个或者多个最高点(洪峰)后，再下降至正常水位以下的一段序列。因此，根据序列的状态趋势变化关系寻找场次洪水过程的升起始点以及下降过程结束点，即可完成场次洪水过程的分割和场次洪水模式的提取。

趋势点是指时间序列从一个模式转换为另一个模式的转折点，是反映模式的整体变化趋势的变化点。水位变化主要有基本稳定、上升和下落三种状态，因此水位时间序列的趋势变化状态集合 $A=\{$上升、基本持平、下降$\}$。

定义 11.7(趋势点) 对给定时间序列 $X=x_1, x_2, \cdots, x_n$，给定时间区间 θ，增幅阈值 σ，若对于任意 $x_i, x_j (i, j<k)$，$x_i<x_j<x_k$(或 $x_i>x_j>x_k$)且满足公式(11.3-16)，称 x_i 是上升(下降)趋势点。

$$|x_i - x_k| > \sigma \text{，其中 } k=i+\theta \tag{11.3-16}$$

采用预设阈值 θ 和 σ 参数从时间和水位落差两个角度增强洪峰模式提取的准确度。阈值 σ 取值受到时间区间阈值 θ 的影响，θ 和 σ 的调整关系可借助公式11.3-17确定，其中 $\bar{r}$ 表示洪水期间水位的日均最小变化幅度。

$$\frac{\sigma}{\theta} \geqslant \bar{r} \tag{11.3-17}$$

场次洪水模式提取算法首先找到一个大于警戒水位的极值点 x_i，然后在时间区间 $[t_{i-1}-\theta, t_{i-1}]$ 内寻找一个最早的上升趋势点 (x_s, t_s) 作为该场次洪水的起始点。

(2) 场次洪水特征提取与相似性度量

场次洪水模式提取完成后，需要综合考虑洪峰水位、洪水总量、洪水历时和洪峰流量等洪水强度特征并进行特征相似性度量，实现相似洪水快速检索和聚类，得到相似洪水模式簇。通过文献分析、专家经验，提取洪水特征指标如下：

洪峰历时 FT：场次洪水过程 $FPrc_j(0 \leqslant j \leqslant w)$ 自流量开始起涨至洪峰回落到正常流量(阈值 σ 以下)或洪峰过程拐点所经历的时间；

峰值流量 MF：场次洪水过程 $FPrc_j$ 的最大洪峰对应的流量；

峰前 k 日流量 $TF1PP$：场次洪水过程 $FPrc_j$ 的最大洪峰值出现前 k 日的累积流量；

峰后 k 日流量 $TF1AP$：场次洪水过程 $FPrc_j$ 的最大洪峰值出现后 k 日的累积流量；

涨水时长 RT：场次洪水过程 $FPrc_j$ 中洪峰从开始涨水至到达最大洪峰流量经历的时间；

涨水斜率 RS：场次洪水过程 $FPrc_j$ 中洪峰从开始涨水至到达最大洪峰流量时的斜率，反映场次洪水过程中洪峰涨势快慢；

峰型 N：场次洪水过程 $FPrc_j$ 中包含的洪峰特征(单峰或多峰)，以洪峰个数表示。

提取第 j 场洪水过程 $FPrc_j$ 的特征指标后，即可得到表征该场次洪水过程的特征向量 $\{FT_j, MF_j, TFPP_j, TFAP_j, RT_j, RS_j, N_j\}$。

由于每一个特征分量在数值大小上不同，造成了每一个特征分量对相似洪峰搜索的贡献不同，所以需要对特征向量进行 Z-score 标准化处理，处理后的特征向量数据符合均值为 0、标准差为 1 的标准正态分布；并定义相似性度量方法 Dis 表征两个场次洪水过程 $FPrc_p$ 和 $FPrc_q$ 特征向量间的相似距离，计算公式为：

$$Dis(FPrc_p, FPrc_q) = \left(\sum_{i=1}^{7} |D_i|^2\right)^{\frac{1}{2}} \tag{11.3-18}$$

式中：D_i 表示特征向量 $FPrc_p$ 第 $i(1 \leqslant i \leqslant 7)$ 个向量和特征向量 $FPrc_q$ 第 $i(1 \leqslant i \leqslant 7)$ 个向量间的距离度量。如距离度量 D_1 表征洪峰历时 FT 间的距离度量，其计算公式为：

$$D_1 = |FT_p - FT_q| \tag{11.3-19}$$

距离度量 $D_2 \sim D_7$ 的计算公式依次类推。

(3) 场次洪水模式库构建

洪水相似性搜索和分类在洪水预测、水库调度以及流域洪水管理中有着重要的作用。目前研究学者对洪水分类的研究主要选取洪峰水位、洪水总量、洪水历时和洪峰流量等洪水强度特征点实现洪峰模式聚类[24,25]，聚类结果侧重于体现洪水强度的相似性，较少考虑洪水过程相似性。然而，在一些工程设计应用上，设计洪水不仅与洪峰强度有关，而且与各时段洪水以及洪水过程线的形状有关。因此，相似场次洪水搜索和分类应兼顾洪水强度和洪水过程特征。本节提出基于 DBI 指数的模拟退火 K-means 算法实现相似场次洪水模式聚类，并以此为基础构建洪水模式库。

算法 11.3-1：$ann\_k\_means(X, k_{max}, T_0)$

输入：场次洪水过程样本集 $\{FPrc_1, FPrc_2, \cdots, FPrc_n\}$，样本数量 n，最大聚类数 k_{max}，初始温度 T_0，结束温度 T_{min}。

输出：场次洪水聚类 $S=\{s_1, s_2, \cdots, s_{kmax}\}$，$s_i$ 是样本 x_i 所属类编号。

(1) 准备需要聚类的样本数据，并且设定 $k=k_0$。

(2) 判断 $k \leqslant k_{max}$？如果是转到(3)，否则转到(8)。

(3) 随机产生初始聚类中心 X_0，分别计算各个样本点到各个类别中心的距离，并且将它归类到距离最近的类别中，按照公式(11.3-20)计算 DBI 指标，即目标函数值 $E(X_0)$。

(4) 设定初始温度 $T(0)=T_0$，迭代次数 $i=1$，$X_{best}=X_0$。

(5) 对当前 X_{best} 按某一领域函数产生新的聚类中心 X_{new}，计算新的目标函数 $E(X_{new})$，并计算 $\Delta E=E(X_{new})-E(X_{best})$，如果 $\Delta E<0$ 或者 $\exp(-\Delta E/T(i)) \geqslant \text{random}[0,1])$，令 $X_{best}=X_{new}$，否则 $X_{best}=X_{best}$。使用 X_{best} 对样本进行 K-means 聚类，直到聚类中心没有变化为止。

(6) $i++$，$T(i)=T_0/(1+i)$，判断 $T(i)>T_{min}$？如果是，则转入(5)，否则转入(7)。

(7) 计算 DBI 值，并且 $k=k+1$，转向(2)。

(8) 比较所有 k 的 DBI 值，找出最小 DBI 值所对应的 k，并输出聚类结果。

算法 11.3-1 使用 DBI 作为聚类效果有效性评价函数，即目标函数 $E(X)$。DBI 是评价聚类有效性指标，主要是关于同一类中所有样本的紧密程度和不同类别的样本之间的分散程度的评估函数[22]。DBI 主要利用几何原理，通过分别计算同一类别样本之间的相似性以及不同类别样本之间的相异性，然后取它们的比值，最后根据此比值（DBI 值）来评价算法的聚类效果。根据 DBI 公式可知，当同类样本之间的相似性大，不同类别之间的相异性大的时候，DBI 值较小，表示聚类效果较好。DBI 的计算方法如公式(11.3-20)所示[22]：

$$DBI=\frac{1}{K}\sum_{i=1}^{K}\max\left\{\frac{S_i+S_j}{d_{i,j}}\right\} \tag{11.3-20}$$

其中，S_i 表示第 i 类样本之间的相似度；S_j 表示第 j 类样本之间的相似度；S_i 的计算方法如公式(11.3-21)所示；d_{ij} 表示第 i 类样本与第 j 类样本之间的相异度（分散程度），d_{ij} 的计算方法见公式(11.3-22)；K 表示聚类数。

$$S_i=\frac{1}{|C_i|}\sum_{x\in C_i}\| x-v_i \| \tag{11.3-21}$$

$$d_{i,j}=\| v_i-v_j \| \tag{11.3-22}$$

其中，C_i 表示属于第 i 类的样本数；v_i 表示第 i 类的聚类中心；x 表示属于第 i 类的样本。

11.3.4　降雨-洪水关联模式挖掘

降雨和洪水之间存在着密切的联系，在分别建立好降雨模式库和洪水模式库后，可采用降雨-洪水间的时间响应关系为关联规则挖掘降雨模式和洪水模式间的关联关系，构建降雨-洪水关联模式库。在进行多元时间序列关联规则挖掘时，大多数的方法选择将时间粒度对齐，可以简化生成频繁模式的过程[26-28]。然而在实际情况中，由于降雨中心、地形等因素的影响，洪水过程和降雨过程之间存在滞后性。针对这种具有延迟效应的多元时间序列关联挖掘问题，可以在降雨序列和流量序列中设置滑动窗口，将不同的降雨模式和其引起的洪水模式进行匹配，使用 Apriori 算法[29]在模式库中挖掘出特定模式之间的关联，整体流程如图 11.3-5 所示。

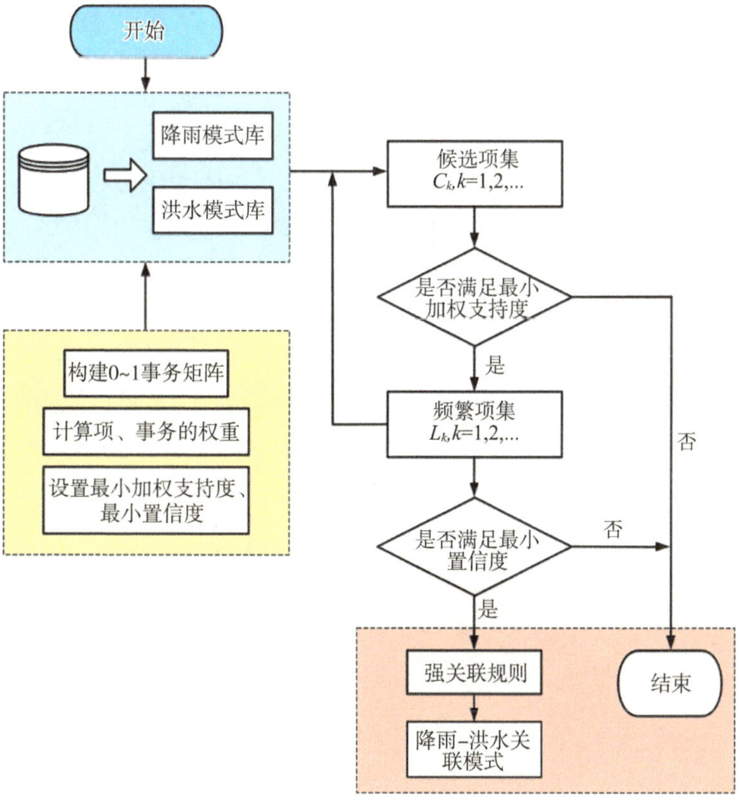

图 11.3-5　降雨-洪水关联规则挖掘流程

（1）将构建好的降雨模式库和洪水模式库作为输入数据，扫描数据库得到 0～1 事务矩阵，计算每个项和事务的权重。使用滑动窗口技术建立降雨模式和洪水模式之间的对应关系，并将其作为候选 1 项集 C_1。

（2）设置最小支持度和最小置信度。

(3) 计算 C_1 中每一项的支持度，保留满足最小支持度的项，得到频繁 1 项集 L_1。

(4) 将每个降雨模式和洪水模式对应的项合并得到候选 2 项集 C_2。计算 C_2 中每一项的支持度，保留满足最小支持度的项，得到频繁 2 项集 L_2。

(5) 根据最小置信度对 L_2 进行筛选，得到降雨→洪水强关联规则。

降雨→洪水强关联规则的生成，即找到了相关性最高的降雨-洪水关联模式 $R_i \rightarrow F_j$ ($1 \leqslant i \leqslant n$, $1 \leqslant j \leqslant m$, m、n 分别为模式库中降雨模式和洪水模式的类别个数)，将所有关联模式组合起来得到降雨-洪水关联模式库，为后续深入的分析和预测提供基础支撑。

11.4 应用实例

嘉陵江位于长江上游，是长江支流中面积最大的流域，全长约 1 345 km，干流流域面积约 3.92 万 km^2。嘉陵江流域降雨丰富，年降水量可达 800～1 000 mm，导致径流量较大。尤其是在夏季，由强降雨引发的洪水流量大、流速快，对沿岸居民和自然环境都造成了严重的影响[10,30]。

为了验证构建的降雨-洪水关联模式库的有效性，利用嘉陵江流域 2010 年 1 月 1 日至 2017 年 12 月 31 日的日降雨量图和流量数据进行实验。根据上一节中构建降雨-洪水模式库的方法对未知模式类别的场次降雨和洪水进行分类，从总共 229 场场次降雨中得到了 9 类降雨模式(模式 R1-R9)，63 场次洪水中得到了 10 种洪水模式类别(F0-F9)。按照降雨和洪水之间的时空响应关系，使用滑动窗口技术对不同的降雨模式和洪水模式进行匹配，作为输入数据。设置最小支持度和最小置信度，使用 Apriori 算法挖掘两个模式库中蕴含的(降雨模式→洪水模式)的频繁项集 L_2，其挖掘流程如图 11.4-1 所示。

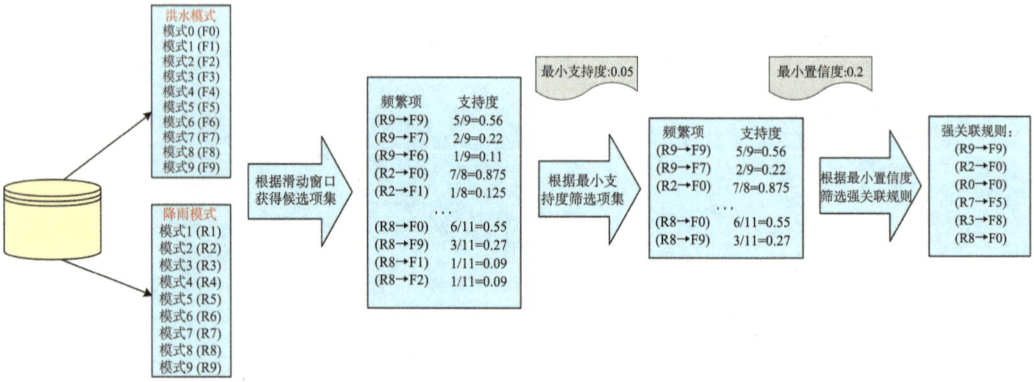

图 11.4-1　嘉陵江流域降雨-洪水模式 L2 挖掘流程

在嘉陵江流域一共得到了 11 条降雨→洪水强关联规则，如表 11.4-1 所示。

表 11.4-1 关联规则挖掘结果

降雨→洪水关联规则	支持度	置信度
$\boldsymbol{R}_0 \to \boldsymbol{F}_0$	0.132	0.714
$\boldsymbol{R}_2 \to \boldsymbol{F}_0$	0.184	0.778
$\boldsymbol{R}_3 \to \boldsymbol{F}_8$	0.053	0.286
$\boldsymbol{R}_4 \to \boldsymbol{F}_4$	0.053	0.500
$\boldsymbol{R}_5 \to \boldsymbol{F}_0$	0.053	0.222
$\boldsymbol{R}_5 \to \boldsymbol{F}_4$	0.053	0.222
$\boldsymbol{R}_5 \to \boldsymbol{F}_9$	0.053	0.222
$\boldsymbol{R}_7 \to \boldsymbol{F}_5$	0.053	1.000
$\boldsymbol{R}_8 \to \boldsymbol{F}_0$	0.158	0.462
$\boldsymbol{R}_8 \to \boldsymbol{F}_9$	0.079	0.231
$\boldsymbol{R}_9 \to \boldsymbol{F}_9$	0.079	0.429

以降雨模式 0 为例进行分析，该类模式降雨过程持续 4～5 天，主要集中在中下游地区，降雨中心出现在流域的东部和南部，单位像素平均累积降雨量约为 30 mm；该类模式中共有 7 场降雨过程引发洪水，其中 5 场降雨引发洪水模式 0，1 场降雨引发洪水模式 9，1 场降雨引发洪水模式 4。经过关联规则挖掘，降雨模式 0 对应了 1 条强关联规则：降雨模式 0→洪水模式 0。

洪水模式 0 对应的洪水过程特征如下：峰值流量约为 6 500 m^3，涨水速率为 1 500～2 000 m^3/d，峰型为单峰或双峰，持续时间 3 天左右。在场次降雨为模式 0 的前提下，关联规则降雨模式 0→洪水模式 0 具有较高的支持度(0.132)和置信度(0.714)。

11.5 小结

本章提出了一种基于降雨图像特征的降雨-洪水关联模式库构建方法，主要包含场次降雨模式库构建、场次洪水模式库构建和降雨-洪水关联模式挖掘三个步骤。首先，将历史日降雨量图序列划分为场次降雨，提取降雨特征，使用基于 Tent 混沌映射的多族群灰狼优化算法进行多特征融合，作为场次降雨的相似性度量。接着，使用基于 DBI 指数的 K-means 聚类方法对相似降雨进行分类，从而构建降雨模式库。类似的，将洪水流量时间序列分割为场次洪水并提取特征，定义相似性度量方法，通过聚类形成洪水模式库。在降雨、洪水模式库的基础上，应用多元时间序列关联挖掘算法建立降雨-洪水关联模式库。将此方法在嘉陵江流域进行实验，生成了较为理想的降雨→洪水关联模式库。本章的研究结果可以为洪水预报中"什么样的降雨会引起什么样的洪水"问题提供科学支持，洪水过程的智能预测将是我们未来研究的主要方向。

参考文献

[1] ZHU Z H, WRIGHT D B, YU G. The impact of rainfall space - time structure in flood frequency analysis[J]. Water Resources Research, 2018, 54(11): 8983-8998.

[2] 程海云，葛守西. 长江洪水分类指标体系研究[J]. 人民长江，2008，39(8):1-2+118.

[3] LI B Q, LIANG Z M, BAO Z X, et al. Changes in streamflow and sediment for a planned large reservoir in the middle Yellow River[J]. Land Degradation and Development, 2019, 30 (7): 878-893.

[4] XIAO Z L, LIANG Z M, LI B Q, et al. New flood early warning and forecasting method based on similarity theory[J]. Journal of Hydrologic Engineering, 2019, 24(8): 04019023.

[5] DILMI D, BARTHÈS L, MALLET C, et al. Modified DTW for a quantitative estimation of the similarity between rainfall time series [J]. EGU General Assembly 2017, 2017, 19: EGU 2017-16005.

[6] BARTHEL R, HAAF R, GIESE M, et al. Similarity-based approaches in hydrogeology: proposal of a new concept for data-scarce groundwater resource characterization and prediction[J]. Hydrogeology Journal, 2021, 29(5): 1693-1709.

[7] OUYANG R L, REN L L, CHENG W M, et al. Similarity search and pattern discovery in hydrological time series data mining[J]. Hydrological Processes, 2010, 24(9): 1198-1210.

[8] LIANG Z M, XIAO Z L, WANG J, et al. An improved chaos similarity model for hydrological forecasting[J]. Journal of Hydrology, 2019, 577: 123953.

[9] 陈建，李春红，王峰，等. 长江上游流域暴雨洪水相似性判别指标研究[J]. 人民长江，2019，50(1): 58-63.

[10] YU Y F, HE X G, ZHU Y L, et al. Rainfall similarity search based on deep learning by using precipitation images[J]. Applied Sciences, 2023, 13(8): 4883.

[11] 章龙飞，朱跃龙，李士进，等. 基于降雨类型直方图分析的降雨站点相似性研究[J]. 水文，2013，33(3):10-17.

[12] OHNO G, ITO K. Flood forecast based on deep learning using distribution MAP of precipitation [C]//Proceedings of the 22nd IAHR APD Congress, 2020.

[13] WANG X M, LIU Y L, CHEN Y Y, et al. An adaptive density-based time series clustering algorithm: a case study on rainfall patterns[J]. ISPRS International Journal of Geo-Information, 2016, 5(205): 1-19.

[14] 冯钧，郭涛，陈志飞. 基于模式挖掘的中小河流暴雨洪水模式库[J]. 计算机与现代化，2018(12):32-39+121.

[15] 巫义锐，汪浩航，魏大保，等. 时空多特征流域场景模式库构建方法[J]. 河海大学学报(自然科学版)，2020，48(6):514-520.

[16] TIAN D P. A review on image feature extraction and representation techniques[J]. International Journal of Multimedia and Ubiquitous Engineering, 2013, 8(4): 385-395.

[17] STANCHEV P L, GREEN D, DIMITROV B. High level color similarity retrieval[J]. Information Theories & Applications, 2003, 10(3): 283-287.
[18] PARAMANIK A R, SARKAR S, SARKAR B. OSWMI: An objective-subjective weighted method for minimizing inconsistency in multi-criteria decision making [J]. Computers&Industrial Engineering, 2022: 108138.
[19] KNIGHT J T, SINGER D J, COLLETTE M D. Testing of a spreading mechanism to promote diversity in multi-objective particle swarm optimization[J]. Optimization and Engineering, 2015, 16(2): 279-302.
[20] KEOGH E J, PAZZANI M J. Derivative dynamic time warping[C]//Proceedings of SIAM International Conference on Data Mining (SDM'01), 2001: 1-11.
[21] 蔡娟. 混沌映射与精英高斯扰动的非线性灰狼优化算法[J]. 计算机工程与设计, 2022, 43(1): 186-195.
[22] MAULIK U, BANDYOPADHYAY S. Performance evaluation of some clustering algorithms and validity indices[J]. IEEE Ttrasactions on Pattern Analysis and Machine Intelligence, 2002, 24(12): 1650-1654.
[23] NIENNATTRAKUL V, RATANAMAHATANA C A. On clustering multimedia time series data using K-means and dynamic time warping[C]//Proceeding of the 2007 International Conference on Multimedia and Ubiquitous Engineering, 2007: 733-738.
[24] JIN J L, CHENG L, LI Y Q, et al. Fuzzy clustering method based on set pair analysis and optimal fuzzy equivalent matrix for flood classification[C]//Chinese Control and Decision Conference, 2009: 5923-5927.
[25] 汪丽娜,陈晓宏,李粤安,等. 基于人工鱼群算法和模糊C-均值聚类的洪水分类方法[J]. 水利学报, 2009, 40(6): 743-748+755.
[26] 蔡伟杰,张晓辉,朱建秋,等. 关联规则挖掘综述[J]. 计算机工程, 2001, 27(5): 31-33+49.
[27] SHIRSATH P A, VERMA V K A. recent survey on incremental temporal association rule mining [J]. International Journal of Innovative Technology and Exploring Engineering(IJITEE), 2013, 13: 2278-3075.
[28] PARK H, JUNG J Y. SAX-ARM: Deviant event pattern discovery from multivariate time-series using symbolic aggregate approximation and association rule mining[J]. Expert Systems with Applications, 2020, 141: 112950-112961.
[29] ZHAO Q, LI Q, YU D, et al. TSARM-UDP: an efficient time series association rules mining algorithm based on up-to-datepatterns[J]. Entropy, 2021, 23(3): 365.
[30] GUO W X, JIAO X Y, ZHOU H T, et al. Hydrologic regime alteration and influence factors in the Jialing River of the Yangtze River, China[J]. Scientific Reports, 2022, 12(1): 11166.

第 12 章

数据质量智能检测与控制

12.1 概述

数据质量是对数据的准确性、完整性和一致性的衡量[1,2]，是数据应用的基础。大数据时代的到来给数据管理、信息提取等带来了挑战，而保证数据质量是有效进行数据分析的前提[3]。数据质量控制是采取一定措施，使数据在被采集、存储、传输中满足一定要求的过程。保证数据质量，进行数据质量控制一直是备受关注的问题，有质量的数据才能保证基于数据驱动的模型训练效果良好。与此同时，各行各业数据激增，水文数据也呈指数增长。如何从水文大数据中挖掘出更多有价值的信息越来越受到关注。对水文数据进行质量控制可以有效地检测出缺失数据、可疑数据，将数据质量保持在可控范围内，为水文预测、洪水预报等奠定数据基础。

目前数据质量的研究主要围绕数据质量的评估与检测，以及从技术方面如何保证和提高数据质量[4-13]：

(1) 冗余数据检测：冗余数据检测与处理是数据清洗的一个重要内容，主要包括关系数据库的重复记录检测以及利用 XML 的重复元素检测，如机器学习方法和传统的排序 & 合并方法等[14,15]。

(2) 缺失数据填补：数据缺失是一种常见的现象，采用合适的方法对缺失值进行合理的插补是数据质量提高的一个重要环节。缺失数据填补方法包括均值插补、随机插补、最大期望插补等单一填补法[16]和 K 最近邻插补、决策树插补、随机森林插补等[17,18]多重填补法。

(3) 异常数据检测：在对数据质量控制的过程中，主要应用数据审计的方法自动化发现并解决数据异常，其步骤包括采用数据概化[19]方法自动化获取数据的总体分布特性，并采用基于距离方法、统计学等方法检测出异常数据。

(4) 不一致数据检测：一致性是数据质量中的重要维度，不一致数据检测是数据清洗中首要解决的问题，排序、融合及数据项元组间的函数依赖和包含依赖是不一致数据一致检测与处理的主要方法[20,21]。

水文数据质量对水文数据挖掘有着很大影响，平稳的、无异常的水文时间序列通常能提供更具有价值的模式。对水文数据进行挖掘时，缺失、异常等数据质量问题在可控范围内才可以保证实验和应用的准确性和可信度。因此，对水文数据进行数据的质量控制是极有必要的。尽管已有专家学者对水文数据质量进行了研究和应用验证，目前水文数据质量控制还存在以下问题：

（1）人工依赖性强，人工清洗成本高。国内的水文数据质量控制方法更多的还处于理论研究和建模阶段，对数据质量的控制实际上需要人工干预，缺乏智能数据质量控制算法和模型。

（2）短期缺测填补值可信度低。对于因机器故障而出现的短期缺测的水文数据，目前一般采用平均值法、加权法或简单空间插值法等线性插值方法来进行填充。线性插值法效果会根据数据采集密度的不等而有所不同，导致填充数据的可信度无法衡量。

（3）异常数据无可靠替换值。目前很多方法通过基础检查、规范设定来检测出异常数据，但无法提供可靠的替换值来置换异常数据。

针对以上问题，本章研究如何根据水文数据自身的时空特性，提出时空一致智能水文数据控制方法，分别检测和修复时序连续性和离散型水文数据中存在的质量问题，降低人工依赖性，优化水文数据质量，从而提高数据挖掘模型的稳定性和精准性。

12.2　数据质量智能检测与控制

12.2.1　数据质量智能检测与控制框架

水文数据随时间变化而变化，受到周期性、季节性和地区性的影响，遵循时空一致性规律。对于连续型水文数据，数据变化在规定时间范围内是在一定区间浮动，不会出现变化极大的现象。该类数据的变化具有时间尺度上的空间邻近性，在没有极端事件发生的情况下，一个周期内的某一时间点的数据和前后周期同一时间的数据在整体周期趋势中所处的空间位置大概率是相似的。对于离散型水文数据，当记录数据的两个测点在某一区域内地形差异不大且地理位置较近的情况下，数据变动趋势相对一致。离散型水文数据在空间尺度中的发展也是随着时间的变化而变化的，其空间尺度上的时序相似性也能帮助体现数据变动趋势。

本章提出一种基于时空一致性的智能数据质量控制方法，减少人工依赖性，降低人工清洗成本，并提供填补和替换建议值。考虑到水文数据在一段时间内的变化具有时间尺度上的空间邻近性，而在空间尺度中的发展则会随着时间变化而变化的特性，本章基于时空一致性分别针对连续型和离散型水文数据进行质量控制。对于连续型水文数据，根据其时间连续性、周期性等特点和其在时间尺度上的空间近邻性，建立两种预测控制模型进行异常检测和实时控制。对于离散型水文数据，根据其空间邻近性、差异性和其在空间尺度上的时序相似性构建插值控制模型进行缺值补全和异常检测。模型提供缺失值的填补值、数据检测的置信区间和异常数据的建议值。方法流程如图 12.2-1 所示。

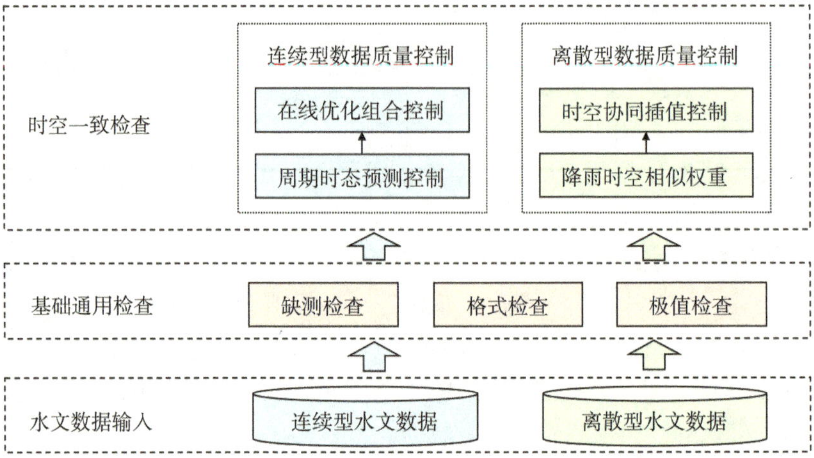

图 12.2-1　水文数据质量控制方法框架图

具体流程如下：

(1) 水文数据输入：连续型水文数据是指时间连续性强且随时间变化而不断变化的水文数据，如流量、水位等；离散型水文数据是指时间连续性差，数据记录断断续续，数据分布离散的水文数据，如降雨等。

(2) 基础通用检查：缺测检查是指因仪器故障导致的数据丢失以及系统故障无法上传造成的数据点缺失等缺值问题检查；格式检查是指对系统录入的日期、测站码等数据的格式规范检查；极值检查是对数据是否超出极值范围的检查，其中极值是指在一定的时间范围内出现概率很小的水文状况。

(3) 时空一致检查：时空一致检查包括基于时间的时空一致性检查和基于空间的时空一致性检查。基于时间的时空一致性检查是指对同一段时间内观测的水文要素记录之间的关系是否符合一定规律的检查，根据时间尺度上的空间邻近性进行检查；基于空间的时间一致性检查是空间关系之间满足一定的约束规则时，在同一个区域内的水文要素变化情况相对一致，根据空间尺度上的时序相似性进行检查。

在进行数据质量控制过程中，如果遇到短期缺测数据情况，则根据预测控制模型给出的建议值进行填补；如果缺测时间较长，则需要根据已有的水文数据或者区域邻近测站的水文数据进行插值填充。

12.2.2　连续型水文数据质量控制

水文时间序列数据（如水位和流量）具有连续性、周期性、季节性和实时性等特点，这些特点使得水文数据受时间影响而变化。而水文数据在一段时间内的变化具有时间尺度上的空间邻近性，对于前后时间距离较近的样本和不同周期里空间位置相同的数据变化都具有一定的相似性。针对未经整编处理的水文数据，建立预测控制模型，模型根据水文数据的时间连续性、周期性、季节性以及时间尺度上的空间位置出发，建立基于周期位置的周期时态预测控制模型(PT-LSTM)。模型提供预测线，构建置信区间检测异常数据并提供建议值；除此之外，针对水文数据实时性的特点，在提出的 PT-LSTM 模型上加以改进，建立在线优化组合控制模型(OCPT-LSTM)，加入实时数据进行模型的实时矫正，模型提供置信区间检测数据质量，提供建议值进行替换，流程如图 12.2-2 所示。

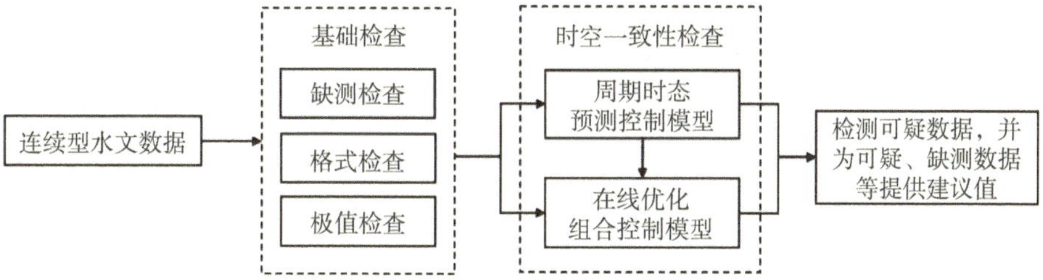

图 12.2-2　连续型水文数据质量控制方法流程

1) 周期时态预测控制模型

连续型的水文数据在一定时间内数据具有连续性和周期性。针对其连续性，可以通过历史前 n 个时刻的数据对 $n+1$ 时刻的数据进行预测；针对其周期性，且相邻两天同一时刻的数据变换在一定的范围之内，通过历史相同时刻的数据来预测未来相同时刻的水文状况是可行的。

循环神经网络(RNN)采用链式结构模拟时间序列，能保证信息的持久化，在语音识别、时序预测等方面有着良好的应用。长短期记忆神经网络(LSTM)对 RNN 进行改进，加入门机制来记忆距离当前时间较远的信息，缓解梯度爆炸问题，提高神经网络的可靠性。LSTM 可以记忆长期信息，有效挖掘水文模式，对水文序列建模有一定优势。因此，对 LSTM 神经网络方法进行改进并应用于水文预测中是可行的。

基于周期位置的预测控制模型 PT-LSTM 模型，将时间序列按照周期分成多个子序列，并对其进行矩阵排列，方便空间挖掘；然后对这些子序列进行线性映射，将其与权重矩阵相乘，得到具有连续和周期特性的数据，进而将其放入递归层中进行挖掘得到预测结果。PT-LSTM 模型提供置信区间供水文工作人员进行数据质量检测，预测值作为建议值供水文工作人员选择是否替换。PT-LSTM 模型不仅考虑了时间序列数据的时间特性和时间尺度上的空间位置，减少了训练复杂度，而且在减少神经网络时间步长的同时最大限度保留原始数据信息。

(1) 数据集划分

水文数据连续性可以保证在同一段时间的前后数据变化会在一定范围内；周期性可以保证数据在不同周期遵循相似的变化规律；季节性可以保证同一季节的水文数据变化幅度大小相关。根据水文数据的时间特性和时间尺度上的空间位置关系构建数据集，挖掘水文数据中更多的规律，对数据进行更好的分析。

针对水文数据的连续性，根据历史的前 t 时刻的实时数据对 $t+1$ 时刻的数据进行预测，将历史水文数据连续划分成 M 个组，每组有 N^{T} 个数据，输入向量为 $[x_1, x_2, x_3, \cdots,$

$x_{MN^{\mathrm{T}}}$]，将其排列成周期为 N^{T} 的 $M \times N^{\mathrm{T}}$ 矩阵 $\boldsymbol{X}$，矩阵如下：

$$\boldsymbol{X} = \begin{bmatrix} x_1 & x_2 & \cdots & x_{N^{\mathrm{T}}} \\ x_{N^{\mathrm{T}}+1} & x_{N^{\mathrm{T}}+2} & \cdots & x_{2N^{\mathrm{T}}} \\ \vdots & \vdots & \vdots & \vdots \\ x_{(M-1)N^{\mathrm{T}}+1} & x_{(M-1)N^{\mathrm{T}}+2} & \cdots & x_{MN^{\mathrm{T}}} \end{bmatrix} \tag{12.2-1}$$

上述矩阵是周期为 N^{T} 的 m 条子序列构建的矩阵，$x_{N^{\mathrm{T}}+2}$ 为其中的一个元素，而与 $x_{N^{\mathrm{T}}+2}$ 在空间位置相近的除了前后的 $x_{N^{\mathrm{T}}+1}$ 和 $x_{N^{\mathrm{T}}+3}$ 外，还有前后周期内同一时间的 x_2 和 $x_{2N^{\mathrm{T}}+2}$。针对水文数据的周期性，前 m 天同一时刻(正点时刻)的数据与第 $m+1$ 天同一时刻(正点时刻)的数据有着相似的变化趋势。一天有 24 个时刻，这里 N^{T} 可以取 24 作为一个周期。

针对水文数据的季节性，发现不同季节的水文状况不同。具体表现为夏季多为汛期，常有强降雨，流量变化较大；秋季连绵阴雨，导致汛期结束晚，流量也居高不下；春季、冬季多为枯水期，降雨较少，流量变化相对平缓。考虑到各个季节的水文状况差异性较大，可以将数据集按照季节分为两类，春季、冬季(枯水期)为一类，夏季、秋季(丰水期)为一类，分别进行训练。

(2) PT-LSTM 模型设计

考虑到水文时序数据的特殊性，对 LSTM 模型进行改进，提出 PT-LSTM 模型，对输入数据进行周期矩阵处理和线性映射处理，再将处理过的数据输入到 LSTM 的单元结构中进行挖掘，模型网络结构如图 12.2-3 所示。

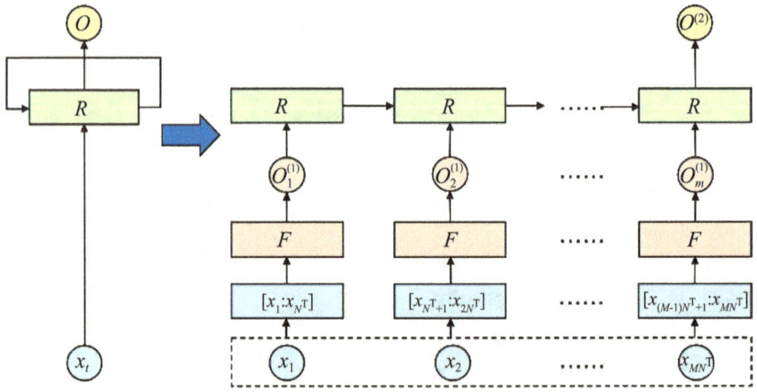

图 12.2-3 PT-LSTM 网络结构图

其中，x_t，x_1，x_2，$x_{MN^{\mathrm{T}}}$ 为输入数据；$[x_1 : x_{N^{\mathrm{T}}}]$，$[x_{N^{\mathrm{T}}+1} : x_{2N^{\mathrm{T}}}]$，$[x_{(M-1)N^{\mathrm{T}}+1} : x_{NM^{\mathrm{T}}}]$ 等为经过处理的周期矩阵的子序列；F 为 PT-LSTM 中的全连接层，为了对周期矩阵进行线性映射处理；$O_1^{(1)}$，$O_2^{(1)}$，$O_m^{(1)}$ 为经过线性处理的输出；R 为 PT-LSTM 中的递归层；O，$O^{(2)}$ 为经过递归层的输出。

(3)模型参数初始化

选择数据，首先将数据按照丰水期和枯水期分为两类，并对每一类数据分别进行处理。将历史水文数据连续划分成 M 个组，每组有 N^{T} 个数据，输入向量为 $[x_1, x_2, x_3, \cdots, x_{MN^{\mathrm{T}}}]$，将其按照式 12.2-1 排列成周期为 N^{T} 的 $M\times N^{\mathrm{T}}$ 矩阵。对数据进行归一化处理，使得数据在$[-1,1]$之间。随机打乱顺序并选择 60%的数据作为训练集，20%作为验证集，20%作为测试集。

对网络权重进行初始化。确定激活函数为 Sigmoid 函数和 tan$h$ 函数，损失函数为均方误差函数，计算公式如下：

$$MSE=\frac{1}{n}\sum_{i=1}^{n}(y_i-Y_i)^2 \tag{12.2-2}$$

其中，y_i 为第 i 时刻的预测值；Y_i 为第 i 时刻的真实值；n 为模型输入的样本数目。

对上述 M 组子序列进行线性映射，将数据集按分好的组输入进全连接层，该层输入节点数为 N^{T}，输出节点为 1。数学表达式如下：

$$\boldsymbol{O}^{(1)}=XW^{(1)}=\begin{bmatrix} x_1 & x_2 & \cdots & x_{N^{\mathrm{T}}} \\ x_{N^{\mathrm{T}}+1} & x_{N^{\mathrm{T}}+2} & \cdots & x_{2N^{\mathrm{T}}} \\ \vdots & \vdots & \vdots & \vdots \\ x_{(M-1)N^{\mathrm{T}+1}} & x_{(M-1)N^{\mathrm{T}}+2} & \cdots & x_{MN^{\mathrm{T}}} \end{bmatrix}\begin{bmatrix} w_{1,1}^{(1)} \\ \cdots \\ \cdots \\ w_{N^{\mathrm{T}},1}^{(1)} \end{bmatrix} \tag{12.2-3}$$

$$\text{即，}\boldsymbol{O}^{(1)}=\begin{bmatrix} w_{1,1}^{(1)}x_1 & w_{2,1}^{(1)}x_2 & \cdots & w_{N^{\mathrm{T}},1}^{(1)}x_{N^{\mathrm{T}}} \\ w_{1,1}^{(1)}x_{N^{\mathrm{T}}+1} & w_{2,1}^{(1)}x_{N^{\mathrm{T}}+2} & \cdots & w_{N^{\mathrm{T}},1}^{(1)}x_{2N^{\mathrm{T}}} \\ \vdots & \vdots & \vdots & \vdots \\ w_{1,1}^{(1)}x_{(M-1)N^{\mathrm{T}}+1} & w_{2,1}^{(1)}x_{(M-1)N^{\mathrm{T}}+2} & \cdots & w_{N^{\mathrm{T}},1}^{(1)}x_{MN^{\mathrm{T}}} \end{bmatrix}=\begin{bmatrix} O_{1,1}^{(1)} \\ O_{2,1}^{(1)} \\ \cdots \\ O_{M,1}^{(1)} \end{bmatrix}$$

其中，$\boldsymbol{W}^{(1)}$ 为该层权重矩阵，$\boldsymbol{X}$ 为$M\times N^{\mathrm{T}}$ 的输入矩阵。将 $\boldsymbol{O}^{(1)}$ 作为输入，输入到神经网络的递归层中。序列输入中每个元素为一个步长，网络总步长为M。对于每一个时间步长，前一层的输出为当前层的输入。$O_t^{(1)}=O_{t,1}^{(1)}$，$t=1,2,3,\cdots,M$ 。第二个隐藏层 t 步输出如下：

$$O_t^{(2)}=\sigma(O_{t-1}^{(2)},O_t^{(1)}) \tag{12.2-4}$$

第二层输出为 $\boldsymbol{O}^{(2)}=[O_1^{(2)},O_2^{(2)},\cdots,O_M^{(2)}]$，$\sigma(\cdot)$ 为激活函数。第 n 层隐藏层 t 步输出为 $O_t^{(n)}=\sigma(O_{t-1}^{(n)},O_t^{(n-1)})$，第 n 层隐藏层输出为 $\boldsymbol{O}^{(n)}=[O_1^{(n)},O_2^{(n)},\cdots,O_M^{(n)}]$ 。与传统的神经网络相比，这样构建的时间步长由 MN^{T} 变成了 M，减少了时间步长，降低了训练复杂度，有效解决了 LSTM 的梯度消失问题，同时将长序列建模成短序列，在克服 LSTM 对步长限制的同时保留了大量原序列信息。

(4)模型训练

将全连接层的输出 $\boldsymbol{O}^{(1)}$ 作为输入，对隐藏层的每个单元进行前向计算，计算公式参照

式(12.2-5)到式(12.2-10)的定义进行改进,公式如下:

遗忘门: $$F_t=\sigma(W_f\times[h_{t-1},O_t^{(1)}]+b_f) \tag{12.2-5}$$

输入门: $$I_t=\sigma(W_i\times[h_{t-1},O_t^{(1)}]+b_i) \tag{12.2-6}$$

输出门: $$O_t=\sigma(W_o\times[h_{t-1},O_t^{(1)}]+b_o) \tag{12.2-7}$$

记忆单元状态: $$\tilde{c}_t=\tanh(W_c\times[h_{t-1},O_t^{(1)}]+b_c) \tag{12.2-8}$$

$$c_t=F_t c_{t-1}+i_t\tilde{c}_t \tag{12.2-9}$$

记忆单元输出: $$h_t=O_t\tanh(c_t) \tag{12.2-10}$$

计算模型的预测误差,然后反向计算每个神经元的预测误差,更新网络权重,对网络进行迭代训练。当均方误差不再下降或者满足一定条件时,迭代结束,网络训练完成。

在得到预测参考线之后,就可以构建置信区间。置信区间是根据估计值来确定真实值可能存在的区间范围,根据预测值 y 和均方误差 MSE,组成置信区间 $Z=[y-\delta\cdot MSE, y+\delta\cdot MSE]$。其中,$\delta$ 是一个加权值且 $\delta\in[2,5]$,根据季节变化进行调整。如果 $y-\delta\cdot MSE<0$,那么置信区间变为 $Z=[0,y+\delta\cdot MSE]$。

获得置信区间之后,利用置信区间对数据进行控制,在置信区间之外的数据被认定为可疑值,将模型得到的预测值作为建议值,供水文工作人员选择是否替换。

2) 在线优化组合控制模型

(1) OCPT-LSTM 模型框架

水文测站每天需要上传大量数据,这些数据具有实时性的特征。在对水文数据进行检测时,普通的预测控制模型可能会因为数据集没有及时更新而导致误差逐渐变大,使得数据预测控制出现偏差,模型时效性弱。构建在线实时优化的模型可以对数据进行及时有效的控制。

在 PT-LSTM 模型的基础上,建立在线优化组合控制模型 OCPT-LSTM,结合把种群中优秀的个体和个体适应度保存在临时数组中的思想,通过选择前 m 个优秀参数作为模型的初始参数,建立加权组合预测控制模型来增加预测控制的鲁棒性。OCPT-LSTM 主要分为三个步骤:预测模型、滚动优化和反馈校正。模型框架如图 12.2-4 所示。

在线优化组合控制模型思路如下:

①预测模型选择:组合预测模型采用本节提出的 PT-LSTM 模型作为基模型,使用自适应差分算法对基模型进行参数优化、选择和组合,构建在线优化组合控制模型 OCPT-LSTM。

②模型滚动优化:固定 K 个优秀的模型和 P 个临时的模型,对于集成控制模型检测正确的且连续的实时数据,使用这 $K+P$ 个模型分别计算出一段时间内的平方误差。比较误差大小,如果临时模型中有误差比 K 个优秀模型的误差小,那么用临时模型中最好的一个替换掉优秀模型中最差的一个。

③模型反馈矫正:补充临时模型,并对所有的临时模型加入通过检测的实时数据进行训练。用 K 个优秀的子模型构建出在线数据质量控制模型。固定一段时间,继续将 P 个

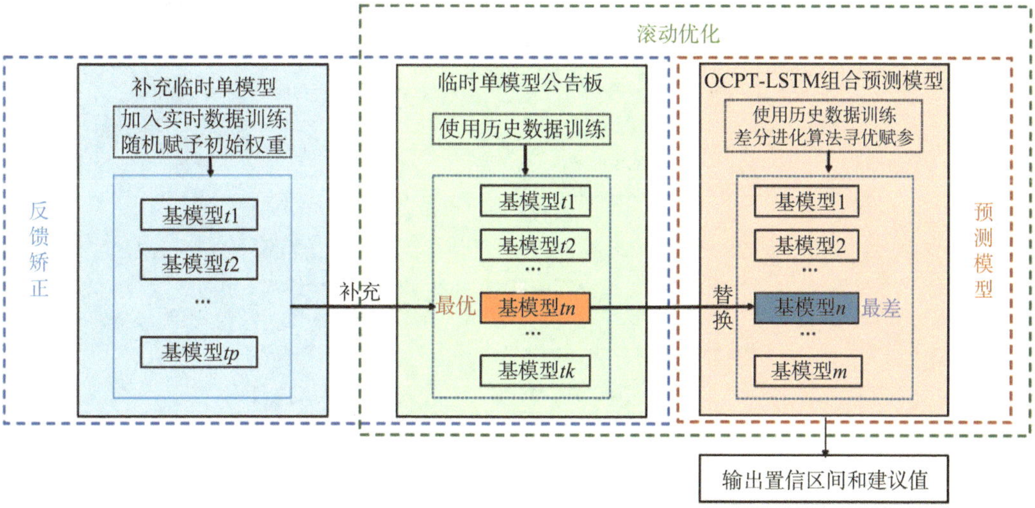

图 12.2-4　在线优化组合控制方法框架

临时模型用历史同时期不同年份的实时数据进行训练和测试，选择最优的模型进行组合。

④实时控制检测：根据模型输出的不同时刻的数据，绘制出一条时间序列曲线，预测曲线上每时刻的预测值加上单一模型预测误差 95% 置信区间分界点的正负误差值作为该点数据控制的上下界，最后通过小波变换对控制边界进行平滑处理，把两条平滑曲线间的部分作为置信区间。

(2) OCPT-LSTM 模型构建

差分进化算法是一种基于人类理论的优化算法，它模拟了群体中的个体间的合作与竞争的过程，通过个体间的选择、合作、竞争引导群体寻优方向。差分进化算法先对随机初始种群的任意两个个体进行变异处理，再将这两个个体与另一个个体求和，进行交叉操作来产生新个体。对新个体与原个体根据适应度进行对比选择。经过多次进化、选择、迭代，留下最优个体。相比于其他优化算法，差分进化算法对复杂优化问题的局部搜索表现更加优秀。

差分进化算法的收敛性很大程度上会受到变异因子选取值的影响。为了提高算法的精度，初始阶段进行全局搜索以保持种群的多样性，中后期提高局部寻优能力，使用自适应变异因子代替固定值是可取的。自适应差分进化算法就是在普通差分进化算法的基础上加入了自适应的缩放因子，使其随迭代次数的增大而缩小，对变异因子进行自适应调整。在迭代初期的时候，变异因子较大，可以保持种群的多样性；随着迭代次数的增加，变异因子减小，能够保存优良的种群信息，避免破坏最优解。

自适应变异因子：
$$F = F_{max} - \frac{t(F_{max} - F_{min})}{T} \tag{12.2-11}$$

其中，F 为变异因子；t 为迭代次数；T 为最大迭代次数；F_{max} 为变异因子的最大值；F_{min} 为变异因子的最小值。

由于在线预测控制模型需要实时更新，周期性的时间角度可能无法对突发极端天气事件所产生的数据进行好的控制，所以本章只采用连续实时的时间角度来进行预测控制，也就是前 n 个时刻预测未来时刻(如第 $n+1$ 时刻)的水文状况。本节基于自适应差分优化算法的思想构建在线优化组合控制模型，流程如图 12.2-5 所示。

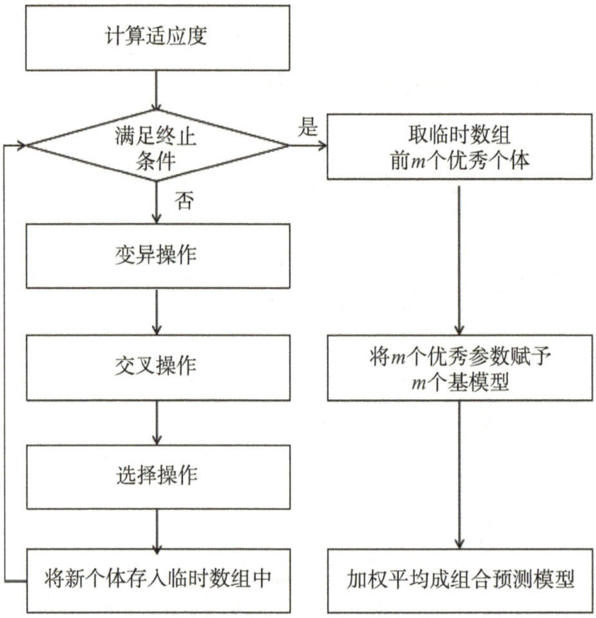

图 12.2-5 在线优化组合控制模型流程图

在线优化组合控制模型具体步骤如下：

①训练集构建：选择数据集，对其进行数据归一化。随机打乱顺序并选择 60%的数据作为训练集，20%作为验证集，20%作为测试集。

②编码：对 PT-LSTM 的参数进行统一编码到个体中。

③种群产生：随机产生初始种群，大小为 np ，初始化变异因子 F ，个体基因维度 D ，最大迭代次数 T ，杂交概率 CR 。

④适应度计算：对个体进行适应度计算，适应度选择均方误差进行计算。

⑤变异操作：随机选择任务种群中两个个体，对个体进行自适应变异，生成变异个体。

⑥交叉操作：对变异个体进行交叉操作，得到新的个体。

⑦选择操作：使用贪婪算法对原个体和新个体进行选择，将适应度函数值小的个体作为新种群的个体，代替原个体。并将优秀个体的适应度与优秀个体保存在临时数组中。

⑧选择优秀个体：循环迭代执行种群的变异、交叉、选择操作，直至满足循环次数条件或确定最佳个体位置。对临时数组按适应度值从小到大排序，前 m 个个体被用来构建模型。

⑨建立基模型：对步骤⑧中产生的 m 个优秀个体进行解码，建立 m 个基模型。对这些基模型进行差异性初始权重赋值和训练，构建 m 个 PT-LSTM 模型。

⑩组合模型：对 PT-LSTM 基模型进行加权组合，建立 OCPT-LSTM 模型。

模型建立完成后，每隔一段时间将临时数组中的 m 个优秀的个体，与随机生成的 k 个个体一起组成初始种群，种群大小为 $n(m+k)$，再执行步骤④～⑨。选择其中适应度最小的个体进行解码，并赋予最优初始阈值进行训练。若该新网络的误差小于组合模型中的网络，则把组合模型中误差最大的基模型替换下来重新构建模型，否则不改变原组合模型。

12.2.3 离散型水文数据质量控制

水文气象数据种类繁多，本节以最具代表性且对后续水文预报影响最大的降雨数据为例进行研究。目前，降雨数据的质量控制主要以实时检查为主。检查内容包括界值检查、极值检查、缺测检查以及内部一致性检查等基础检查。

本节在基础检查上提出一种离散型水文数据质量控制方法。从数据的空间邻近性、差异性和其在空间尺度上的时序相似性出发，建立降雨相似权重拓扑图，再构建基于高程的时空协同克里金法(ST-Kriging)进行插值控制。该方法首先以被测站为中心，根据地理位置、海拔差异等和时序相似性建立近邻测站之间的降雨时空相似权重拓扑图，并根据季节变化对其进行调整；然后基于建立的降雨时空拓扑结构选取相关系数较大的测站，并根据高程等地理数据使用时空协同克里金法(ST-Kriging)来建立空间插值模型进行插值控制。与传统插值模型相比，ST-Kriging 模型根据空间特性和空间尺度上的时序相似性选择合适的数据输入，并在模型中考虑空间地理因素等，提高了插值精度。ST-Kriging 模型提供置信区间和建议值，根据数据是否落在置信区间之内来对其进行控制，并为可疑和缺失数据提供建议值。方法流程如图 12.2-6 所示。

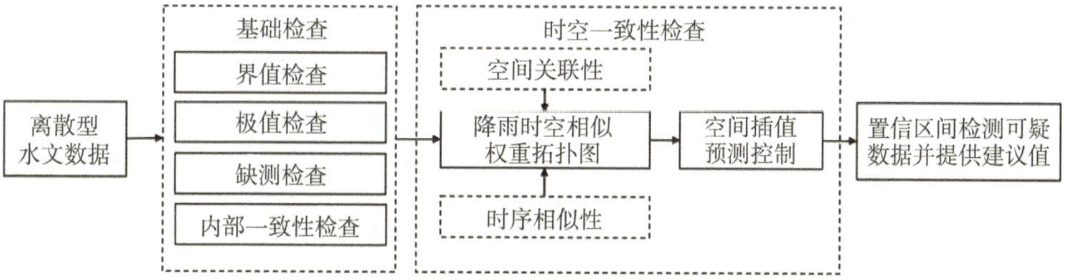

图 12.2-6　离散型水文数据质量控制方法流程图

其中，界值检查是从气候学角度出发，根据具体事件对无概率水文气象要素进行剔除的过程，检查水文监测记录数据是否在规定的最大区间内，如超出最大规定范围则去除；极值检查是对小概率水文事件进行审核的过程，由于小概率事件并非无概率事件，根据水文监测记录数据的极值程度标记异常，人工干预确认；内部一致性检查是指某时间点水文观测要素内部关系是否符合规律的检查。由于离散型数据断断续续，缺测值较多，这里的缺测检查利用线性插值对离散型数据进行简单的补全，若有长期缺测数据，则赋 0 值。

1）降雨时空相似权重拓扑图

降雨数据因其时空差异性大的特点不容易进行数据的控制和检验，通过单测站一致性控制和检验雨量测站数据的方法效果不佳，需要通过多测站之间的空间关系和时序相似关系进行基于时空一致性的数据质量控制。本节基于时空一致性，利用测站的空间分布特点、测站之间的距离、高程和地形以及降雨量与空间的相关程度来影响控制的效果。

本节依据自动测站的地理位置、地形数据和雨量数据建立降雨时空相似权重拓扑图，以被测站半径距离 S 作为参考，用测站数据间时序相关性来定义测站之间的空间关联程度，构建指定要素下区域站点关联关系网，从整体上了解整个流域的雨量站的拓扑结构关系。构建降雨时空相似权重拓扑图的步骤如下：

(1)基于地理位置的测站选取：选择以目标站为中心，半径距离为 S 的周边测站，然后从这些测站中筛选出水文要素数据量充足的 m 个降雨测站作为候选测站。

(2)时序相似性分析：从整编好的历史数据库中抽取出规定时间内的测站数据集。选择粒度较大的月降雨数据，统计每月的要素数值和并构建 m 条以月为单位的时间序列。其中，若某月份数据缺少，则赋值为 0。

(3)相似权重计算：对被测站与 m 个周边候选测站之间做相关系数分析，得到被测站与 m 个测站之间的相关系数集 R_i ，其中 $i=1,2,\cdots,m$ ；对被测站相关系数集 R_i 从大到小排序，并选择相关性较大的测站。把与被测站相关系数较大的测站码和系数值保存到测站关系表中。此外，对于其他的 m 个测站，分别选择与之相关系数大于 0.6 的测站进行保存。

(4)时空相似权重拓扑图构建：循环上述步骤，并构建关系网络。值得注意的是，循环步骤里在一开始的选择测站中只需要选择没有经过标记的周边测站，这样能够大大地减少区域测站关系网络构建时间。

在上述降雨时空相似权重拓扑图构建过程中，选择整编好的历史数据作为建立模型的数据集，能够减少测站受到大量异常或错误数据的影响，使得网络模型与实际关联关系吻合。对于雨量等连续性较差的水文要素，选择采用粒度较大的月降水总量组成的时间序列来计算构建测站之间的关系网。因为日、小时或分钟降水量组成的时间序列粒度小，数据缺失或异常数据对时间序列的影响较大。最后，利用标记的方法避免重复建模，减少整个网络建立的时间。

测站要素的变化具有季节性和周期性，测站之间要素的相关系数会随着时期的不同而变化，而春、夏、秋、冬四季的相关系数与整体的系数有些变化。如果只把整体的相关系数作为参考，就会造成在不同的时期无法准确地反映真实的相关性。所以根据不同的季节或者特定的月份，动态调整时空相似权重拓扑结构，可以为水文工作人员填补缺测数据和替换可疑数据提供更好的依据。

2) 时空协同克里金模型

降雨会受到降水范围和密度的影响，在空间会形成不等的雨量等级线，其空间差异性使每次降水过程的区域和方向是不同的，这样会造成实时雨量难以控制。空间插值是从其他位置测量的已知值估计特定位置的近似值，在给定一组以离散点或子区域形式存在的空间数据的情况下，空间插值的目的是找到那个最能代表整个曲面的函数，并预测其他点或其他子区域的值。因此，先利用基本检测方法对小时级或分钟级的雨量进行检测和控制，而利用空间插值法对统计日雨量数据进行检查。

目前常用且行之有效的空间插值法有反距离权重法、克里金法以及趋势面法等。其中，克里金法是常用的空间插值方法，与反距离权重法不同，克里金法不只是通过距离来确定权重，还考虑变量之间的空间相关性，使插值结果更加科学，公式如下：

$$Z(x_0)=\sum_{i=1}^{n}\lambda_i Z(x_i) \tag{12.2-12}$$

其中，$Z(x_0)$ 为目标点的估计值；$Z(x_i)$ 为第 i 个监测点的实测值；n 为测点数量；λ_i 为第 i 个测点数据对应的权重系数。克里金法的插值效果关键在于变异函数的选取，目前经常使用的变异函数有高斯模型、考克斯模型、指对数模型以及线性模型等。

协同克里金法在普通克里金法的基础上，加入了协变量进行预测，利用主变量的自相关性和几个变量之间的空间相关性，对主变量进行空间估计。协同克里金法公式如下：

$$Z(x_0)=\sum_{i=1}^{n}a_i x_i+\sum_{j=1}^{m}\beta_j y_j \tag{12.2-13}$$

其中，$Z(x_0)$ 为 x_0 点的估计值；$x_1,\cdots,x_n$ 为初始变量的 n 个样本；$y_1,\cdots,y_m$ 为协同二级变量的 m 个样本；a_i 与 β_j 为协同克里金加权系数。

Hevesi 等对降雨量和海拔高度之间的联系进行研究，实验表明随着海拔高度的增加，降雨量也会增多，且其相关系数约为 0.75。因此在降雨量插值中，采用高程作为协变量加入协同克里金法中是可行的。本节构建时空协同克里金法 ST-Kriging，以降雨量作为主变量，海拔距离作为协变量，具体公式如下：

$$Z(x_0,t)=\sum_{i=1}^{n}\lambda_i z(x_i,t)+\gamma_i[d(x_i)-\overline{d}+\overline{Z}] \tag{12.2-14}$$

其中，$Z(x_0,t)$ 为 x_0 点的 t 时刻的估计值；n 为测站个数；$z(x_i,t)$ 为第 i 站点的 t 时刻的观测值；$d(x_i)$ 为 x_i 点的海拔高度；$\overline{d}$ 为海拔的全局平均值；$\overline{Z}$ 为降雨量的全局平均值；γ_i 和 λ_i 为权重系数。

Jaya 等[22]证明在降雨插值计算中协同克里金法使用指数变异系数插值效果最好，所以本节在协同克里金法中使用指数变异函数。本节使用 ArcGIS 构建空间插值模型，在 ArcGIS 中导入所选择的测站点的坐标和数据集，选择协同克里金法和指数函数进行拟合，最终可得到预测值。

本节构建基于时空一致性的离散型水文数据质量控制方法，先从空间特性和空间尺度上的时序相似性出发构建时空相似权重拓扑图，选择相似权重大的周边测站来进行数据插值，根据季节性变化动态调整权重系数。然后使用加入高程信息作为影响因素的时空协同克里金模型，对降雨量进行空间插值。模型提供短期缺测数据的填补值和进行检测所需的置信区间，以及异常数据的替换建议值。

空间插值法构建模型的最终形式是为区域周边测站赋予一个权重值，属于线性插值方法。本章使用周边测站雨量数据配合坐标、地形等来建立空间预测插值模型，但针对雨量数据的突变性强、不确定性大的特点，检测出来的可疑数据需人工干预来进一步核查与确认。

12.3 应用实例

12.3.1 连续型数据质量控制实验

(1) 实验数据集

选取 2004 年到 2008 年期间江西省鄱阳湖赣江水系的外洲水文站和石上水文站(测站的地理位置如图 12.3-1 所示)整编后的部分时段小时流量数据进行实验，其中 60%的数据用于训练，20%的数据用于验证，20%的数据用于测试和调整置信区间。

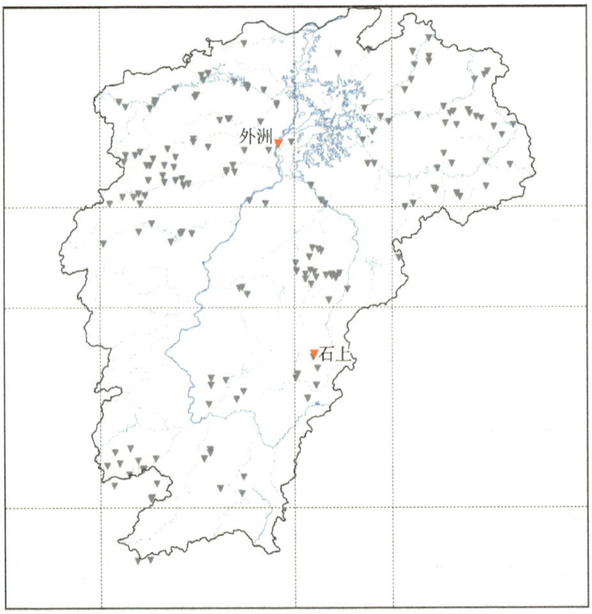

图 12.3-1 外洲站与石上站的地理位置

(2) 对比模型与参数设置

实验中的对比模型采用支持向量机回归模型(SVR)，长短期记忆网络模型(LSTM)，改进的长短记忆网络模型(PT-LSTM)，在线组合预测模型(OCPT-LSTM)。

支持向量机(SVM)对模型结构进行分析，寻找风险最小和效果最优结构，构建最优分类超平面，这样超平面可以最大化超平面和不同类型样本集之间的距离，同时可以保证分类的精度。支持向量回归机(SVR)是支持向量机的变种模型,用来处理回归任务,进行预测计算。SVR 在训练集中刻画待预测向量与支持向量之间的非线性关系,以预测测试集的待预测向量。长短期记忆网络(LSTM)在第二章中已有详细描述。周期时态预测控制模型(PT-LSTM),在线优化组合控制模型(OCPT-LSTM)为本章所提模型,本章已有详细描述。

实验环境:操作系统 Windows 10,处理器 Inter i7-9700,2.4 GHz,内存 32 GB,GPU 为 GTX 1050Ti。

训练参数根据实验调试,最优超参配置如下:支持向量机模型的惩罚系数为 0.3,核函数为径向基核函数,参数 g 为 0.05。长短期记忆网络的神经元层数为 2,隐节点数为 50,学习因子 lr 的取值为 0.004,批处理大小 $size$ 为 64,迭代次数 t 为 50。改进的长短期记忆网络中周期为 24,神经元层数为 2,隐藏节点数为 150,学习速率 lr 为 0.001,批处理大小 $size$ 为 64,迭代次数 t 为 50。在线组合预测模型的基模型隐含层节点数的范围为 150,学习因子 lr 为 0.005,批处理大小 $size$ 为 64,模型种群规模 NP 设置为 20,维度 D 设置为 30,最大变异因子 F_{max} 为 0.6,最小变异因子 F_{min} 为 0.2,交叉概率 CR 为 0.5,最大迭代次数 T 为 30。

(3) 实验对比与结果分析

本实验对外洲站与石上站的数据分别进行质量控制。外洲站的训练数据采用整编后的干净水文数据,测试数据仍为整编后的数据。外洲站实验目的是检测模型精度,对各模型预测结果进行对比。除此之外,该实验还可以检查预测控制模型的置信区间可用性,以此来观察实测的真实数据是否在预测控制模型的置信区间之内,置信区间是否能较好地包含住实测真实数据。石上站的训练数据采用整编后的干净水文数据,测试数据为未整编的水文数据,以此来检测预测控制模型是否能够有效检测出异常的数据。

首先,实验对外洲站流量进行预测,预测结果如图 12.3-2 所示。从图中可以看出 SVM 模型起伏变化大,抖动剧烈。LSTM 模型相比于 SVM 模型的表现提高了许多,但仍然存在峰值上不去,预测线不够拟合的问题。PT-LSTM 在 LSTM 的表现上提高了一些,峰值的拟合部分大多数都可以达到一个还算不错的效果,且用这样的预测结果构建的置信区间已经可以将真实值完全包裹进去。OCPT-LSTM 模型在 PT-LSTM 的基础上进行了组合参数优化,预测得更加精确,在峰涨峰落的时候拟合得更好。具体的预测结果评价指标见表 12.3-1。

表 12.3-1 是不同模型的预测结果评价指标对比图。从表中可以看出,SVM 模型的效果最差,确定性系数低,均方根误差高,且峰值的最大误差较其他模型都大很多。LSTM 模型作为改进的递归神经网络模型,准确度相比 SVM 模型提高很多,均方根误差减小,最大误差减小。PT-LSTM 模型与 OCPT-LSTM 模型都是基于基础 LSTM 模型进行层层改进的,所以效果都比 LSTM 模型要好一些。其中,OCPT-LSTM 模型的效果最好,误差最小,预测也更为准确。因为 OCPT-LSTM 模型是组合优化后的 PT-LSTM 模型,虽然提高了复杂度,但也同时提高了精度。两种模型相比于其他模型,都有效提高了预测效果。

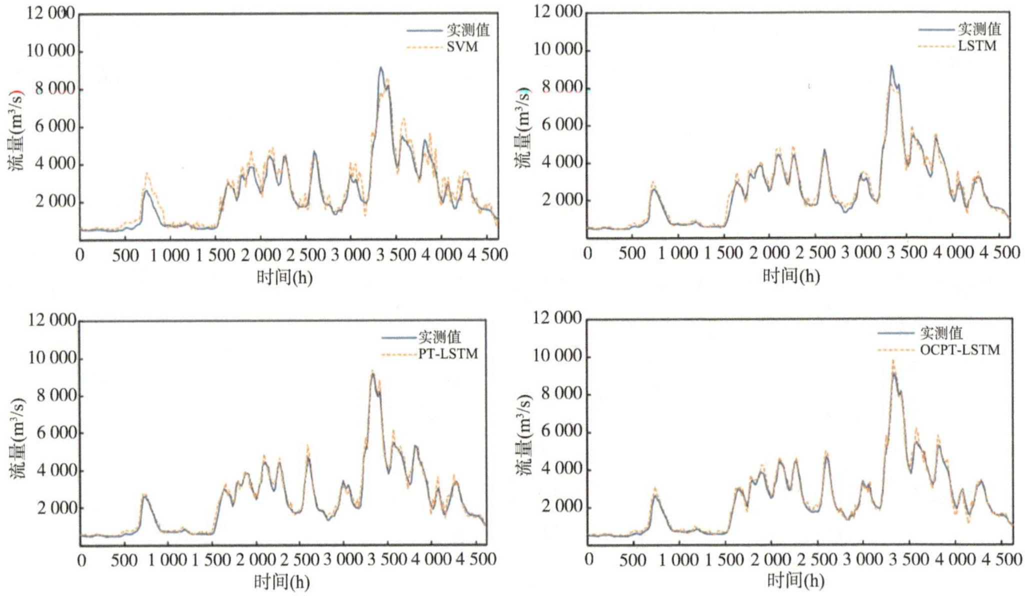

图 12.3-2　不同模型的外洲站流量预测结果对比图

表 12.3-1　不同模型的外洲站预测结果评价指标对比表

对比模型	确定性系数(R^2)	均方根误差(*RMSE*)	最大误差(*ME*)
SVM	0.940	213.12	1 370
LSTM	0.974	106.85	1 000
PT-LSTM	0.981	98.23	771
OCPT-LSTM	0.989	87.11	675

下面构建预测控制模型的置信区间,置信区间构建结果如下。其中,图 12.3-3 是 PT-LSTM 的置信区间,图 12.3-4 是 OCPT-LSTM 的置信区间。

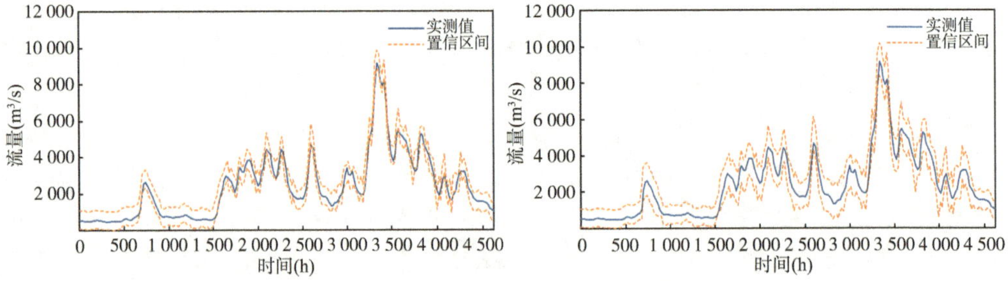

(a) 普通置信区间　　　(b) 调整后的置信区间

图 12.3-3　PT-LSTM 模型调整前后的置信区间

其中,图 12.3-3(a)为 PT-LSTM 的普通置信区间,即置信区间的系数一致。可以看出，在流量急涨急落的情况下，实测值容易在置信区间之外，置信区间控制容易出现偏差。因此，对流量变化较大的部分动态调整置信区间，如图 12.3-3(b)所示。图中调整后的置信区间可以轻易包裹住实测值。在此置信区间之间的数据即为可疑数据，需要检查是否需要替换。

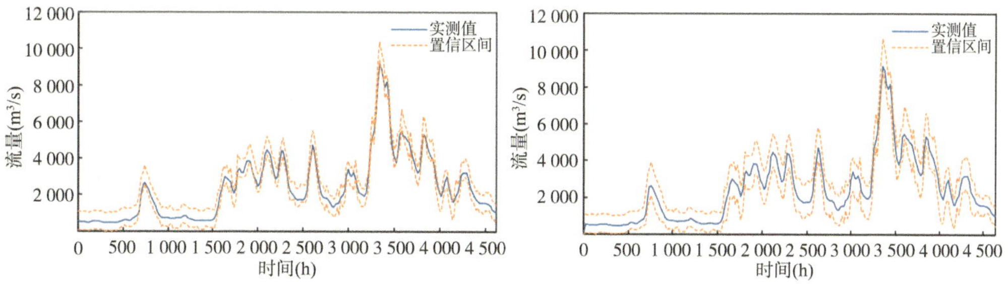

(a) 普通置信区间　　(b) 调整后的置信区间

图 12.3-4　OCPT-LSTM 模型调整前后的置信区间

图 12.3-3、图 12.3-4 中的两张图一张为普通置信区间，另一张为调整后的置信区间。图 12.3-4(a)为 OCPT-LSTM 的普通置信区间，从中可以看出同样在流量变化幅度大的情况下，实测值容易暴露在置信区间之外，置信区间控制容易出现偏差。因此，同样对该部分调整置信区间，如图 12.3-4(b)所示。图中实测值全部在调整后的置信区间之内，而在此置信区间之间的数据即为可疑数据，需要检查是否需要替换。OCPT-LSTM 模型在建立后，每隔一段时间需要对其进行更新和最差基模型的替换，保证模型的时效性。

PT-LSTM 和 OCPT-LSTM 两种模型的置信区间均能对数据进行有效的预测控制。其中，OCPT-LSTM 的预测精度更高，更能提供一个较好的代替值，且 OCPT-LSTM 可以将实时数据放进去，进行实时优化。而 PT-LSTM 网络在预测精度较好的前提下更为简单高效。它们的置信区间都能较好地包裹住整编好的实测数据，从而都能检测出可疑数据。

12.3.2　离散型数据质量控制实验

(1) 实验数据集

实验选择江西雨量测站 2007 年未整编的摘录雨量数据进行插值和置信区间构建。江西省雨量测站站点分布如图 12.3-5 所示。

先对周围的站统计 5 年间每个测站的月雨量总和，并利用皮尔逊相关系数计算所有测站之间的相关性。选取与棠阴测站相关系数大于 60%的其他测站作为候选测站，共 27 个站点(图 12.3-6)。

考虑到降雨与高程和距离都有一定的关系，对这 27 个测站进行二次选择，表 12.3-2 是站点之间具体的相关系数、距离、海拔和高差。

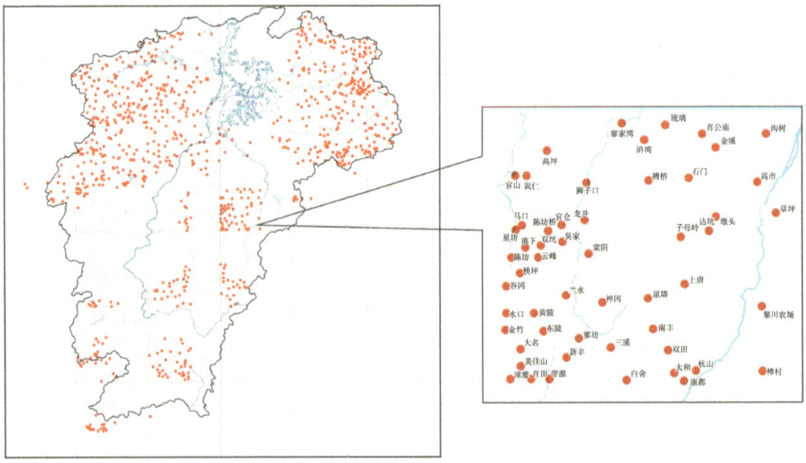

图 12.3-5　江西省雨量站点示意图

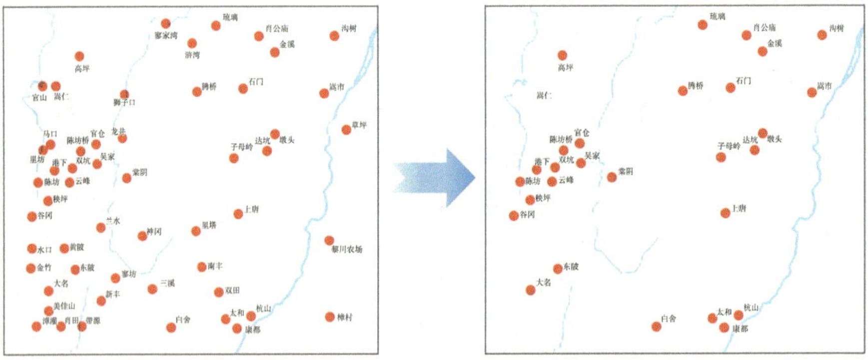

图 12.3-6　相关系数较大的雨量站点图

表 12.3-2　候选测站相关数据统计表

测站名称	大名	东陂	云峰	吴家	陈坊桥	港下	腾桥	双坑	康都	秧坪	高坪	嵩市	石门	墩头
相关系数	0.86	0.82	0.81	0.78	0.70	0.77	0.77	0.76	0.74	0.73	0.73	0.72	0.70	0.71
距离(km)	24.6	19.6	6.9	6.7	8.3	8.9	19.9	7.3	33.7	10.1	29.6	31.1	24.3	18.8
海拔(m)	45	210	220	212	43	150	71	274	160	678	47	169	72	205
高差(m)	−119	46	56	48	−121	−14	−93	110	−4	514	−117	5	−92	41
测站名称	琉璃	上唐	官仓	金溪	肖公庙	达坑	沟树	白舍	太和	陈坊	杭山	谷冈	子母岭	
相关系数	0.68	0.66	0.65	0.65	0.64	0.63	0.63	0.63	0.62	0.71	0.78	0.70	0.71	
距离(km)	34.6	14.6	8.1	33.4	35.1	19.3	41.4	31.4	31.5	10.6	30.9	13.1	17.7	
海拔(m)	63	82	296	60	60	286	310	97	640	143	179	203	242	
高差(m)	−101	−82	132	−104	−104	122	146	−67	476	−21	15	39	78	

由表 12.3-2 看出，候选测站的水平距离在 50 km 以内，除秧坪和太和之外，其他高差均在 200 m 之内，雨量数据之间的相关性与水平距离、高差还是相关的。如双坑虽然与棠阴高差相差大，但是水平距离近，所以相关系数比较高；康都与棠阴之间虽然水平距离远，但是高差只有 4 m，所以相关系数也比较高。但也有特例，如大名与棠阴的水平距离为 24.6 km，高差为 119 m，都很大，但与棠阴雨量测站的相关性最高，这有可能是测站周边区域的地形等因素造成的。在这 27 个测站中，除去相关系数最弱且高差极大的太和测站和高差很大的秧坪测站，剩下的 25 个测站建立拓扑结构。

(2) 参数设置与对比模型

实验采用反距离权重法(Inverse Distance Weighting, IDW)，根据降雨时空拓扑权重图改进的反距离权重法、样条函数法(Spline Function Method)，降雨时空拓扑权重图改进的样条函数法、克里金法，降雨时空拓扑权重图改进的克里金法和加入高程因素的时空协同克里金法进行对比分析，所述基础方法在 12.2 章节的空间插值方法中已有具体介绍，这里不再细述。

ArcGIS 中的插值模型参数设置如下：反距离权重法和改进反距离权重法的距离的幂数为 2，克里金法和改进克里金法的变异函数模型选择幂变换模型，样条函数法和改进样条函数法的样条函数为规则样条函数，指数为 0.1，时空协同克里金法的变异函数模型选择指数变异函数模型。

本节使用 ArcGIS 构建空间插值模型，在 ArcGIS 中导入所选择的测站点的坐标和数据集，选择插值方法和相应的变异函数或者参数进行拟合，最终可得到预测值。

(3) 实验对比与结果分析

实验对 2006 年 4 月 1 日到 4 月 30 日这一个月进行插值效果对比分析。这个月的降雨数据既有小范围的急涨急落，也有比较平缓的时候，能够较为全面地观测到各插值法的效果对比，实验结果如表 12.3-3 所示。

表 12.3-3 空间插值法各指标对比表

插值模型	最大误差(ME)	均方根误差($RMSE$)	确定性系数(R^2)
反距离权重法	14.02	6.34	0.887
改进的反距离权重法	12.34	4.47	0.923
克里金法	14.35	5.59	0.926
改进的克里金法	13.35	4.12	0.932
样条函数法	12.30	8.47	0.854
改进的样条函数法	12.36	7.52	0.882
时空协同克里金法	12.00	3.68	0.954

从表 12.3-3 中看出，三种利用相关系数较大的测站构建的空间插值模型得到的误差比原始空间插值法要有所提升，其中反距离权重法提升最为明显，可能是因为反距离权重法本身就依赖于样本点的布局，而实验选用了一定距离内相关系数较大的测站来构建模

型，提高了反距离权重法的准确度。除此之外，改进后的空间插值法在整体的误差和准确度上都有一些提升。说明以本节建立的拓扑结构找到相关系数大的周边测站来构建空间插值模型是有效的，能够提高空间插值预测精度。其中本节提出的时空协同克里金法最大误差较小，均方根误差最小，确定性系数最大。

对棠阴站 2006 年部分小时降雨数据进行时空协同克里金插值法插值预测。再对其构建置信区间并进行调整。由于降雨数据是离散数据，可能会出现不降雨的情况，此时降雨值为 0，所以采用直方图进行表示，结果如图 12.3-7 所示。

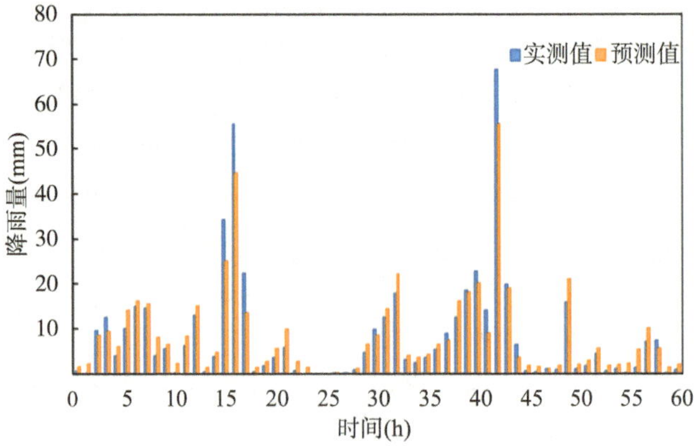

图 12.3-7　时空协同克里金法插值效果

其中，蓝色柱状是整编后的实测值，橙色柱状是插值后的估计值，接着构建置信区间，置信区间构建结果如图 12.3-8 所示。

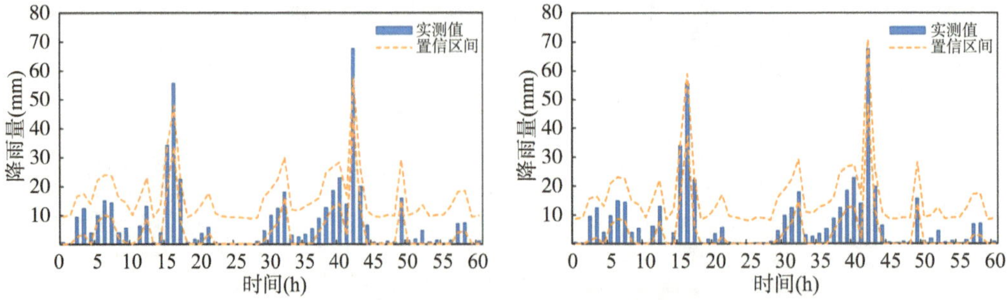

图 12.3-8　时空协同克里金法调整前后的置信区间

图 12.3-8 是时空协同克里金构建的置信区间，其中第一张图为构建的普通置信区间，从中可以看出在雨量变化差别较大的情况下，实测值极容易落在置信区间之外，尤其是在极端天气下，置信区间控制容易出现偏差。因此，与连续型水文数据控制相比，离散型数据空间插值模型需要更大的置信区间，否则正确的数据会被当作异常数据。对降雨量变化较大的部分调整置信区间如第二张图所示。图中调整后的置信区间可以轻易包裹住实测值。在此置信区间之间的数据即为可疑数据，需要检查是否需要替换。

12.4　小结

本章针对不同数据类型设计了不同的数据质量控制方法。除了基本的数据检查外，本章结合预测控制的思想，从时空一致性出发对不同类型的水文数据分别建立控制模型。对于具有时间连续性和周期性的水文数据，从时序特征和时间尺度上的空间邻近性出发构建单一预测控制模型 PT-LSTM；在 PT-LSTM 模型的基础上，从实时性角度建立在线优化组合控制模型 OCPT-LSTM，进行实时的滚动优化和反馈矫正。对于时间连续性差、空间分布离散的离散型水文数据，从空间特性和空间尺度上的时序相似性出发，建立降雨时空相似权重拓扑图，再结合季节性变化动态调整拓扑结构，最后提出基于高程的时空协同克里金法建立空间插值预测模型对数据进行质量控制。实验结果表明，本章提出的基于时空一致性的数据质量控制方法可以降低人工依赖性，提供缺失填补值，有效检测出可疑数据并提供建议值，为水文数据分析工作提供良好的数据支持。

参考文献

[1] 丁小欧，王宏志，张笑影，等. 数据质量多种性质的关联关系研究[J]. 软件学报，2016，27(7)：1626-1644.

[2] JULIUSZ L K. Data quality assessment: problems and methods[J]. International Journal of Organizational and Collective Intelligence (IJOCI), 2014, 4(1): 24-36.

[3] REYNOLDS M W, BOURKE A, DREYER N A. Considerations when evaluating real-world data quality in the context of fitness for purpose[J]. Pharmacoepidemiology and Drug Safety, 2020, 29(10): 1316-1318.

[4] SCIUTO G, BONACCORSO B, CANCELLIERE A, et al. Probabilistic quality control of daily temperature data[J]. International Journal of Climatology, 2013, 33(5): 1211-1227.

[5] STEINACKER R, MAYER D, STEINER A. Data quality control based on self-consistency[J]. Monthly Weather Review, 2011, 139(12): 3974-3991.

[6] SCIUTO G, BONACCORSO B, CANCELLIERE A, et al. Quality control of daily rainfall data with neural networks[J]. Journal of Hydrology, 2009, 364(1-2): 13-22.

[7] ABBOT J, MAROHASY J. Application of artificial neural networks to rainfall forecasting in Queensland, Australia[J]. Advances in Atmospheric Sciences, 2012, 29(4): 717-730.

[8] 付芳婧，罗曦. 水文数据入库质量控制方法研究[J]. 水利信息化，2012(5)：12-15+19.

[9] 余宇峰，万定生. Benford 法则在水文数据质量挖掘中的应用研究[J]. 微电子学与计算机，2011(8)：180-183+186.

[10] 余宇峰，张建新，朱跃龙，等. 水文数据库数据质量控制与管理应用研究[J]. 水文，2013(3)：65-68.

[11] 汤丹丹，程习锋，万定生，等. 连续型水文数据质量控制方法研究与应用[J]. 信息技术，2017(4)：8-12+16.

[12] ZHAO Q, ZHU Y, WAN D, et al. Research on the data-driven quality control method of hydrological time series data[J]. Water, 2018, 10(12): 1712.

[13] YU Y, WAN D, ZHAO Q, et al. Detecting pattern anomalies in hydrological time series with weighted probabilistic suffix trees[J]. Water, 2020, 12(5): 1464.

[14] HALEPOVIC E , WILLIAMSON C , GHADERI M . DYNABYTE: A dynamic sampling algorithm for redundant content detection[C]. International Conference on Computer Communications & Networks. IEEE, 2011:1-8.

[15] 韩京宇，徐立臻，董逸生. 数据质量研究综述[J]. 计算机科学，2008，35(2):1-5.

[16] 张亚萍，胡学钢，方振国，等. 数据缺失条件下的贝叶斯优化算法[J]. 计算机工程与应用，2012，48(11):111-114.

[17] CHAO L, LIU G, HAO Z, et al. Multidimensional seismic data reconstruction using frequency-domain adaptive prediction-error filter[J]. IEEE Transactions on Geoscience & Remote Sensing, 2018, 56(4):2328-2336.

[18] BOSE S , DAS C , DUTTA S , et al. A novel interpolation based missing value estimation method to predict missing values in microarray gene expression data[C]. International Conference on Communications. IEEE, 2013.

[19] 王智慧，许俭，汪卫，等. 一种基于聚类的数据匿名方法[J]. 软件学报，2010，21(4):680-693.

[20] 张立清，张洪卫. 自动气象站观测数据异常的检查方法[J]. 气象水文海洋仪器，2010，27(3):125-127.

[21] FAN W . Data quality: From theory to practice[J]. Acm Sigmod Record, 2015, 44(3):7-18.

[22] JAYA I, RUCHJANA B, ABDULLAH A, et al. Comparison of IDW and GP models with application to spatiotemporal interpolation of rainfall in Bali Province, Indonesia[J]. Journal of Physics: Conference Series, 2021, 1722(1): 1-9.

第13章

基于时空特征的智能学习方法

13.1 概述

水文预测是根据前期的水文气象资料，对未来一定时期内的水文信息进行预测。为防洪救灾决策提供依据，对水资源的合理利用具有重要意义。因此，及时有效的预测水文事件对水文工作者的决策具有重要意义。现有的水文预报模型主要分为基于物理过程的水文模型和基于数据驱动的水文模型。物理模型以水文现象的物理概念、经验公式和物理过程为基础，预测特定河流的水文事件[1-3]。但这类模型可能需要大量的水文参数，不易适用于其他流域。具体而言，由于不同盆地的物理过程参数差异很大，物理模型的参数结构甚至可能需要进行重大修改。为了提高水文预测模型的普适性，基于数据驱动的水文预测模型[4]应运而生。然而，目前水文数据挖掘模型还存在一些问题：

(1) 数据质量依赖性强。水文数据挖掘方法对数据质量要求高，通常基于平稳且无异常的数据进行挖掘时效果更好。海量多源数据使得数据的价值密度变低，在此基础上，质量不好的数据集会对水文数据挖掘结果有着较大影响。

(2) 模型可解释性差。水文数据挖掘方法基于机器学习、深度学习等黑盒模型，不考虑水文现象具体的物理成因，可解释性弱，无法将训练数据与预测结果变成可理解的因果关系。

(3) 模型精准性仍需提高。水文预测对洪水预报、防汛抗旱有着重要作用。近年来气候多变，极端降水事件频发，洪涝灾害愈加频繁，水文预测精度的不断提高和水文预测预见期的不断延长对水文工作的决策有着重要意义，是水文工作的长期目标。

目前水文预测工作大多侧重于模拟特定流域的内在物理过程或者挖掘某一流域的时间特征规律，忽略了河流之间的地理联系[5-10]。本章基于时空特征提出了一种新的智能学习方法：先建立三个水文关系图，分别为空间距离关系图、地理属性距离图和时序相关系数图；再将这些图融合为一个水文时空网络拓扑图，利用图卷积网络(Graph Convolutional Network, GCN)学习空间特征表示，门控循环单元(Gate Recurrent Unit, GRU)捕获水文时态特征；最后利用注意力机制来构建权重矩阵并对输出进行整合优化。实验表明，基于时空特征的水文智能学习方法比普通水文数据驱动模型效果更好且可解释性更强。

13.2　基于时空特征的水文智能学习方法

13.2.1　时空特征融合

在水文学中，水文过程与地理位置和空间特征有很大关系，因此掌握河流之间的空间依赖性很重要。河流之间的空间关系提供了重要的信息，并具有很大的潜力来提高水文预报性能。本章节将建立水文时空网络拓扑图，用以挖掘空间特征。

水文网络拓扑的生成是训练图卷积网络模型的第一步，也是最重要的一步。如果生成的水文拓扑图不能很好地反映节点之间的关系，则该模型将无法有效地挖掘所需要的信息。以下是一些基本定义：

定义 13.1：水文拓扑图：水文拓扑图用 G_h 来表示，其节点为测站，边为测站之间的地理关系。$G_h=(V_h, E_h)$ 是水文网络的拓扑结构，其中 V_h 是水文站点，$V_h=\{v_1, v_2, \cdots, v_N\}$，$N$ 是水文站点的数量，E 是边，边的权重代表站点之间相关关系的强度。

定义 13.2：特征矩阵：特征矩阵用 $\boldsymbol{X}$ 来表示，每个水文站的历史径流量和流域内面降雨量将用作网络中节点的属性，表示为 $\boldsymbol{X}\in\boldsymbol{R}^{N\times P}$，其中，$P$ 表示节点属性的数量，$\boldsymbol{X}_t\in\boldsymbol{R}^{N\times i}$ 用于表示在 i 时刻每个站点的水文信息。

定义 13.3：邻接矩阵：邻接矩阵用 $\boldsymbol{A}$ 来表示，是表示顶点之间相邻关系的矩阵，也就是图结构上边的数据。

本节构建三个不同的图来显示水文站之间的关系，最后将图融合在一起形成水文时空网络拓扑图。

(1) 空间距离关系图

河网空间关系是通过河流之间的距离关系来进行衡量的，河网是交错纵横的河道所构成的水系。河道距离(Hydraulic Distance)是目标流域到它的上游流域之间的河流长度，有河道距离的两条河流是上下游关系。然而如果两条河流河道距离过远，即便是上下游关系，相互之间的影响也不大。因此依据空间邻近性，先计算欧氏距离(Euclidean Distance)，对于欧氏距离在一定范围内的河流记录河道距离。

①计算欧氏距离

欧氏距离是指两个点之间的真实距离，在这里就是指两个站点之间的水平距离。欧氏距离公式如下：

$$de_{i,j}=2R\cdot a\tan 2(\sqrt{a}, \sqrt{1-a}) \tag{13.2-1}$$

其中，R 为地球半径；$a\tan 2(x, y)$ 是一个函数，用于返回指定的 x 和 y 坐标值反正切值。

a 的计算公式如下：

$$a=\sin^2\left(\frac{\Delta\theta}{2}\right)+\cos\alpha_i\cdot\cos\alpha_j\cdot\sin^2\left(\frac{\Delta\alpha}{2}\right) \tag{13.2-2}$$

其中，$\Delta\theta$ 是两个地理位置的纬度差；α_i 和 α_j 是两个地理位置的经度；Δa 是经度差。这里的角度必须以弧度为单位，而不是以数字纬度或经度为单位。欧氏距离矩阵公式如下：

$$\boldsymbol{D}_E = \begin{bmatrix} de_{1,1} & de_{1,2} & \cdots & de_{1,k} & \cdots & de_{1,n} \\ de_{2,1} & de_{2,2} & \cdots & de_{2,k} & \cdots & de_{2,n} \\ \vdots & \vdots & \vdots & \vdots & \vdots & \vdots \\ de_{m,1} & de_{m,2} & \cdots & de_{m,k} & \cdots & de_{m,n} \\ de_{n,1} & de_{n,2} & \cdots & de_{n,k} & \cdots & de_{n,n} \end{bmatrix} \tag{13.2-3}$$

其中，$de_{m,k}$ 代表站点 m 和站点 k 之间的水平距离，当 $m=k$ 时，距离为 0。

②计算河道距离

这里使用纬度和经度来计算上游和下游关系以及河道的距离。河道距离是根据 DEM 估算的，当每个网格中的水以最陡的坡度流向其相邻网格时，就可以找到水从任何点到海洋或者从研究区域流出的流动路径。如果上游的水流经过下游的水流，则河道距离是两个流域之间的流路长度。如图 13.2-1 所示，A 和 B 之间的黑线即为河道距离 $dh_{a,b}$，它们与 C 的河道距离为 0。河道距离公式如下：

$$dh_{a,b} = \sum l_{a \to b} \tag{13.2-4}$$

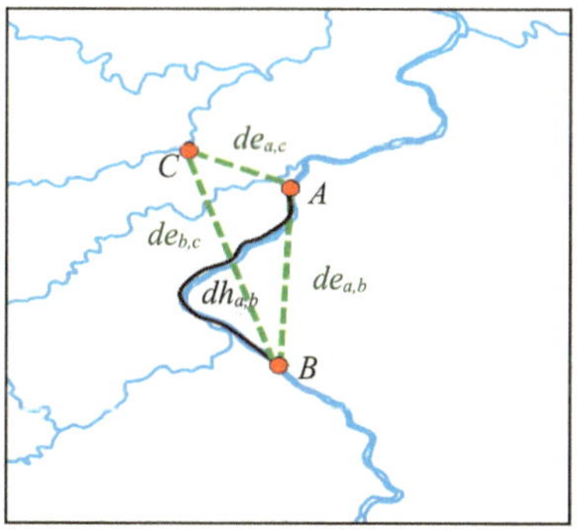

图 13.2-1　空间距离关系示意图

河道流向采用 D8 法，即水流流向四周八个网格中高程相差最大的网格方向。本章采用的基础数据为 HydroSHEDS 流向数据，空间分辨率为 1 km。$dh_{a,b}$ 是具有方向性的，$dh_{a,b} = -dh_{b,a}$。河道距离的矩阵公式定义如下：

$$\boldsymbol{D}_H = \begin{bmatrix} dh_{1,1} & dh_{1,2} & \cdots & dh_{1,k} & \cdots & dh_{1,n} \\ dh_{2,1} & dh_{2,2} & \cdots & dh_{2,k} & \cdots & dh_{2,n} \\ \vdots & \vdots & \vdots & \vdots & \vdots & \vdots \\ dh_{m,1} & dh_{m,2} & \cdots & dh_{m,k} & \cdots & dh_{m,n} \\ dh_{n,1} & dh_{n,2} & \cdots & dh_{n,k} & \cdots & dh_{n,n} \end{bmatrix} \tag{13.2-5}$$

其中，$dh_{m,k}$ 代表站点 m 和站点 k 之间的河道距离，当 $m=k$ 时，距离为 0。

如图 13.2-1 所示，其中 A 点，B 点与 C 点之间的欧氏距离分别是 $de_{a,b}$，$de_{b,c}$，$de_{a,c}$；A 和 B 之间的河道距离为 $dh_{a,b}$，A 点与 C 点没有河道距离。因此，A 点与 C 点没有距离关联；A 点与 B 点的关联取决于 $de_{a,b}$ 的值是否在规定范围内。

空间关系距离图矩阵定义如下：

$$\boldsymbol{D}_s = \begin{bmatrix} ds_{1,1} & ds_{1,2} & \cdots & ds_{1,k} & \cdots & ds_{1,n} \\ ds_{2,1} & ds_{2,2} & \cdots & ds_{2,k} & \cdots & ds_{2,n} \\ \vdots & \vdots & \vdots & \vdots & \vdots & \vdots \\ ds_{m,1} & ds_{m,2} & \cdots & ds_{m,k} & \cdots & ds_{m,n} \\ ds_{n,1} & ds_{n,2} & \cdots & ds_{n,k} & \cdots & ds_{n,n} \end{bmatrix} \tag{13.2-6}$$

其中，$ds_{m,k}=dh_{m,k}$，当 $de_{m,k}$ 超过设定值时，$ds_{m,k}=0$。

空间关系距离图邻接公式定义如下：

$$\boldsymbol{A}_s = \begin{bmatrix} 1 & s_{1,2} & \cdots & s_{1,k} & \cdots & s_{1,n} \\ s_{2,1} & 1 & \cdots & s_{2,k} & \cdots & s_{2,n} \\ \vdots & \vdots & \vdots & \vdots & \vdots & \vdots \\ s_{m,1} & s_{m,2} & \cdots & s_{m,k} & \cdots & s_{m,n} \\ s_{n,1} & s_{n,2} & \cdots & s_{n,k} & \cdots & 1 \end{bmatrix} \tag{13.2-7}$$

其中，$s_{m,k}=\dfrac{1}{ds_{m,k}}$；若 $ds_{m,k}$ 为 0，则该元素为 0(对分母可能为 0 的情况作特殊说明)。

(2) 地理属性距离图

地理属性是指地理要素在时空范围内所具有的属性特征。地理属性是除了时间和空间特征以外的空间现象的其他属性，如流域面积、流域长度、植被覆盖率、坡度等。地理属性距离是通过两站点之间的地理属性值的绝对差值距离或者多个属性值的加权差值距离来对站点之间的影响进行评估。公式如下：

$$dl_{a,b}=\sum_{m=1}^{n}\eta_m \left| l_a^m - l_b^m \right|, \sum_{m=1}^{n}\eta_m = 1 \tag{13.2-8}$$

其中，$dl_{a,b}$ 是 A 点和 B 点之间的属性距离；n 为样本点中的属性个数；η_m 为样本点中第 m 个属性值的加权系数；l_a^m 为 A 点中的第 m 个属性值。

地理属性距离的矩阵公式定义如下：

$$\boldsymbol{D}_L = \begin{bmatrix} dl_{1,1} & dl_{1,2} & \cdots & dl_{1,k} & \cdots & dl_{1,n} \\ dl_{2,1} & dl_{2,2} & \cdots & dl_{2,k} & \cdots & dl_{2,n} \\ \vdots & \vdots & \vdots & \vdots & \vdots & \vdots \\ dl_{m,1} & dl_{m,2} & \cdots & dl_{m,k} & \cdots & dl_{m,n} \\ dl_{n,1} & dl_{n,2} & \cdots & dl_{n,k} & \cdots & dl_{n,n} \end{bmatrix} \tag{13.2-9}$$

其中，$dl_{m,k}$ 代表站点 m 和站点 k 之间的地理距离，当 $m=k$ 时，距离为 0。

地理属性距离图邻接公式定义如下：

$$\boldsymbol{A}_L=\begin{bmatrix}1 & l_{1,2} & \cdots & l_{1,k} & \cdots & l_{1,n}\\ l_{2,1} & 1 & \cdots & l_{2,k} & \cdots & l_{2,n}\\ \vdots & \vdots & \vdots & \vdots & \vdots & \vdots\\ l_{m,1} & l_{m,2} & \cdots & l_{m,k} & \cdots & l_{m,n}\\ l_{n,1} & l_{n,2} & \cdots & l_{n,k} & \cdots & 1\end{bmatrix} \tag{13.2-10}$$

其中，$l_{m,k}=\dfrac{1}{dl_{m,k}}$；若 $dl_{m,k}$ 为 0，则该元素为 0（对分母可能为 0 的情况作特殊说明）。

(3) 时序相关系数图

如果预测小时流量，则使用粒度较大的日流量来计算相关性；如果预测日流量，则使用粒度比日流量大的月流量来计算相关性。相关系数图使用皮尔逊相关系数来计算各站点的流量相关性，建立相关系数图，邻接矩阵公式如下：

$$\boldsymbol{A}_C=\begin{bmatrix}1 & c_{1,2} & \cdots & c_{1,k} & \cdots & c_{1,n}\\ c_{2,1} & 1 & \cdots & c_{2,k} & \cdots & c_{2,n}\\ \vdots & \vdots & \vdots & \vdots & \vdots & \vdots\\ c_{m,1} & c_{m,2} & \cdots & c_{m,k} & \cdots & c_{m,n}\\ c_{n,1} & c_{n,2} & \cdots & c_{n,k} & \cdots & 1\end{bmatrix} \tag{13.2-11}$$

其中，$c_{m,k}$ 是站点 m 和站点 k 之间的相关系数。

(4) 水文时空网络拓扑图

为了构建一个更为丰富的水文网络拓扑结构，供以挖掘丰富的空间特征，本节在根据各种关系生成各种水文关系图之后，将这些图融合在一起，通过对水文关系图的邻接矩阵进行加权求和得到水文时空网络拓扑图。

先对所有邻接矩阵进行归一化：$\boldsymbol{A}'=\boldsymbol{D}^{-1}\boldsymbol{A}$，其中，$\boldsymbol{D}$ 为 $\boldsymbol{A}$ 的度矩阵，$\boldsymbol{D}=\sum_j \boldsymbol{A}_{i,j}$。

再进行融合操作，将多张水文关系图融合成一张水文时空网络拓扑图：

$$\boldsymbol{A}_G=\sum_{i=1}^{N} w_i \cdot \boldsymbol{A}'_i \tag{13.2-12}$$

其中，$1\leqslant i\leqslant N$，w_i 为权重，· 是点乘操作，代表权重与矩阵 $\boldsymbol{A}$ 中每个对应点进行点乘运算。

水文时空网络拓扑图的邻接矩阵元素公式如下：

$$a_{m,k}=\begin{cases}0, & m=k\\ w_1\cdot s'_{m,k}+w_2\cdot l'_{m,k}+w_3\cdot c'_{m,k}, & m\neq k\end{cases} \tag{13.2-13}$$

其中，$a_{m,k}$ 是邻接矩阵中第 m 行，第 k 列的元素；$s'_{m,k}$ 是归一化后的空间关系距离图的邻接矩阵中的元素；$l'_{m,k}$ 是归一化后的地理属性图的邻接矩阵中的元素；$c'_{m,k}$ 是归一化后的相关系数图的邻接矩阵中的元素。

尽管水文时空网络拓扑图定义的理论复杂度比单一拓扑结构高，但其更好地保持了流域的相关信息，引入了河道距离等先验知识，可以有效提高挖掘模型的精准性和可解释性。

13.2.2 时空特征挖掘

(1) 挖掘空间特征

研究对象在空间中的具体位置和周边情况包含了许多空间关系，各测站在拓扑结构中的位置和连接情况就是空间特征的体现。本节使用图卷积网络(GCN)[11-13]来挖掘水文拓扑结构之间的空间特征，如图 13.2-2 所示，其中输入层为三个水文关系图融合成的水文时空网络拓扑结构的相关信息。模型定义如下：

$$X^{(l+1)}=f(X^{(l)},\boldsymbol{A}) \tag{13.2-14}$$

其中，l 是层数，$X^{(l)}$ 是第一层节点的特征，$\boldsymbol{A}$ 是邻接矩阵。

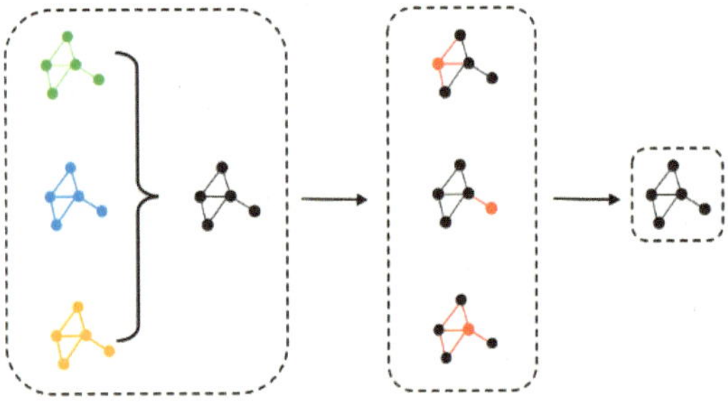

图 13.2-2　空间特征挖掘

图卷积步骤如下：

①确定样本集：样本集为各测站的流量信息、面平均雨量信息、测站之间的拓扑结构信息。其中，测站点为节点，邻接矩阵为水文时空拓扑网络结构中的元素，特征矩阵为流量信息和雨量信息。

②节点自连接：

$$\widetilde{\boldsymbol{A}}=\boldsymbol{A}+\boldsymbol{I} \tag{13.2-15}$$

其中，$\boldsymbol{I}$ 为单位矩阵，$\boldsymbol{A}$ 是邻接矩阵，让邻接矩阵和单位矩阵相加，这样对角线的元素就为1，引入自连接特征，自循环操作使得节点在卷积操作中很好地保留自身的信息。

③对邻接矩阵进行归一化：

$$\hat{\boldsymbol{A}}=\widetilde{\boldsymbol{D}}^{-1}\widetilde{\boldsymbol{A}},\hat{\boldsymbol{A}}=\widetilde{\boldsymbol{D}}^{-\frac{1}{2}}\widetilde{\boldsymbol{A}}\widetilde{\boldsymbol{D}}^{-\frac{1}{2}} \tag{13.2-16}$$

其中，$\boldsymbol{D}$ 是 $\boldsymbol{A}$ 的度矩阵，$\widetilde{\boldsymbol{D}}$ 是 $\widetilde{\boldsymbol{A}}$ 的度矩阵，$\widetilde{\boldsymbol{D}}=\sum_{j}\widetilde{\boldsymbol{A}}_{i,j}$ ，$\hat{\boldsymbol{A}}$ 是规范化后的邻接矩阵。若邻接矩阵没有归一化处理就与特征矩阵相乘，则会导致特征分布的改变，对预测结果造成

影响。

④从前一个隐藏层到后一个隐藏层，层传播公式如下：

$$f(X^{(l)},\boldsymbol{A})=\sigma(\hat{\boldsymbol{A}}\boldsymbol{X}^{(l)}\boldsymbol{W}^{(l)}) \tag{13.2-17}$$

其中，$\boldsymbol{W}$ 为权重矩阵，l 为层数。

⑤考虑将每个节点与邻接节点之间的关系进行求和，公式如下：

$$x_i^{(l+1)}=\sigma(\sum_{j\in N_i}\widetilde{\boldsymbol{D}}^{-\frac{1}{2}}\widetilde{\boldsymbol{A}}\widetilde{\boldsymbol{D}}^{-\frac{1}{2}}x_j^{(l)}\boldsymbol{W}^{(l)}+b^{(l)}) \tag{13.2-18}$$

其中，$x_i^{(l+1)}$ 是 $l+1$ 层中节点 i 的特征；$x_j^{(l)}$ 是所有邻接节点的特征层 l 中节点(包括自身)的分布；σ 是非线性变换；$\widetilde{\boldsymbol{A}}$ 是自循环的邻接矩阵；$\widetilde{\boldsymbol{D}}$ 是度，对应于 $\widetilde{\boldsymbol{A}}$；$\boldsymbol{N}_i$ 的矩阵是节点 i 的所有邻接(包括自身)；$\boldsymbol{W}^{(l)}$ 是 l 层的权重；$b^{(l)}$ 是 l 层的截距。

(2) 挖掘时间特征

水文预报的大部分数据驱动方法都基于时序特征挖掘，所以时序特征对其十分重要，如何选择一个好的模型来挖掘时序特征便成为一个亟待研究的问题。门控循环单元(GRU)改进了 LSTM 的门设计，简化了模型的计算，并且具有更快的收敛速度，改善了 LSTM 训练的耗时问题。

本节基于上一节挖掘的空间特征，并使用 GRU 进行时序特征挖掘，如图 13.2-3 所示，图卷积神经网络的输出即为门控循环单元的输入，其中，X_t° 为图卷积神经网络的输出。训练步骤如下：

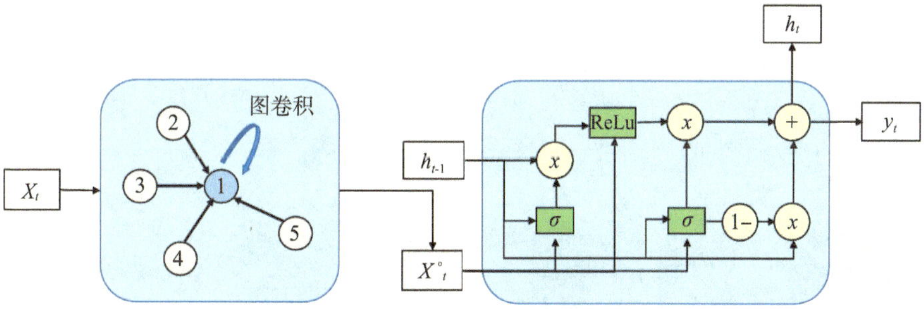

图 13.2-3　时空特征挖掘过程

①先使用 GCN 进行水文时空拓扑结构的空间挖掘，非线性变换函数选择 Relu 函数，进行图卷积操作：

$$f(\boldsymbol{X}_t,\boldsymbol{A})=\sigma(\widetilde{\boldsymbol{D}}^{-\frac{1}{2}}\widetilde{\boldsymbol{A}}\widetilde{\boldsymbol{D}}^{-\frac{1}{2}}\sigma(\widetilde{\boldsymbol{D}}^{-\frac{1}{2}}\widetilde{\boldsymbol{A}}\widetilde{\boldsymbol{D}}^{-\frac{1}{2}}\boldsymbol{X}_tW_0)W_1) \tag{13.2-19}$$

其中，$\boldsymbol{X}_t$ 是特征矩阵；$\boldsymbol{A}$ 是邻接矩阵；σ 是一个非线性变换；$\hat{\boldsymbol{A}}$ 表示自循环；$\hat{\boldsymbol{D}}$ 是与 $\hat{\boldsymbol{A}}$ 相对应的度矩阵；W_0 是第一层的权重；W_1 是第二层的权重。

②将对 GRU 网络权重进行初始化，样本集为空间特征和流量数据以及雨量数据，损失函数为均方误差函数 MSE，计算公式如下：

$$MSE=\frac{1}{n}\sum_{i=1}^{n}(y_i-Y_i)^2 \tag{13.2-20}$$

其中，y_i 为第 i 时刻的预测值；Y_i 为第 i 时刻的真实值；n 为模型输入的样本数目。

③对 GRU 隐藏层的每个单元进行前向计算：

a. 更新门构建：$z_t=\sigma_z(W_z[h_{t-1},f(X_t,A)])$ (13.2-21)

b. 重置门构建：$r_t=\sigma_r(W_r[h_{t-1},f(X_t,A)])$ (13.2-22)

c. 神经元中待定输出：$\tilde{h}_t=\tanh(W_{\tilde{h}}[r_t\odot h_{t-1},f(X_t,A)])$ (13.2-23)

d. 神经元输出：$h_t=(1-z_t)\odot h_{t-1}+z_t\odot\tilde{h}_t$ (13.2-24)

其中，σ_z 和 σ_r 是更新门和重置门的非线性变换；W_z、W_r 和 $W_{\tilde{h}}$ 是相应的权重系数；h_{t-1} 是前一时刻神经元的输出；$\odot$ 是算重置门 r_t 与 h_{t-1} 的哈达玛（Hadamard）乘积，也就是计算 r_t 与 h_{t-1} 的对应元素乘积；z_t 是更新门；r_t 是重置门；$\tilde{h}_t$ 是神经元中的待定输出；h_t 是神经元输出。

④反向计算神经元误差，梯度下降算法更新权重参数，对网络进行迭代训练。

⑤当均方误差不再下降或者满足一定条件时，迭代结束，网络训练完成。

13.2.3 时空特征优化

水文拓扑关系网是一种复杂的拓扑结构。从空间角度上，某条河流与其上下游和相邻河流都可能存在或深或浅的空间关系。从时间角度上，水文测站站点测量的当前时刻的数据与过去时间的数据都有着时间前后依赖性，会随时间的变化而变化。注意力机制可以找到对目标对象更具有影响力、更相关的时空特征，能够帮助学习水文时空方面的关系和变化，更好地挖掘水文现象之间的规律变化。本章建立注意力层[14]对上述时空特征挖掘模型的输出进行处理，如图 13.2-4 所示。

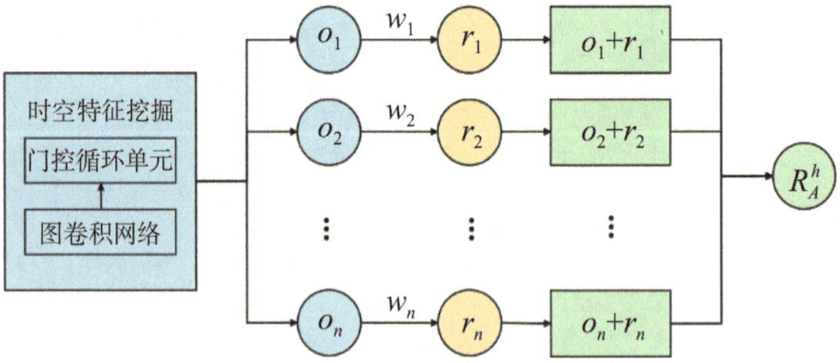

图 13.2-4 注意力机制优化图

图中，o_1、o_2 和 o_n 为经过时空挖掘的输出向量；w_1、w_2 和 w_n 为训练参数向量，也可以看作权重；r_1、r_2 和 r_n 为对应的注意力调整的特征输出；o_1+r_1、o_2+r_2 和 o_n+r_n 为注意力机制输出与经过时空挖掘之后的输出的和；R_A^h 为时空注意力特征输出。具体流程如下。

（1）对上述时空模型的输出进行处理：

$$s_i = \tan h\ (\boldsymbol{O}_i) \tag{13.2-25}$$

其中，$\boldsymbol{O}_i$ 是经过上述时空挖掘之后的输出单元 $[o_1, o_2, \cdots, o_i]$ 组成的矩阵向量，i 是输出向量的个数。

$$\alpha = soft \cdot \max(w^{\mathrm{T}} s_i) \tag{13.2-26}$$

其中，w 是训练参数向量，w^{T} 是 w 的转置。

（2）单元注意力权重特征输出：

$$r_A = \alpha^{\mathrm{T}} \boldsymbol{O}_i \tag{13.2-27}$$

其中，α^{T} 是 α 的转置。

（3）残差注意力特征输出：

$$r_A^h = r_A + \boldsymbol{O}_i \tag{13.2-28}$$

其中，r_A^h 是残差注意力连接值，是注意力机制输出与经过时空挖掘之后的输出的和，这既可以保留模型输出的时空特征，也可以增加某一单元特征的权重。

（4）水文时空注意力特征输出：

$$O_A = \tan h\ (r_A^h) \tag{13.2-29}$$

最后，通过 $\tan h$ 函数获得包含注意力机制的水文时空特征输出。

13.3　应用实例

本节将通过几组实验分析智能学习方法 ST-Hydro 模型的效率和性能。实验选择江西省的水文站作为研究站点，先构建水文站点拓扑结构，然后选择一个示范区进行水文预测，并对预测结果进行对比，对洪峰预测性能进行分析。

13.3.1　实验数据集

江西省三面环山，北边则地势低洼、容易积水。这种地形如果出现强降水，且水库调度不及时的话，极易引发洪涝灾害。实验数据采用中国江西省水文站流量数据、经纬度数据和雨量站数据。江西省水文数据库共 308 个水文站，择取仍在使用的，数据相对完整的水文站，考虑周围相关的雨量站，选取 180 个站作为研究站点，选取 1995 年到 1999 年的部分小时流量和相应的面平均雨量数据为实验数据。本节把各个水文站点作为点，输入的邻接矩阵为各个站经纬度计算出来的空间位置关系，特征矩阵为历史流量和雨量信息。实验中，我们使用 Max-Min 归一化，对输入数据进行处理，使得到的序列中每个元素的值都在

[0,1]范围内。其中,70%的数据放入模型中进行训练,剩下数据一半进行验证,一半用作测试。

13.3.2 评价指标

水文预报的一个重要作用是对可能发生的洪水提出预警,所以除了预测模型基本的确定性系数和均方根误差外,本节还按照《水文情报预报规范》(GB/T 22482—2008)中给出的洪水预报评价指标,加入采用洪峰误差指标和预报合格率指标。

洪峰误差(Flood Peak Error, PE)代表一场洪水峰现时刻流量预测中最大值与实际值中最大值的差值,其公式如下:

$$PE = Y_{max} - \hat{Y}_{max} \tag{13.3-1}$$

其中,Y_{max} 为实测值中最大的值;$\hat{Y}_{max}$ 为预测值中最大的值。

预报合格率(Qualification Rate, QR)用于计算合格预测样本占样本总数的比例。在洪水预报中,通常认为单次预报的相对误差小于等于 20%时,预报质量合格。QR 指标能够较好地反映模型的预报性能,其计算公式如下:

$$QR = \frac{m}{n} \times 100\% \tag{13.3-2}$$

其中,m 为合格预测样本的数量;n 为样本总数量。

13.3.3 水文关系矩阵建立

实验构建三种水文关系图用以挖掘空间关系:空间关系距离图,地理属性距离图,时序相关系数图。根据欧氏距离与河道距离判定空间关系距离图,欧氏距离以 100 km 为界,超过 100 km 的两个测站即使有河道距离,空间关系距离也为 0。空间关系距离矩阵见表 13.3-1。

表 13.3-1　空间关系距离矩阵

站名	麟潭	石桥	辽下	…	危坊	…	外洲	老庄	贾村
麟潭	0	0	0	…	0	…	0	0	0
石桥	0	0	0	…	43.875	…	0	64.915	166.116
辽下	0	0	0	…	0	…	0	0	26.184
…	…	…	…	…	…	…	…	…	…
危坊	0	−43.875	0	…	0	…	0	21.039	122.241
…	…	…	…	…	…	…	…	…	…
外洲	0	0	0	…	0	…	0	0	107.859

续表

站名	麟潭	石桥	辽下	…	危坊	…	外洲	老庄	贾村
老庄	0	−64.915	0	…	−21.039	…	0	0	0
贾村	0	−166.116	−26.184	…	−122.241	…	−107.859	0	0

计算地理属性距离矩阵，首先要获取各测站的地理属性。这里选取地理属性中的流域面积、流域长度、植被覆盖率、高程作为展示。除此之外，还有地形等也加入计算。对于各个地理属性进行归一化，根据不同影响程度对其进行加权组合来计算测站之间的地理属性距离，如表 13.3-2 所示。

表 13.3-2　地理属性距离矩阵

站名	麟潭	石桥	辽下	…	危坊	…	外洲	老庄	贾村
麟潭	0	0.453	0.457	…	0.379	…	0.274	0.331	0.425
石桥	0.453	0	0.344	…	0.573	…	0.527	0.122	0.028
辽下	0.457	0.344	0	…	0.678	…	0.631	0.126	0.032
…	…	…	…	…	…	…	…	…	…
危坊	0.379	0.573	0.678	…	0	…	0.353	0.049	0.045
…	…	…	…	…	…	…	…	…	…
外洲	0.274	0.527	0.631	…	0.353	…	0	0.605	0.699
老庄	0.331	0.122	0.126	…	0.049	…	0.605	0	0.094
贾村	0.425	0.028	0.032	…	0.045	…	0.699	0.094	0

地理属性因素会影响水文现象的形成。大多地理属性虽然是长年累月形成、会随着时间变化而变化的，但是在不受人类活动影响的情况下，地理属性很少出现突然的改变。因此，地理属性是相对静态的属性特性，对各个地理属性进行加权组合归一化是为了削弱较大数值差距的影响，例如流域面积、流域长度等数值。地理属性距离可以衡量出空间地理属性的相似度，距离越小的越相似，水文过程在没有外力（例如降雨、水资源调度等）施加影响的情况下会比较相似。

相关系数使用皮尔逊相关系数来计算各站点的流量相关性，这里预测的是小时流量，则使用日流量建立相关系数图。相关系数矩阵关系见表 13.3-3。

表 13.3-3　日流量相关系数关系矩阵

站名	麟潭	石桥	辽下	…	危坊	…	外洲	老庄	贾村
麟潭	1	0.157	0.113	…	0.128	…	0.143	0.124	0.102
石桥	0.157	1	0.856	…	0.883	…	0.313	0.835	0.574

续表

站名	麟潭	石桥	辽下	…	危坊	…	外洲	老庄	贾村
辽下	0.113	0.856	1	…	0.706	…	0.243	0.863	0.751
…	…	…	…	…	…	…	…	…	…
危坊	0.128	0.883	0.706	…	1	…	0.378	0.896	0.639
…	…	…	…	…	…	…	…	…	…
外洲	0.143	0.313	0.243	…	0.378	…	1	0.428	0.862
老庄	0.124	0.835	0.863	…	0.896	…	0.428	1	0.462
贾村	0.102	0.574	0.751	…	0.639	…	0.862	0.462	1

从表 13.3-3 中可以看出，空间距离和属性距离都可以导致两地流量是相关的，辽下虽然与危坊没有河道距离，但是水平距离极近，且地理属性距离也较高，所以相关程度高。而与危坊有河道空间距离的石桥和老庄的相关程度也很高。与危坊无河道关系且水平距离较远的麟潭相关程度极低。与此同时，虽然与危坊有河道距离，但是河道距离较远，水平距离也较远的外洲，流量相关程度也不是很高。

13.3.4 实验示范区数据集展示

鄱阳湖是我国最大的淡水湖，位于长江中下游地区，其所处位置的周边地理环境独特，极容易造成洪涝灾害。鄱阳湖流域内水系发达，流域面积约占江西省流域面积的 97%，对鄱阳湖流域的水文数据进行分析能够为鄱阳湖流域水文模式的发现和防洪调度提供有关技术支持。本实验选择鄱阳湖的危坊水文站作为示例。危坊水文站位于江西省九江市永修县涂家埠镇建设新村，属赣江水系，汛期流量起伏大。以前述建立的水文关系矩阵为基础，考虑具有空间关系距离和地理属性距离较近的测站，以及日流量相关性较高的测站，留下对危坊水文站具有时空影响的测站建立拓扑关系，共计 16 个测站，其他测站暂时不予考虑。这 16 个测站分别为芦溪、石桥、跳石埠、晏坊、辽下、万载、洞上、老庄、直源、白竹山、牛头山、石市、上高、贾村、挂榜山、高安。除了空间特征的选择，时序特征的选择也极为重要。通过机器学习的方法对流量做回归预测时，对时序特征进行选择有利于提高水文预测的精度。本章将危坊水文站前期的流量值以及该流域内雨量站前期降雨量选作时序特征，雨量站如图 13.3-1 所示，其中红色点为所有的雨量站点，有绿色阴影的为危坊站所在流域的雨量站点，分别为仙源、赤兴、白水、大桥、水源、烟冲、太冲、达冲、伯塘、石桥、株潭、南源头、岭东、跳石埠、潭埠、危坊、晏坊、里山、里湾这 19 个雨量站，对这些站点数据用算术平均法[15]计算面平均雨量。

由于水文预报的预见期越长越好，所以我们分别建立预见期为 3 h、4 h、5 h 和 6 h 的预测模型。根据对时序特征因子的选择，3 h 预见期模型对应的未来降雨数据为未来 3 h

中每个小时各雨量站的平均降雨量，4 h 预见期模型、5 h 预见期模型和 6 h 预见期模型以此类推。预测模型的输出分别为未来 3 h、4 h、5 h、6 h 的危坊站的流量数据。实验选取每个站 1996 年到 2000 年五年的部分时段流量数据 11 808 条，将目标站有影响的雨量站的前 6 h 面平均雨量数据，以及未来预见期内的面平均雨量作为预报因子。

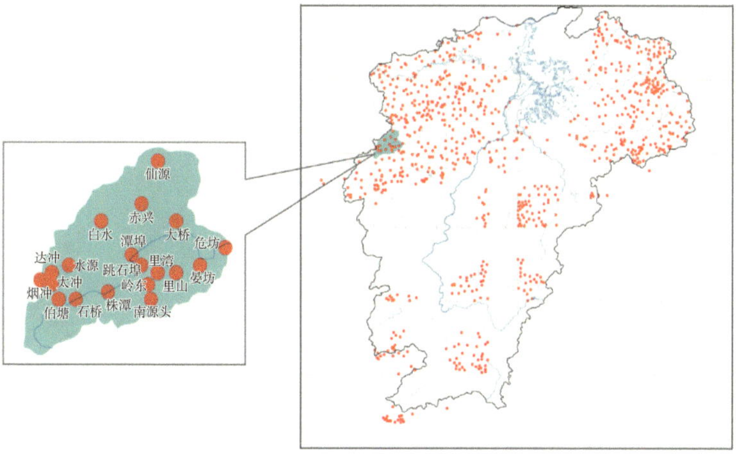

图 13.3-1　被选取的雨量站分布图

13.3.5　实验结果与对比分析

实验中的对比模型采用支持向量机回归模型(SVR)[16-18]、门控循环单元(GRU)[19-22]、组合预测模型(GCN-GRU)、基于空间位置的时空预测模型(S-Hydro)、基于时序系数的时空预测模型(T-Hydro)、基于双图融合的时空预测模型(Co-Hydro)和本节提出的时空预测模型(ST-Hydro)。ST-Hydro 模型为本节提出的模型，其他模型描述如下。

组合预测模型(GCN-GRU)：采用本节提出的多图融合水文拓扑结构进行空间挖掘的预测模型，但最后没有注意力机制的优化。

基于空间位置的时空预测模型(S-Hydro)：水文拓扑结构仅采用空间距离关系图构建，模型挖掘过程与本节提出的模型一致。

基于时序系数的时空预测模型(T-Hydro)：水文拓扑结构仅采用时序相关系数图构建，模型挖掘过程与本节提出的模型一致。

基于双图融合的时空预测模型(Co-Hydro)：水文拓扑结构采用空间距离关系图和时序相关系数图融合构建，模型挖掘过程与本节提出的模型一致。

实验环境：操作系统 Windows 10，处理器 Inter i7-9700，2.4 GHz，内存 32 GB，GPU 为 GTX 1050 Ti。

训练参数根据实验调试，最优超参配置如下：支持向量机回归模型的惩罚系数为 0.3，核函数为径向基核函数，参数 g 为 0.05。门控循环单元中隐藏节点数为 50，学习速率 lr 为 0.005，根据不同预见期取值区间为[0.001，0.005]，批处理大小 $size$ 为 32，迭代次数 t

为 50。GCN-GRU 模型和 ST-Hydro 模型中的隐藏节点数为 32，学习速率 *lr* 为 0.005，根据不同预见期取值区间为[0.001,0.005]，批处理大小 *size* 为 64，迭代次数 *t* 为 100。S-Hydro 模型，T-Hydro 模型和 Co-Hydro 模型的隐藏节点数为 32，学习速率 *lr* 分别为 0.001、0.003、0.004，批处理大小 *size* 为 64，迭代次数 *t* 为 100。

本章进行三组实验，分别对不同模型的预测结果、不同拓扑结构下的 ST-Hydro 模型预测结果和不同预见期下的 ST-Hydro 模型预测结果进行对比分析。首先对不同模型进行对比实验，结果如图 13.3-2 和表 13.3-4 所示。

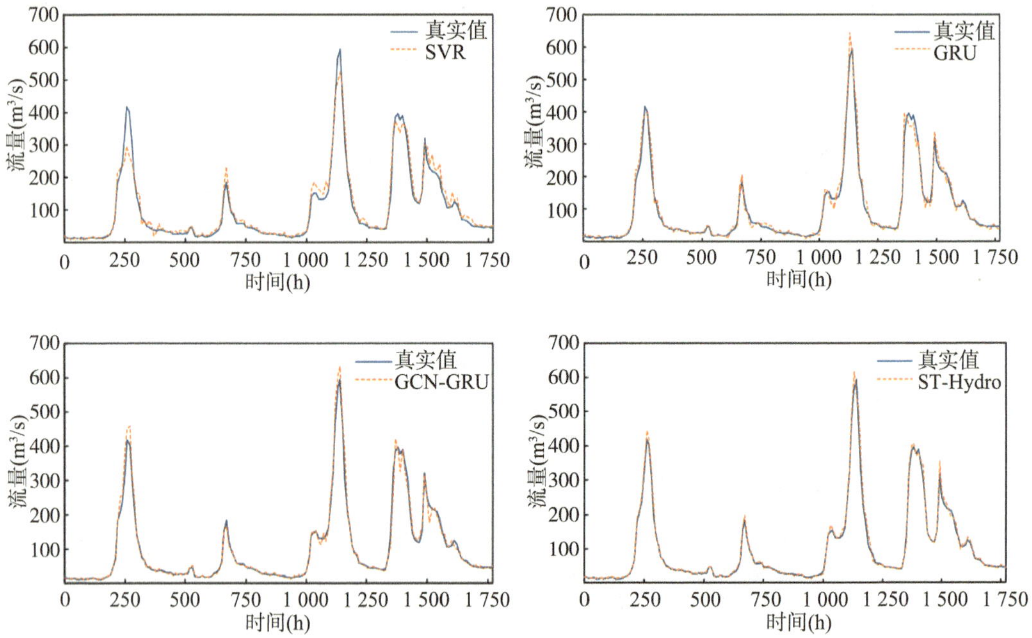

图 13.3-2　不同模型 3 h 预见期的结果对比图

图 13.3-2 为不同的预测模型在 3 h 预见期下的实验结果对比图，由图中可以看出，SVR 模型是相对最不稳定的模型，无法很好地预测峰值，且在非峰值区间也抖动较大。GRU 模型相对于 SVR 模型来说，预测结果较为平稳，峰值也预测得更加准确，且峰值能超过实际值，在洪水预报中可以起到很大的警示作用。GCN-GRU 模型和 ST-Hydro 模型则拟合地更好，相对于其他模型都更加精确；但 GCN-GRU 模型在预测峰值的时候虽然能超过峰值，但是相对于 GRU 模型的峰值预测抖动较大，可能是对于时空特征的把握还不够精准。ST-Hydro 模型效果比较稳定，甚至在峰值预测时还出现提前的现象，这可以更好地为洪水预报提供预警作用。

表 13.3-4　不同模型 3 h 预见期下的评价指标对比表

对比模型	评价指标		
	确定性系数(R^2)	均方根误差(*RMSE*)	预报合格率(*QR*)
SVR	0.921	78.53	69.6%

续表

对比模型	评价指标		
	确定性系数(R^2)	均方根误差($RMSE$)	预报合格率(QR)
GRU	0.956	54.46	87.2%
GCN-GRU	0.973	41.61	94.6%
ST-Hydro	0.988	23.34	97.1%

表 13.3-4 为不同模型 3 h 预见期下的 $RMSE$ 、R^2 和 QR，从中可以看出，SVR 效果最差，GRU 的效果相比于 SVR 模型提高了很多。加入水文拓扑结构和 GCN 的模型在 GRU 的效果上又提高了一些，均方根误差降低了一些，预报合格率提高了一些。GCN-GRU 模型和 ST-Hydro 模型考虑了空间关系，而具有河道关系的测站，本身上游的水就会流入下游，对流量造成一定的影响；同时考虑了地理属性距离，而地形和下垫面相似的流域确实流量变化过程有可能相似，对该流域的流量预测也起到一定的帮助。而 ST-Hydro 模型在此基础上加入了注意力机制，优化了时空特征输出，在 GCN-GRU 模型的基础上提高了预测效果。

水文预报的目的之一就是提供洪水预报，为洪水决策作辅助支撑。所以选取预测序列中峰值最大的洪水过程做对比，如表 13.3-5 所示。

表 13.3-5　一场洪水过程的模型预测结果对比表

对比模型	评价指标		
	确定性系数(R^2)	均方根误差($RMSE$)	预报合格率(QR)
SVR	0.935	93.64	−69
GRU	0.960	67.87	50
GCN-GRU	0.971	58.10	37
ST-Hydro	0.979	42.88	21

从图 13.3-3 和表 13.3-5 中可以看出，SVR 模型的效果最差，同时还存在峰值上不去，峰现时间滞后的情况。及时准确的水文预测是洪水预报的基础，其中及时性尤为重要，所以峰现时间滞后不利于实际防洪调度工作。GCN-GRU 模型和 ST-Hydro 模型都比其他模型效果好，且洪峰预测更加准确，其中 ST-Hydro 模型能提前到达峰值，比其他模型都早，可以为中小河流防洪工作提供有价值的决策支持。

下面对不同水文站点拓扑结构下的 ST-Hydro 模型进行对比实验，实验结果如图 13.3-3 和表 13.3-6 所示。由于地理属性距离对模型的影响不是很大，这里只对基于空间距离关系图和时序相关系数图的模型进行对比。

从图 13.3-3 中可以看出，S-Hydro 模型和 T-Hydro 模型都各有各的预测较为准确的地方，S-Hydro 模型在大的洪峰预测上基本可以达到或者超过峰值数据，T-Hydro 模型在小的洪峰预测上拟合得比较好。Co-Hydro 是将空间位置和相关系数相融合，模型结果明显结合了两者的优点，提高了预测的精度。基于多图融合的 ST-Hydro 模型在双图融合的情况下加入了地理属性距离，比基于双图融合的 ST-Hydro 模型的效果更好一些，所以加

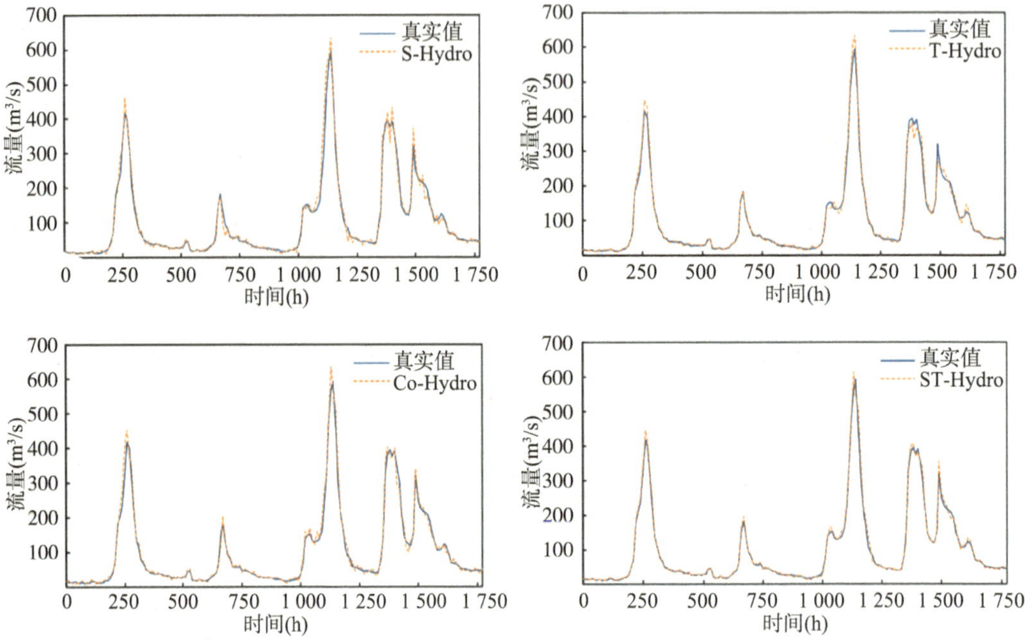

图 13.3-3　不同拓扑结构下的模型结果对比图

入属性距离能够给模型的有效性带来一些提高。

表 13.3-6　不同拓扑结构下的模型评价指标对比表

拓扑结构	确定性系数 （R^2）	均方根误差 （*RMSE*）	预报合格率 （*QR*）
S-Hydro	0.959	49.13	90.3%
T-Hydro	0.963	42.32	91.0%
Co-Hydro	0.981	32.64	95.2%
ST-Hydro	0.988	23.34	97.1%

表 13.3-6 是不同结构的 ST-Hydro 模型的 *RMSE*、R^2 和 *QR*，从中可以看出，基于空间位置的 S-Hydro 模型和基于相关系数的 T-Hydro 模型预测结果差得不多，但是 T-Hydro 模型效果略好一些。基于双图融合的 Co-Hydro 效果比单一结构下的 S-Hydro 模型和 T-Hydro 模型的预测效果更好。基于多图融合的 ST-Hydro 模型是效果最好的模型，准确度系数高，均方根误差低，预报合格率高。这可能是因为相比于双图融合的模型，多图融合的 ST-Hydro 模型考虑了地理属性距离，而地理属性（包括植被覆盖率、地形地貌等）都会对流量造成一定的影响。

选取不同拓扑结构下的 ST-Hydro 模型的同一场洪水过程进行对比，如表 13.3-7 所示，表为模型预测序列中峰值最大的洪水过程预测结果。

表 13.3-7　不同拓扑结构模型下同一场洪水过程的预测结果对比表

拓扑结构	确定性系数 (R^2)	均方根误差 (*RMSE*)	洪峰误差 (*PE*)
S Hydro	0.966	59.31	40
T-Hydro	0.962	62.57	42
Co-Hydro	0.974	50.44	41
ST-Hydro	0.979	42.88	21

从表 13.3-7 和图 13.3-3 中可以看出，基于空间位置的 S-Hydro 模型的预测洪峰时洪峰误差比基于相关系数的 T-Hydro 模型要小，但是峰现时间比基于相关系数的峰现时间晚。Co-Hydro 模型预测洪峰时结合两者优点，误差较小，且能提前预测到洪峰。ST-Hydro 模型比其他模型的洪峰误差都小，且能提前预测到洪峰，可以为防洪调度工作提供指导意义。在洪峰误差以及确定性系数，均方根误差和预报合格率方面，ST-Hydro 模型都是效果最好的模型。

水文预测的目的是能够准确预测水文情况，及时做出洪水预警。不断延长预见期是水文预测的任务之一。所以除了比较预测准确率外，还要比较不同预见期下的水文预报模型精度。在上述实验中能够发现基于多图融合的 ST-Hydro 模型的效果是最好的，下面对不同预见期下的 ST-Hydro 模型进行对比实验，实验选取预见期分别为 3 h、4 h、5 h、6 h 的预测模型做实验对比，预测结果如图 13.3-4 所示。

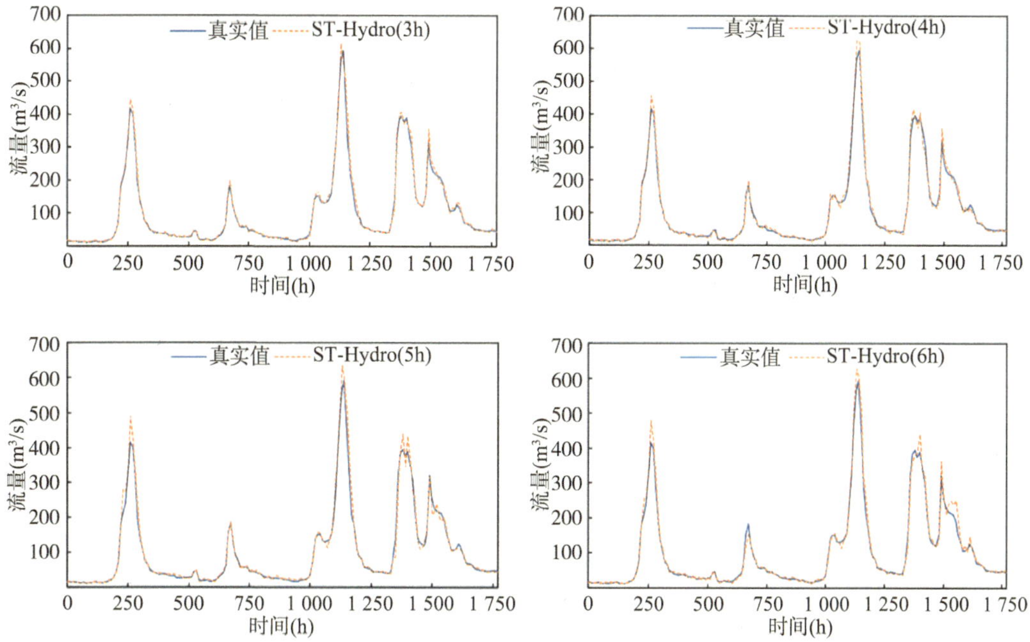

图 13.3-4　不同预见期下 ST-Hydro 模型的结果对比图

由图 13.3-4 中可以看出，3 h 预见期下的模型效果最好，4 h 和 5 h 预见期下的模型效果有一些降低，但还是能进行基本的洪水预报。6 h 预见期下的模型预测结果抖动厉害，也出现了峰值上不去的情况。所以预见期越短，预报精度越高。

表 13.3-8 为不同预见期下 ST-Hydro 模型的评价指标对比，从中可以清晰直观地看到预测效果随着预见期时间变长而降低。3 h 预见期下确定性系数最高，均方误差最小，预报合格率也较高。预见期时间越长，预报合格率越低，均方误差也慢慢变大。

表 13.3-8 不同预见期下 ST-Hydro 模型的评价指标对比表

预见期(h)	评价指标		
	确定性系数(R^2)	均方根误差(*RMSE*)	预报合格率(*QR*)
3	0.988	23.34	97.1%
4	0.971	42.81	93.2%
5	0.962	48.42	90.7%
6	0.955	59.04	84.2%

选取不同预见期下的同一场洪水过程进行对比，比较在急涨急落时模型在不同预见期的表现，如表 13.3-9 所示，该表为模型预测序列中峰值最大的洪水过程预测结果。

表 13.3-9 不同预见期下一场洪水过程的预测结果对比表

预见期(h)	评价指标		
	确定性系数(R^2)	均方根误差(*RMSE*)	预报合格率(*QR*)
3	0.979	42.88	21
4	0.964	61.34	44
5	0.953	72.44	47
6	0.951	74.40	42

从表 13.3-9 和图 13.3-4 中可以看出，ST-Hydro 模型的效果相对还是比较稳定的。虽然随着预见期的增长，模型的各方面指数在逐渐下降。但是峰现时间都保持在提前的状况下，且洪峰误差不是很大，这也可能是因为该站流量数据总体幅度变化不是过大。虽然 3 h 预见期的模型是最好的，但是 6 h 预见期的模型也相对精确，所以该模型还是有效提高了预测精度。

参考文献

[1] 雷晓辉，王浩，廖卫红，等. 变化环境下气象水文预报研究进展[J]. 水利学报，2018，49(1)：9-18.

[2] MOGES E, DEMISSIE Y, LARSEN L, et al. Review: Sources of hydrological model uncertainties and advances in their analysis[J]. Water, 2020, 13(1): 28-28.

[3] 李匡，丁留谦，刘舒，等. 基于状态变量初值修正的洪水预报方法研究[J]. 水文，2020，40(4)：26-32.

[4] WANG J, CAO Y, LI J, et al. Flood forecasting method of small and medium-sized watershed based on convolutional neural network[J]. Journal of Physics: Conference Series, 2021, 1757(1): 1-6.

[5] SAPTARSHI S, SANCHITA B, PALLABI S, et al. A review of deep learning with special

emphasis on architectures, applications and recent trends[J]. Knowledge-Based Systems, 2020, 194: 1-33.

[6] 杨祎玥，伏潜，万定生. 基于深度循环神经网络的时间序列预测模型[J]. 计算机技术与发展，2017，27(3)：35-38.

[7] 许国艳，朱进，司存友，等. 基于 CNN 和 MC 的水文时间序列预测组合模型[J]. 计算机与现代化，2019(11)：23-28+33.

[8] SAHOO B, JHA R, SINGH A, et al. Long short-term memory (LSTM) recurrent neural network for low-flow hydrological time series forecasting[J]. Acta Geophysica, 2019, 67(4): 1471-1481.

[9] DING Y, ZHU Y, FENG J, et al. Interpretable spatio-temporal attention LSTM model for flood forecasting[J]. Neurocomputing, 2020, 403: 348-359.

[10] NIU W, FENG Z, FENG F, et al. Parallel computing and swarm intelligence based artificialintelligence model for multi-step-ahead hydrological time series prediction[J]. Sustainable Cities and Society, 2020, 66: 1-6.

[11] 周飞燕，金林鹏，董军. 卷积神经网络研究综述[J]. 计算机学报，2017，40(6)：1229-1251.

[12] XIAO Y, PEI Q, XIAO T, et al. MutualRec: Joint friend and item recommendations with mutualistic attentional graph neural networks[J]. Journal of Network and Computer Applications, 2020: 1-14.

[13] 徐冰冰，岑科廷，黄俊杰，等. 图卷积神经网络综述[J]. 计算机学报，2020，43(5)：755-780.

[14] CAO J, HUANG Y, DAI Q, et al. Unsupervised trademark retrieval method based on attention mechanism[J]. Sensors, 2021, 21(5): 1894-1894.

[15] AZALI S, JUMAT S. Half-Sweep arithmetic mean method for solving 2D elliptic equation[J]. International Journal of Applied Mathematics and Statistics, 2019, 58(3) : 52-59.

[16] OLIVIER C, PATRICK H, VLADIMIR V. Support vector machines for histogram-based image classification[J]. IEEE Trans. Neural Networks, 1999, 10(5): 1055-1064.

[17] BROWN M, STEVE R G, HUGH G. Support vector machines for optimal classification and spectral unmixing[J]. Ecological Modelling, 1999, 120(2): 167-179.

[18] OFIR B, BRAILOVSKY V. On domain knowledge and feature selection using a support vector machine[J]. Pattern Recognition Letters, 1999, 20(5): 475-484.

[19] LI X, MA X, XIAO F, et al. Application of Gated Recurrent Unit (GRU) neural network for smart batch production prediction[J]. Energies, 2020, 13(22): 6121-6121.

[20] BAI C. AGA-GRU: An optimized GRU neural network model based on adaptive genetic algorithm [J]. Journal of Physics: Conference Series, 2020, 1651(1): 1-7.

[21] LI X, XU X, WANG J, et al. Study on prediction model of HIV incidence based on GRU neural network optimized by MHPSO. [J]. IEEE Access: Practical Innovations, Open Solutions, 2020, 8: 49574-49583.

第 14 章

基于小样本的水文迁移学习方法

14.1 概述

数据包含着大量的信息。数据丰富地区可以采用各种各样的模型方法进行数据挖掘，寻找数据规律。然而，数据稀疏地区没有数据的支撑，很多效果较好的数据驱动模型不能使用[1-6]。针对当前无资料地区洪水预报存在的普适性低和先验知识依赖性强的问题，提出一种基于小样本的水文迁移学习方法。本章首先根据几何相似、地形指数和地理位置因素筛选出与目标流域相似的源流域站点和辅助流域站点；然后根据源流域数据和辅助流域数据，建立基于 TrAdaBoost 算法思想的回归模型作为初始的水文迁移模型；最后从时空视角出发，基于半监督学习对初始模型进行调整得到最终的迁移学习模型。实验证明本章提出的水文迁移学习方法能够有效对无资料地区进行水文预测，提高普适性，减少先验知识依赖性，并将预测误差缩小在一定范围内，为水文工作者提供决策辅助。

14.2 水文迁移学习方法

迁移学习[7-9]是基于现有知识挖掘新的知识的过程，旨在寻找已有知识和新知识的关联关系。目前迁移学习已经在图像分类、文本分析等多个领域得到应用，下面介绍迁移学习的常用概念。

域 D (Domain)：由数据特征和数据分布组成，是学习的主体。通俗地讲，可以理解为某个时刻的某个特定领域 $D=\{X,P(X)\}$ 。

任务 T (Task)：由目标函数和学习结果组成，是学习的结果，通俗地讲，可以理解为要做的事情 $T=\{Y,f(\cdot)\}$ 。

源域 D_s (Source Domain)：已有知识的域，需要利用源域的知识来建模 $D_s=\{(x_{s1},y_{s1}),\cdots,(x_{sn},y_{sn})\}$ 。其中，$x_{si}\in X_s$ ，$y_{si}\in Y_s$ 。

目标域 D_T（Target Domain）：没有知识，需要进行知识学习任务的域 $D_T = \{(x_{T1}, y_{T1}), \cdots, (x_{Tn}, y_{Tn})\}$，其中 $x_{Ti} \in X_T$，$y_{Ti} \in Y_T$。

迁移学习基于源域知识，通过减小源域和目标域的数据分布差异，对目标域进行数据标记，完成知识的迁移。

14.2.1 迁移数据域选取

对于迁移学习模型，选择适合的源域数据很重要。而对于无资料地区，源域数据的选择就更为关键。在本章节中，除了对源流域数据进行选取，还对与目标流域最相似的流域进行选择标记，定义为辅助流域，用来代替目标流域进行训练。针对无资料流域，具体的数据集定义如下：

目标流域 t（Target Basin）：需要进行迁移任务的无水文资料地区。

源流域 s（Source Basin）：有水文资料的流域，用来建立模型，辅助目标流域进行预测。

辅助流域 h（Auxiliary Basin）：与目标流域最相似的流域，且 $h \in s$。

目标流域雨量数据为 P_t，辅助流域雨量数据为 P_h，源流域雨量数据为 P_s；辅助流域流量数据为 Q_h，源流域流量数据为 Q_s；目标流域地理数据为 G_t，辅助流域地理数据为 G_h，源流域地理数据 G_s；目标流域地形数据 T_t，辅助流域地形数据 T_h，源流域地形数据 T_s。

流量数据训练集：目标流域训练集为 Q_h，源流域训练集为 $(Q_s - Q_h)$。

时间视角训练集：目标流域训练集为 $Q_h \cup P_t$，源流域训练集为 $(Q_s - Q_h) \cup (P_s - P_h)$。

空间视角训练集：目标流域训练集为 $Q_h \cup G_t$，源流域训练集为 $(Q_s - Q_h) \cup (G_s - G_h)$。

属性视角训练集：目标流域训练集为 $Q_h \cup T_t$，源流域训练集为 $(Q_s - Q_h) \cup (T_s - T_h)$。

本节基于各测站的地理位置特征、地形地貌特征，构建了三张水文空间关系图：几何相似关系图，地形指数关系图，地理位置关系图。无资料地区没有水文动态数据，如流量、水位、流速等，所以这里构建水文相似图时暂不考虑时序因素。

由于降雨等气候因素受空间分布影响，而地理地形要素具有地域性，所以受其影响而产生的水文现象存在空间特性。当两条河流地理距离较近时，这两条河流的气候条件和地理条件都较为相似。受降雨过程和地理条件影响的水文过程也会在一定程度上相似[10]。同时，降雨过程会直接影响水文状况，而距离近的两个地方一般来说会有相似的降雨过程。降雨过程会导致径流变化，所以拥有相似降雨过程的两个流域也可能拥有相似的水文过程。所以选择与目标流域有相似性的流域测站，需要考虑其距离。距离公式如下：

$$de_{i,j} = 2R \cdot a\tan2(\sqrt{a}, \sqrt{1-a}) \tag{14.2-1}$$

其中，R 为地球半径；$a\tan 2(x, y)$ 是一个函数，用于返回指定的 x 和 y 坐标值反正切值。

a 的计算公式如下：

$$a=\sin^2\left(\frac{\Delta\theta}{2}\right)+\cos\alpha_i\cdot\cos\alpha_j\cdot\sin^2\left(\frac{\Delta\alpha}{2}\right) \tag{14.2-2}$$

其中，$\Delta\theta$ 是两个地理位置的纬度差；α_i 和 α_j 是两个地理位置的经度；$\Delta\alpha$ 是经度差。这里的角度必须以弧度为单位，而不是以数字的纬度或经度为单位。

本小节计算流域水平地理距离，以目标流域为圆心，将半径 s 之内的所有测站囊括进来，用这些测站来具体构建关系图，计算相似性。

（1）几何相似关系图

水文流域形状信息包括流域面积、流域长度等，根据形状信息构建几何相似关系图。通过两站点之间的形状属性值的加权差值距离来计算相似关系。几何相似关系图公式如下：

$$GS_{a,t}=\sum_{m=1}^{n}\delta_m\left|a^m-t^m\right|,\sum_{m=1}^{n}\delta_m=1 \tag{14.2-3}$$

其中，$GS_{a,t}$ 是 a 点和 t 点之间的几何相似距离，其中 a 点为周边流域，t 点为目标流域；n 为形状信息中的属性个数；δ_m 为加权系数；a^m 为 a 流域形状信息中的第 m 个属性值，t^m 为 t 流域形状信息中的第 m 个属性值。$GS_{a,t}$ 越小的与目标流域越相似。

（2）地形指数关系图

水文现象受到流域地形的影响，呈现不同的水文过程。水文流域的地形不仅对水流的流向有影响，还与累积水量大小的具体地理分布有关联。地形指数是径流在流域中某点的累积趋势。地形指数相近的流域点理论上拥有相似的水文过程。地形指数关系图公式如下：

$$T=\ln\left(\frac{\alpha}{\tan\beta}\right) \tag{14.2-4}$$

其中，α 代表在流域内的任一点的累积水量，$\tan\beta$ 代表因重力而导致的径流走向。

（3）地理位置关系图

流域受到重力和惯性力等因素的影响，水流运动速度不同，导致流量急涨急落情况不同，地理位置关系图考虑高程（Elevation）和坡度（Slope）因素，根据两个流域之间的高程差和坡度差，构建地理位置关系图。公式如下：

$$GL_{a,t}=\vartheta_1 E_{a,t}^{d}+\vartheta_2\cdot aveslope_{a,t}^{d} \tag{14.2-5}$$

其中，$GL_{a,t}$ 是 a 点和 t 点之间的高程差与坡度差的结合，其中 a 点为周边流域，t 点为目标流域；ϑ_1 和 ϑ_2 为系数；$E_{a,t}^{d}$ 为 a 流域与 t 流域的归一化后的高程差；$aveslope_{a,t}^{d}$ 为 a 流域与 t 流域的归一化后的平均坡度差。$GL_{a,t}$ 越小的与目标流域越相似。

对于源流域选取，将经过水平距离筛选的测站分别根据几何相似关系，地形指数以及地理位置按照与目标域的相似程度进行排序，得到三个经过排序的测站表。将三张表中前 $n\%$ 的测站摘选出来，若摘选出来的测站在三张表中都排在前 $n\%$，则该测站数据放入源流域数据表中。对于辅助流域选取，按照地形指数的差值大小进行排序，选择地形指数差值较小的三个流域，根据几何关系和地理位置关系综合选择一个最相似的流域作为辅助流域，其测站的流量信息将会用来建立初始水文数据迁移模型。

14.2.2　迁移学习模型

由于无资料地区并没有可用的水文站点，如果只将此类数据作为样本数据，无法有效地挖掘出所需信息，从而忽略数据里面的隐含知识。因此，本章基于迁移学习的思想，将辅助流域的流量信息作为目标流域的训练数据集。本章采用基于样本的迁移学习方法，先从源领域中选取对于目标领域的训练有用的样本数据，并让源领域样本分布与目标域的样本分布尽量接近，从而在目标领域中建立一个相对可靠的学习模型。

TrAdaBoost 算法是基于 AdaBoost 算法的思想进行改进，是一种应用广泛的基于样本的迁移学习方法[11]。本章针对水文领域的具体问题，提出一种基于迁移学习的水文数据迁移预测模型。模型基于 Tradaboost 算法的思想，在此基础上进行回归训练操作[12]。模型基于预测误差调整权重向量，然后通过对加权基学习器取中位数的思想或者使用加权平均法来得到回归结果。在回归过程中样本 X_i 的输出 Y_i 不正确时，它的实值误差值 $E=|\hat{Y}_i-Y_i|$ 可能是任意大的，其中，$\hat{Y}_i$ 是样本 X_i 的真实值。因此本算法中的误差计算需要归一化，使其范围在 [0,1] 之间，然后用累积误差来计算重新分配的权重。模型构建步骤如下：

（1）选取数据集：对数据集进行选取，设定训练集数据为 D，训练集 D 的前 n 个样本为源流域样本数据，后 m 个样本为目标流域样本数据。

（2）参数设置：对基学习器进行设置，本节选择 M5 模型树作为基学习器；设置基本参数，初始化权重向量 W^1，令 $W_i^1=\frac{1}{n+m}\ (1\leqslant i\leqslant n+m)$。

（3）训练模型：用训练集数据和权重向量训练基学习器 h_t。

①计算训练集中目标流域样本集上的最大误差：

$$E=\max_{n+1}^{n+m}|y_i-h_t(x_i)| \tag{14.2-6}$$

②计算训练集中目标流域样本集上的相对误差：

$$e_i^t=|y_i-h_t(x_i)|/E \tag{14.2-7}$$

其中，y_i 为真实数据，h_t 为基学习器，x_i 为输入数据。

③计算基学习器 h_t 在目标流域样本集上的误差率：

$$\varepsilon_t=\sum_{i=n+1}^{n+m}e_i^t w_i^t \tag{14.2-8}$$

当 $\varepsilon_t>0.5$，将其重置为 0.5。

④更新权重向量：

$$w_i^{t+1}=\begin{cases}w_i^t\beta^{e_i^t}/Z_t, & 1\leqslant i\leqslant n\\ w_i^t\beta_t^{1-e_i^t}/Z_t, & n+1\leqslant i\leqslant n+m\end{cases} \tag{14.2-9}$$

其中，$\beta_t=\varepsilon_t/(1-\varepsilon_t)$ 且 $\beta=1/(1+\sqrt{2\ln n/N})$，$Z_t$ 为规范化因子：

$$Z_t=\sum_{i=1}^{N}w_i^t\beta_t^{1-e_i^t} \tag{14.2-10}$$

(4) 模型输出：构建最终的回归器：$H(x_i)=\sum_{t=1}^{N}h'(x_i)\ln(1/\beta_t)$，其中，$h'(x)$ 是 $\beta_t h_t(x)$ 的中位数。

在上述步骤中计算 ε_t 的时候，当 ε_t 大于 0.5 时，将 ε_t 重置为 0.5。每一轮的迭代根据 ε_t 来对权重向量进行调整。ε_t 较大的样本在下次的迭代中会降低影响因子。多次迭代后，误差率 ε_t 较小且与目标域关系更贴切的数据被赋予更高的权重，其他数据权重则会降低。

一般来说，在 AdaBoost 算法里采用简单的学习器作为基学习器往往也能得到好的效果。这里的基学习器使用 M5 模型树算法(M5-prime)。M5 模型树算法在叶子节点使用线性回归函数代替常数，它用分段线性模型进行组合，可以处理非线性问题。与传统线性回归算法相比，它能对输入空间进行自动分割，且能准确预测非线性资料；与回归树相比，它的计算效率更快，预测精度更高；与神经网络方法相比，它具有可解释性。Lü 等[13]也曾表明，在 TrAdaBoost 里使用 M5 模型树算法作为基学习器的效果较好。

14.2.3 迁移学习调整

上一节提出的基于迁移学习的方法可以建立一个初始的预报模型，然而源流域的水文数据分布可能与目标流域的数据大不相同。由于无资料地区没有站点，目标流域本身的一些已有的地理数据和计算的降雨数据也不能充分估算其水文状况。因此，本章对初始模型进行改进，利用基于分歧的半监督学习[14-16]并结合目标流域本身已有的降雨数据和地理地形数据来调整初始模型。

本章提出了一种基于多时空视角调整的迁移学习算法，借鉴 Tri-Training[17-20]的思想，从时间、空间和属性这三种特征视角入手，使用基于这三个视角的三个回归函数来确定如何选择合适的未标记样本进行标记，如图 14.2-1 所示。

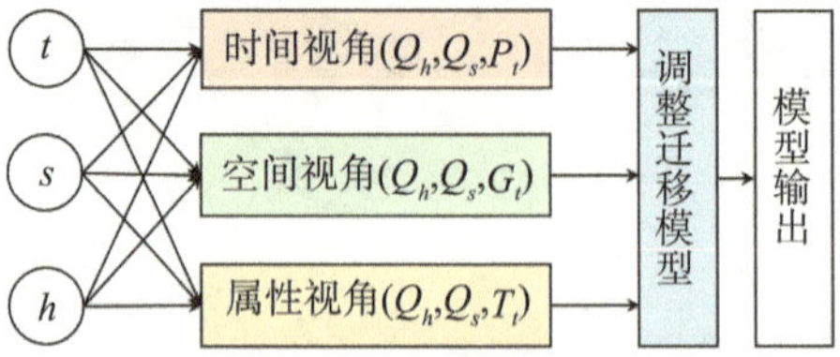

图 14.2-1　多时空视角调整

其中，t 为目标流域，s 为源流域，h 为辅助流域，Q 为流量数据集，P 为雨量数据集，G 为空间数据集，T 为属性数据集。

时空特性贯穿了整个水文过程，而水文现象的形成不仅体现在时间和空间范畴，也与水文实体在时空范围内的地理属性特性有关。除了水文实体在时间和空间中的距离外，实体之间的空间属性更相似时变化趋势也会相似。本章从时间视角、空间视角、属性视角三方面来对迁移模型进行调整，下面对三种视角分别进行介绍。

(1) 时间视角

水文数据大多是随着时间变化而变化的，具有时序特征。而在水文过程中，水文情况不仅会受本身水文因素的影响，也会受到气象因素的影响。气象要素推动着流域的整个水文过程，它使不同流域产生的汇流具有不同的特性。降雨是水文过程变化的一个重要因素，降雨会引起流量和水位的明显变化，而极端降雨更是可能导致流量水位发生骤然的变化从而引起洪涝灾害，因此本章选择气象数据中的降雨量作为时间视角的时序特征加入训练中。基于时间视角的数据集定义如下：

$$D_T = Q \cup P \tag{14.2-11}$$

其中，Q 为测站流量；P 为测站对应的面雨量数据。

(2) 空间视角

两个点之间的水文现象是否相似，与两个点之间距离关系有关。无资料地区无法计算河道距离，所以本章选择水平距离作为距离衡量。除了受降雨量的影响之外，地区现象的相似性还会受到一些地理因素的影响。海拔越高的地区气温越低，其可能影响降雨量从而影响到流量。本章选取经纬度作为空间坐标，计算欧氏距离，同时选择海拔作为协同辅助的地理数据。基于空间视角的数据集定义如下：

$$D_s = Q \cup G \tag{14.2-12}$$

其中，$G(l_t) = \{d(l_t, l_s), g(l_t, l_s)\}$，$l_t$ 是目标流域测站，l_s 是源流域测站，$d(l_t, l_s)$ 是目标流域与源流域测站的水平距离，$g(l_t, l_s)$ 是目标流域与源流域测站的高程差，$G(l_t)$ 是目标流域的空间距离特征。

(3) 属性视角

时空特性贯穿了整个水文过程，而水文现象的形成不仅体现在时间和空间范畴，也与水文实体在时空范围内的地理属性特性有关。除了水文实体在时间和空间中的距离外，实体之间的空间属性更相似时变化趋势也会相似。一个流域所具有的地形、地貌和土壤植被等情况都会对该流域径流的产生和变化起到很大的影响，这些指标是水文模拟和水文预报的决定性参数。本章选取地理属性中的流域面积，流域长度，坡度，植被覆盖率，地形等数据作为属性数据。基于属性视角的数据集定义如下：

$$D_A = Q \cup T \tag{14.2-13}$$

其中，$T(l_t) = \{cs(t(l_t), t(l_s)), t'(l_t)\}$，$l_t$ 是目标流域测站，l_s 是源流域测站，$t(l) = \langle l.a_1, l.a_2, l.a_3, l.a_4 \rangle$，$l.a_1$ 是归一化后的流域面积，$l.a_2$ 是归一化后的流域长度，

$l.a_3$ 是归一化后的坡度，$l.a_4$ 是归一化后的植被覆盖，$cs(t(l_t), t(l_s))$ 是两个向量的余弦相似度，$t'(l)$ 是地形指数，$T(l_t)$ 是目标流域的属性特征。

本章提出了一种基于多时空视角的迁移学习模型 STH-Trans 模型，模型先基于迁移学习和相似性分析的思想选取合适的源域与目标域训练数据集，再从时间视角，空间视角和属性视角入手，训练基于这三个视角的三个回归器，并通过差异值来不断进行调整，最终得到最后的估计值。

模型构建的具体步骤如下：

(1) 数据集选取：计算目标域与周围流域的地理距离，几何相似关系，地形系数以及地理位置关系，确定源域与辅助域，选取数据训练集。

(2) 构建初始水文迁移模型：构建 TrAdaBoost 回归算法，基学习器为 M5 模型树。

(3) 调整模型：

①利用时间视角，空间视角，属性视角三种视角的数据与源域和辅助域的水文数据分别对目标域建立三个回归器 R_1，R_2，R_3。

②将任意两个回归器的估计值进行平均值和差值计算，放入空样本集 L 里。

③将样本集 L 里的所有样本进行排序，并将已排序好的所有样本从上到下分为 b 个子样本集。

④选择子样本集中差异最小的 a %的样本，代替未参加计算的回归器中的原始样本集参加计算。

(4) 模型输出：达到条件或迭代完成后，输出三个回归器的平均回归器作为最终模型输出。

在模型调整步骤中，如果其他两个回归函数的估计值之间的差异较小，则它们提供的平均估计值获得更高的置信度。然而对于差异的大小无法用定值来衡量，样本 A 和 B 的估计值分别为 10 和 100，那么样本 A 更容易获得较小的差值。为了能够选取出差异较小的估计值来进行训练，在每次迭代中对估计值的平均值进行排序，然后将排序好的样本从上到下进行分区，找到分区中差异最小的部分样本加入下一轮计算，直至迭代完成。

14.3 应用实例

14.3.1 实验数据集选取

实验采用江西省水文站数据，为验证模型有效性，实验使用有水文资料的流域作为无资料地区进行预测，该站点的所有水文数据只用来进行最后的对比，不作为训练数据在实验中使用。以江西省石市站为示范，该站位于江西省九江市修水县渣津镇朴田村，属修水水系。

时间视角数据集：实验选择源流域和辅助流域的 2005 到 2009 年五年的时段流量数据，所有流量数据共计 269 334 条。除此之外，由于雨量数据可以通过周边雨量测站插值得到，所以目标流域的雨量数据是可以获得的。源流域和目标流域的前 6 h 及当前时段的面平均雨量也作为时间特征属性输入。

空间视角数据集：空间特征以空间坐标来体现，空间特征包括经纬度、海拔、高程差等，

属性视角数据集：专题特征是指空间现象或空间目标的属性特征，从空间数据中挖掘，通过 ArcGIS 等软件获得专题特征数据，其中包括流域面积（km^2）、流域长度（km）、植被覆盖率等地形地貌数据。

对目标流域对应的源流域和辅助流域进行选取，先根据经纬度坐标计算地理距离，再根据距离的远近选择需要计算地形相似性的流域。图 14.3-1 中红点三角形为距离目标流域 100 km 之内的所有测站。

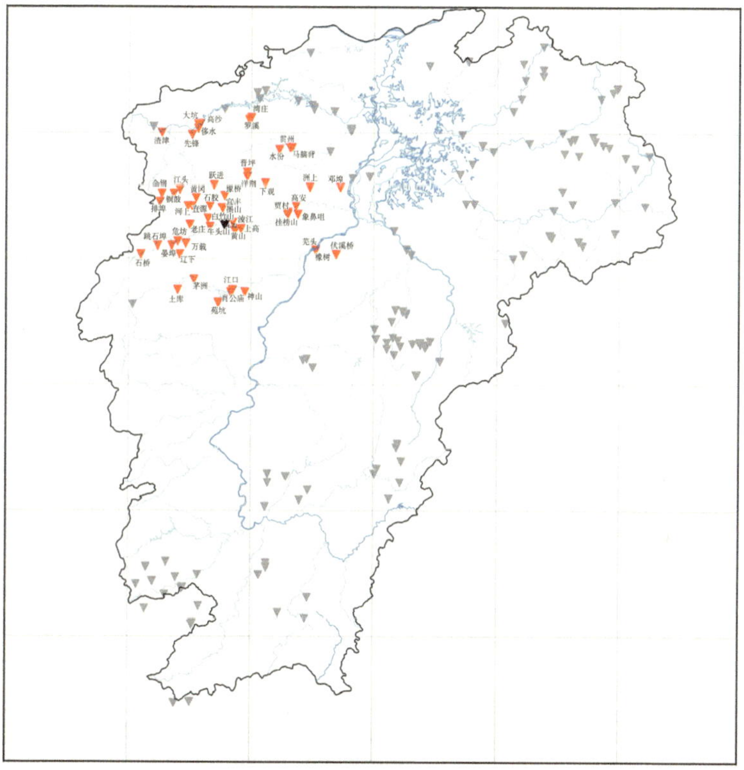

图 14.3-1　距离目标点 100 km 之内的测站站点分布图

先建立几何相似关系图，根据形状信息、流域面积、长度等来计算目标流域与各测站的几何距离，距离越小越相似，结果如表 14.3-1 所示。

表 14.3-1　目标流域与所有测站的几何距离表　　单位：km

站点	石桥	跳石埠	排埠	渣津	金锡	晏坊	铜鼓	土库	危坊	辽下
距离	19.71	16.74	20.04	15.73	20.39	14.08	18.70	19.29	13.48	20.36
站点	江头	牛头山	洞上	老庄	先锋	直源	茅洲	黄岗	修水	大坑
距离	17.94	1.12	20.27	18.81	8.10	20.12	1.25	19.64	12.34	16.18

续表

站点	石桥	跳石埠	排埠	渣津	金锡	晏坊	铜鼓	土库	危坊	辽下
站点	高沙	白竹山	万载	石陂	跃进	苑坑	宜丰	肖公庙	江口	藤桥
距离	16.18	17.40	12.04	20.11	20.08	20.30	20.39	18.25	8.52	8.54
站点	凌江	象鼻咀	上高	神山	晋坪	洋湖	罗溪	湾庄	下观	水汾
距离	15.15	20.27	8.60	20.16	18.32	20.40	18.43	18.38	20.34	20.36
站点	贾村	马脑背	贯州	高安	黄山	洲上	樟树	伏溪桥	邓埠	
距离	22.18	16.65	16.74	20.35	18.11	20.39	484.22	16.93	20.32	

再通过 ArcGIS 计算地形指数，目标点地形指数为 20.96，与目标点地形指数越近越相似，其他站点地形指数如表 14.3-2 所示。

表 14.3-2　站点地形指数表

站点	石桥	跳石埠	排埠	渣津	金锡	晏坊	铜鼓
地形指数	24.87	22.52	24.35	21.37	19.12	26.97	19.56
差值	3.91	1.56	3.39	0.41	1.84	6.01	1.40
站点	土库	危坊	辽下	江头	牛头山	洞上	老庄
地形指数	19.98	27.06	16.26	25.63	22.86	23.63	19.81
差值	4.67	1.90	2.67	4.67	1.90	2.67	1.15
站点	先锋	直源	茅洲	黄岗	修水	大坑	高沙
地形指数	20.42	23.71	24.51	24.68	21.97	22.22	22.22
差值	0.54	2.75	3.55	3.72	1.01	1.26	1.26
站点	白竹山	万载	石陂	跃进	苑坑	宜丰	肖公庙
地形指数	21.32	24.67	24.15	17.78	16.70	18.00	28.07
差值	0.36	3.71	3.19	3.18	4.26	2.96	7.11
站点	江口	藤桥	凌江	黄山	上高	神山	晋坪
地形指数	22.97	25.64	20.67	21.88	21.03	19.35	18.86
差值	2.01	4.68	0.29	0.92	0.07	1.61	2.1
站点	洋湖	罗溪	湾庄	下观	水汾	洋湖	马脑背
地形指数	18.42	25.53	18.18	17.98	17.75	18.42	22.35
差值	2.54	4.57	2.78	2.98	3.21	2.54	1.39
站点	贯州	高安	象鼻咀	洲上	樟树	伏溪桥	邓埠
地形指数	19.74	22.81	21.33	19.34	30.92	22.68	18.63
差值	1.22	1.85	0.37	1.62	9.96	1.72	2.33

最后建立地理位置关系图，越小的与目标点越相近，具体如表 14.3-3 所示。

表 14.3-3 目标流域与所有测站的综合地理距离表

单位:km

站点	石桥	跳石埠	排埠	渣津	金锡	晏坊	铜鼓	土库	危坊	辽下
距离	3.43	3.64	14.60	3.69	12.44	1.48	8.44	6.40	3.30	6.71
站点	江头	牛头山	洞上	老庄	先锋	直源	茅洲	黄岗	修水	大坑
距离	6.50	0.50	10.71	3.75	4.17	8.90	1.38	7.95	2.74	2.76
站点	高沙	白竹山	万载	石陂	跃进	苑坑	宜丰	肖公庙	江口	藤桥
距离	2.76	2.45	1.11	6.49	9.98	4.12	1.30	4.57	0.72	0.73
站点	凌江	象鼻咀	上高	神山	晋坪	洋湖	罗溪	湾庄	下观	水汾
距离	0.91	3.09	0.29	1.86	6.14	15.07	6.00	9.26	7.25	9.78
站点	贾村	马脑背	贯州	高安	黄山	洲上	樟树	伏溪桥	邓埠	
距离	0.82	2.21	3.30	1.02	0.73	0.37	1.11	1.42	0.98	

通过综合对比,并去除数据大量缺失的站点,选择地形指数差值较小,几何距离与综合地理距离较小的 23 个站点。其中上高、白竹山、凌江地形指数相差最小的流域,考虑其几何距离和综合地理距离,选择都相对较小的上高作为辅助流域,直接放入到模型中代替目标流域,帮助进行迁移和预报;其他站点作为源流域,放入模型中辅助进行迁移学习如图 14.3-2 所示。

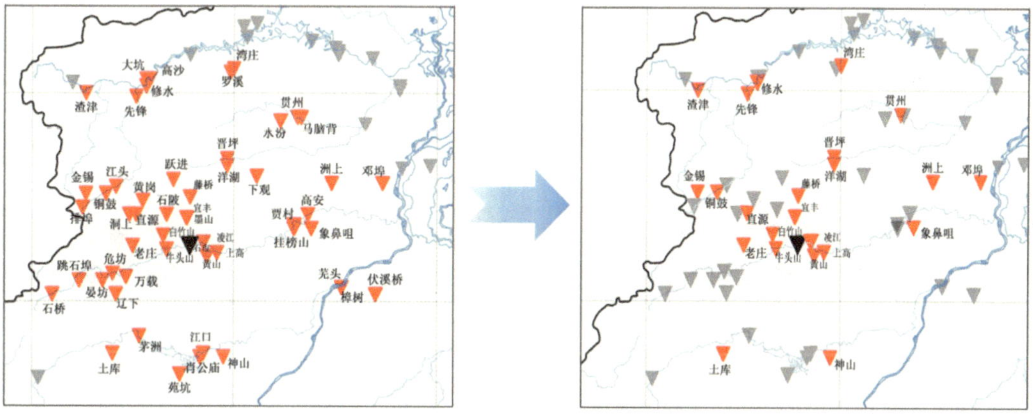

图 14.3-2 源流域选取

对选出的辅助流域数据进行分析,图 14.3-3 为 2008 年上高和石市的日流量。

从图中可以看出虽然流量大小有所区别,但两个流域的流量变化趋势相似。这表明我们这样所选择的辅助流域帮助无资料的流域进行预测是可行的。

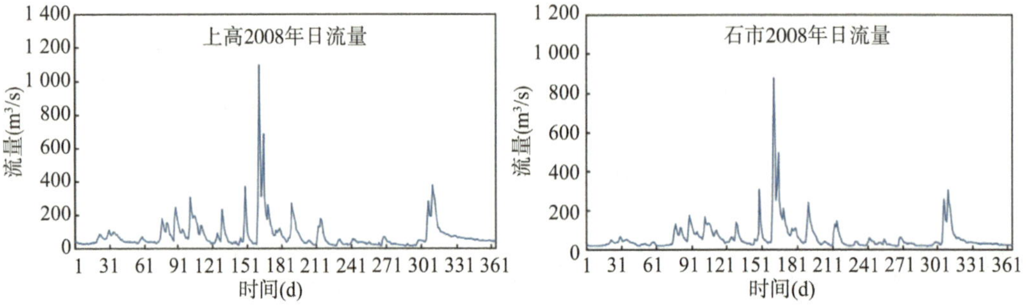

图 14.3-3　上高和石市站的日流量(2008 年)

14.3.2　对比模型与参数设置

本实验同样选取常用的预测评价指标进行评价，并加入《水文情报预报规范》(GB/T 22482—2008)中给出的洪水预报评价指标，采用包括均方根误差、确定性系数、洪峰流量指标等指标。

实验先对在不同情况下选取的源流域和辅助流域训练的模型结果进行对比，再对不同视角下调整训练的迁移学习模型结果进行对比。具体模型描述如下。

基于几何相似的迁移模型(Trans)：采用几何相似关系图选择源流域和辅助流域数据，并且没有进行多时空视角的优化调整。

基于几何相似和多时空视角的迁移模型(ST-Trans)：采用几何相似关系图选择源流域和辅助流域数据，且进行了多时空视角优化调整。

基于本节提出的空间相似性的水文迁移模型(H-Trans)：采用空间相似性中多关系图综合选择源流域和辅助流域数据，但未进行多时空视角优化调整。

基于本节提出的空间相似性的水文迁移模型(TH-Trans)：采用空间相似性中多关系图综合选择源流域和辅助流域数据，且加入了时序数据进行调整优化。

基于本节提出的空间相似性的水文迁移模型(CoH-Trans)：采用空间相似性中多关系图综合选择源流域和辅助流域数据，且基于协同训练法加入时序特征和空间特征进行调整优化。

基于本节提出的空间相似性的水文迁移模型(STH-Trans)：采用空间相似性中多关系图综合选择源流域和辅助流域数据，基于本节提出的多时空视角进行优调整优化。

实验参数设置如下：基学习器为 M5 模型树，样本初始权重设置平均权重，最大迭代次数为 50 次。模型中的 a 和 b 的参数需要训练设定。实验后设定 $a=3, b=3$。

14.3.3　实验结果与对比分析

实验首先建立初始预测模型，预测结果如图 14.3-4 所示。从图中可以看出，初始模型预测的流量变化趋势与实际的变化趋势基本一致，在洪峰到达前上涨，在峰后下落。而水文数据预测的目的就是为了能够预测到即将到来的洪水，能够进行水资源调度处理。在这一点上，初始模型达到了目的，但是精度仍需提高。

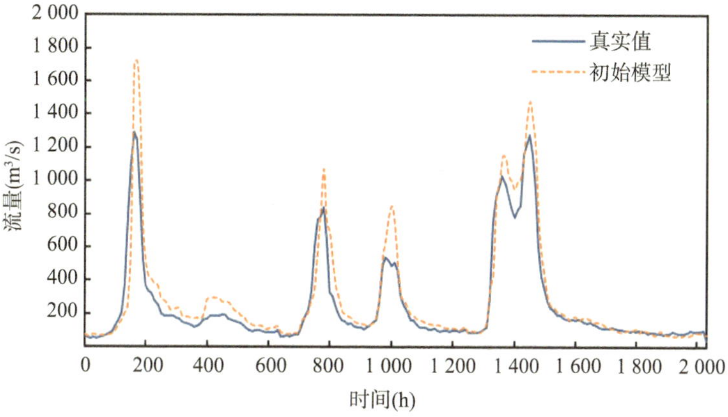

图 14.3-4　初始模型结果图

为了验证本节提出的源流域和辅助流域选择方法的有效性，选取基于几何相似的源流域和辅助流域，进行对比实验，实验结果如图 14.3-5 和图 14.3-6 所示。

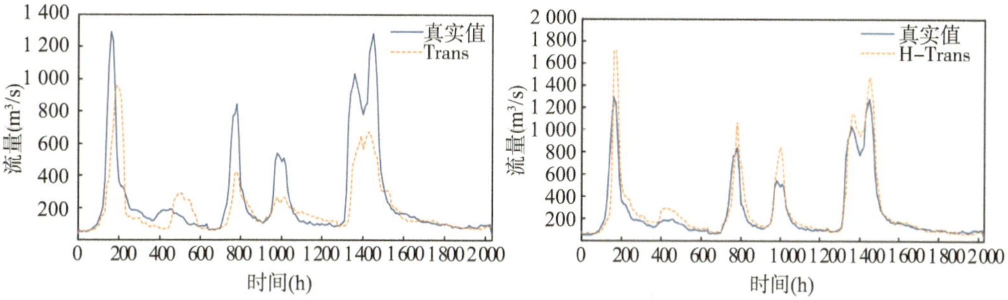

图 14.3-5　不同源域数据集下的初始迁移模型结果图

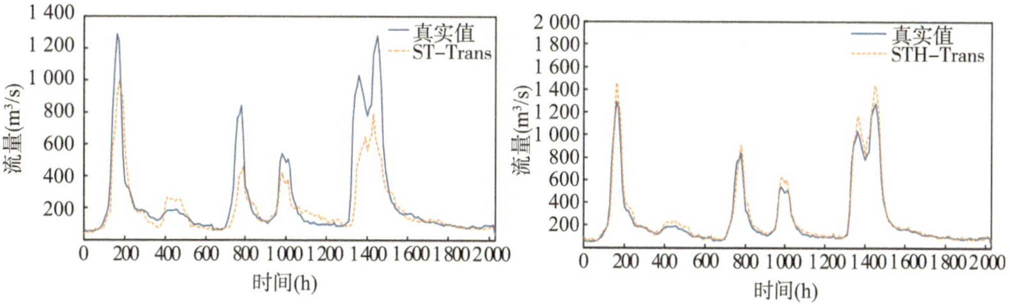

图 14.3-6　不同源域数据集下的改进迁移模型结果图

图 14.3-5 中 Trans 模型是利用几何相似选出的源流域和辅助流域数据集，其中辅助流域为牛头山，牛头山与石市的几何距离最小且水平距离较小。H-Trans 模型为本节通过

几何相似，地形指数以及地理位置关系等综合因素选出的源流域和辅助流域数据，辅助流域为上高。图中可以很明显地看出本节提出的方法选出的训练数据训练出来的结果更加好，能预测出较高的洪峰。而无资料地区的水文预测就是为了进行洪水预报，预测出峰值流量对洪水预警、防汛抢险有着重要作用。

下面对两种源流域和辅助流域的训练数据进行基于多时空视角调整的模型训练：

图中可以清晰地看出本节提出的方法选出的数据训练集能更好地对数据进行拟合，而基于几何相似的源流域和辅助流域数据集的训练结果虽然比多视角调整前要好一些，但是对洪峰的预测仍然存在峰值上不去的问题。与此同时，经过多时空视角调整的模型比普通的迁移学习模型效果好，精度明显提高。表 14.3-4 是上述不同数据训练集下的迁移模型预测结果对比。

表 14.3-4　基于不同数据训练集的迁移模型结果对比表

不同数据集	确定性系数(R^2)	均方根误差(*RMSE*)
Trans	0.601	193.641
H-Trans	0.904	112.932
ST-Trans	0.780	159.747
STH-Trans	0.984	50.114

从表 14.3-4 可以看出，经过多时空视角调整的 ST-Trans 模型和 STH-Trans 模型都比未经调整的初始模型的效果要提高很多，均方根误差变小，准确率变高。

下面对不同视角下的水文迁移学习模型进行对比。在水文过程中，降雨有着很大影响，实验首先加入降雨量对模型进行训练，也就是基于单一的时序特征来调整初始模型，结果如图 14.3-7 所示。

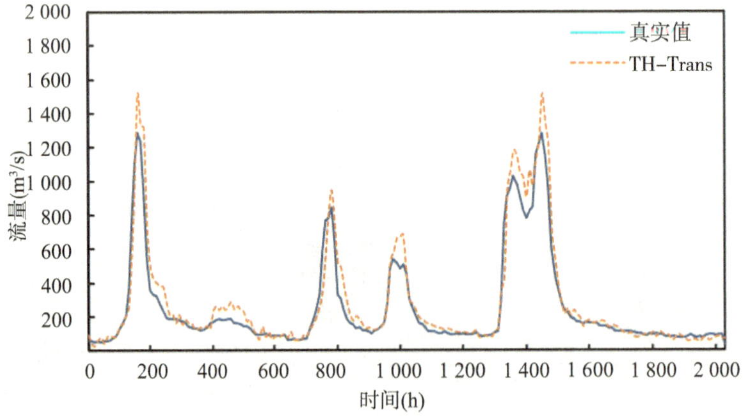

图 14.3-7　加入时序特征的模型结果图

比较图 14.3-7 和图 14.3-5 可以很明显地看出，加入时序特征调整的模型 TH-Trans 模型比初始模型 H-Trans 模型效果的精度高一些。因空间视角中的地理位置和属性视角中的地形地貌虽与水文现象形成有着千丝万缕的相关关系，却没有直接的因果关系，所以不单独对空间视角和属性视角进行训练对比。

接下来对基于不同视角结合的模型进行对比，将基于空间和时间视角的双时空视角模型以及基于时间、空间和属性视角的多时空视角模型 STH-Trans 模型进行对比。实验结果如图 14.3-8 所示，其中基于双时空视角的模型是基于时序视角和空间地理位置视角调整的模型，模型采用双视角协同训练法训练。

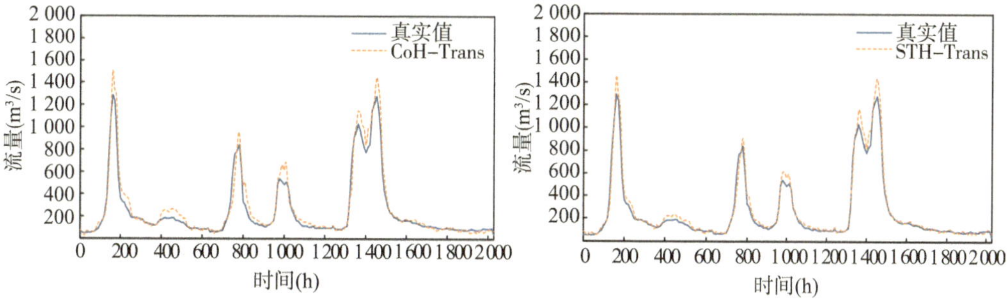

图 14.3-8　不同组合视角下的迁移模型结果图

结合图 14.3-8 与图 14.3-5 可以看出，基于双时空视角的 CoH-Trans 模型结果比基于 H-Trans 模型结果要好一些，而基于多时空视角的 STH-Trans 模型在 CoH-Trans 模型基础上加入了属性视角，这使得预测线的趋势更加拟合一些，洪峰的地方预测得也更加精确。

表 14.3-5　不同视角下的迁移预测模型的评价指标对比表

不同视角	确定性系数(R^2)	均方根误差($RMSE$)
H-Trans	0.904	112.932
TH-Trans	0.953	77.117
CoH-Trans	0.962	62.695
STH-Trans	0.984	50.114

表 14.3-5 为不同视角下的迁移预测模型的 $RMSE$ 与 R^2，从中可以看出，STH-Trans 模型准确度系数高，均方根误差低。这可能是因为相比于单一视角的模型，STH-Trans 模型考虑了地理位置和地形地脉因素等，使得预测更加准确。

参考文献

[1] 刘苏峡，刘昌明，赵卫民. 无测站流域水文预测（PUB）的研究方法[J]. 地理科学进展，2010，29(11)：1333-1339.

[2] TIM V E，GERT M，DIRK E，et al. Predicting the ungauged basin：Model validation and realism assessment[J]. Frontiers in Earth Science，2015，3：62.

[3] KONG X，LI Z，LIU Z，et al. Flood prediction in ungauged basins by physical-based TOPKAPI model[J]. Advances in Meteorology，2019，2019：1-16.

[4] LANCE E B，DONNA M R，PAUL R B，et al. Advances in ungauged streamflow prediction using

artificial neural networks[J]. Journal of Hydrology, 2010, 386(1): 27-37.

[5] TARA R, PAULIN C. Streamflow prediction in ungauged basins: Review of regionalization methods [J]. Journal of Hydrologic Engineering, 2013, 18(8): 958-975.

[6] YU Y, ZHANG H, VIJAY S. Forward prediction of runoff data in data-scarce basins with an improved Ensemble Empirical Mode Decomposition (EEMD) model[J]. Multidisciplinary Digital Publishing Institute, 2018, 10(4): 388.

[7] 庄福振，罗平，何清，等. 迁移学习研究进展[J]. 软件学报，2015，26(1)：26-39.

[8] KARL W, TAGHI M, WANG D. A survey of transfer learning[J]. Journal of Big Data, 2016, 3(1): 1-40.

[9] PAN W. A survey of transfer learning for collaborative recommendation with auxiliary data[J]. Neurocomputing, 2016, 177: 447-453.

[10] 祝冰洁，阚光远，何晓燕. 无资料嵌套流域水文相似性及参数移植研究[J]. 中国水利水电科学研究院学报，2020，18(3)：223-231.

[11] LIU X, WANG G, CAI Z, et al. A multiboosting based transfer learning algorithm[J]. Journal of Advanced Computational Intelligence and Intelligent Informatics, 2015, 19(3): 381-388.

[12] YANG Z, SHEN Y, YANG F, et al. A transfer learning fault diagnosis model of distribution transformer considering multi-factor situation evolution[J]. IEEE Transactions on Electrical and Electronic Engineering, 2020, 15(1): 30-39.

[13] LV M, LI Y, CHEN L, et al. Air quality estimation by exploiting terrain features and multi-view transfer semi-supervised regression[J]. Information Sciences, 2019, 483: 82-95.

[14] LI H, WANG Y, LI Y, et al. Learning adaptive criteria weights for active semi-supervised learning [J]. Information Sciences, 2021, 561: 286-303.

[15] YANG W, XIA K, LI T, et al. A multi-strategy marine predator algorithm and its application in joint regularization semi-supervised ELM[J]. Mathematics, 2021, 9(3): 291.

[16] 刘建伟，刘媛，罗雄麟. 半监督学习方法[J]. 计算机学报，2015，38(8)：1592-1617.

[17] 周志华. 基于分歧的半监督学习[J]. 自动化学报，2013，39(11)：1871-1878.

[18] BIN Y, YANG Y, SHEN F, et al. Combining multi-representation for multimedia event detection using co-training[J]. Neurocomputing, 2016, 217: 11-18.

[19] PAMELA R P. Developing nutrition research capacity at the tanzania food and nutrition centre through collaborative training and technical assistance[J]. Journal of Nutrition Education and Behavior, 2017, 49(7): 34.

[20] HUANG P, WANG H, JIN Y. Offline data-driven evolutionary optimization based on tri-training [J]. Swarm and Evolutionary Computation, 2021, 60: 1-12.

第15章

智能模型的可解释性

15.1 概述

水文模型是对自然界中复杂水文现象(原型)的数学、物理、逻辑的抽象和概化,在人类探索水文规律和解决实际问题中起着重要作用[1,2]。从2012年开始,深度学习和“大数据”技术进入爆发阶段,芮孝芳[3]认为这将成为推动水文学发展的重要驱动力和解决水文学难题的途径之一。因此,在水文模型研究发展的历史背景和深度学习技术爆发的时代背景下,寻求新的水文模拟研究思路和水文模型建模方法具有重要的理论意义和工程应用价值[4,5]。

基于机器学习方法建立的洪水预报模型通常被认为是数据驱动模型,一般以提高预报精度为唯一目的,尽管国内外学者利用长期积累的水文观测与实践数据积极地进行智能洪水预报研究以挖掘其蕴含的时空动态演变规律,并在处理短中期洪水预报应用上取得优于(或相当于)物理模型的预报精度[6-14]。但多数的智能预报方法仅从数据回归角度出发,强调机器学习方法的应用[15]、集成[16]、混合[17]以及改进[18],并不关注模型结构是否符合洪水形成过程的水文学原理。在处理长期和短期洪水预报问题上,机器学习模型虽然能够取得较好的预报精度,但在选择特征因子、建立模型、训练模型时,仍是以数据驱动思想为导向,尚未建立模型内部单元与水文学概念之间的对应关系,更无法从水文学原理角度解释模型输出(径流)对模型输入(降雨)的动态响应过程,其“黑箱”属性导致其难以在洪水预报业务应用中被理解和信任。

流域作为动态演变的时空系统,如何充分而合理地利用流域内可获得的信息,是当前智能洪水预报研究的重点和难点。可解释性不仅能够促进使用者对基于深度学习洪水预报模型的熟练应用,还能提升模型开发者的模型构建、缓解过拟合和模型迁移能力,并为领域专家提供合理的置信水平,促进水文学与深度学习交叉学科的知识融合和方法创新,具有重要的理论研究意义[19-21]。

对深度学习智能模型可解释性主要从两个方面开展:①从深度学习模型本身入手,调整模型网络层次结构、内部参数,或是通过对输入变量添加扰动,探测表征向量来评估系统中不同变量的重要性,推测系统作出决策的依据;②将研究对象物理特征信息融合进深度学习网络构建过程，直接构建更结构化、本身就具有可解释性的模型[22-25]。Dikshit 等[22]提出一个可解释的智能时空干旱预测框架，该模型使用组合 CNN-BiLSTM 网络预测气象干旱指数，并采用 SHAP[24] 图来理解模型输出，从而解释不同干旱条件下的模型-预测关系和模型输出的空间变化，取得了良好的应用效果。但现有的智能洪水预报模型仅从数据角度考虑特征之间的输入输出映射关系，反向解释模型内部参数及中间特征，在计算过程中几乎不考虑先验的物理过程及先验原理，其可解释性难如人意，阻碍了智能洪水预报方法的性能提升与广泛应用[25]。而从数据挖掘和深度学习角度来看，从问题定义、数据理解、数据准备、模型建立到模型评价过程中，每一个阶段的处理方法都会影响模型最终的可解释性。因此，有必要研究全过程的智能洪水预报模型可解释性框架，将领域知识和流域空间特征信息融合进智能洪水预报模型构建过程，揭示蕴含在智能洪水预报模型中的水文学概念；同时开展鲁棒性扰动测试、敏感性分析、可视化分析，解析智能洪水预报模型决策结果隐含的推理逻辑和决策依据。

15.2 智能预报模型的可解释分析

15.2.1 智能预报模型的可解释框架

在数据挖掘和机器学习场景中，可解释性被定义为向人类解释或以呈现可理解的术语的能力[26]。本质上讲，可解释性是人类与决策模型之间的接口，它既是决策模型的准确代理，又是人类所可以理解的[27]。在自上而下的机器学习任务中，模型通常建立在一组统计规则和假设之上，因而可解释性至关重要，因为它是所定义的规则和假设的基石。此外，模型可解释性是验证假设是否稳健，以及所定义的规则是否完全适合任务的重要手段。与自上而下的任务不同，自下而上的机器学习通常对应于手动和繁重任务的自动化，即给定一批训练数据，通过最小化学习误差，让模型自动地学习输入数据与输出类别之间的映射关系。在自下而上的学习任务中，由于模型是自动构建的，我们不清楚其学习过程，也不清楚其工作机制，因此，可解释性旨在帮助人们理解机器学习模型是如何学习的，它从数据中学到了什么，针对每一个输入它为什么会做出如此决策以及它所做的决策是否可靠。

定义 15.1　模型可解释性：模型被人类用户理解的难易程度。可解释性越高，模型越容易被理解。模型可解释性包含三个方面的内涵：一是可解释性是机器学习模型的一种属性；二是该属性具有程度上的区别，可以是顺序的或等距的；三是该属性与人类用户相关，受人的认知能力影响。

模型的可解释性可以根据模型的构建和运行两个阶段及其对应的过程和结果四个角度进行分析，即将模型的可解释性划分为：构建过程和构建结果的可解释性、运行过程和运行结果的可解释性。

模型的可解释性问题涉及数据、模型以及用户角色（模型开发者、模型使用者、领域专家）三个要素：数据通过机器学习算法或工具生成模型，然后由具体的可解释性工具对这些模型进行解释，帮助不同的角色更好地理解模型，最后反馈到模型或数据上，从而构成一个交互过程。结合水文领域知识、可解释性理论和认知心理学理论，分析基于机器学习洪水预报模型的可解释性定义和内涵，从数据和模型两个维度探究数据预处理、模型训练及模型评估等机器学习模型构建过程各阶段处理方法对模型可解释性的影响，挖掘可解释性问题中涉及的数据、模型和用户角色三类要素间的交互关系，定义模型的可分解性、可理解性、算法的透明性和事后的可解释性等可解释性评估指标，实现对模型构建、运行和过程、结果等不同阶段可解释性的研究和分析，构建如图 15.2-1 所示的智能洪水预报模型可解释性研究框架。

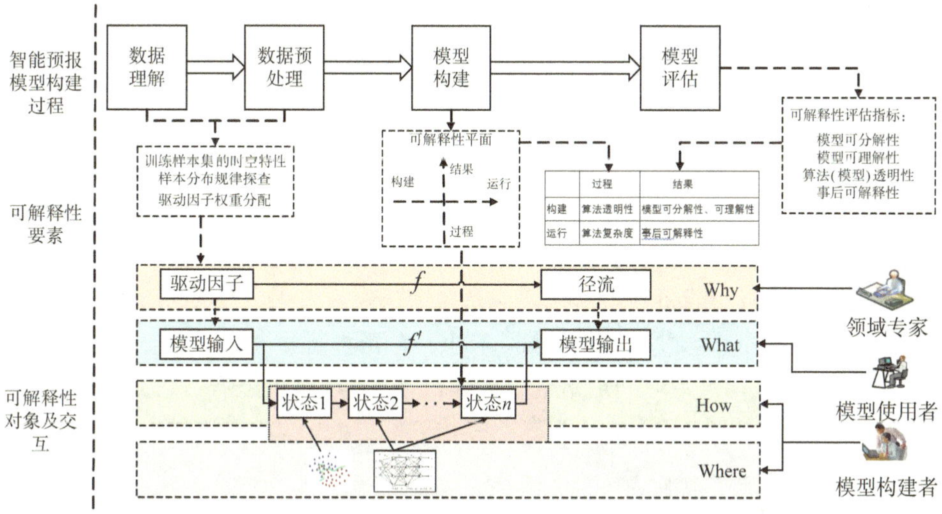

图 15.2-1　智能洪水预报模型可解释性研究框架

对于不同的解释对象，模型需要解释的内容及侧重点是不同的。智能洪水预报模型研究需要能够解释：

(1) 模型结构分解：将机器学习模型从实现层面上分解，描述模型进行状态转换的核心网络单元基本结构、工作原理和实现方法，解释模型“在哪里(Where)”完成洪水预报过程。

(2)模型步骤分解：将机器学习模型从算法层面上按智能洪水预测过程的步骤分解，描述每个算法单元如何将模型输入转换为中间状态，并最终得到输出模型结果，解释模型“怎么(How)”完成洪水预报过程。

(3)模型模拟函数 f'：如何获取或表达预测因子，如何将其输入预测模型，可以映射到什么样的输出状态(径流预测值)，解释模型“做什么(What)”；

(4)模型物理规律 f 探索：根据模型对应物理环境的可识别特征，从非成因、非机理的角度探索输入与输出之间的物理规律 f(产汇流规律)与其模拟函数 f'之间的逼近关系，解释特定的预测因子组合情形下“为什么(Why)”能映射到相应的径流预测值。

15.2.2 可解释性假设

智能洪水预报研究任务可以归结为根据一段历史时间内不同雨量站(以及其他特征)的监测数据预测下游出口处 (x_d, y_d) 在未来 $t+1$ 时刻的流量。

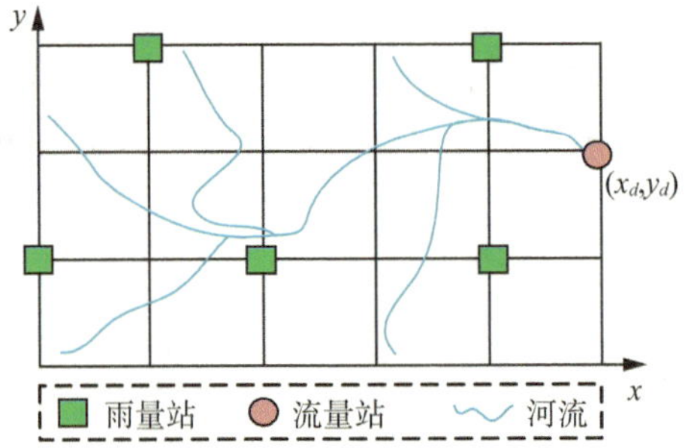

图 15.2-2 域典型结构示意图

水利领域中最重要的且最直观的先验知识是降水至流量过程中伴随着一段时间的蒸散发、产汇流过程。这意味着上游降水并不能立刻对出口流量产生直接影响,而是经过一段时间的延迟后才对下游流量产生影响。通常这段延迟时间 Δt 与汇流时间 t_c 相关。在中小河流流域,不同场次的降雨所带来的延迟时间不尽相同,但由于流域的面积较小,在同一个流域内,可以使用平均汇流时间近似地估计多数降雨-洪水的汇流时间。

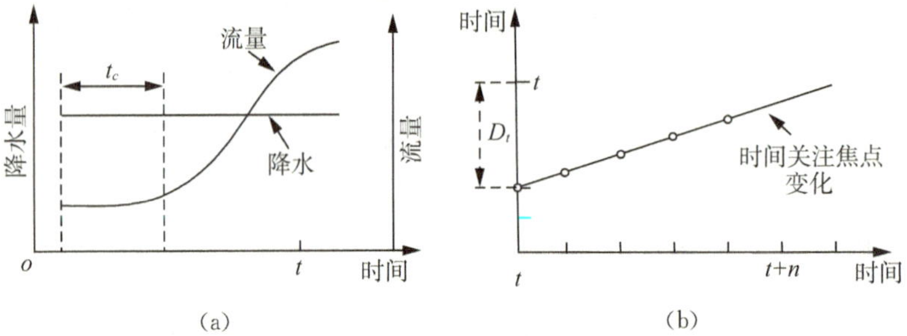

图 15.2-3 降水-流量过程及时间关注焦点变化示意图

如图 15.2-3(a)中所示,流量起涨与单场降雨之间存在一定的时延,在不过度考虑其精度的情况下,可以认为其数值上基本等于平均汇流时间。同时其影响关系应当具有因果性质且是单向对应的。

因此,在利用时间关注模块对不同时刻的隐藏状态进行处理时,时间关注的焦点应当停留在当前最重要的状态,并且其焦点的变化趋势应当跟随预报时刻的推移不断向前,如图 15.2-3(b)所示。

上述过程可以简记为:

$$q(x_d, y_d, t+1) \propto q(x_d, y_d, t-i)\big|_{i=0}^{k-1} \,\&\, p(x, y, t-\Delta t-j)\big|_{j=0}^{k-\Delta t} \quad (15.2\text{-}1)$$

15.3　可解释的多层次智能预报模型构建

15.3.1　时空注意力洪水预报模型

(1) 时空注意力洪水预报模型建模

对于典型的智能洪水预报模型而言，专家知识与先验规律并不能够直接在模型建模显式表现，更重要的是数据与智能模型的建模技巧。

定义 15.2　简单对象：在智能洪水预报建模过程中，简单对象是指将被研究流域看作一个整体，将各项监测特征视为系统的独立显式状态，忽略流域内部作用关系，利用部分或全部特征对系统特定状态量进行估计。

图 15.3-1 给出了简单对象定义的示意。简单对象定义所遵循的原则是：将流域内部作用关系视为系统内部的互相作用力，在系统外部观察系统时，更重要的是对系统外部状态量进行估计（类似于力学系统的分析）。

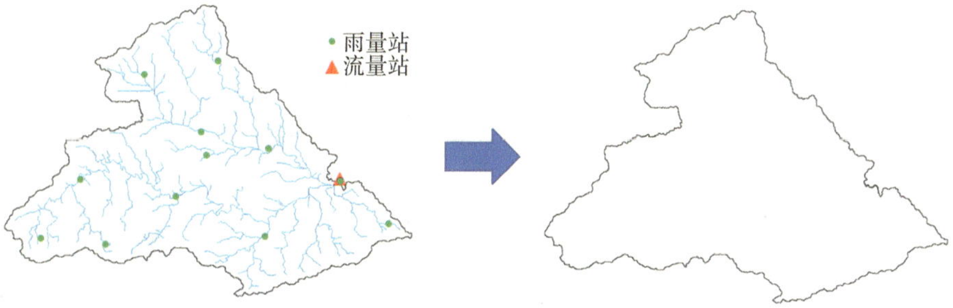

图 15.3-1　简单对象示意图

如式(15.3-1)所示，简单对象定义可以表示为根据数据特征估计系统显式状态

$$y = ba\sin(f) \tag{15.3-1}$$

其中，f 表示已有的显式特征；y 表示被估计量。

简单对象层次下的时空注意力洪水预报方法是将流域看作一个整体，仅考虑能够监测的流域特征，通过对流域状态变化过程的模拟，构建 STA-LSTM (Spatio-Temporal Attention LSTM Model)模型，利用注意力机制和长短时记忆网络直接挖掘不同输入输出特征之间的关系。模型主要结构包含三部分：空间关注模块、时间关注模块以及长短时记忆网络单元。

(2) 模型的网络结构分析

通常情况下，同一时刻下不同特征具有空间属性（具有绝对空间位置或相对空间位置），其包含的丰富信息对于计算或估计（流域）系统的状态变化具有重要作用。空间注意

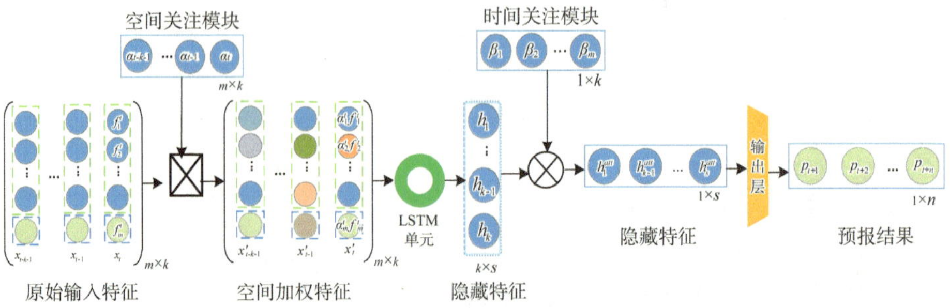

图 15.3-2 时空注意力模型主体结构

力模块(SA)使用如图 15.3-3 所示的方式挖掘空间属性对于预报影响的重要性。t 时刻特征经过线性层进行维度变化后计算获得空间权重,随后原始特征经过空间权重加权处理。

假设存在二维时空特征矩阵 $\boldsymbol{X}$,其中 m 表示在单一时刻特征的维度,k 表示时间步长,则对于 t 时刻,存在形如式(15.3-2)的 m 维特征向量:

$$\boldsymbol{X}_t=[f_1^t,f_2^t,\cdots,f_m^t]^{\mathrm{T}}\in \mathbf{R}^{m\times 1} \tag{15.3-2}$$

其中,f_m^t 表示 t 时刻的第 m 维特征。

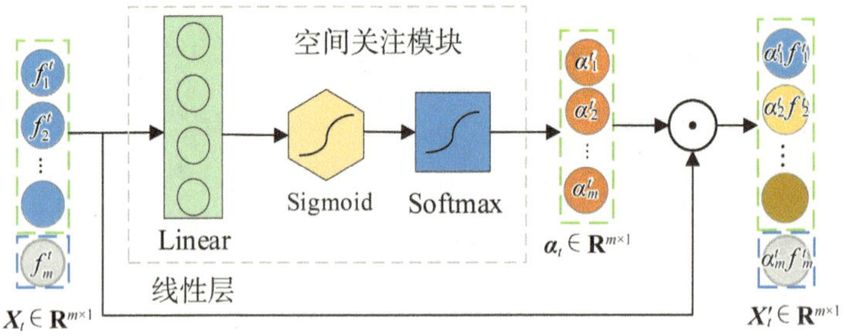

图 15.3-3 空间关注模块结构示意图

空间关注模块 SA 的核心计算部分是由线性层、Sigmoid 层以及 Softmax 层组成的。线性层负责将输入特征进行维度转化生成对应的初始空间关注权重;Sigmoid 层负责将初始空间关注权重映射到值域为 [0,1] 的空间;最后,Softmax 层将所有的空间权重进行归一化,使得其求和为 1,保证其有限可加性。

$$\boldsymbol{\alpha}_t=SA(\boldsymbol{X}_t)=[\alpha_1^t,\alpha_2^t,\cdots,\alpha_m^t]^{\mathrm{T}}\in \mathbf{R}^{m\times 1} \tag{15.3-3}$$

如式(15.3-4)所示,通过空间权重加权处理,原始的输入特征 $\boldsymbol{X}_t$ 转化为空间加权特征 $\boldsymbol{X}_t'$:

$$\boldsymbol{X}_t'=\alpha_t\odot\boldsymbol{X}_t=[\alpha_1^t f_1^t,\alpha_2^t f_2^t,\cdots,\alpha_m^t f_m^t]\in \mathbf{R}^{m\times 1} \tag{15.3-4}$$

其中,⊙表示哈达玛乘积运算(点对点乘积运算),其运算结果的维度与输入矩阵维度相同。

$$h_t=LSTM(h_{t-1},\boldsymbol{X}_t')\in \mathbf{R}^{1\times s} \tag{15.3-5}$$

根据 LSTM 定义，LSTM 单元在 t 时刻的隐藏状态 h_t 与 t 时刻的输入 $\boldsymbol{X}'_t$ 以及其 $t-1$ 时刻的隐藏状态 h_{t-1} 有关。因此，如式(15.3-5)所示，经过空间关注权重加权后，LSTM 单元获得 t 时刻的输出结果 h_t 。

时间关注模块(TA)通过如图 15.3-4 所示的方式对不同时刻的时间特征进行动态赋权，从而使得输出层能够获得经过加权处理过的隐藏状态。其具体计算过程如下所述：

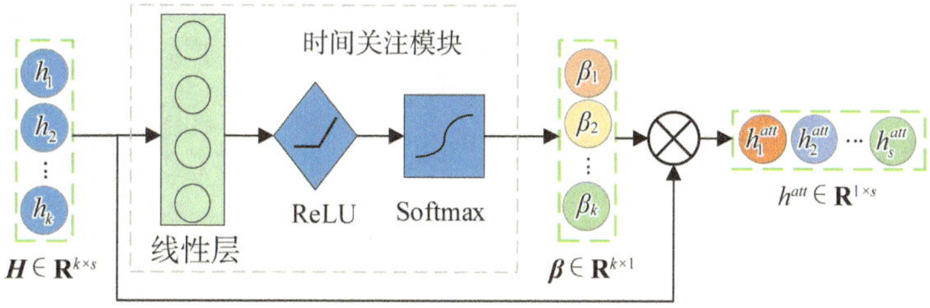

图 15.3-4　时间关注模块结构示意图

对于经过空间关注模块加权处理过的输入序列，LSTM 单元获得其在不同时刻的 s 维隐藏状态 h_k ，隐藏状态序列组成了如式(15.3-6)所示的隐藏状态矩阵 $\boldsymbol{H}$。

$$\boldsymbol{H}=[h_1,h_2,\cdots,h_k]\in \mathbf{R}^{k\times s} \tag{15.3-6}$$

类似于空间关注模块 SA，时间关注模块 TA 也具有类似的结构及处理方式。TA 对输入的隐藏状态矩阵(序列)进行计算，获得对应的时间权重矩阵 $\boldsymbol{\beta}$ ：

$$\boldsymbol{\beta}=TA(\boldsymbol{H})=[\beta_1,\beta_2,\cdots,\beta_k]\subset \mathbf{R}^{1\times k} \tag{15.3-7}$$

式(15.3-8)展示了时间关注权重 $\boldsymbol{\beta}$ 与隐藏状态序列 $\boldsymbol{H}$ 通过加权计算得到最终隐藏状态 h_{att} 的过程。

$$h_{att}=\boldsymbol{\beta}\otimes\boldsymbol{H}=\sum_{t=1}^{k}\beta_t h_t \in \mathbf{R}^{1\times s} \tag{15.3-8}$$

其中，$\otimes$ 表示左侧算子以标量形式与右侧算子以向量形式进行加权求和计算。

$$p=O(h_{att})\in \mathbf{R}^{1\times n} \tag{15.3-9}$$

如式(15.3-9)所示，最终，模型的输出层 $O(\cdot)$ 根据隐藏状态 h_{att} 给出未来 n 个时刻的预报输出 p 。

(3) STA-LSTM 模型可解释性分析

在基于时空注意力机制的模型介绍过程中，关于可解释性的分析是基于流域本身的降水-流量响应特性进行展开的。为了探究实际模型的注意力权重的变化趋势是否符合预期判断，本部分内容展示了一次实验中时空关注权重的可视化结果和多次实验中时间关注权重的变化趋势。

问题假设：针对所述的时空注意力权重，在单一场次中其应当呈现出非均匀特性，即不同时间、空间的权重不尽相同。针对时间关注权重焦点变化趋势，其应当呈现出随预报时刻相关的变化趋势。

图 15.3-5 展示了 STA-LSTM 模型的时空权重情况，图中六幅子图分别展示了时空联合权重在不同时刻的大小情况，横坐标为空间特征，纵坐标表示历史时刻。显然根据实验结果可以发现，在不同的时刻，不同空间位置上的特征所获得的权重也不尽相同。

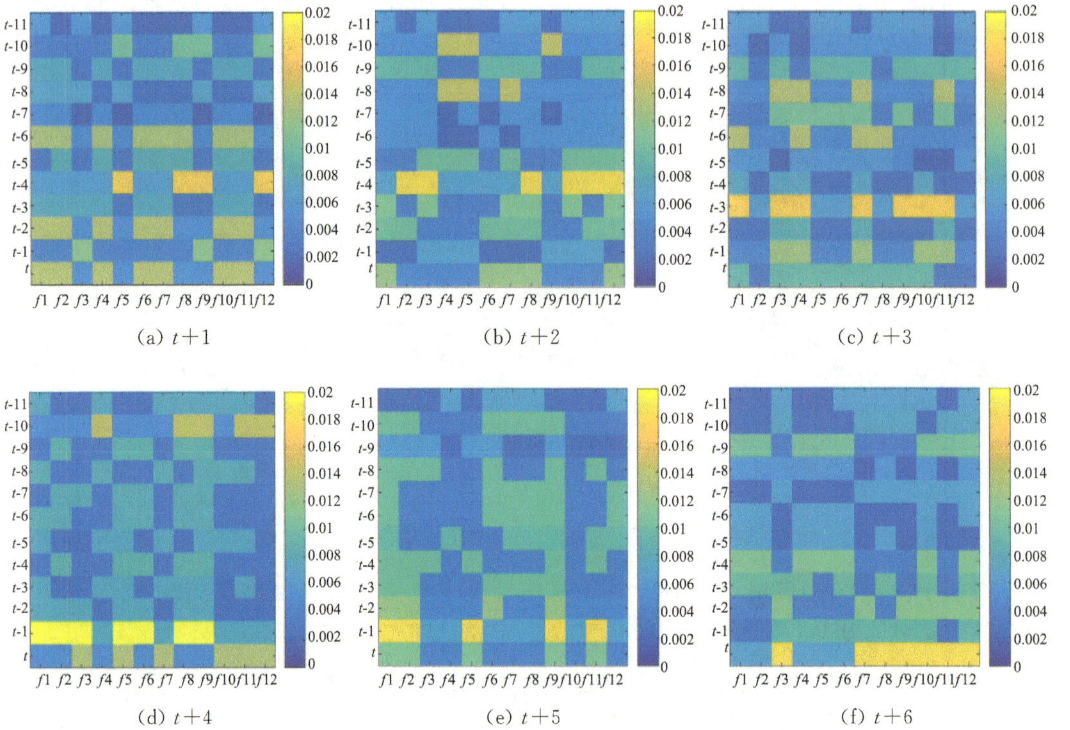

图 15.3-5 时空权重可视化结果

随着预报时刻的推移，其时空权重也出现一定的规律性变化。为此，通过对多次实验的时间权重变化进行可视化，可以得到如图 15.3-6 所示的曲线。图中横坐标表示模型的预报时刻，纵坐标表示历史时刻。显然在图中，存在两个重要的时间点，一个是曲线与纵坐标的交点，一个是曲线的变化速率。

在 15.2 节可解释性假设中介绍了对于 STA-LSTM 模型的可解释性分析思路。通过对产汇流过程的分析以及模型时空关注权重的分析，其做出了时间关注焦点会随预报时刻进行推移的重要假设。同时，时间关注焦点与预报时刻之间的起始间隔与汇流时间有关。在屯溪、昌化与黑河流域的数据集上，STA-LSTM 模型的时间关注的焦点大致呈现出随预报时刻逐渐推移的规律。尽管其变化曲线并不平滑，但其整体规律较为明显。

通过对于时空关注权重的分析，STA-LSTM 模型的可解释性分析告一段落。但要注意的是，尽管可以通过反向分析的方式对模型可解释性进行探索，但由于 STA-LSTM 模型是基于简单对象定义进行建模的模型，其方法本身具有一定的局限性。

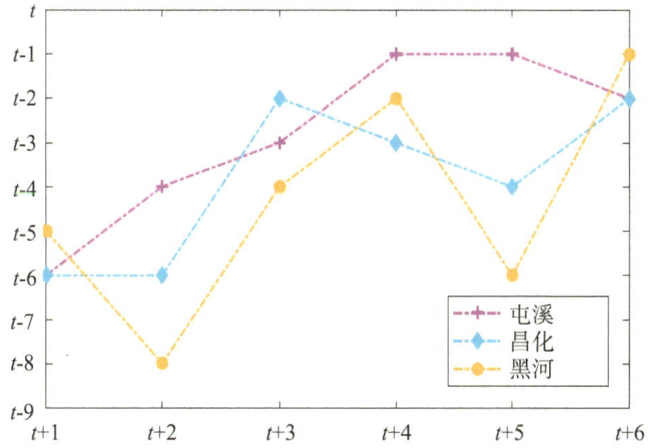

图 15.3-6　时间关注权重变化趋势

(4) STA-LSTM 的激活函数分析

激活函数的使用历来是神经网络模型的重要部分。合适的激活函数对于模型性能的提高具有重要作用。本部分探讨不同激活函数对于时空关注模块的性能影响。

在屯溪流域的数据集上，实验选用了 Sigmoid 与 ReLU 两类激活函数作为实验变量，通过固定 STA-LSTM 模型的超参数探讨 STA-LSTM 模型在不同数据集上的预报准确性以及稳定性。

图 15.3-7 展示了不同激活函数组合下，STA-LSTM 在屯溪、昌化、黑河数据集上的表现。可以看到，不同的激活函数组合对于模型的表现具有较为明显的影响。图中“Sig-ReLU”是指空间关注模块使用 Sigmoid 激活函数而时间关注模块使用 ReLU 激活函数。

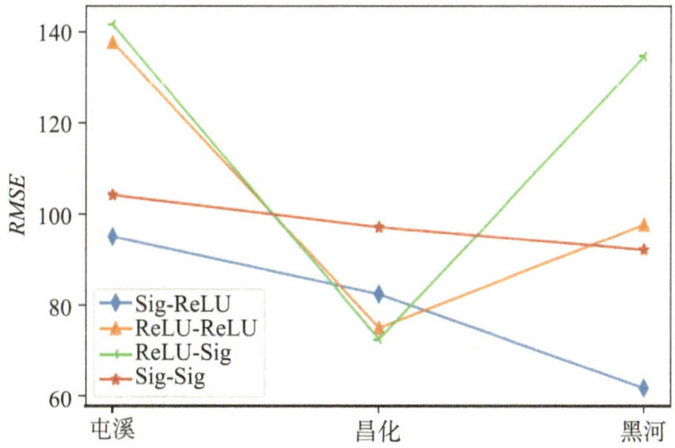

图 15.3-7　激活函数对 STA-LSTM 模型的影响

空间注意模块位于 STA-LSTM 模型的浅部。浅层特征通常集中在一个狭窄的数值范围内。因此，Sigmoid 得到的空间注意力权值相对较“软”、较全面[因为权值总是在(0, 1)范围内]。时间注意操作则是处理 LSTM 元后的特征。ReLU 可以增加特征的差异，这使得权重变得更“硬”。小于零的特征会被压缩，大于零的特征会在 Softmax 后变得更加突出。

实验结果表明，Sig-ReLU 模型在多个数据集上的性能更好且最稳定，其次是 Sig-Sig 模型。为了保持模型更好的鲁棒性，实际模型中将 Sig-ReLU 组合作为激活函数设置。尽管激活函数对于 STA-LSTM 模型的预报性能具有一定的影响，但要注意的是，模型的整体性能更多地取决于模型的结构以及建模的方法。不同层次的建模方法之间存在先天的差异。

15.3.2 循环图注意力网络洪水预报模型

(1) 循环图注意力网络洪水预报模型建模

为了利用先验知识更好地进行智能洪水预报建模，提升模型的精度与可解释性，异质系统定义充分考虑流域内部情况，采用多种关系描述流域内对象的互相作用。同时，根据情况将流域划分为多个异质子系统。

定义 15.3　异质系统：在智能洪水预报建模过程中，将流域视为具有多个相互作用关系的异质系统，通过显示表达系统间的多种作用关系，将各项监测特征视为子系统内部的简单对象，利用局部或整体状态对系统特定状态量进行估计。

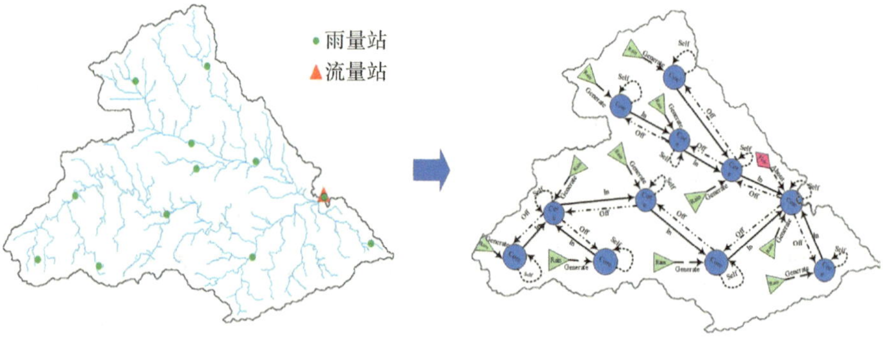

图 15.3-8　异质系统示意图

如图 15.3-8 所示，根据异质系统定义可以将流域划分为多个异质子系统，同时显式地表达子系统与子系统内部的多种作用关系。显然，多种作用关系的定义是基于领域知识与常识的，而这意味着基于异质系统定义的建模方法在理论上具有更高的可解释性。

基于异质系统定义的方法首先需要将研究对象划分为多个异质子系统，并基于先验知识定义多种作用关系，如下式所示：

$$y = ba\sin(R, f, V') \tag{15.3-10}$$

其中，R 表示异质系统内对象的连接关系；f 表示简单对象的特征；y 表示被估计量；V' 表示被选中用于估计 y 的对象集合。

异质系统层次下的循环图注意力网络洪水预报方法是将流域转化为由多个异质子系统构成的异质系统，通过考虑物理流域特点以及流域先验知识构建关系与节点，从而构建基于物理机理的复杂对象连接关系（异质图），基于节点注意力与关系注意力方法以及循环迭代机制对流域时空状态变化过程进行模拟，从而实现对流量的预报。

图 15.3-9 给出了基于循环图注意力网络洪水预报建模方法的整体流程。整体流程分为三部分：

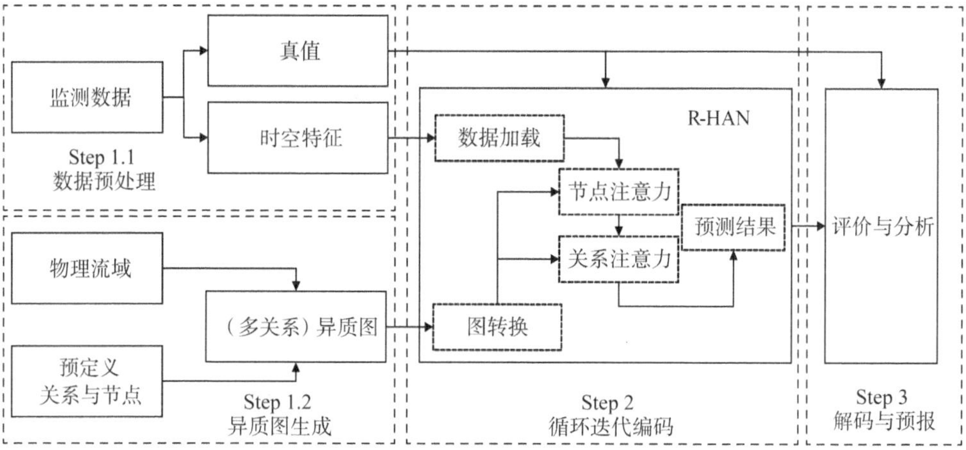

图 15.3-9　循环图注意力模型整体流程

首先，根据领域先验知识及物理机理确定异质系统中的节点与关系从而实现对流域的模拟。构建过程中要考虑节点与关系的物理含义，同样，也要考虑流域边界与特征对齐问题。

然后，以循环迭代的机制利用节点注意力与关系注意力方法对异质系统的状态进行动态模拟推演，从而实现时空特征的融合与编码。此过程是对实际流域系统内部复杂过程的模拟。

最后通过多层卷积网络与全连接神经网络实现对隐藏状态的解码，给出对系统未来状态的估计值，从而实现洪水预报。

(2) 循环图注意力模型结构分析

节点注意力模块的结构如图 15.3-10 所示，其主要过程如下所述：

针对某一时刻的单一节点(目标节点)其当前状态记为 h_j^{dst}，针对其多个邻接节点(源节点)其状态记为 h_i^{src}，其中 $i=1,2,\cdots,N^{src}$ 表示节点 j 所有邻接节点中的一个。显然在有向图中，目标节点在下一时刻的状态受到当前时刻所有邻接节点的状态影响。

$$\alpha_{ij}=A^{node}(W^{src}h_i^{src} \parallel W^{dst}h_j^{dst}) \tag{15.3-11}$$

如式(15.3-11)所示，节点关注模块分别通过线性层权重 W^{src} 和 W^{dst} 将源节点状态与目标节点状态映射到同一空间，经过拼接操作后通过全连接层权重 W^{natt} 计算得到初始节点权重 o_{ij}。然后经过归一化以及激活操作处理后获得最终的节点权重 α_{ij}。要注意的是，在单一关系中，源节点为同一类型，目标节点不一定与源节点为同一类型。

$$o_{ij}=\text{LeakyReLU}(W^{natt}(W^{src}h_i^{src} \parallel W^{dst}h_j^{dst})) \tag{15.3-12}$$

$$\alpha_{ij}=\text{Softmax}(o_{ij})=\frac{e^{o_{ij}}}{\sum_{i=1}^{N^{src}} e^{o_{ij}}} \tag{15.3-13}$$

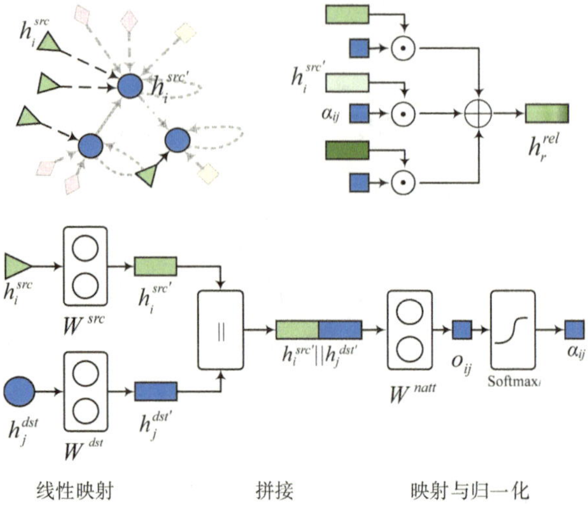

图 15.3-10　节点注意力模块示意图

如式(15.3-14)所示,通过单关系状态变量 h_r^{rel} 暂时记录在关系 r 中所有邻接节点对目标节点状态转移产生的影响

$$h_r^{rel}=\bigoplus_{i=1}^{N^{src}}(\alpha_{ij}\odot h_i^{src'})\tag{15.3-14}$$

其中,$\oplus$ 表示对应元素相加操作,$\odot$ 表示哈达玛乘积操作。

根据消息传递机制,上述节点关注过程可以被抽象为:同一类型的多个节点同时向目标节点发送消息,每条消息根据其内容被赋予不同的重要性。对于目标节点而言,同一类型的节点发送过来的消息按重要性(节点权重 α_{ij})进行排序后暂存在文件夹(h_r^{rel})中以备使用。

关系注意力权重是衡量不同关系对节点状态影响的重要依据,其通过拼接操作以及线性层处理当前时刻来自所有关系的信息激励,从而获得不同关系信号的权重向量 β_j 。关系注意力模块如图 15.3-11 所示。

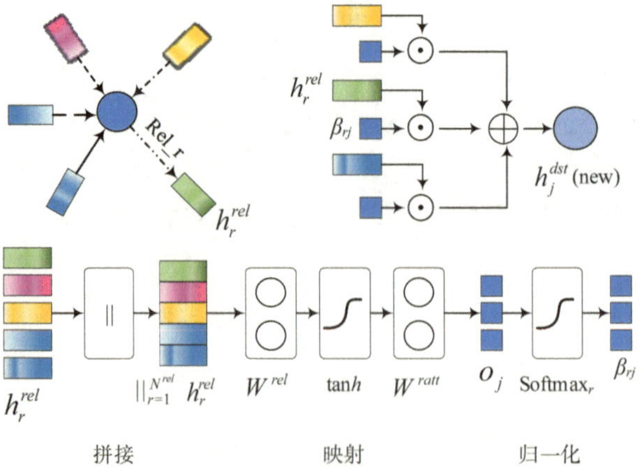

图 15.3-11　关系注意力模块示意图

$$\beta_j = A^{rel}(\|_{r=1}^{N^{rel}} h_r^{rel}) \tag{15.3-15}$$

如式(15.3-16)所示，经过初始线性变化(W^{rel})，激活处理($\tan h$)以及线性赋权操作(W^{ratt})后获得初始关系权重向量 o_j

$$o_j = (W^{ratt}(\tan h(W^{rel}(\|_{r=1}^{N^{rel}} h_r^{rel})))) \tag{15.3-16}$$

如式(15.3-17)所示，经过 Softmax 归一化处理后获得最终的关系注意力权重向量 $\beta_j = (\beta_{1j}, \beta_{2j}, \cdots, \beta_{N^{rel}j})$ 。

$$\beta_{rj} = \text{Softmax}(o_{rj}) = \frac{e^{o_{rj}}}{\sum_{r=1}^{N^{rel}} e^{o_{rj}}} \tag{15.3-17}$$

其中，β_{rj} 表示第 r 种关系对节点 j 的权重。

根据消息传递机制，上述关系关注过程可以抽象为：每个节点的信箱中存在多个文件夹(h_r^{rel})，每个文件夹包含已经排序过的不同节点发送的信息，节点通过对邮箱里的文件夹进行排序以确定文件夹的重要程度(β_j)，从而更好地利用邮箱里的信息进行决策。

(3) 循环图注意力模型趋势分析

在基于异质图注意力模型图的构建以及节点与关系关注模块的设计均遵循一定的可解释性。本部分内容通过展示训练过程中关系注意力权重的变化趋势从而间接分析 R-HAN 模型的可解释性。

问题假设：训练过程中，R-HAN 模型的关系权重应当根据不同节点呈现出不同的规律；随着训练损失逐渐减小，单一节点的关系权重应当逐渐收敛到一定的数值范围内。

从实验结果图 15.3-12 可以看出，经过训练的 R-HAN 模型关系权重收敛在一定的数值。图 15.3-13 展示了 R-HAN 模型在屯溪训练数据集上的关系权重分布情况，其数值是训练完毕时(最后一个 epoch)各样本的平均值。由于屯溪流域有 11 个子区域，因此图中展示了 11 个区域(节点，node)的关系权重变化情况。

迁移性可以看作是智能模型可解释性的重要组成部分。对于 R-HAN 模型的迁移性分析有助于理解 R-HAN 模型的合理性。尽管这种合理性是通过结果反向推导的，但这对于模型的实际应用具有重要作用。本部分介绍了 R-HAN 模型在屯溪与昌化数据集上的迁移性实验，实验主要验证经过屯溪数据集预训练的 R-HAN 模型能否直接迁移到昌化流域进行使用，并探究昌化数据的校正是否能提升模型在昌化流域的表现，试图探究智能洪水预报模型的迁移性及其预训练模型构建的可行性。

问题假设：如表 15.3-1 所述，智能洪水预报模型的迁移性与数据集之间的相似性有关；在一定新数据被使用的情况下，预训练模型经过新数据的校正，在新数据集上的性能优于直接用小批量新数据训练的模型；但当训练过程中使用的新数据的比例(数量)超过某个阈值时，预训练模型不具有优势。

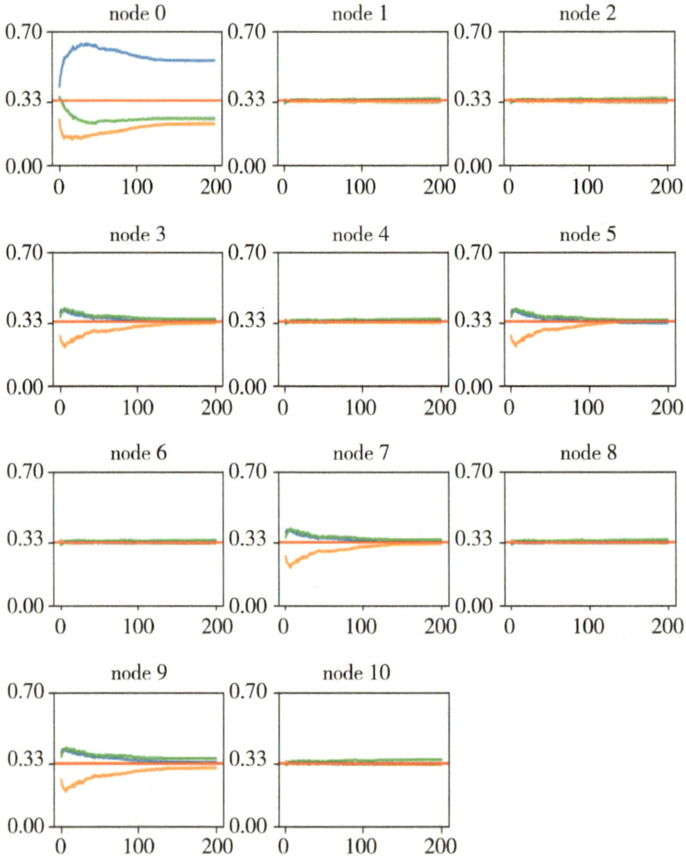

图 15.3-12　各节点关系权重收敛情况

表 15.3-1　智能洪水预报模型迁移性假设

	新-旧数据相似性高	新-旧数据相似性低
新数据数据量小	提升	持平/下降/提升
新数据数据量大	持平/下降/提升	下降

表 15.3-2 列举了 R-HAN 模型在屯溪与昌化数据集上的迁移性测试实验结果。表格中标题栏 “- Changhua”以及“Tunxi- Changhua”分别表示 “无预训练-昌化数据训练”以及“屯溪数据预训练-昌化数据校正”。

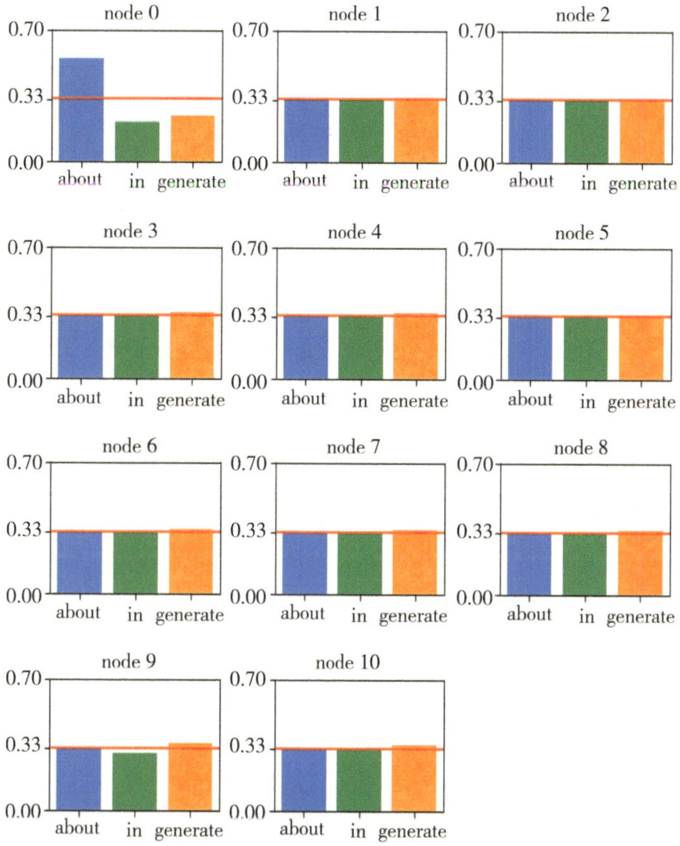

图 15.3-13 各节点关系权重分布

注：about、in、generate 分别表示本区域流量、上游来水、本区域降雨(产流)对本区域的影响。

表 15.3-2 R-HAN 在屯溪-昌化数据集上的迁移性实验结果

评价指标	类型	训练比例(%)							
		0.00	10.00	20.00	30.00	40.00	50.00	60.00	70.00
RMSE	-Changhua	298.89	184.62	171.16	143.61	119.44	81.81	77.09	64.77
	Tunxi-Changhua	210.05	172.97	145.89	124.99	110.70	89.42	79.67	81.22
R^2	-Changhua	−0.20	0.48	0.57	0.70	0.80	0.90	0.92	0.94
	Tunxi-Changhua	0.33	0.56	0.68	0.78	0.83	0.89	0.91	0.91
MAE	-Changhua	151.72	82.18	75.03	62.05	52.08	38.56	32.59	28.56
	Tunxi-Changhua	104.11	78.34	63.67	54.32	45.84	38.37	34.33	33.94
MAPE (%)	-Changhua	61.76	50.53	43.98	25.88	21.83	19.61	15.65	14.45
	Tunxi-Changhua	65.05	54.81	36.12	21.72	17.94	17.49	15.45	15.02
QR(%)	-Changhua	70.99	78.55	79.21	84.28	84.20	88.23	92.45	92.76
	Tunxi-Changhua	75.77	79.25	82.49	84.99	88.92	90.19	91.51	91.79

通过实验结果图 15.3-14 可以看出，经过 Tunxi 数据集预训练的 R-HAN 模型在

ChangHua 流域数据集上也表现出较好的性能。随着 ChangHua 数据集中训练集比例的提高，R-HAN 预训练模型的性能也逐步提升；当训练集占比低于 40.00%时，预训练模型的性能优于直接使用 ChangHua 数据进行训练的模型。

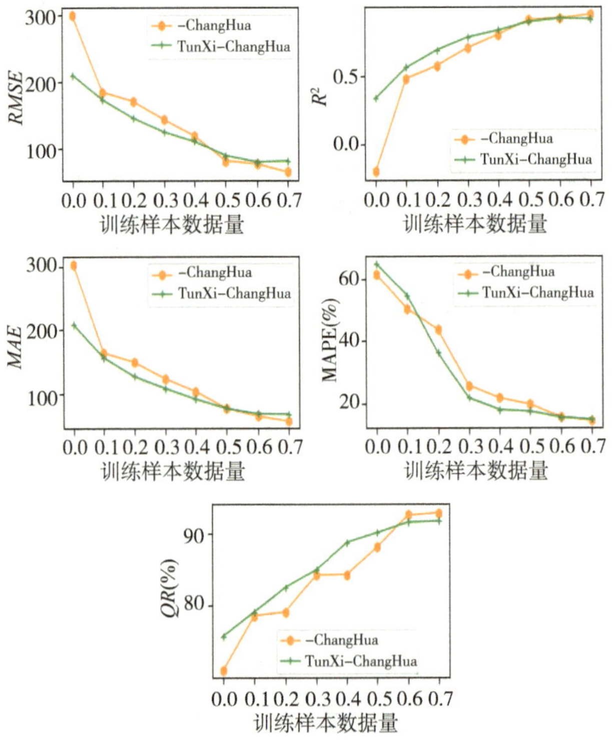

图 15.3-14　R-HAN 模型迁移性实验结果

实验结果表明，当领域内数据量较小时，通用知识的引入能在一定程度上提升模型精度；当领域内数据量逐步增加时，通用知识的作用发挥有限。

15.4　小结

本章从不同角度思考智能洪水预报的建模过程，结合水文与智能计算领域知识，提出了智能洪水预报层次化问题定义，尝试利用不同精细程度的数据表达系统对流域的智能预报模型决策结果隐含的推理逻辑和决策依据进行解析，并采用时空权重可视化方法分析了模型的注意力变化趋势，探究智能模型层次结构、内部参数和表征向量等因素对模型决策结果的影响，为设计高保真的解释方法和高精度的可解释智能洪水预报建模研究提供思路。

参考文献

[1] 徐宗学. 水文模型[M]. 北京：科学出版社，2009.
[2] 包为民. 水文预报[M]. 北京：中国水利水电出版社，2009.
[3] 芮孝芳. 水文学与"大数据"[J]. 水利水电科技进展，2016，36(3)：1-4.
[4] SCHMIDT L，HEE F，ATTINGER S，et al. Challenges in applying machine learning models for hydrological inference：A case study for flooding events across germany[J]. Water Resources Research，2020，56(5)：1-10.
[5] SUN A Y，SCANLON B R. How can big data and machine learning benefit environment and water management：A survey of methods，applications，and future directions [J]. Environmental Research Letters，2019：1-48.
[6] 刘蕊鑫，纪昌明，马源. 基于互信息的改进 RBF 神经网络预测模型及其应用[J]. 中国农村水利水电，2016(10)：100-103.
[7] 冯钧，潘飞. 一种 LSTM-BP 多模型组合水文预报方法[J]. 计算机与现代化，2018(7)：86-89+96.
[8] 郭炅，张艳军，王俊勃，等. 长短期记忆模型在小流域洪水预报上的应用研究[J]. 水资源研究，2019，8(1)：24-32.
[9] 孔俊，李士进，朱跃龙. 集成极限学习机的中小河流洪水预报方法研究[J]. 水文，2018，38(1)：69-74.
[10] SRIVASTAVA P K，HAN D，RICO-RAMIREZ M A，et al. Selection of classification techniques for land use/land cover change investigation[J]. Advances in Space Research，2012，50(9)：1250-1265.
[11] CHENG C T，NIU W J，FENG Z K，et al. Daily reservoir runoff forecasting method using artificial neural network based on quantum-behaved particle swarm optimization[J]. Water，2015，7(8)：4232-4246.
[12] 马凯凯，李士进，王继民，等. 数据驱动的中小河流智能洪水预报方法对比研究[J]. 中国科学技术大学学报，2016，46(9)：774-779.
[13] DING Y，ZHU Y，WU Y，et al. Spatio-temporal attention LSTM model for flood forecasting[C]// 2019 International Conference on IEEE Cyber. Atlanta：Physical and Social Computing (CPSCom)，2019：458-465.
[14] LI K，WAN D，ZHU Y，et al. The applicability of ASCS_LSTM_ATT model for water level prediction in small - and medium-sized basins in China[J]. Journal of Hydroinformatics，2020，22(6)：1693-1717.
[15] MOSAVI A，OZTURK P，CHAU K W. Flood prediction using machine learning models：Literature review[J]. Water，2018，10(1536)：1-40.
[16] KUMAR S，TIWARI M K，CHATTERJEE C，et al. Reservoir inflow forecasting using ensemble models based on neural networks，wavelet analysis and bootstrap method[J]. Water Resources Management，2015，29：4863-4883.
[17] BELLOS V，TSAKIRIS G. A hybrid method for flood simulation in small catchments combining hydrodynamic and hydrological techniques[J]. Journal of Hydrology，2016，540：331-339.
[18] MA K，FENG D，LAWSON K，et al. Transferring hydrologic data across continents-leveraging data-rich regions to improve hydrologic prediction in data-sparse regions [J]. Water Resources

Research, 2020,57(5):1-11.

[19] KRAUSE J, PERER A, BERTINI E. Using visual analytics to interpret predictive machine learning models[J]. ArXiv, 2016:106-110.

[20] KRATZERT F, HERRNEGGER M, KLOTZ D, et al. Neural hydrology-interpreting LSTMs in hydrology [M] //Explainable AI: Interpreting, explaining and visualizing deep learning. Switzerland: Springer, Cham, 2019: 347-362.

[21] 纪守领,李进锋,杜天宇,等. 机器学习模型可解释性方法、应用与安全研究综述[J]. 计算机研究与发展, 2019, 56(10): 2071-2096.

[22] DIKSHIT A, PRADHAN B. Interpretable and explainable AI (XAI) model for spatial drought prediction[J]. Science of the Total Environment, 2021, 801: 149797.

[23] PRASANTH K S, WOO W L. Flood Prediction and Analysis on the Relevance of Features using Explainable Artificial Intelligence[J]. ArXiv, 2022: 1-13.

[24] LUNDBERG S M, Lee S I. A unified approach to interpreting model predictions[J]. Advances in Neural Information Processing Systems, 2017, 30:4768-4777.

[25] DING Y, ZHU Y, FENG J, et al. Interpretable spatio-temporal attention LSTM model for flood forecasting[J]. Neurocomputing, 2020, 403: 348-359.

[26] DOSHI-VELEZ F, KIM B. Towards a rigorous science of interpretable machine learning [J]. ArXiv, 2017:1-13.

[27] GUIDOTTI R, MONREALE A, RUGGIERI S, et al. A survey of methods for explaining black box models[J]. ACM Computing Surveys (CSUR), 2018, 51(5): 1-42.

第 16 章

基于 ROPE 算法的水文模型参数率定方法

16.1 概述

水文模型参数率定是水文学研究的关键问题之一。水文模型都包含一定数量的参数，其中一部分参数具有明确的物理意义，可以通过与流域下垫面等信息建立相关关系而确定，而另一部分参数则无法直接估算，需要通过历时观测数据进行率定。通过调整水文模型中的参数使得模型的模拟结果与实测结果尽可能接近，使其能够更准确地模拟流域的降雨径流过程以及其他水文过程，在水资源管理、洪水预测、灌溉规划和气候变化研究等领域具有重要的应用价值。随着计算机技术的不断发展和水文模型复杂性的增加，水文模型参数率定方法也从传统的图形法和试错法等人工率定方法逐步发展到了数值优化方法、贝叶斯方法和机器学习方法等自动优化算法。基于客观函数，采用迭代计算、统计分析和人工智能等技术自动寻找最优参数组合，能够更好地处理参数的不确定性，并具有一定的高效性和精确性。模型参数率定面临的挑战之一是水文过程的高度非线性性，不同参数组合可能对径流产生相同的影响，即“异参同效”现象[1]，这增加了参数估计和移用的复杂性。同时，模型参数率定的结果也受到降雨、流域初始状态等模型输入数据不确定性和变化性的影响，这可能导致参数组在验证期模拟效果不佳。针对上述问题，本章主要介绍由 Bardossy 和 Singh 提出的一种高效稳健的模型参数自动优化算法，即 Robust Parameter Estimation algorithm（ROPE 算法）[2]。该算法基于统计深度函数的概念，充分考虑了水文数据的不确定性和异常值，有效减轻了模型参数率定的敏感性。ROPE 算法能够显著提高水文模型参数率定结果的可靠性与稳定性，使其能够更好地适应各种水文条件。

16.2 ROPE 参数率定算法

16.2.1 统计深度函数

1975 年，著名统计学家 John Tukey 首次提出了统计深度函数的概念，用于高维数据的排序以及数据分析和异常值诊断[3]。在过去二十多年里，统计深度的概念受到了广泛关注，作为分析多维数据的有效工具被大量应用于大型数据集的研究，如非参数多变量分析、航空安全多变量数据的监测控制图以及大数据的质量控制等[4-8]。

统计深度函数是用来衡量数据点相对于整个数据集的中心程度的方法，是一个将数据点映射到实数值的函数，通常用 $D(x)$ 表示，其中 x 为数据点。该函数衡量了数据点在数据集中的相对位置，越"深"的数据点距离数据集中心越远，越"浅"的数据点距离数据集中心越近（图 16.2-1）。统计深度函数可以用来描述数据集的总体分布特征，包括集中趋势和离群值。在数据深度值较高的区域，数据点更密集，表示数据集的集中趋势较强；在深度值较低的区域，可能存在离群值或分布稀疏的区域。统计深度函数一般具有以下四大性质：

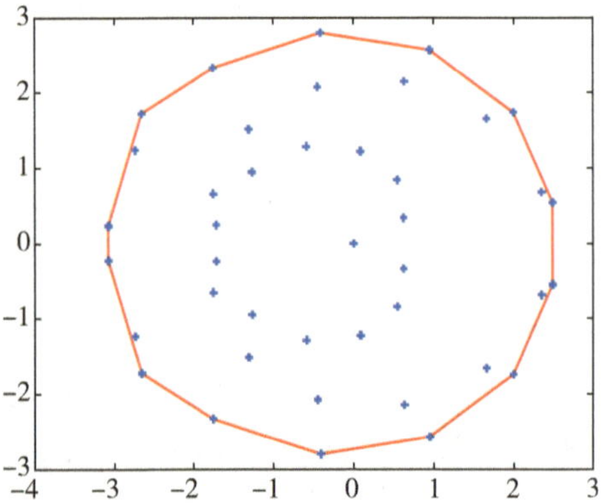
图 16.2-1 数据深度值示意图

(1) 仿射不变性：数据点的关系不会因为平行投影而发生改变；

(2) 中心点最大值：深度函数始终在中心点位置达到最大值；

(3) 单调递减性：当数据点从中心位置向外移动，深度值单调递减；

(4) 无线远处极小值：当从最深的位置移到无限远时，深度值趋近于 0。

统计深度函数给出了多维数据从中心到外围的有效排序。常用的统计深度函数包括半空间深度、单形深度、回归深度和投影深度等。其中，最引人瞩目的是半空间深度，它的定义直观且具有统计深度函数所有令人满意的性质。半空间深度函数的定义是[9]：对于一个 d 维空间 R^d 中的有限集合 X，点 p 的半空间深度表示为集合 X 中位丁通过点 p 的超平面一侧点数的最小值，即点 p 相对于集合 X 的半空间深度为：

$$D_X(p)=\min\left(\min\left(\left|\{x\in X\langle n_h,x-p\rangle>0\}\right|\right),\left(\left|\{x\in X\langle n_h,x-p\rangle<0\}\right|\right)\right) \tag{16.2-1}$$

其中，$\langle x,y\rangle$ 为 d 维空间的标量积，n_h 为 d 维空间中的任意单位向量，代表所选定的超平面的法向量，若点 p 位于集合 X 的凸多边形外部，则其深度值为 0。凸多边形边界上和边界附近的点深度值较低，而深入内部的点深度值较高。图 16.2-2 以二维数据集为例，阐述了半空间统计深度的概念。x 轴代表第一个参数，y 轴代表第二个参数，假定要计算矩形点在圆点数据集中的深度值。首先，绘制一个通过矩形点的超平面[图 16.2-2(a)]，计算超平面两侧的点据数量，记录其最小值。然后，将超平面顺时针旋转 360 度[图 16.2-2(b～d)]，并计算每次旋转过程中位于两侧的点数，记录点数的最小值。矩形点的深度值为位于通过计算点的所有超平面的一侧的最小点数值，因此，图中矩形点的深度值为 4。半空间深度函数不受空间变换的影响，这意味着不同参数的不同取值范围对其数据深度值没有影响。由于水文模型的每个参数都有不同的规模和范围，因此统计深度函数尤其适用于识别任何水文模型的参数空间。

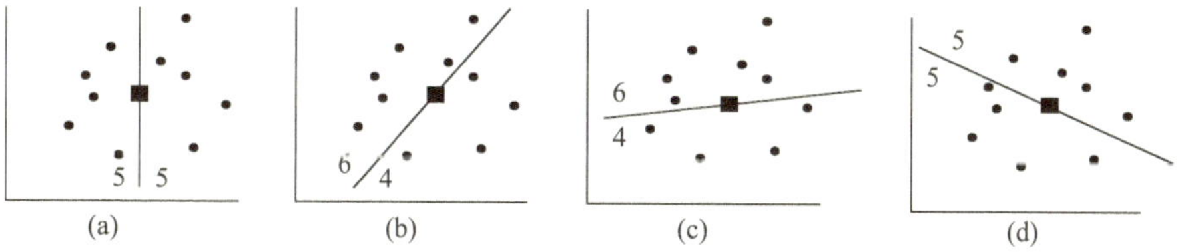

图 16.2-2　半空间法数据深度值计算示意图

16.2.2　ROPE 参数优化算法

根据统计深度函数在多维数据分析应用上的优点，Bardossy 和 Singh 于 2008 年提出了高效稳健的模型参数自动优化算法 ROPE(Robust Parameter Estimation algorithm)。该方法基于统计深度函数的概念，把水文模型参数组作为一个多维度空间，通过蒙特卡罗随机采样不断迭代生成高维空间内部的新参数组，从而获得一定数量的、具有稳定模拟效果的参数组。ROPE 算法采用半空间深度函数来判断新参数组的数据深度值。半空间深度函数可计算数据点相对于数据集的半空间深度(HD)：

设 x 是 d 维空间中的一点，F 是 d 维空间上的一个分布函数，那么 x 相对于 F 的半空间深度就是包含 x 的半空间上的最小概率。

$$HD(x,F)=inf\{F(H),x\in H\},x\in\mathbf{R}^d \tag{16.2-2}$$

式中：H 为包含 x 的封闭半空间；inf 为取值下边界。

根据半空间深度函数的性质，深度值大于 1 的点是位于 d 维空间分布函数内部的，因此通过随机采样和深度值计算，可以不断生成 d 维空间内部的新点据。

ROPE 参数优化算法的主要步骤为[10]：

①选取需要进行率定的水文模型参数，根据参考文献等资料，确定需率定模型参数的取值范围；

②根据参数取值范围，通过蒙特卡罗随机采样方法生成 n 组参数，记为 X_n；

③确定模型参数率定目标函数值，对所有的参数组 X_n 进行水文模拟；

④根据目标函数值选取模拟效果最优的 m 组参数，记为 X_m^*；

⑤将 X_m^* 作为新的高维参数组空间，通过蒙特卡罗随机采样以及新参数组的半空间数据深度值计算，在高维空间内部生成新的 n 组参数，记为 X'；

⑥用新参数组 X' 取代 X_n，重复步骤③～⑥，直至所有参数组 X_n 进行模拟的最佳结果与最差结果之差小于预设的允许误差阈值，模型参数率定工作完成，X_n 为率定得到的模型参数组。

ROPE 率定方法过程流程图和示意图如图 16.2-3 和图 16.2-4 所示，该方法通过不断迭代生成高维空间内部参数，能够获取预定数量的最佳参数组合，虽然参数组之间差异很大，但都能获得稳健的模拟效果和移用效果。

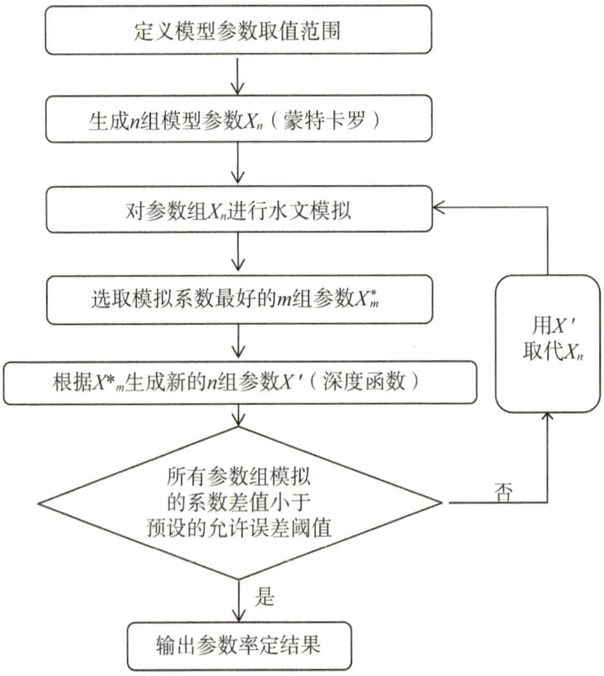

图 16.2-3　ROPE 参数自动优化算法流程图

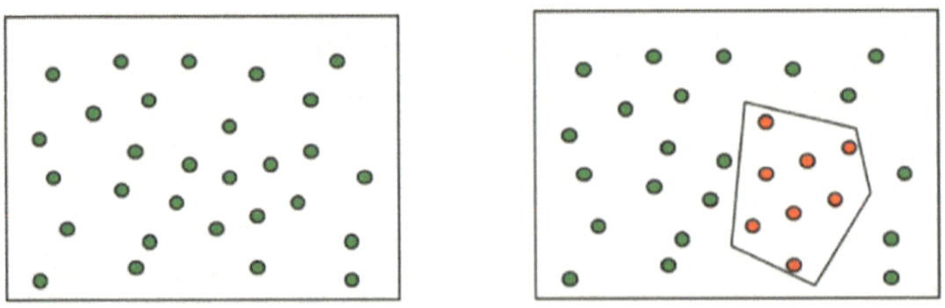

(a) 随机生成参数组，进行模型模拟　　(b) 最优参数组识别

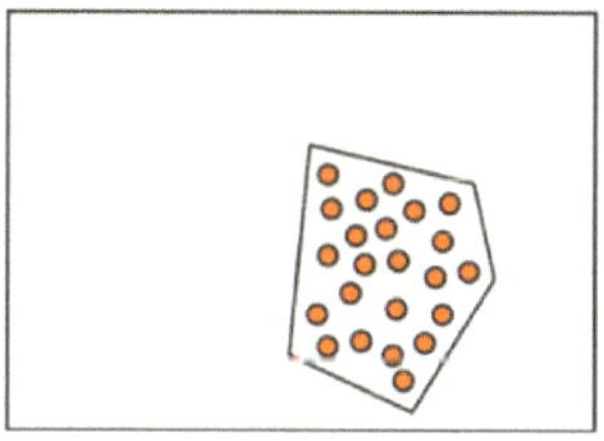

(c) 生成深度值更高的新参数组

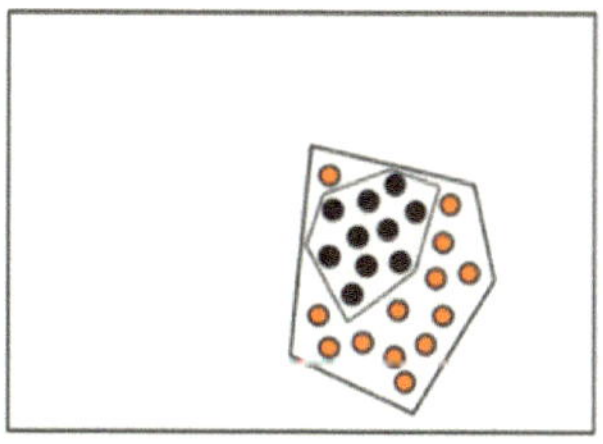

(d) 识别最优参数组，重复步骤(c)

图 16.2-4　ROPE 参数自动优化算法示意图

ROPE 参数优化算法充分考虑了参数组的“异参同效”性，挖掘了高维参数空间的最优参数集合的特性，获取了一系列能够合理反映流域水文响应过程的参数组合，这些参数组具有较强的可移植性，不仅在同一流域不同时期模拟效果良好，在其他流域应用也能取得较好的移用效果，对于无资料地区的水文模型应用研究具有重要意义[11-12]。

16.3　应用实例

16.3.1　单个流域 ROPE 参数率定结果

本节采用由瑞典气象水文研究所(SMHI)开发的概念性水文模型 HBV(Hydrologiska Byärns Vattenbalansavdelning)模型[13]，对 ROPE 算法的参数率定结果进行分析。该模型结构简单，需要进行率定的参数较少且应用简便，在瑞典、美国等许多国家得到了广泛应用，取得了良好的应用效果。HBV 模型结构主要包含融雪计算、流域产流和流域汇流三个部分。需要通过历史资料率定的参数总共是 9 个，分别为：田间持水量 F_C、产流折算系数 Beta、地表径流阈值 HL、地表径流系数 K_0、壤中流径流系数 K_1、下渗系数 K_d、地下径流系数 K_2、融雪阈值温度 TT 和融雪系数 DD[14]。

选取纳什效率系数(NSE)为评价指标[15]，计算公式为：

$$NSE = 1 - \frac{\sum_{t=1}^{T}[Q_m(t) - Q_s(t)]^2}{\sum_{t=1}^{T}[Q_s(t) - \overline{Q_s}]^2} \tag{16.3-1}$$

式中：T 为资料序列长度；$Q_m(t)$ 为模型模拟的流量值；$Q_s(t)$ 为实测流量值；$\overline{Q_s}$ 为实测流量的均值。

选取美国 Pine Creek 流域(流域面积为 1 564 km^2)1971—1990 年的逐日观测数据进行参数率定和验证。其中，1971—1980 年为率定期，1981—1990 年为验证期。采用 ROPE 算法，经过 9 次迭代后，最终获得 10 000 组最优参数组，10 000 组最优参数组的分布范围见图 16.3-1，图 16.3-2 展示了 10 000 组最优参数在模型率定期和验证期的模拟结果。从图 16.3-1 可以看出，率定得到的 10 000 组最优参数的取值范围广，不同参数间的敏感性差异较大。从模拟结果图 16.3-2 中可以看出，虽然参数取值各异，模拟结果却非常相近。同时，将这 10 000 组最优参数用于验证期的降雨径流模拟，计算得到的纳什效率系数值都处于 0.67～0.72，表明 ROPE 算法率定得到的参数组具有稳健的移植性。

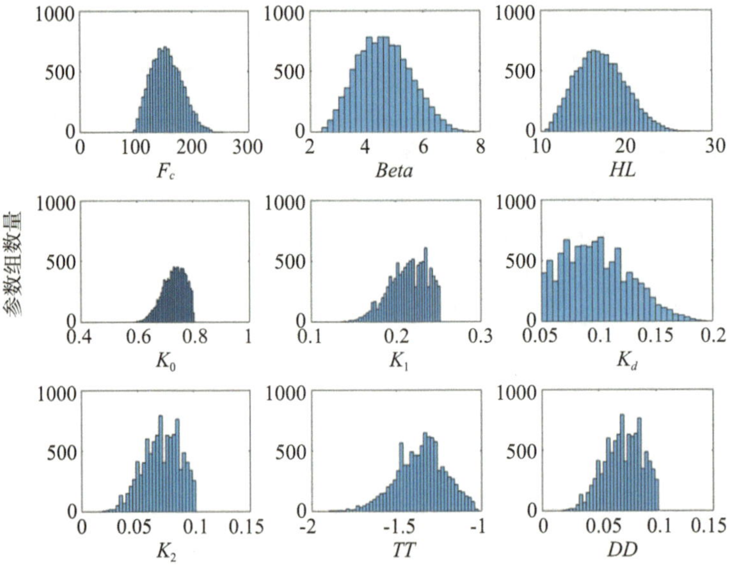

图 16.3-1 HBV 模型率定得到的10 000 组最优参数组的分布范围

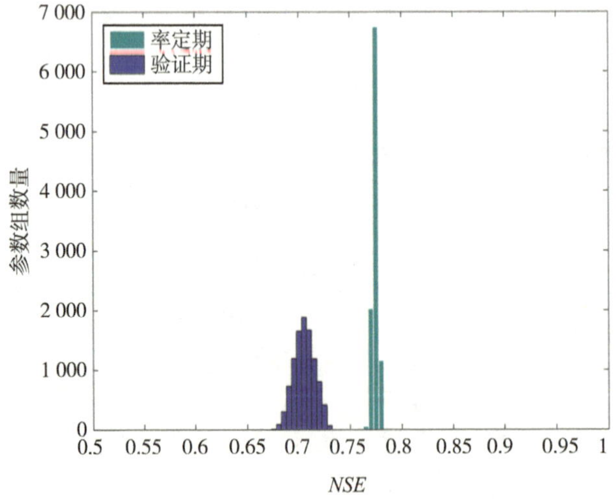

图 16.3-2 HBV 模型参数率定与检验结果

16.3.2　基于 ROPE 算法的多流域参数率定与无资料地区参数移植

资料匮乏区的水文模拟问题是水文学研究的重点与难点。相似流域间的模型参数移植是目前在资料匮乏区进行模型应用和洪水预报普遍采取的手段，国际上通用做法是根据已知流域水文、地理特征进行水文相似性分析，确定与研究区域具有相似水文响应的流域，再根据相似度移植相似流域参数，实现资料匮乏区的模型模拟和洪水预报。然而，单一流域模型参数的优选在很大程度上依赖于率定期的水文气象信息，在优选过程中容易出现模型对率定期气象条件“过度拟合”问题，参数在时间和空间交叉验证时容易出现移植效果不一致、不对称的情况。参数移植的非对称现象严重影响了相似流域间信息移用的稳定性，加上难以客观验证资料匮乏区移植效果，加大了洪水预报的误差与不确定性。针对以上不足，本节主要介绍基于 ROPE 算法的多流域水文模型并行率定方法，获取多个流域共同适用的水文模型参数，为无资料地区水文模拟提供稳健可靠的参数，有利于提高模型参数在无资料地区模拟的精度。

多个相似流域水文模型参数并行率定为多目标优化，因此，采用折中优化算法，构建多流域同时获得高精度模拟结果的多目标优化函数：

$$O_A(\theta_i)=1-\sum_{j=1}^{m}(O_j^*-O_j(\theta_i))^p \tag{16.3-2}$$

式中：$O_A(\theta_i)$ 为采用第 i 组模型参数组 θ_i 进行所有流域模拟得到的纳什效率系数值；m 为进行多流域同时率定的总流域个数；O_j^* 即为编号为 j 的流域进行单独模拟能够达到的最优纳什效率系数(理论值为 1)；$O_j(\theta_i)$ 为 j 号流域采用第 i 组参数 θ_i 进行模拟的纳什效率系数；p 为影响因子，可取任意偶数值，p 越大，代表模拟结果偏差较大的流域在总体目标值中所占的比例越大，本研究中 p 取值为 4。

因此，基于公式(16.3-2)和 ROPE 算法，可以实现多个相似流域共同最优参数组的自动率定。以 HBV 模型为例，选取 10 个相似流域，采用 ROPE 算法和折中优化算法进行多流域并行率定，最终率定得到 10 000 组共享参数组，这些参数组进行模拟得到的纳什效率系数值十分接近，因此取这 10 000 个纳什效率系数值的均值作为模拟结果。图 16.3-3 展示了 10 个相似流域参数并行率定得到的纳什效率系数均值，并将该模拟结果与采用 ROPE 算法进行单个流域率定的结果、单个流域参数移用到其他流域的模拟结果进行比较。可以明显看出，与单个流域参数移用相比，多流域共享参数的模拟效果更为稳定。

对于多流域共同适用参数在无实测资料流域的移植性进行检验。选取另外 10 个相似流域作为无资料流域，进行多流域并行率定参数在无资料地区移植效果的检验。图 16.3-4 显示了 10 个用于参数率定流域的参数移用到无资料地区的模拟结果，分别是单个流域率定参数的移植和多流域并行率定参数的移植检验。同时，该图也展示了被假定为无资料的流域利用实测数据进行参数率定的结果以便于更好地对比模拟结果。结果表明，虽然未使用假定无资料流域的数据进行多个流域参数并行率定，其率定获得的参数组移用后仍可以在无资料流域取得接近于使用该流域实测数据进行参数率定的模拟结果，参数移用

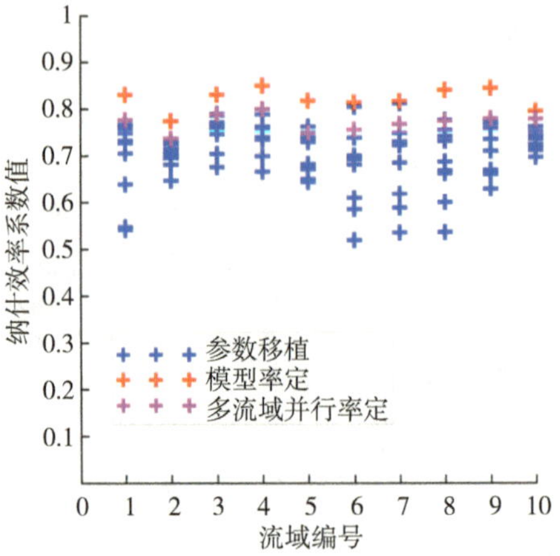

图 16.3-3　基于 ROPE 算法的多个流域并行率定结果

效果比单个流域率定参数进行移用更为稳定可靠，这充分显示了基于 ROPE 算法的多个相似流域并行率定获得的参数组在无资料地区移植的稳健性与优势。

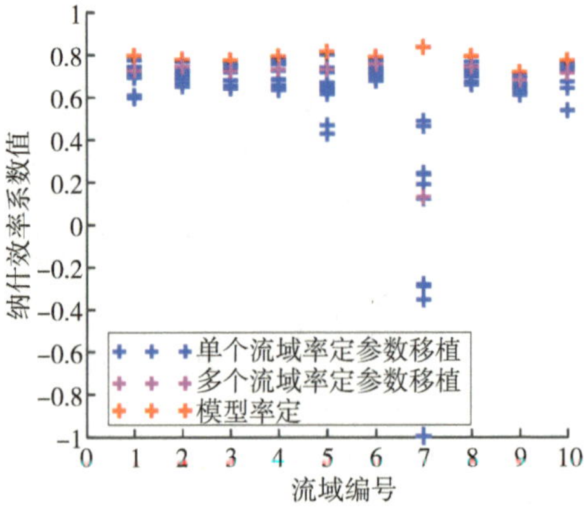

图 16.3-4　基于 ROPE 算法的无资料流域参数移植结果

16.4　小结

本章主要介绍了基于 ROPE 算法的水文模型参数率定方法及其在多个中小流域上的率定结果以及在无资料地区参数移植效果，ROPE 算法考虑了水文模型输入数据的不确定性，能够对输入异常值进行识别与处理，采用稳健的参数优化算法，大大降低了模型参数估计对不确定性和异常值的敏感性。该方法考虑了模型参数的“异参同效”性，为水文模型参数估计提供可靠的置信区间，有助于提高水文模型的可靠性和适用性。基于 ROPE 算法实现了多个相似流域共享参数的快速自动率定，解决了无资料地区水文模型参数推衍的难题，方法中充分利用了多个流域的水文气象信息，增加了历史数据的丰富性，保证了结果的客观合理性，能够进一步促进无资料地区水文模型应用研究的深入发展[16]。

参考文献

[1] BEVEN K, FREER J. Equifinality, data assimilation, and uncertainty estimation in mechanistic modelling of complex environmental systems using the GLUE methodology[J]. Hydrology, 2001, 249:11-29.

[2] BÁRDOSSY A, SINGH S K. Robust estimation of hydrological model parameters[J]. Hydrology and Earth System Sciences, 2008, 12(6): 1273-1283.

[3] TUKEY J W. Mathematics and the picturing of data[C]//Proceedings of the International Congress of Mathematicians. Ottawa: Candian Mathematical Society, 1975, 2: 523-531.

[4] CHEBANA F, OUARDA T B M. Depth and homogeneity in regional flood frequency analysis[J]. Water Resource Research, 2008, 44(11): W11422.

[5] LIN L, CHEN M. Robust estimating equation based on statistical depth[J]. Statistical Papers, 2006, 47:263-278.

[6] LIU R Y, PARELIUS J M, SINGH K. Multivariate analysis by data depth: descriptive statistics [J]. The Annals of Statistics, 1999, 27(3):783-858.

[7] ZUO Y, SERFLING R. General notions of statistical depth function[J]. The Annals of Statistics, 2000, 28(2):461-482.

[8] MILLER K, RAMASWAMI S, ROUSSEEUW P, et al. Efficient computation of depth contours by methods of computational geometry[J]. Statistics and Computing, 2003,13:153-162.

[9] DONOHO D L, GASKO M. Breakdown properties of location estimates based on half space depth and projected outlyingness[J]. The Annals of Statistics, 1992, 20(4):1808-1827.

[10] 盛奕华，衣学军，黄迎春，等. 基于多流域同步率定的 HBV 模型参数移植方法研究[J]. 中国农村水利水电，2021(2):66-70+77.

[11] BARDOSSY A, HUANG Y C, WAGENER T. Simultaneous calibration of hydrological models in geographical space [J]. Hydrology and Earth System Sciences, 2016, 20(7): 2913-2928.

[12] BÁRDOSSY A. Calibration of hydrological model parameters for ungauged catchments [J]. Hydrology and Earth System Sciences Discussions, 2006, 3(3):1105-1124.

[13] LINDSTRÖM G, JOHANSSON B, PERSSON M, et al. Development and test of the distributed HBV-96 hydrological model [J]. Journal of Hydrology, 1997, 201(1-4): 272-288.

[14] HUANG Y C, BARDOSSY A, ZHANG K. Sensitivity of hydrological models to temporal and spatial resolutions of rainfall data [J]. System Sciences, 2019, 23(6): 2647-2663.

[15] NASH J E, SUTCLIFFE J V. River flow forecasting through conceptual models part 1.— A discussion of principles [J]. Journal of Hydrology, 1970, 10 (3): 282-90.

[16] BEVEN K, BINLEY A M. The future of distributed models: Model calibration and uncertainty prediction[J]. Hydrological Processes, 1992,6:279-298.

第 17 章

基于数据挖掘的中长期水文预报

中长期水文预报是指预见期超过流域最大汇流时间，达 3 天以上，1 年以内的水文预报，是介于短期水文预报和水文年际演变趋势预估的预报方式。本章系统分析了中长期水文预报在预报参考信息源、因子筛选和构造技术、数据驱动建模方法和模型评估方法四个方面的研究进展，重点探讨了海温场预报因子的降采样方法及其在流域月径流量预报中的实用效果，并对中长期水文预报的难点问题进行了分析和展望。

17.1 概述

水文要素的年内变化是具有轮回周期的非平稳随机过程。水文要素中长期预报的难度主要源于预测系统的动力过程尚无法用物理定律和数学方程准确描述和推演，亦尚未建立概化中长期水文循环过程的模型结构和参数系统。中长期水文预测系统的非线性特征不可避免地伴生混沌效应，更加剧了预报结果的随机性。在中长期水文预报中，数据驱动方法的原理是挖掘历史资料中积累的规律，进而将这种规律应用于对未来水情的预测中。在近几十年的发展中，中长期水文预报的数据驱动方法不光使用了传统的统计模型和时间序列模型，也充分引入了近年来发展迅速的机器学习模型，形成了较为丰富的方法体系。

由于中长期预报领域使用的模型众多，模型的风格多样化，本章在阐述中长期水文预报的建模方法时，从以下四个方面来阐述建模过程中的科学技术问题：

(1) 参考信息源：对未来水文情势进行推断所依赖的信息来源。对信息源的界定能够使我们更加深刻地审视模型背后的物理机制。

(2) 因子筛选和构造技术：基于参考信息源来选择和构造模型的输入变量(即预报因子)。这些预报因子在机器学习领域被称为特征。所以这个步骤对应于机器学习领域的特征工程。

(3) 模型构建：这个步骤要确定模型构建方法，包括超参数选择、参数估计等步骤，然后构建预报模型。这里将预处理也作为模型构建问题中的一部分。这一步通常来说是完全自动化的。

(4) 精度评估：评估模型的预报精度(预报技巧)。这一步的结果可能会促使研究者对前面的步骤进行改进。

尽管上述四个方面在一个完整的中长期预报项目中是递进关系，但是在许多建模方法中，上述四个方面并不是截然分开的步骤。例如，如果选择了经典的时间序列分析方法构建自回归滑动平均（ARMA）模型对流量序列进行建模，则默认选择了流域初始水文条件为参考信息源。这是因为 ARMA 模型对序列的自相关结构进行建模，而自相关结构实质体现了初始水文条件对后续水文情势的影响[1]。此外，对一些机器学习模型来说（例如 LASSO 类的稀疏模型[2]），其自身带有因子选择功能，所以因子选择和模型构建并不是两个独立的步骤。然而，从上述四个方面来分析中长期预报建模方法，基本上可以全方位把握建模的方法论问题。

17.2　中长期水文预报的参考信息源

径流的可预报性同时受到气候系统和陆面水文系统的影响。简单来说，中长期径流预报的可预报性来源有两个重要组成部分，即陆面水文初始条件和气候预报能力[3]。此外，从建模角度来说，历史数据中蕴含的概率分布特征也是重要的信息源。所以我们将中长期预报可以利用的四种信息源总结如表 17.2-1 所示。

表 17.2-1　中长期水文预报模型使用的信息源类别总结

信息源类别	说明	具体信息源及部分参考文献
长期概率分布特征	依据长期观测获得的预报对象的概率分布特征。依据此信息源做出的预报代表着对未来水情的“数学期望”	水文序列的均值、趋势及周期性，对季节性水文变量则包括每个季节的均值，及其他概率分布特征量，等等
流域前期水文条件	流域初始状态信息，反映了流域初始的蓄水条件	前期流量[4, 5]、降水量[4,6]、蒸发量[7]、温度[4]、相对湿度[7]、土壤湿度，等等
前期气候遥相关信号	包括前期的大气环流特征、海洋特征以及部分下垫面情况，其异常会影响未来气候条件，进而影响流域水文情势	指数类： ENSO[4,8-10]、PDO[11]、NAO、QBO[10]、副高指数[12]，等等 要素场类： 关键区域海表温度[13-15]、500 hPa 位势高度场[15]、青藏高原积雪[9]，等等
气候模式预测结果	气候模式预测的未来的降水、大气环流特征、海温特征及其他影响流域水情的信息	气候模式输出的降水、海温[16]，副高特征量[12]

在四个信息源类别中，长期概率分布特征表示我们在缺乏初值信息（包括流域和气候系统初始状态信息）时对未来水情发展的预期。如果预报的形式是点预测（例如预测一个确定的流量值），则长期概率分布特征提供了均值信息；如果预报的形式是分布函数，则长期概率分布特征提供的就是多年观测数据拟合的分布函数（例如超越概率曲线）。对于大部分模型来说，长期统计规律的信息都默认被考虑的。

在表 17.2-1 中的流域初始水文条件和前期气候遥相关信号可以分别看作陆面水文过

程和气象过程的初始状态信息。一般来说，随着预见期的延长，流域初始水文条件对未来水情的指示能力会减小，但是由于气候遥相关信号与流域水情有时存在着隔季相关的现象，所以延长预见期就导致了预报模型对气候遥相关信号更大的依赖性。

表 17.2-1 所列举的最后一个信息源类别是气候模式预测结果。数据驱动模型将气候模式输出的未来的降水及其他气象要素场等信息作为输入，对未来水情展开预测。对数值预测结果的后处理类似于模式输出统计(MOS)在天气预测中的应用。这种思路对影响流域水情的同期因子的挖掘有着重要的研究意义。

我们以两种中长期预报模型构建方法为例，来分析一下模型使用的信息源。对于模型建构更详尽的分析见 17.4 节。

例 1：对季节性流量序列进行建模时，一个简单的方法[17,18]是首先使用季节性标准化将月季节水文序列标准化成为平稳序列，然后对平稳序列建立自回归滑动平均(ARMA)模型。这里的季节标准化是指：

$$X_s(i,j)=\frac{X(i,j)-\overline{X}(j)}{S_d(j)} \tag{17.2-1}$$

其中，$X(i,j)$ 是第 i 年和第 j 个季节(月份)的原始流量值；$\overline{X}(j)$ 和 $S_d(j)$ 是第 j 个季节的均值和标准差。标准化的结果 $X_s(i,j)$ 也可以称为标准化距平。对 $X_s(i,j)$ 建立时间序列模型可以获得对未来某个月份 $X_s(i,j)$ 的预报。如果要还原为对流量的预报值，需要使用 $\overline{X}(j)$ 和 $S_d(j)$ 这两个量，而这两个量可以基于历史数据估计出来。所以，使用上述方法预报时，使用了长期概率分布特征(利用了每个季节的均值和标准差)和流域初始水文条件(利用了流量序列的自相关结构)。

例 2：Sun 等[4]在使用美国 MOPEX 流域的月流量建立机器学习方法预测时，使用的预测公式是：

$$Q_t=f(Q_{t-1},Q_{t-2},P_{t-1},T_{\max,t-1},T_{\max,t-2},T_{\min,t-1},\overline{P_t},\overline{T}_{\max,t},\overline{T}_{\min,t}) \tag{17.2-2}$$

其中，P_{t-1} 是前期一个月的降水量；$T_{\max,t-1}$、$T_{\max,t-2}$ 是前两个月的最高温度；$T_{\min,t-1}$ 是前一个月的最低温度；而 $\overline{P_t}$、$\overline{T}_{\max,t}$、$\overline{T}_{\min,t}$ 分别是当月的平均降水、最高温度和最低温度。

这种预测方法是典型的机器学习模型构建方法，即建立预测因子与预报对象的映射关系。其中，使用了前期流量、降水和温度表明这个模型使用了流域初始状态信息，而使用了当月的多年平均降水、多年平均温度信息表明这里使用了长期概率分布特征。所以，这个例子与例 1 使用了同样的信息源[19]。

从例 1 和例 2 可以看出，在一个中长期预报模型的完成构建过程中，被使用的信息源和模型是两个相对独立的层面。同一个模型在应用的时候可以考虑不同信息源的信息；而表面上差别较大的方法可能会使用同样的信息源。此外，模型使用的信息源并不一定是作为预测因子输入到模型中，而可能是以预处理步骤等方式影响模型的最终预测结果。评估一个完整的建模方法使用了何种参考信息源有助于从物理机制上理解模型的有效性，并能更加针对性地比较不同模型的性能。

17.3　中长期水文预报的因子选择及构造技术

在确定了预报模型的参考信息源之后，通常会面临较多数量的潜在因子，所以需要在这些因子之间进行选择。由于因子之间可能存在着高度共线性的问题，有时会使用降维方法对变量的信息进行浓缩，转换成少量的变量输入模型。此外，原始的要素场（例如位势高度场、海温场、风场）格点数目过多，不宜直接输入模型，所以在要素场的基础上选择、构建预报因子也是一个重要工作。

本节将常见的因子选择和构造技术及其主要应用场景总结在表 17.3-1 中。这里将因子选择和构造技术合在一起来总结，实质上对应于机器学习领域的特征工程。其中，表 17.3-1 中的第 1 类（时间序列滞后因子选择）是指当使用机器学习模型建立前后期流量的滞后关系时确定滞后项的步骤。表 17.3-1 中的第 2 类（基于预定义变量的因子选择和构造）中所谓的预定义变量是指在建模之前即被定义好的公认的因子（例如 Nino 3）。相对于使用预定义的海气遥相关因子，基于原始的要素场构建因子的自由度较大。

表 17.3-1　中长期水文预报常用因子选择和构造技术

因子选择和构造方法类别	主要应用场景	方法及代表性文献	说明
时间序列滞后因子选择	将机器学习模型应用于水文时间序列预报及时间序列的滞后项来预测未来值	序列自相关分析	通过分析序列自相关特征（自相关函数和偏自相关函数）来判断需要输入模型的滞后阶数
		相空间重构[20,21]	通过引入延迟时间和嵌入维数，把一维时间序列改造成多维相空间，以重建原动力系统
基于预定义变量的因子选择和构造	基于预定义的海气遥相关因子、流域初始水文条件因子等构建预报模型	相关系数法	计算相关系数（一般是皮尔逊相关系数），取绝对值最大的若干因子输入模型
		互信息法[7]	互信息能反映变量间线性相关关系之外的非线性相关关系
		机器学习模型方法[22]	使用具有因子选择或评估功能的机器学习模型（例如随机森林）来选择影响力较大的因子
		主成分分析	通过坐标系统变换获取一系列主成分分量，取解释方差最大的前几个主成分得分作为因子输入模型，以达到降维的效果

续表

因子选择和构造方法类别	主要应用场景	方法及代表性文献	说明
基于原始要素场的因子选择和构造	基于原始的要素场(例如高度场、风场、海温场)构造预报模型	相关场分析[23]	通过计算预报对象与气象变量场的相关系数场,选择热点区域,构造预报因子
		合成场分析[23]	通过对预报对象处于某个等级的所有样本对应的气象要素场取平均,来发现热点区域。合成场分析也可以基于气象要素的信号场(即对每个格点的时间序列进行标准化后的结果)
		经验正交分解	主成分分析在空间场中的应用

17.4 中长期水文预报的数据驱动建模方法

在总结中长期水文预报的数据驱动建模方法时,我们将其分为时间序列模型、统计学习模型和人工神经网络模型三个类别。其中时间序列模型主要是 Box-Jenkins 时间序列分析框架内的模型,其原理是根据径流序列自身发展特征来对序列未来值进行推算。从参考信息源角度来说,Box-Jenkins 时间序列分析表达了序列的自相关结构,描述了流域初始水文状态对未来水文情势的影响,具有较为明确的物理意义[1]。后两大类模型(统计学习模型和人工神经网络模型)可以表达的信息源不限,基本上取决于预报因子的选择。所以模型的物理意义取决于建模者对问题的理解,建模者在使用这两类模型时通过对输入的因子进行选择进而使模型能够具有一定的物理意义。

表 17.4-1　中长期水文预报的数据驱动模型总结

模型大类	模型子类	主要模型	主要特征	可以表达的信息源
时间序列模型	平稳时间序列模型	AR 模型;MA 模型;ARMA 模型	可以描述平稳水文序列的线性相依关系,物理基础较为明确	流域初始水文条件
	非平稳时间序列模型	ARIMA;季节性 ARIMA 模型(SARIMA);去季节化的 ARMA 模型[18]	可以描述非平稳的水文序列,包括存在季节性的水文序列	水文序列的时序相依性、季节性统计信息

续表

模型大类	模型子类	主要模型	主要特征	可以表达的信息源
统计学习模型	线性统计模型	线性回归;逻辑回归	模型可解释性好,一般只用来表达线性关系。如果采用线性基函数模型,也可以表达事先设定好的非线性关系	可以表达的信息源取决于预报因子的选择
	基于树的模型	分类与回归树(CART)[24];Bagging 树[24];随机森林;梯度提升树[24]	没有对函数的性质做事先假定。适合表达非线性关系。适合有缺失值的场景	
	基于核函数的模型	支持向量机[25];高斯过程回归[4]	适合小样本学习,适合表达非线性关系。需要选择合适的核函数	
	局域建模方法	K 最近邻模型;局域回归模型	模型可解释性好。由于维数诅咒问题,不适合对高维数据(即预报因子过多的情况)进行建模	
	稀疏学习	最小绝对值收敛和选择算子(LASSO);偏最小二乘回归	适合于高维数据分析(即因子数量大于样本数量)。具有自动化选择变量的功能	
人工神经网络模型	浅层学习	具有一个隐藏层的神经网络(常称之为 BP 神经网络)	相对于深度学习,对样本的需求量较小。应用历史较长	可以表达的信息源取决于预报因子的选择
	深度学习	多层感知机(MLP);长短期记忆神经网络(LSTM);卷积神经网络(CNN)	样本量需求较大,在小样本情况下应用困难	可以表达的信息源取决于预报因子的选择

17.5　预报模型评估方法

尽管短期水文预报模型已经有较为标准和完善的评估程序和评估指标,但是由于中长期预报的数据驱动方法能够使用的样本量较少,所以评估程序和指标的合理性尤为显得重要。评估模型有两个方面的问题,即模型的测试程序和模型的性能评估指标。

17.5.1　模型测试程序

中长期预报的大部分情况下,在测试模型时,将所有的样本按照时间分成率定期(训练期)、验证期和测试期。其中率定期样本用来率定(训练)模型,验证期可以用来优化超参数,而测试期用来最终测试模型。

另外一种方法是使用交叉验证技术来评估模型。交叉验证可以更充分利用样本,使得每个样本都轮流作为测试数据一次。需要注意的是,必须区分测试模型精度的交叉验证和对模型超参数寻优的交叉验证。这导致了一个严格的测试实际上需要进行两层嵌套的交叉验证。外层交叉验证进行模型性能的测试，而当外层的交叉验证进入到某一折时，基于当前训练集的内层的交叉验证对超参数进行优化，并对当前的测试集进行预测。

17.5.2 模型性能评估指标

以往研究中使用的模型评估指标列举如表 17.5-1 所示。篇幅有限，在这里只列举了点预测的评估指标，类别预测和概率预测的评估指标请参考相关文献。在表 17.5-1 中，y_i 表示对第 i 个样本的预测值，而 o_i 表示对应的实测值。

表 17.5-1 中长期水文预报的模型评估指标

指标名称	计算方法	其他说明
均方误差(MSE)	$\frac{1}{N}\sum_{i=1}^{N}(y_i-o_i)^2$	受水文要素原始数量级的影响，不利于不同区域水文要素预报精度的比较
均方根误差($RMSE$)	$\sqrt{\frac{1}{N}\sum_{i=1}^{N}(y_i-o_i)^2}$	同上
平均绝对误差(MAE)	$\frac{1}{N}\sum_{i=1}^{N}\lvert y_i-o_i\rvert$	同上
平均相对误差(MRE)	$\frac{1}{N}\sum_{i=1}^{N}\left(\frac{\lvert y_i-o_i\rvert}{o_i}\right)$	无
合格率	参照《水文情报预报规范》(GB/T 22482—2008)对中长期预报的规定，取 20%的相对误差作为许可误差	无
预报值与观测值的皮尔逊相关系数(R)	$\frac{\sum_{i=1}^{N}(y_i-\overline{y})(o_i-(\overline{o})}{\sqrt{\sum_{i=1}^{N}(y_i-\overline{y})^2}\sqrt{\sum_{i=1}^{N}(o_i-\overline{o})^2}}$	相关系数对模型预测值的偏差不敏感
R^2	有时指相关系数 R 的平方，有时指 Nash 效率系数，需要结合上下文	无
纳什效率系数(NSE)	$1-\sum_{t=1}^{n}(y_i-o_i)^2\Big/\sum_{t=1}^{n}(o_i-\overline{o})^2$ 其中，$\overline{o}$ 表示所有样本的平均值	$NSE=0$ 说明模拟的结果与用观测平均值作为模拟值效果相同；$NSE>0$ 说明模型的表现比用观测平均值作为模拟值的效果好；$NSE<0$ 则表明模型表现甚至比用观测平均值预测还要差
季节调整的纳什效率系数[26]	$1-\sum_{t=1}^{n}(y_i-o_i)^2\Big/\sum_{t=1}^{n}(o_i-(\overline{o}_{s(i)})^2$ 其中，$\overline{o}_{s(i)}$ 是第 i 个样本对应的季节 $s(i)$ 的观测值的多年平均值	范围与 NSE 类似，但是基准模型变成了多年同季节的平均值

续表

指标名称	计算方法	其他说明
水量平衡误差（Water Balance Error）[4]	$1-\left\|1-\sum_{i=1}^{N}y_i\Big/\sum_{i=1}^{N}o_i\right\|$	描述模型是否保持了水量平衡。范围类似于 *NSE*
持续性指数（Persistence Index）[20]	$1-\sum_{t=1}^{n}(y_i-o_i)^2\Big/\sum_{t=1}^{n}(o_i-o_{i-L})^2$	与 *NSE* 类似，但是基准模型变成了"naïve"预测。直接用前期的观测值来预测之后的值被称为"naïve"预测

基准模型的确定对评估模型的性能有着重要的意义。在表 17.3-1 中列举的指标中，有些指标（*NSE*、季节调整的 *NSE* 和持续性指数）隐含着基准模型的概念。与基准模型相对应的概念是技巧评分。技巧评分是将待评估模型的表现与一个基准模型相比较，然后计算相对于基准模型的精度上的优劣。在计算技巧评分时，首先要选择一个模型评估指标（记为 A），然后以下式计算：

$$SS=\frac{A-A_{ref}}{A_{perf}-A_{ref}} \tag{17.5-1}$$

上式中的下标 ref 表示基准模型（reference），而 $perf$ 表示完美模型（pefect）。假设我们选取均方误差（Mean Square Error，MSE）作为模型评估指标，并且考虑到完美模型的 MSE 显然为 0，此时技巧评分 SS 为：

$$SS=\frac{MSE-MSE_{ref}}{0-MSE_{ref}}=1-\frac{MSE}{MSE_{ref}} \tag{17.5-2}$$

如果选取历史观测平均值作为基准模型，则容易看出技巧评分就是 *NSE*。也就是说 *NSE* 是以 *MSE* 为基础，且以观测平均值作为基准模型的技巧评分。

17.6　算例分析——基于气象要素场的因子选择策略研究

中长期预报常使用原始气象要素场作为备选因子集合。与使用预定义的气候因子（例如 ENSO 指数）不同，使用气象要素场（例如海温场）建模面临更严重的维数诅咒问题，因为要素场格点数量远远大于样本数量。目前来看，对因子场格点进行选择面临如下困难：

（1）主流的方法是基于相关系数场来选择热点区域（即诊断分析时在相关图上框取一个相对强相关区域），并通过计算区域平均值来构建预报因子序列。但是这种人工选择难以使用交叉验证来严格测试模型技巧。具体来说，如果将此框取步骤也看作建模程序的一部分，则此步骤应该在交叉验证的每一折都重新进行一次。而人工选择热点区域不具有确定性的可重复性，所以难以测试其性能。

（2）一般认为使用复杂度高的模型会过拟合样本，但是研究者常常忽视追踪高相关性的格点和空间尺度较小的热点区域也会过拟合样本。因为热点区域常常是不稳定的，通过不同的年份样本集获得的热点区域空间位置常有很大不同[27]。换言之，热点区域的空间位置是样本估计的结果。追踪较小尺度的热点区域或者高相关格点常常会导致过拟合当前样本集，使得模型缺乏泛化能力。理论上说，设置较大的热点区域范围能够减小过拟合风险，但是热点区域的空间大小本身目前没有客观的确定方式。

(3) 在长期预报的一些案例中，正则化模型(例如 LASSO)常常获得技巧很低的模型技巧[28]，限制了其使用。因为在因子与预报对象弱关联的条件下，LASSO 为了获得稀疏解，常常会将所有的因子稀疏都压缩到接近 0 的位置，导致了预报值方差过小甚至导致了恒定值预报。

考虑到上述困难，在气象要素场因子选择时需要对因子选择过程施加若干约束，降低因子选择的灵活度。这里的困难可以总结为，很难通过纯数据分析手段基于小样本高维数据还原中长期水文预报依赖的物理机制。可以从两个方面来看待约束的作用：从统计建模的角度来说，约束可以降低模型方差(即模型的不稳定性)，减小过拟合风险，进而提升模型泛化能力；从物理机制的表达方面来说，约束可以促使模型表达更为明确的物理机制。

我们可以总结出如下的三个约束：

(1) 约束 1：事先选择具有较为明确物理意义的因子场区域。这个约束可以理解为因子选择的知识约束，也就是对数据驱动的因子选择限定在具有较为明确物理意义的范围中。因为数据驱动模型本身无法确定因果关系，也不能保证建模的结果反映了合理的物理机制。这个约束可以促使模型表达有物理意义的经验关系，增加模型的泛化能力。

(2) 约束 2：通过对气象要素场进行降采样处理，避免在小样本条件下从较高分辨率场中选择因子，这可以约束因子选择的灵活程度。从气候学角度来说，这个约束的含义是只有较大空间尺度的气候异常才会对局地水文情势产生遥相关效应。

(3) 约束 3：拟合模型时要惩罚模型空间邻近格点系数的差别，使得邻近格点的系数趋近相同。这等价于选择场变量时选择某个特定区域的格点资料来构建预报因子。一方面，较大尺度的海温异常有更为明确的物理意义；另一方面，邻近格点的系数相同限制了模型的因子选择自由度，降低了模型的过拟合风险。这个约束也可以看作是地理学第一定律("任何事物都相关，相近的事物关联更紧密")在本领域的体现。

本算例使用超前 1 个月的季节平均赤道太平洋海温场预测长江大通站季节平均流量，以期初步阐述上述原则，并为中长期预报提供新的思路。具体来说，使用上年 11 月—当年 1 月的平均海温场来预测当年春季(3—5 月)平均流量；使用 2—4 月的平均海温场来预测当年夏季(6—8 月)的平均流量；以此类推。

海温资料使用扩展重建海面温度数据集(ERSSTv5)。在建模之前，将每个海温格点时间序列和流量序列都进行了数据标准化，处理为均值为 0，标准差为 1 的时间序列(即标准化距平)，然后基于原始数据的均值和标准差将预测值还原至原始量纲。使用的海温场范围为经度范围 100° E～80° W，纬度范围 10° S～10° N。

17.6.1　LASSO 和 fused LASSO 原理

LASSO(Least Absolute Shrinkage and Selection Operator)模型是最常见的正则化模型之一。其原理是通过对模型系数的绝对值之和进行压缩以获得稀疏解。LASSO 优化的目标函数是：

$$\min_{\beta} \frac{1}{2}\|y - X\beta\|_2^2 + \lambda\|\beta\|_1 \tag{17.6-1}$$

其中，λ 是正则化参数，决定了对系数压缩的程度。如果 λ 值较大，就会将更多的系数压缩为 0。与 LASSO 不同，广义 LASSO(generalized LASSO)优化的目标函数是：

$$\min_{\beta} \frac{1}{2}\|y - X\beta\|_2^2 + \lambda\|D\beta\|_1 \tag{17.6-2}$$

在广义 LASSO 中，对系数的惩罚项不是原始 LASSO 的惩罚项 $\|\beta\|_1$，而是惩罚矩阵 $\boldsymbol{D}$ 与系数的乘积。这样可以通过设置惩罚矩阵 $\boldsymbol{D}$ 表达更加灵活的约束。需要注意的是，如果惩罚矩阵 $\boldsymbol{D}$ 设置为单位矩阵，则此问题就变成 LASSO 问题。所以 LASSO 可以看作是广义 LASSO 的一个特例。

先考虑预测因子空间分布为 1 维的情况。假设有 3 个预测因子，其对应纬向上 3 个相邻的格点。由于我们希望邻近的因子的系数尽可能相同，则惩罚矩阵 $\boldsymbol{D}$ 应该设置为：

$$\boldsymbol{D} = \begin{bmatrix} -1 & 1 & 0 & 0 \\ 0 & -1 & 1 & 0 \\ 0 & 0 & -1 & 1 \end{bmatrix} \tag{17.6-3}$$

这样，广义 LASSO 问题的目标函数就成了：

$$\min_{\beta} \frac{1}{2}\|y - X\beta\|_2^2 + \lambda\sum_{i=1}^{2}|\beta_{i+1} - \beta_i| \tag{17.6-4}$$

可以看出上式惩罚了邻近格点的系数差别。上述模型被称为 1 维 fused LASSO。

如果预测因子格点对应于 3×2 的维度，即纬向上 3 个格点，经向上 2 个格点。则惩罚矩阵 $\boldsymbol{D}$ 取值为：

$$\boldsymbol{D} = \begin{bmatrix} -1 & 1 & 0 & 0 & 0 & 0 \\ 0 & -1 & 1 & 0 & 0 & 0 \\ 0 & 0 & 0 & -1 & 1 & 0 \\ 0 & 0 & 0 & 0 & -1 & 1 \\ -1 & 0 & 0 & 1 & 0 & 0 \\ 0 & -1 & 0 & 0 & 1 & 0 \\ 0 & 0 & -1 & 0 & 0 & 1 \end{bmatrix} \tag{17.6-5}$$

这样可以同时约束纬向和经向相邻格点系数的差别。这个模型被称为 2 维 fused LASSO。

假设需要添加一列前期流量作为预报因子，则只需要在惩罚矩阵 $\boldsymbol{D}$ 中补一列 0 即可，这样对应的系数就没有被施加邻域约束。

如果在约束邻域系数特征的同时需要获得稀疏解，则可以将上述 fused LASSO 的优化目标修改为如下目标函数：

$$\min_{\beta} \frac{1}{2}\|y - X\beta\|_2^2 + \lambda\|D\beta\|_1 + \gamma\lambda\|\beta\|_1 \tag{17.6-6}$$

这里通过 γ 来控制对两个正则化项的相对惩罚比例。由于篇幅有限，为了简化分析，本算例直接选择 $\gamma=1$，即等权重惩罚相邻格点系数差别和系数绝对值大小。

17.6.2 降采样原理

这里的降采样是指对原始的海温场进行降低空间分辨率的处理。本节所使用的 ERSST 海温资料的经纬度分辨率都是 2 度。为了后文分析方便，这里使用目标海温场的纬向格点数×经向格点数来表示空间分辨率。对于目标海温场来说，图 17.6-1 显示了将原始分辨率场降采样为 6×4 分辨率的示意图。具体来说，对每个新网格点来说，将落在每个网格内的原始海温格点的值取平均数，并将其作为降采样场对应网格中心的值。所以降采样也可以被看作提前进行了空间滤波处理，滤除了空间高频变化特征。

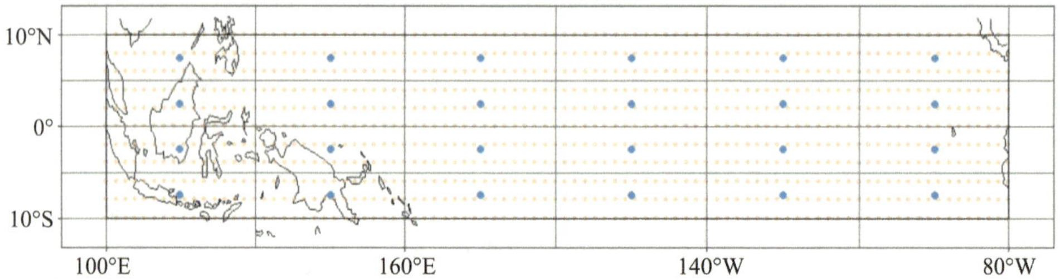

图 17.6-1　降采样海温场网格划分示意图

17.6.3 Fused LASSO 模型系数场特征分析

篇幅有限，本节主要分析大通站夏季径流与前期海温场的关系；对四个季节径流的预测将在 17.6.4 节给出。我们首先给出夏季流量与前期海温场之间的皮尔逊相关系数场，见图 17.6-2(a)。从图中可以看出，大片正相关区域位于赤道中东太平洋区域，显示出 ENSO 信号对大通站夏季流量的影响。在图 17.6-2(b)中，我们对海温场进行了降采样处理，降低海温场的分辨率并计算相关系数场。可见基于降采样场的分析仍然能保留住相关场的主要特征。

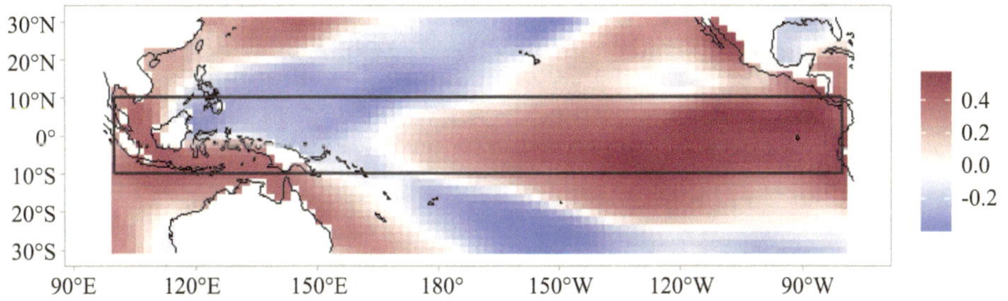

(a) 大通站夏季流量与前期太平洋海温的相关系数场

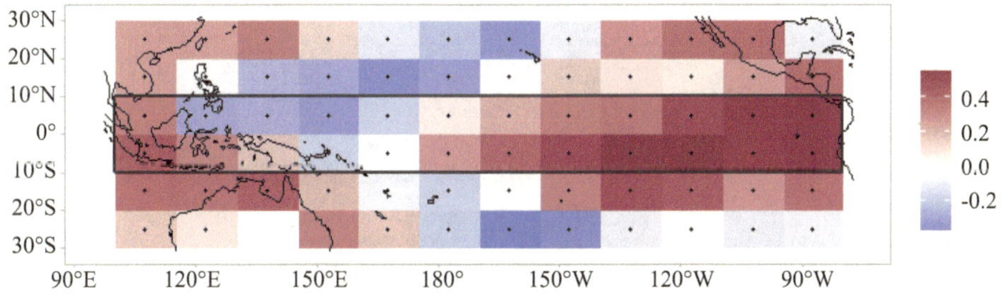

(b) 对海温场进行降采样(降低分辨率)的结果

图 17.6-2　相关系数场及降采结果

(图中的矩形区域是本节预先选定的因子场区域)

这里使用 fused LASSO 模型对样本进行拟合,并分析模型系数场的特征。在拟合 fused LASSO 模型时,将前期流量[提前两个月的月平均流量,例如预测夏季(6—8 月)平均流量时,前期流量为 4 月流量]也作为预测因子。由于前期流量系数与海温格点系数之间不可能互相约束,所以在矩阵 $\boldsymbol{D}$ 中取消其与任何其他因子系数之间的约束。图 17.6-3 是使用所有的数据拟合的模型系数的空间分布情况。从图 17.6-3 可以看出,当正则化参数 λ 较小时,模型选择的格点较为分散,选择的区域较为零散且模型的可解释性较差。而当正则化参数 λ 增加之后,由于对邻近格点系数之差进行惩罚,导致了较大区域格点系数趋于一致。可见对邻近系数进行适度的一致性约束可以提高模型的可解释性。

为了看出 fused LASSO 模型在不同分辨率海温场上的特征,图 17.6-4 给出了 fused LASSO 在 6×2,12×2 和 24×4 三个分辨率条件下的系数场。对于每一种情况,首先通过 10 折交叉验证获得最优的 λ ,然后依据这个最优 λ 值计算模型系数场。从图 17.6-4 中可以看出:在两个较低的分辨率条件下(6 × 2, 12 × 2),模型系数场的空间分布极为类似;而在分辨率为 24 × 4 时,模型的系数场出现了较难解释的特征。

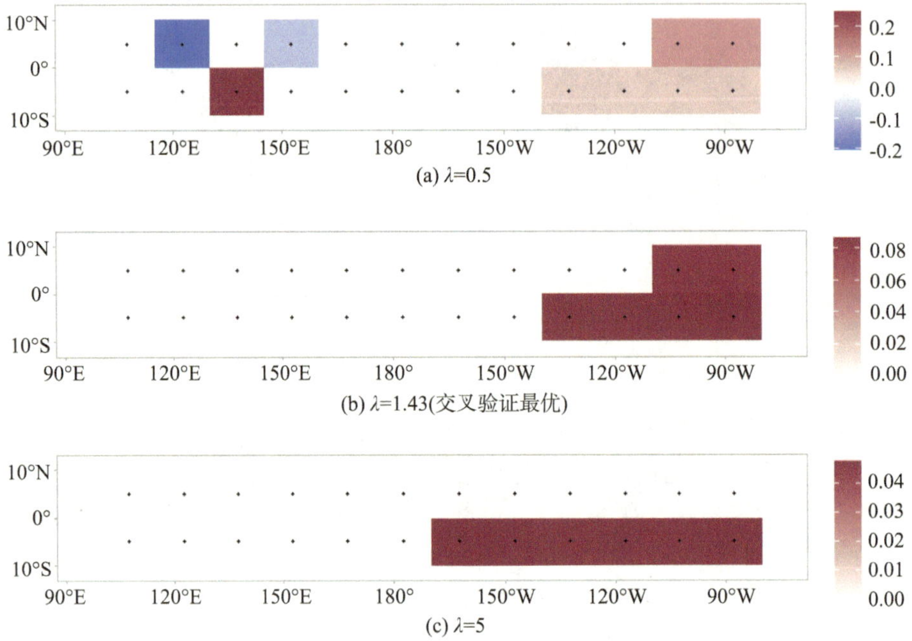

图 17.6-3　三个不同 λ 值对应的 fused LASSO 模型拟合的系数场
（采用分辨率为 12×2 的海温场）

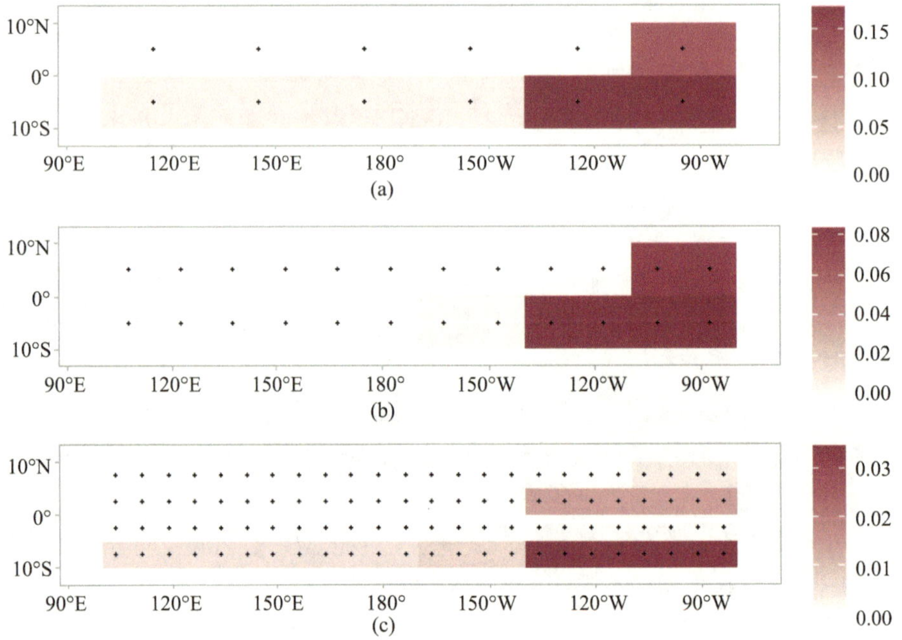

图 17.6-4　三种不同分辨率条件下 fused LASSO 模型的系数场
（对应于交叉验证最优正则化参数 λ 值）

17.6.4　交叉验证结果

为了测试不同空间分辨率海温场对应的模型的性能，对不同分辨率条件下不同模型的性能使用了留一交叉验证技术进行了测试。具体来说，对于四个季节的数据分别进行了留一交叉验证，然后合并所有的预测值，构成了对季节平均流量过程的预测结果。图 17.6-5 是通过交叉验证获得的模型精度指标。除了常使用的纳什效率系数（*NSE*），本节还使用了标准化距平的预测值和实际值之间的相关系数（记为 *ACC*）来衡量模型性能。这里的标准化距平是指分季节对流量数据进行数据标准化的结果。标准化距平衡量了季节流量相对于历年同期平均值的异常情况。所以 *ACC* 反映了对流量异常的预测效果。

从图 17.6-5 中可以看出，不同空间分辨率条件下模型的技巧存在明显差别。总的来说，随着海温场分辨率的增加，LASSO 模型的性能急剧下降；但是相对而言，fused LASSO 模型的性能较为平稳，且在绝大部分情况下都高丁 LASSO 模型。在海温场分辨率为 3×1、6×1 和 12×1 的条件下，fused LASSO 模型的技巧没有明显区别，显示出其稳健性。但是更高的分辨率条件下 fused LASSO 的性能也较低，这说明了对海温场进行降采样的必要性。

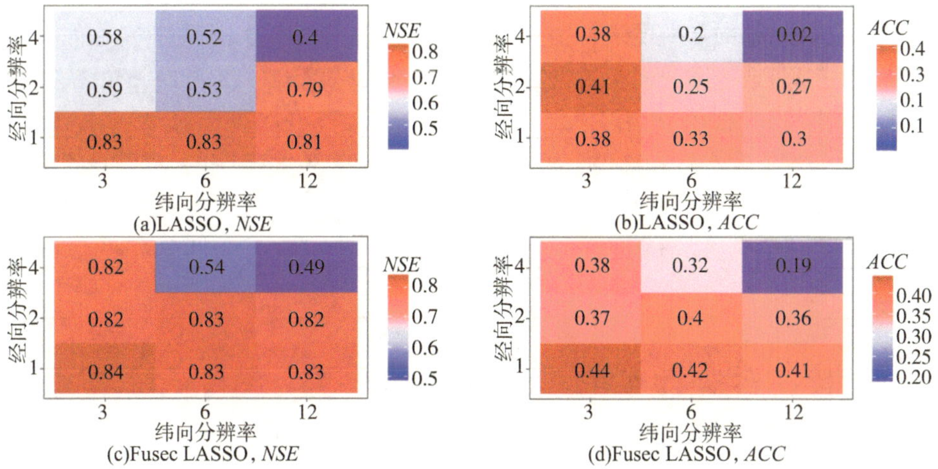

图 17.6-5　通过交叉验证获得的模型精度指标

图 17.6-6 给出了基于两种分辨率的 fused LASSO 模型的预测季节流量过程和观测过程的对比曲线。可以看出基于两种分辨率的模型对几个洪涝年份（包括 1983 年、1998 年、2010 年）都能够正确识别出来。

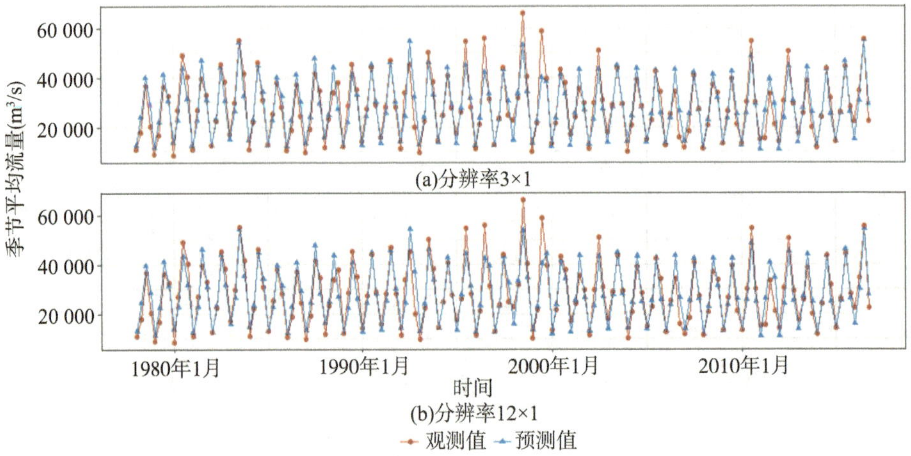

图 17.6-6　两种分辨率条件下 fused LASSO 的季节流量过程预测值与观测值序列

17.6.5　算例小结

研究基于气象格点资料的统计建模方法，对于提升中长期水文预报模型的性能有着重要的意义。通过上述算例可以看出，在利用气象要素场(例如海温场)作为预报因子备选集合时，对因子选择过程的自由度进行约束有着重要的意义。本算例表明，对原始的海温资料进行降采样处理，减小因子选择的灵活度，对 LASSO 模型和 fused LASSO 模型的性能都有着明显的提升作用。相比于 LASSO 模型，fused LASSO 模型对分辨率较不敏感，且在稍高分辨率条件下都有着较高的预报精度。fused LASSO 模型不仅可以产生预报结果，也可以作为自动化的因子抽取程序(即从因子场自动抽取热点区域来构建因子序列)。这在以后的研究中还需要继续验证其适用性。

17.7　中长期水文预报的难点与展望

17.7.1　因子选择导致的过拟合风险

中长期水文预报的数据驱动模型是否表达了合理的物理机制取决于建模者对输入因子的选择。也就是说，数据驱动模型本身并不保证其正确反映了物理机制，物理机制通过预报因子的人工权衡来保证。由于中长期预报依赖的物理机制复杂且不清晰，导致了建模过程依赖于基于数据分析的因子选择，进而产生了影响模型泛化性能的一系列问题。中长期预报领域的因子选择导致的过拟合问题并未得到系统的讨论。本节的讨论参考了统计学习领域对高维统计的进展以及气候预测领域对于人为技巧的讨论[27,29]。

因子选择有两大类方法，第一种是基于物理机制的选择，第二种是基于数据分析的选择。在当前小样本建模的条件下，基于数据分析的因子选择会造成过拟合问题。这里的过拟合是指模型在训练集上表现较好，而在测试集上表现较差；或者是在当前已有样本集上表现较好，而在未来实际预测中表现较差。

在进行进一步分析之前，需要给出拟合程序的自由度（degrees of freedom of a fitting procedure，以下简称拟合自由度）的定义。这里的拟合程序可以是一个线性回归模型，或者是一个回归树模型，等等。假设 $y \in \mathbf{R}^n$ 来自模型 $(\mu, \sigma^2 I)$，也就是说 y 的每一个元素都是不相关的，且 y_i 的均值为 μ_i，方差为 σ^2。假设我们使用了一个拟合程序 f 获得了 n 个拟合值 $f_i(y)$，Efron[30] 给出的拟合自由度的定义为：

$$df(f) = \frac{1}{\sigma^2}\sum_{i=1}^{n}\mathrm{Cov}(f_i(y), y_i) \tag{17.7-1}$$

实际上，这里的 df 就是拟合程序 f 在计算拟合值时所使用的有效参数的个数。对于线性回归来说，可以得出 df 就是回归模型中的变量个数。但是，对于逐步回归、最优子集回归或者是人工因子选择所产生的回归模型，其拟合自由度却不是最终模型中所保留的变量的个数。最终模型的高拟合自由度不是通过最终的方程体现出来的（尽管最终的预报方程可能仅仅使用了少量的因子），而是隐含在因子选择的过程中。Babyak[31] 指出，尽管表面上看最终的模型并没有太多的自由度，但是在因子选择过程中，大量的自由度被使用。所以表面上的简单性隐藏了建模过程中隐蔽的复杂性。

为了评估这个问题，Tibshirani[32] 提出了因子选择自由度（search degrees of freedom）的概念并给出了对不同类型模型的评估结果。如果从找寻最优因子的角度来看，最优子集回归（即从所有的因子中找到技巧最高的因子组合）似乎是一个最优的办法。如果从模型的拟合自由度来分析，则最优子集回归模型的拟合自由度 df_{subset} 可以分成两个方面：

$$df_{\text{subset}} = E|A^{\text{subset}}| + sdf \tag{17.7-2}$$

其中，$|A^{\text{subset}}|$ 是模型选择因子的个数，sdf 即选择自由度，其具体表达式可以参见文献[32]。根据文献[32]的分析，如果选择了所有的变量，或者没有选择任何变量，则 sdf 都是 0（显然在这种情况下，并没有进行变量选择，所以选择自由度 sdf 当然为 0）。当选择的变量介于 0 和所有变量之间时，sdf 不为 0，并且其变化特征取决于信号的特征。

从上述分析来看，中长期预报建模中基于数据分析的因子选择会增加模型的拟合自由度，进而增加模型的过拟合风险。也就是说，选择因子的过程本身就是模型拟合样本的过程，所以与机器学习模型增加模型复杂度类似，选择因子也会造成过拟合问题。

以上分析是对于基于数据分析的因子选择而言的（例如基于相关系数场的因子选择）。严格来说，基于物理机制的选择不会增加过拟合风险，因为基于物理机制的选择并没有通过选择因子来拟合样本。但是难点问题在于以下两点：

其一，通常的人机交互的因子选择是介于物理机制分析和数据分析的混叠，也就是既分析物理机制，也分析数据相关性。而受到人工干预的因子选择很难通过交叉验证技术来评估模型的实际预测能力。

其二，具有物理机制的因子数目无法缩减到适合统计建模的程度。所以仍需要基于数据驱动的因子选择步骤。

本节认为将因子选择进行自动化是有效评估模型性能的前提条件。在这方面仍然有许多问题待研究。

17.7.2 基于气候模式数据挖掘来解决小样本问题

中长期预报领域面临的诸多困难在于需要在小样本基础上建模，所以小样本问题是制约基于观测数据的数据驱动建模的主要问题。观测数据的样本量是无法人为控制的。增加样本量的方法在机器学习领域通常被称为数据增广。这里我们也使用“数据增广”这个术语。但是数据增广这个概念来自计算机视觉领域，其方法在中长期水文预报领域似乎没有明确的意义，因为无法带来有效的新信息。目前看来，基于气候模式模拟的结果是进行数据增广值得探究的策略。DelSole 等[28]发现，基于观测数据拟合长期预报模型，无法获得正技巧；但是使用动力模式输出数据来拟合统计模型，则可以获得正的预报技巧。此外，Ham 等[33]使用了 CMIP5(WCRP Coupled Model Intercomparison Project Phase 5)模式输出的结果作为训练样本来拟合深度学习模型，用以对海表温度进行预测。Gibson 等[34]也表明基于气候模式输出来训练机器学习模型可以产生有技巧的季节降水预测。以上结果表明基于模式输出产品进行数据增广具有很好的可行性，是值得进一步研究的方向。

参考文献

[1] MOSS M E, BRYSON M C. Autocorrelation structure of monthly streamflows[J]. Water Resources Research, 1974, 10(4): 737-744.

[2] TIBSHIRANI R. Regression shrinkage and selection via the lasso: A retrospective[J]. Journal of the Royal Statistical Society: Series B (Statistical Methodology), 2011, 73(3): 273-282.

[3] 马凤，袁星，王琳瑛，等. 黄河流域季节水文可预报性初探[C]//中国气象学会. 第 32 届中国气象学会年会 S7 水文气象预报最新理论方法及应用研究. 北京：中国科学院物理研究所，2015：3.

[4] SUN A Y, WANG D, XU X. Monthly streamflow forecasting using Gaussian Process Regression [J]. Journal of Hydrology, 2014, 511: 72-81.

[5] HUANG S, CHANG J, HUANG Q, et al. Monthly streamflow prediction using modified EMD-based support vector machine[J]. Journal of Hydrology, 2014, 511: 764-775.

[6] CHENG M, FANG F, KINOUCHI T, et al. Long lead-time daily and monthly streamflow forecasting using machine learning methods[J]. Journal of Hydrology, 2020, 590: 125376.

[7] 周育琳，穆振侠，彭亮，等. 基于互信息与神经网络的天山西部山区融雪径流中长期水文预报[J]. 长江科学院院报，2018，35(8)：17-21.

[8] CHIEW F H, MCMAHON T A. Global ENSO-streamflow teleconnection, streamflow forecasting and interannual variability[J]. Hydrological Sciences Journal, 2002, 47(3): 505-522.

[9] CHANDIMALA J, ZUBAIR L. Predictability of stream flow and rainfall based on ENSO for water resources management in Sri Lanka[J]. Journal of Hydrology, 2007, 335: 303-312.

[10] 周森，田富强，胡和平. 基于联合主成分分析的宜昌站径流中长期预报[J]. 水力发电学报，2013，32(1)：37-43.

[11] SOUKUP T L，AZIZ O A，Tootle G A，et al. Long lead-time streamflow forecasting of the North Platte River incorporating oceanic-atmospheric climate variability[J]. Journal of Hydrology，2009，368(1)：131-142.

[12] HE R R，CHEN Y，HUANG Q，et al. Forecasting summer rainfall and streamflow over the Yangtze River valley using western pacific subtropical high feature[J]. Water，2021，13：2580.

[13] KWON H H，BROWN C，XU K，et al. Seasonal and annual maximum streamflow forecasting using climate information: application to the Three Gorges Dam in the Yangtze River basin，China[J]. Hydrological Sciences Journal，2009，54(3)：582-595.

[14] TOOTLE G A，SINGH A K，PIECHOTA T C，et al. Long lead-time forecasting of US streamflow using partial least squares regression[J]. Journal of Hydrologic Engineering，2007，12(5)：442-451.

[15] GRANTZ K，RAJAGOPALAN B，CLARK M，et al. A technique for incorporating large-scale climate information in basin-scale ensemble streamflow forecasts[J]. Water Resources Research，2005，41：10410.

[16] KUO C C，GAN T Y，YU P S. Seasonal streamflow prediction by a combined climate-hydrologic system for river basins of Taiwan[J]. Journal of Hydrology，2010，387(3)：292-303.

[17] MOEENI H，BONAKDARI H，FATEMI S E. Stochastic model stationarization by eliminating the periodic term and its effect on time series prediction[J]. Journal of Hydrology，2017，547：348-364.

[18] WANG W，VAN GELDER P，VRIJLING J，et al. Testing and modelling autoregressive conditional heteroskedasticity of streamflow processes[J]. Nonlinear Processes in Geophysics，2005，12(1)：55-66.

[19] HE R R，CHEN Y，HUANG Q，et al. Predictability of monthly streamflow time series and its relationship with basin characteristics: An empirical study based on the MOPEX basins[J]. Water Resources Management，2020，34:4991-5007.

[20] WU C，CHAU K W. Data-driven models for monthly streamflow time series prediction[J]. Engineering Applications of Artificial Intelligence，2010，23(8)：1350-1367.

[21] 于国荣，夏自强. 混沌时间序列支持向量机模型及其在径流预测中应用[J]. 水科学进展，2008，19(1)：116-122.

[22] 董前进，张旭. 基于遥相关的三峡水库中长期径流预测[J]. 华北水利水电大学学报(自然科学版)，2016，37(6)：38-42.

[23] OPITZ-STAPLETON S，GANGOPADHYAY S，RAJAGOPALAN B. Generating streamflow forecasts for the Yakima River Basin using large-scale climate predictors[J]. Journal of Hydrology，2007，341(3)：131-143.

[24] ERDAL H I，KARAKURT O. Advancing monthly streamflow prediction accuracy of CART models using ensemble learning paradigms[J]. Journal of Hydrology，2013，477：119-128.

[25] MAITY R，BHAGWAT P P，BHATNAGAR A. Potential of support vector regression for prediction of monthly streamflow using endogenous property[J]. Hydrological Processes，2010，24(7)：917-923.

[26] WANG W，VAN GELDER P，VRIJLING J，et al. Predictability of streamflow processes of the Yellow River[C]//LIONG S Y，PHOON K K，BABOVIC V. Proceedings of the Sixth International

Conference on Hydroinformatics. Singapore: World Scientific, 2004: 1261-1268.

[27] FAN L. Extracting robust predictors from a factor field: an empirically optimal screening method [J]. Geophysical Research Letters, 2019, 46(14): 8355-8362.

[28] DELSOLE T, BANERJEE A. Statistical seasonal prediction based on regularized regression[J]. Journal of Climate, 2017, 30(4): 1345-1361.

[29] DELSOLE T, SHUKLA J. Artificial skill due to predictor screening[J]. Journal of Climate, 2009, 22(2): 331-345.

[30] EFRON B. How biased is the apparent error rate of a prediction rule[J]. Journal of the American Statistical Association, 1986, 81(394): 461-470.

[31] BABYAK M A. What you see may not be what you get: a brief, nontechnical introduction to overfitting in regression-type models[J]. Psychosomatic Medicine, 2004, 66(3): 411-421.

[32] TIBSHIRANI R J. Degrees of freedom and model search[J]. Statistica Sinica, 2015, 25: 1265-1296.

[33] HAM Y G, KIM J H, LUO J J. Deep learning for multi-year ENSO forecasts[J]. Nature, 2019, 573(7775): 568-572.

[34] GIBSON P B, CHAPMAN W E, ALTINOK A, et al. Training machine learning models on climate model output yields skillful interpretable seasonal precipitation forecasts[J]. Communications Earth & Environment, 2021, 2(1): 1-13.

第 18 章

智能调度研究

与大流域相比，中小流域洪水灾害系统致灾因子众多、孕灾环境复杂、承灾体脆弱，如何实现库塘闸坝蓄泄影响下的多目标多约束条件水库群快速动态联调以在兴利的基础上最大限度地减小中小河流洪水的影响，是中小河流洪水防控必须解决的关键问题。本章从水信息学模型原理出发提出了中小河流防洪智能调度的一般框架，建立了基于压力-状态-响应模式(Pressure-State-Response，PSR)的中小河流防洪联合调度指标体系，并以屯溪流域为例进行了应用研究，为实现中小河流防洪调度自动决策提供了有效的途径，并显著提高了调度的可靠性、智能性和时效性。

18.1 中小河流防洪智能调度框架

中小河流防洪联合调度是指以洪水的短期预报和作业预报为基础，通过动态调度中小流域内的防洪工程体系，实现流域内的防洪安全和兴利效益提升。流域防洪调度模式的发展经历了规则调度(又称经验调度)、模拟调度、优化调度和智能调度等四个阶段，相比于前三者，智能调度模式发展的时间并不长，相应的理论技术还不成熟。顾正华等人将知识驱动模型与数据驱动模型相结合提出了一种水信息学模型(Hydroinformatic Model，HiM)理论框架，该框架主要由仿真模块、决策模块、干预模块和预案库构成，仿真模块一方面用来构造预案库，另一方面用来检验运行方案；决策模块用于形成初始运行方案；预案库用于给决策模块提供学习样本；干预模块用于对运行方案进行调整；根据该框架建立的智能系统具有自学习能力和广泛的适用性。目前，水信息学模型已成功地应用于感潮河网水闸智能调度、区域水资源智能配置等实际问题中。基于水信息学模型可以建立中小河流防洪智能调度框架如图 18.1-1 所示，它由调度决策模型、智能搜索模型、调度仿真模型/调度方案评价模型、作业预报模型、人工干预/自动干预和调度预案库(包括非结构化和结构化预案库)等构成，其工作机制为：调度信息导入后，调度方案的生成可以采用两种方式：方式一，由智能搜索模型直接从非结构化调度预案库匹配相应的调度方案；方式二，首先通过调度仿真模型模拟得到若干调度方案，结合已有预案和调度经验得到用于调度决策模型学习的初始结构化预案库，经过训练的调度决策模型根据调度信息形成一个初步调度方案，然后经过调度仿真模型/调度方案评价模型对该调度方案进行模拟或评价，当模拟/评价结果达到期望的目标，这时的调度方案即为可以下达的调度方案，当模拟/评价结果不能达到期望的目标时，这时需要借助人工干预/自动干预对调度方案进行修正，再通过调度仿真模型/调度方案评价模型进行模拟或评价，直到获得一个能够满足调度目标的调度方案，该调度方案可以作为一条经验预案，通过调度方案评价模型评价后添加/更新结构化调度预案库，用于今后调度决策模型的求精训练。最终调度方案下达后，作业预报模型进行洪水预报，结合实时监测数据再次生成调度信息，再次启用调度系统，从而形成滚动。这种调度体系一方面可以保证调度的安全可靠性，另一方面随着调度系统的多次运用，预案库的知识将越来越优，伴随着系统学习能力的增强，系统需要干预的次数将逐渐减少，从而体现了一种智能化的特征。

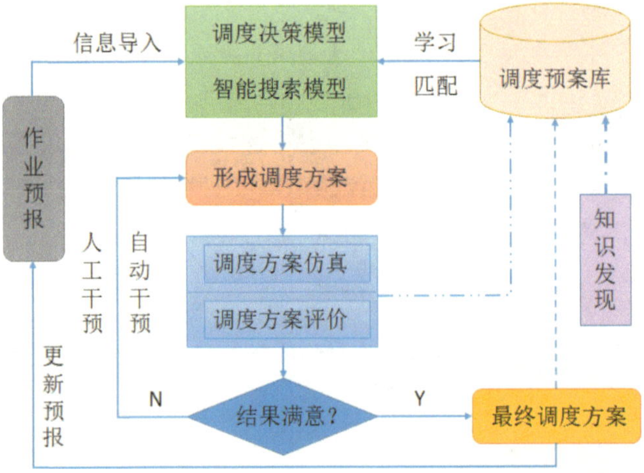

图 18.1-1　基于水信息学模型的中小河流防洪联合智能调度框架

18.2　中小河流防洪联合调度指标体系构建

18.2.1　“压力-状态-响应”理论

PSR 理论，即“压力-状态-响应”理论最初是由加拿大统计学家 David J. Rapport 和 Tony Friend 提出，后由经济合作与发展组织(Organization for Economic Co-operation and Development，OECD)和联合国环境规划署(United Nations Environment Programme，UNEP)于 20 世纪 80、90 年代共同发展起来的用于研究环境问题的框架体系。PSR 用压力变量描述人类活动对环境施加的影响，即环境问题产生的原因，用状态变量描述由压力变量所导致的环境问题的物理可测特征，用响应变量描述人类社会响应环境问题的程度，响应变量可直接或间接地影响状态变量，构成了“压力-状态-响应”关系，其模式框架图如图 18.2-1 所示。由于 PSR 理论的压力、状态、响应系统之间具有明确的相互影响的因果关系，目前在环境领域得到广泛的应用，在河流、湖泊、湿地、海湾等水生态系统评价中也得到应用。这里引入 PSR 理论来建立中小河流防洪联合调度指标体系，根据 PSR 模式建立的指标体系可以根据实际情况进行指标筛选，具有较好的应用弹性。

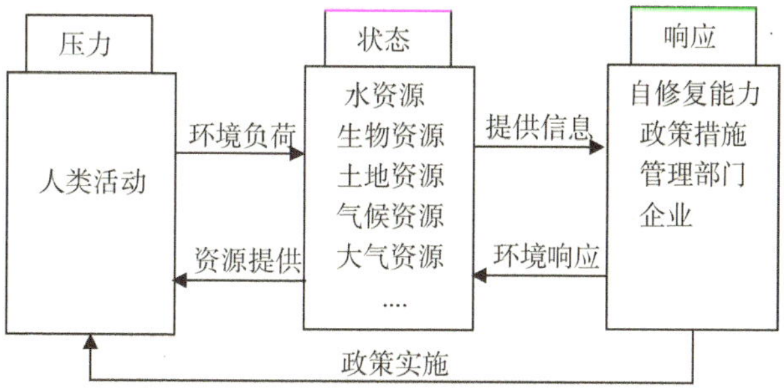

图 18.2-1　PSR 模式框架

18.2.2　压力指标

系统压力来源于系统目标和系统约束，目标即为期望通过调度获得的效果，约束即为系统来自水文、水力、社会、经济等方面的限制作用。调度目标是指期望通过调度方案实现的目标，对于中小河流防洪工程联合调度，是指在满足防洪安全的条件下实现供水安全和生态安全；而约束条件考虑了水力条件/降雨条件对系统的约束。

其中防洪安全是指在洪水来临之时通过调度方案能够实现保大坝、保城镇、平稳度汛的目标；设流域内警戒站点数量为 I，则流域内警戒站点下一步水位小于等于警戒水位表示为 $JZ_i \leqslant JJ_i (i=1,2,3,\cdots,I)$。供水安全是指通过调度不仅能安全度汛，还能通过蓄积部分洪水用于汛后生活工业用水、农田灌溉、水力发电等产生供水效益；设流域内具有供水、发电兴利功能的水库数量为 m，流域内具有供水功能的山塘数量为 n，流域内具有供水功能的坝库(淤地坝)数量为 o，则满足供水安全即使得兴利水库下一步水位最大化，记为 $TRZ_i (i=1,2,3,\cdots,m)$，供水山塘下一步水位最大化，记为 $TPZ_i (i=1,2,3,\cdots,n)$，供水坝库下一步水位最大化，记为 $TWZ_i (i=1,2,3,\cdots,o)$。生态安全是指生态脆弱的断面(包括河道、库、塘)为维持生态系统健康，断面水位满足生态水位范围，且水位变率(指单位时间内水位变幅的绝对值)不超过阈值；设流域内生态脆弱河段所设站点数为 p，则需要使生态脆弱断面下一步水位满足生态水位范围，记为 $EZ_{\min,i} \leqslant EZ_i \leqslant EZ_{\max,i} (i=1,2,3,\cdots,p)$，以及生态脆弱断面下一步水位变率不超过阈值，记为 $TEZ_i \leqslant TTEZ_i (i=1,2,3,\cdots,p)$。

约束条件指系统来自水文、水力、社会、经济等方面的限制作用，这里仅以水力条件对系统的约束为例，在联合调度模式下，流域入口下一步水位、流量分别记为 $TIZ_i (i=1,2,3,\cdots,a)$、$TIQ_i (i=1,2,3,\cdots,a)$，流域出口下一步水位、流量分别记为 $TOZ_i (i=1,2,3,\cdots,c)$、$TOQ_i (i=1,2,3,\cdots,c)$。防洪联合调度压力指标框架如图 18.2-2 所示。

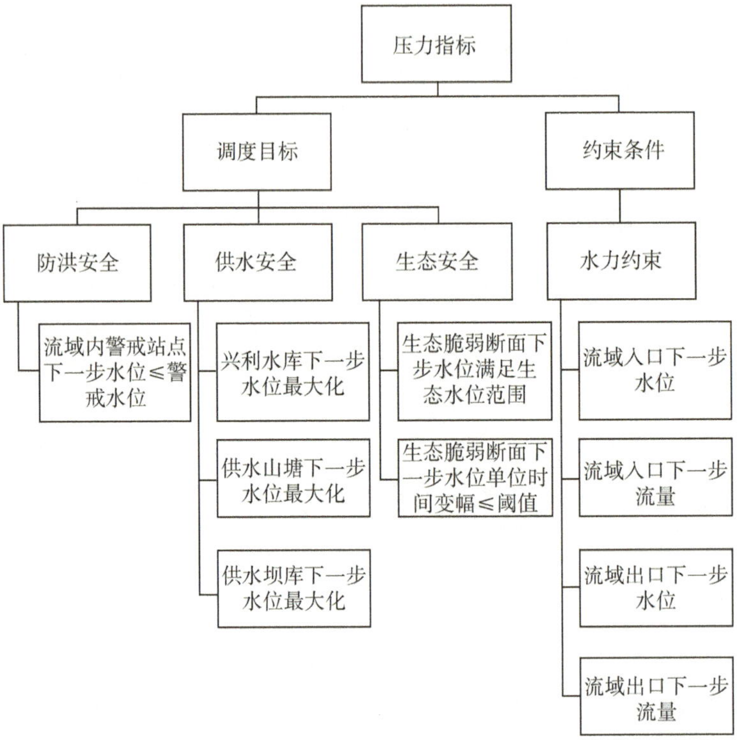

图 18.2-2　防洪联合调度压力指标框架

18.2.3　状态指标

根据状态指标的定义，可将状态指标同样分为河道状态和工程状态两大类，如图 18.2-3 所示。其中河道状态又可由流域入口、流域内、流域出口的状态来表示；工程状态又可分为可调水库、可调山塘和闸门三类。

(1) 河道状态

流域指由分水线所包围的河流集水区，此处指中小流域以防洪功能系统为单元来确定的流域范围大小；河道状态即为流域内所有河道当前时刻的状态，根据网格化的思想，通过河道上分布的水文监测站点来刻画整个流域状态，包括边界站点(流域入口和流域出口)和流域内关键站点；流域入口指以各个河道位于流域内最上游端的站点作为流域入口站点，由于水系河网发展，一个流域往往有多个流域入口；流域内站点指流域内除开边界站点外的重要断面所设立的水文站；流域出口指以干流最下游端，下一个水利工程前的水文站作为流域出口水文站，不同的水系也可出现多个流域出口的情况。

对于任意一流域，假设流域入口监测站点数量为 a，则其当前水位记为 $IZ_i(i=1,2,3,\cdots,a)$，当前流量记为 $IQ_i(i=1,2,3,\cdots,a)$；流域内监测站点数量设为 b，则流域内某一站点当前水位记为 $CZ_i(i=1,2,3,\cdots,b)$，当前流量记为 $CQ_i(i=1,2,3,\cdots,b)$，实际使用中可以忽略当前流量指标，以减少输入指标个数；流域出口监测点数量设为 c，当前水位记为 $OZ_i(i=1,2,3,\cdots,c)$，当前流量记为 $OQ_i(i=1,2,3,\cdots,c)$。

（2）工程状态

工程状态指流域内起重要作用的水库、山塘、淤地坝当前水位状态和可调度的水利工程当前闸门工作状态，包括可调度的水库、山塘及水闸闸门的状态；水利工程状态指流域范围内所有有重要蓄泄影响的水库、山塘、淤地坝当前所处的水位状态，没有蓄水功能的淤地坝可以忽略；可调闸门状态指流域内所有可以通过闸门进行调度的水利工程其闸门当前所处状态，包括库闸、塘闸、河闸，如遇到可以调度的淤地坝，可以将其纳入塘闸。

对于任意一流域，流域内有重要蓄泄影响的水库总数为 d，则水库当前水位记为 $RZ_i(i=1,2,3,\cdots,d)$；流域内有重要蓄泄影响的山塘总数为 e，则山塘当前水位为 $PZ_i(i=1,2,3,\cdots,e)$；流域内有重要蓄泄影响的淤地坝总数为 f，则淤地坝当前水位记为 $WZ_i(i=1,2,3,\cdots,f)$；流域内可调度库闸总数为 g，则库闸当前开启度记为 $RV_i(i=1,2,3,\cdots,g)$；流域内可调度塘闸总数为 h，则塘闸当前开启度记为 $PV_i(i=1,2,3,\cdots,h)$；流域内可调度河闸总数为 k，则河闸当前开启度记为 $SV_i(i=1,2,3,\cdots,k)$。防洪联合调度状态指标框架如图 18.2-3 所示。

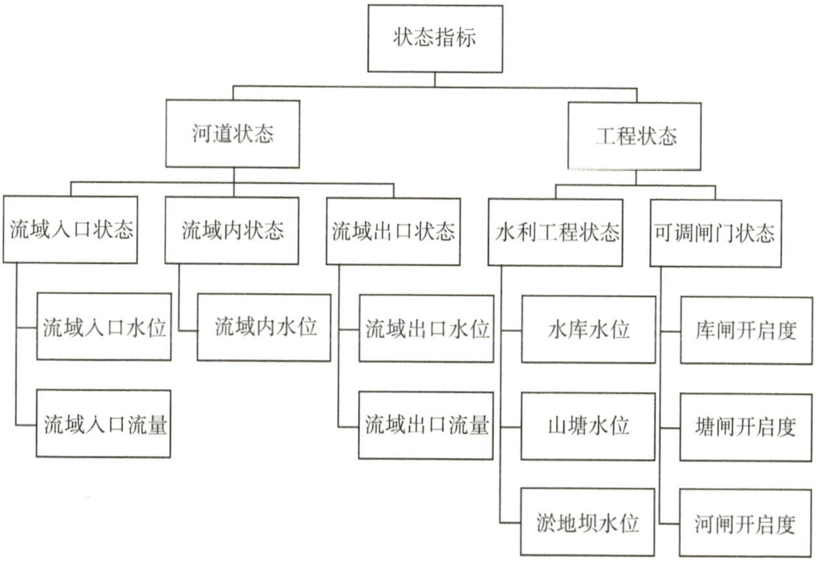

图 18.2-3　防洪联合调度状态指标框架

18.2.4　响应指标

响应指标指根据状态及压力所确定的期望目标以及约束，所做出的具体调度方案。仅对流域内可调度的水利工程，用其闸门状态度量响应指标，包括库闸、塘闸、河闸，假设流域内可调度库闸总数为 g，流域内可调度塘闸总数为 h，流域内可调度河闸总数为 k，则响应指标中库闸下一步开启度记为 $TRV_i(i=1,2,3,\cdots,g)$，塘闸下一步开启度记为 $TPV_i(i=$

1,2,3,…,h)，河闸下一步开启度记为 TSV_i($i=1,2,3,\cdots,k$)。防洪联合调度响应指标框架如图 18.2-4 所示。

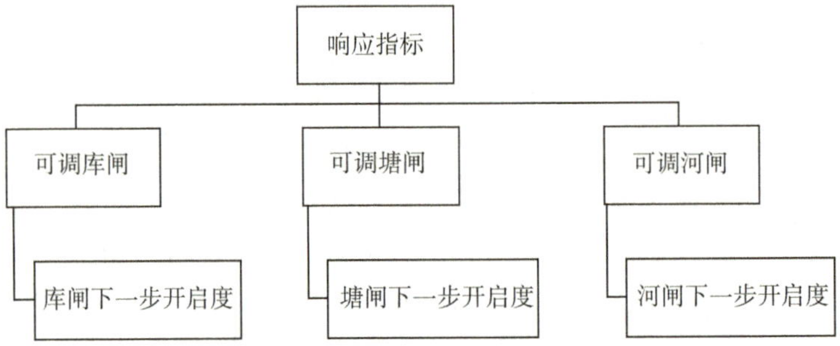

图 18.2-4　防洪联合调度响应指标框架

18.2.5　屯溪流域防洪调度指标体系量化

屯溪流域防洪智能调度决策模型的输入包括状态指标、压力指标、调度时间步长，共计 265 个输入，输出为响应指标，共计 2 个输出。具体如下：

1) 状态指标

(1) 包括屯溪出口在内的 117 个流域节点的当前水位 JZ_i 和当前流量 JQ_i。当前水位的取值范围为 100～900 m，当前流量的取值范围为 0～9 000 m^3/s，可根据实际对能提供初始状态的节点数进行调整。

(2) 五城、石门、屯溪、上溪口、儒村、黟县、岩前、休宁、呈村 9 个雨量站的当前降雨强度 $RI_1 \sim RI_9$，取值范围为 0～200 mm/h。

(3) 工程当前状态包括东方红水库的当前水位 DFRZ 和当前泄洪闸门开启高程 DFRE；月潭水库的当前水位 YTRZ 和当前泄洪闸门开启高程 YTRE(表 18.2-1)。需要指出的是，为了简化问题，这里不考虑水库泄洪期间的电站机组过流。同时为了简化闸门的调度计算，将东方红水库多孔泄洪闸门按单孔闸门对待，多个闸孔开启度一致。月潭水库设有表、中、底三个泄水孔，开启逻辑上按表孔、中孔、底孔的优先顺序，同时对月潭水库泄水闸开启表征也做了转换计算处理。

表 18.2-1　工程状态指标

工程名称	指标	取值范围(m)
东方红水库	DFRZ	(276.8,295.11)
	DFRE	[288.9,292.9]
月潭水库	YTRZ	(157,172.1)
	YTRE	表孔[165,171]、中孔[160.5,166.5]、底孔[145.8,151.8]

2）压力指标

（1）防洪安全(表 18.2-2)

表 18.2-2　防洪安全指标

站点	指标	汛限水位/警戒水位(m)	取值范围(m)
东方红水库 FA_1	汛限水位-下一步目标水位	291.5	(−3.61，14.7)
月潭水库 FA_2	汛限水位-下一步目标水位	160.5	(−11.6，3.5)
屯溪 FA_3	警戒水位-下一步目标水位	124.8	(−0.2，7.8)

（2）供水安全(表 18.2-3)

表 18.2-3　供水安全指标

工程名称	指标	死水位(m)	取值范围(m)
东方红水库 GA_1	下一步目标水位-死水位	276.8	(0,18.31)
月潭水库 GA_2	下一步目标水位-死水位	157.0	(0,15.1)

（3）水力约束

水力约束指标为屯溪流域出口下一步水位 JCNZ，取值范围为 111～130 m 。

（4）降雨约束

降雨约束指标包括五城、石门、屯溪、上溪口、儒村、黟县、岩前、休宁、呈村 9 个雨量站调度时间内的平均降雨强度 RAI_1～RAI_9，取值范围 0～200 mm/h。

3）调度时间步长

调度时间步长指动态调度的间隔时间 DDT，即距离上一次调度的时长，根据屯溪流域洪水特征取值范围设为 0～10 h。

4）响应指标

响应指标包括东方红水库和月潭水库下一步调度方案，具体指从当前时刻到下一步时刻的开启高程，分别设变量名为 DFRNE 和 YTRNE(表 18.2-4)。

表 18.2-4　响应指标

工程名称	指标	取值范围(m)
东方红水库	DFRNE	[288.9,292.9]
月潭水库	YTRNE	表孔[165,171]、中孔[160.5,166.5]、底孔[145.8,151.8]

18.3 基于SWMM的屯溪流域防洪调度仿真模型

18.3.1 模型建立

SWMM（Storm Water Management Model）是美国环境保护署（Environmental Protection Agency，EPA）开发的一款动态的水文水动力模型，该模型通过将研究区域进行空间离散化，对研究过程进行时间离散化，可以跟踪监测不同时间步长任意时刻每个产汇流单元所产生径流的水质和水量以及每个管道（河道）中水的流量、水深及水质等情况，具有模拟快速、精度较高的优点。其径流模块部分综合处理各子流域所发生的降水，径流和污染负荷；其汇流模块部分则通过管网、渠道、蓄水和处理设施、水泵、调节闸等进行水量传输。SWMM是一个免费的、开源的软件，其提供了模型的源代码可供科研人员研究改进。SWMM的径流计算模块结构概化如图18.3-1所示。

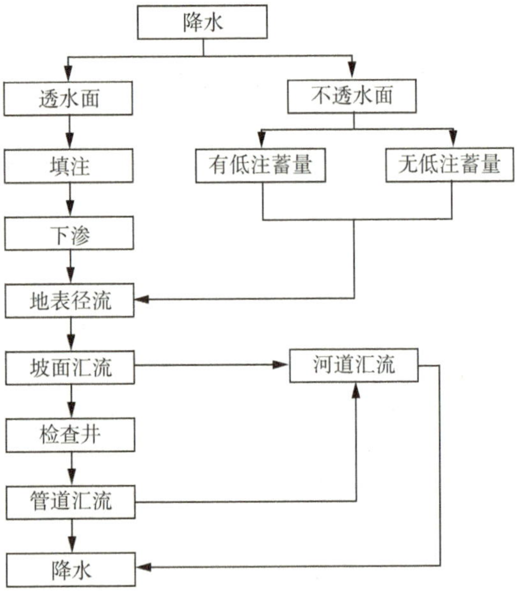

图18.3-1 SWMM径流计算模块结构概化图

研究过程中所使用的地理信息数据包括美国航天局和国防部国家测绘局联合测量的30 m精度的数字高程模型（Digital Elevation Model，DEM）、由中国水利水电科学研究院提供的2013年高精度土壤数据，以及土地利用调查数据，气象资料包括屯溪流域五城、石门、屯溪、上溪口、儒村、黟县、岩前、休宁、呈村9个雨量站的2014年到2016年共6场洪水的小时尺度降雨数据，以及相应时间段屯溪蒸发站的日尺度蒸发数据，水文资料包括上述6场洪水屯溪站实测流量资料。

为体现屯溪流域下垫面的空间变异性，需对研究区域进行产汇流单元划分，越高精度的网格越能够体现下垫面的空间变异性，但过高精度的网格将造成计算的工作量过大，因此结合屯溪流域的流域特性，选择边长为30″（约1 km）大小的正交网格对屯溪流域进行划分。根据30 m精度的DEM数据，利用ArcGIS重采样生成30″（约1 km）精度的DEM数据（图18.3-2），重采样生成DEM的像素单元即为产汇流单元，共划分3 619个产汇流单元。对其进行水文分析，采用D8算法确定每一网格汇流的出口，以便进行逐网格汇流模拟。考虑高精度的水动力网格将极大增加计算时间，本次模拟以产汇流单元对河道进行分割，共划分 1 690 段河道。考虑河道所在产汇流单元将汇流至河道，而不在下一产汇流单元，以河道端点为该产汇流单元的出水点，在该节点处进行水文水动力模块的水量交换。

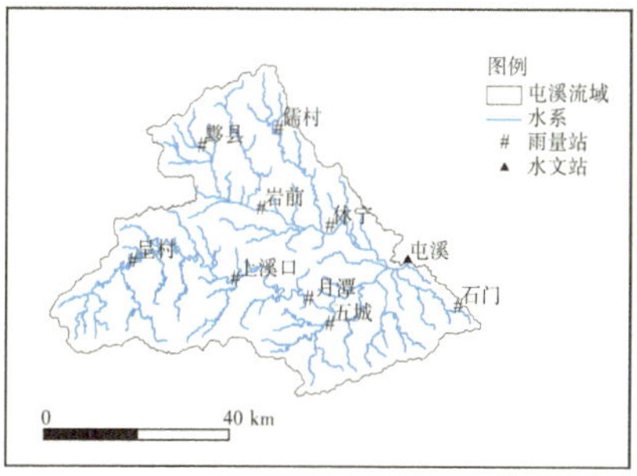

(a) 屯溪流域范围

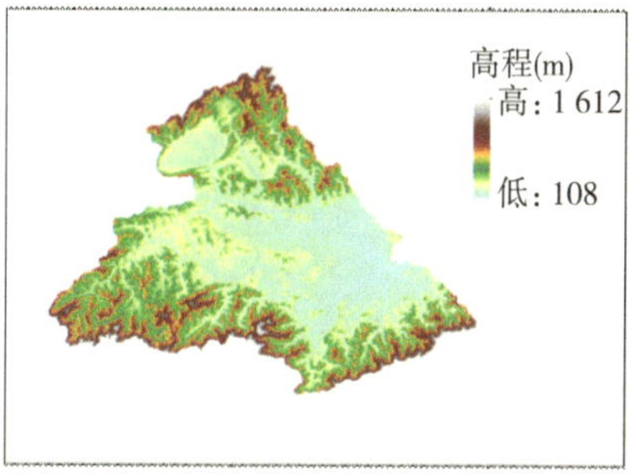

(b) 屯溪流域 30m 精度 DEM

图 18.3-2　屯溪流域

18.3.2　模型率定与验证

模型率定采用人工优选法，对 2014—2015 年的 6 场洪水进行参数率定，2016 年的 2 场洪水进行验证。由于缺少初始条件，模型采用前期资料进行预热，考虑屯溪流域河流均为明渠，惯性项较小，故采用简化动力波演算方式。此外，屯溪流域受下游顶托作用较弱，几乎无回水影响，故下游出口设置自由出流，不再考虑下游顶托作用影响，水文模块旱季演算步长为 1 h，雨季为 5 min，水动力模块演算步长为 30 s，报告时长为 1 h。向代锋等对 SWMM 参数的敏感性进行了分析，不透水率和下渗模型参数是最敏感的，本次参数率定过程中重点考虑不透水率和下渗模型参数。

屯溪站部分率定结果见图 18.3-3 至图 18.3-8，率定精度评定指标见表 18.3-1，率定期的 6 场洪水峰值相对误差的绝对值仅有 1 场超过 20%，峰现时间误差有 2 场超过 3 h，纳什效率系数有 1 场小于 0.7，率定期精度较高。验证期的验证结果见图 18-14 和图 18-15，屯溪站验证精度评定指标见表 18.3-1，验证期的 2 场洪水，屯溪站洪水峰值相对误差均为 4%，峰现时间误差有 1 场超过 3 h，纳什效率系数全部合格，验证期精度较高。

表 18.3-1　屯溪站率定期及验证期精度评定指标

洪水编号	实测流量 (m^3/s)	演算流量 (m^3/s)	绝对误差 (m^3/s)	相对误差	预报时间误差(h)	*NSE*
20140514	2 010	1 931	−79	−4%	1	0.962
20140621	2 380	2 771	391	16%	3	0.816
20140713	1 470	1 158	−312	−21%	−2	0.908

续表

洪水编号	实测流量 (m^3/s)	演算流量 (m^3/s)	绝对误差 (m^3/s)	相对误差	预报时间误差(h)	*NSE*
20150511	1 360	1 266	−94	−7%	3	0.912
20150608	3 010	3 044	34	1%	4	0.892
20150811	1 060	935	−125	−12%	0	0.682
20160421	1 960	2 042	82	4%	5	0.922
20160620	4 240	4 399	159	4%	0	0.978

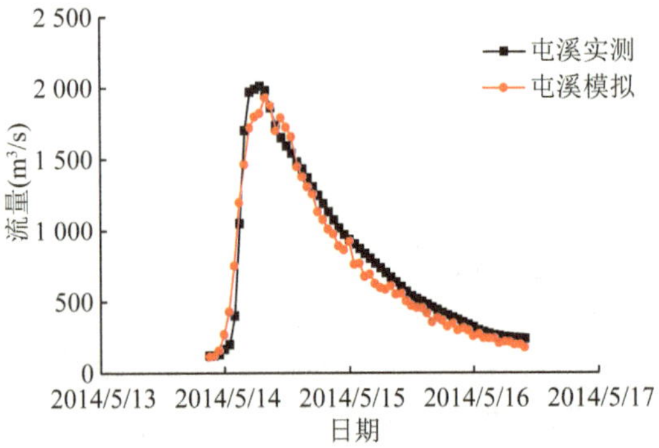

图 18.3-3　20140514 号洪水

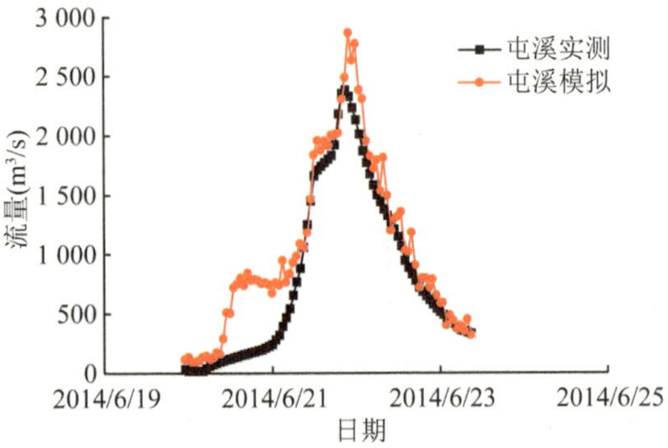

图 18.3-4　20140621 号洪水

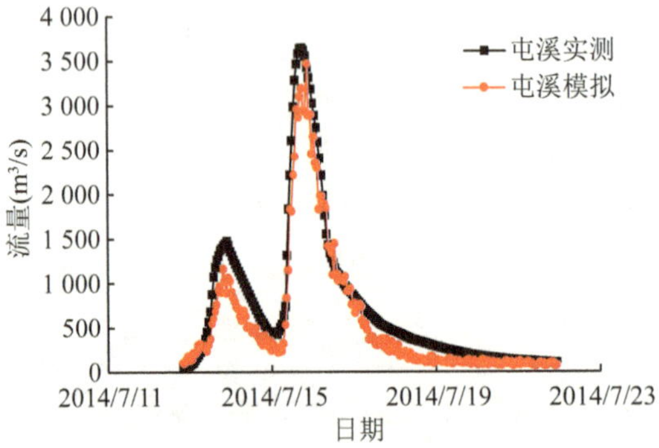

图 18.3-5　20140713 号洪水

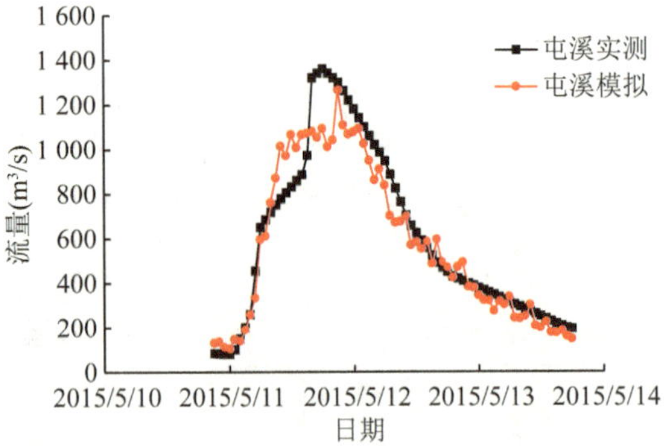

图 18.3-6　20150511 号洪水

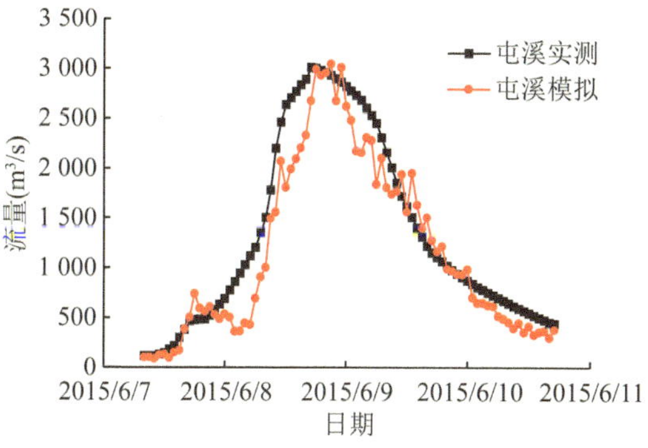

图 18.3-7　20150608 号洪水

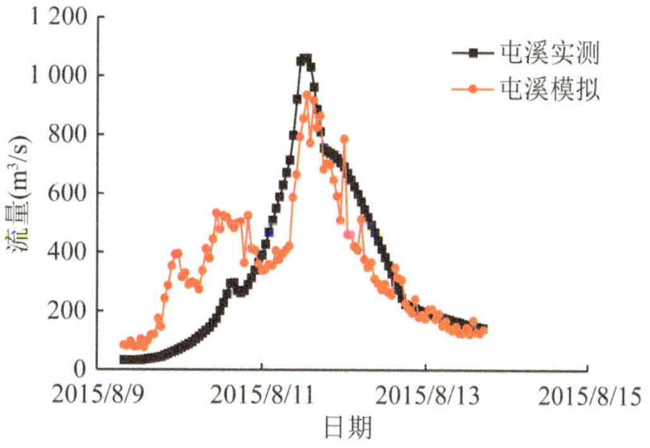

图 18.3-8　20150811 号洪水

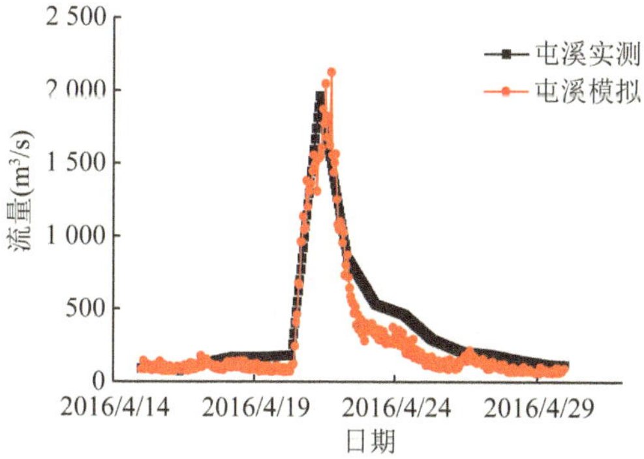

图 18.3-9　20160421 号洪水

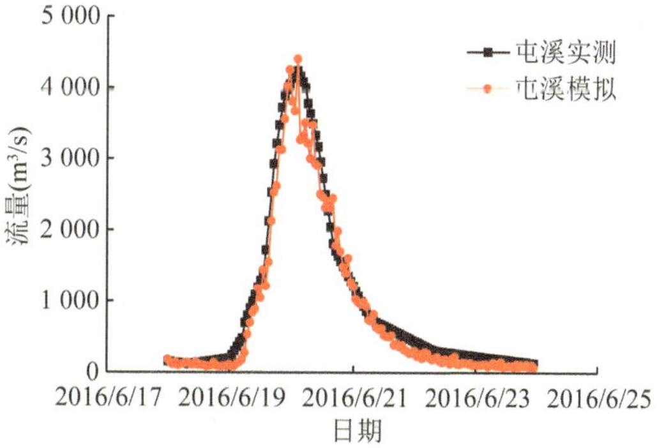

图 18.3-10　20160620 号洪水

18.3.3　分析与讨论

研究表明，对于 SWMM 进行洪水中长期模拟而言，地下水埋深较浅研究区域的地下水初始埋深对洪峰影响较大，且即使在湿润区的山区，也存在以超渗地面径流产流机制为主导地面径流产流机制的区域，对这部分区域而言，采用基于单一产流模式的水文模型如新安江模型是不准确的，这应该也是近年来基于混合产流模式的水文模型模拟效果要好于基于单一产流模式的水文模型的原因。

以屯溪站模拟效果为参考，该阶段基流模拟拟合度均较好，小流量时受人类活动影响较大，无法进一步进行基流模拟的定量分析，只能定性分析。因此认为结合采用一维 Dupuit 方程的网格 SWMM 模型在屯溪流域基流模拟中效果较好，适用性良好。

本次模拟采用简化动力波演算方式进行演算，屯溪站洪峰模拟结果总体精度较好，但存在实测无洪峰出现但模拟结果有小洪峰出现的情况，退水较快，但 SWMM 水动力模拟效果总体在屯溪流域表现良好，且运算速度较快，证明了其在中小河流模拟的适用性良好。

通过将相关参考文献推求的基流求解方法引入 SWMM 模型，对 SWMM 模型根据决定因素进行参数划分，以网格尺度根据决定因素进行参数移植，月潭站模拟所采用的其他地理信息参数全部由地理信息统计所得，土地利用和土壤质地所决定参数是根据相关手册和人工优选所得，在屯溪流域的成功应用证明了这种参数移植方法的良好适用性。

18.4 屯溪流域防洪智能调度系统及应用研究

18.4.1 系统建设目标

系统按照大平台总体架构要求，实现对当前水情、工情和未来预报降雨组合情景下的屯溪流域未来水情模拟预测，同时能够按照用户的目标水位设置给出东方红水库闸门和月潭水库闸门的调度方案。

18.4.2 系统开发的相关技术介绍

屯溪流域防洪智能调度系统基于 GF 框架编写，以模块化思路开发系统各项服务接口，在调度预案数据库构造的基础上，由用户根据气象水文预报模型的预报信息输入模拟情景数据，系统通过智能搜索算法从调度预案数据库中获取已有的预案模式，或者通过神经网络决策模型生成初始调度方案，并对该方案进行模拟仿真、干预后形成最终调度方案的模式，从而实现中小河流防洪快速、动态、智能联调的微服务功能。

(1) 编程语言：GoLang HTML5 CSS JavaScript；

(2) 开发工具：IntelliJ IDEA；

(3) GoLangPKG：1.7；

(4) GF 版本：2.0；

(5) MySQL 版本：8.0。

18.4.3 功能模块设计

系统主要分为以下四个功能模块：

(1) 调度决策模型输入管理：开启或关闭调度决策模型的输入节点；

(2) 调度决策模型决策：根据用户设定的目标水位、当前雨情状态、河道当前水情工情状态、水力约束、预报降雨和调度时间步长等输入，给出闸门开启的初步方案；

(3) 调度决策模型训练：按照调度预案库中的数据进行训练；

(4) 方案模拟：对调度决策模型给出的初步调度方案和干预后的调度方案进行模拟。

系统输入作业预报信息后，更新输入文件并运行神经网络决策模型，此时会生成初始调度方案，即水闸的下一步开启高程，生成的初始调度方案将自动代入到系统集成 SWMM

模型中进行模拟，模拟结果中的关键站点水位会显示到页面上，由用户根据系统提示的水位进行比较，生成最终调度方案，若不满足要求，可以修改方案再次模拟，直至满意为止；若最终调度方案满足要求，则将此条调度方案加入预案库中。具体系统工作流程如图 18.4-1 所示。

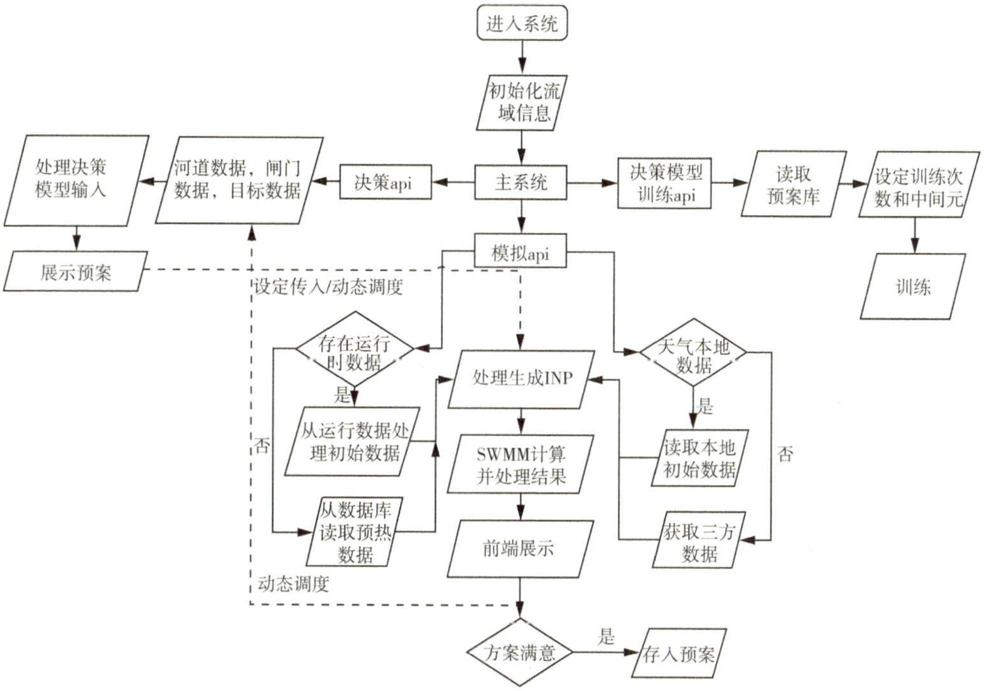

图 18.4-1　系统功能流程图

18.4.4　系统实现

18.4.4.1　调度决策模型输入管理模块实现

该功能模块主要是对调度决策模型的输入进行展示。前端界面由主界面触发按钮和浮动框构成，用户在主界面点击调度决策模型配置按钮后，呼出浮动框，分类展示调度决策模型的输入参数。系统默认主界面如图 18.4-2 所示。

18.4.4.2　调度决策模型决策模块实现

决策模块的输入分为初始数据、目标设定值和天气数据，初始数据为流域的初始水位、流量和当前闸门开度，系统会判断当前启动状态，第一次启动会从数据库读取初始数据，反之读取前端传入参数，天气数据是未来的天气预报。

用户触发侧边的调度决策按钮进入右侧抽屉如图 18.4-3 所示。在其中设置数据源，

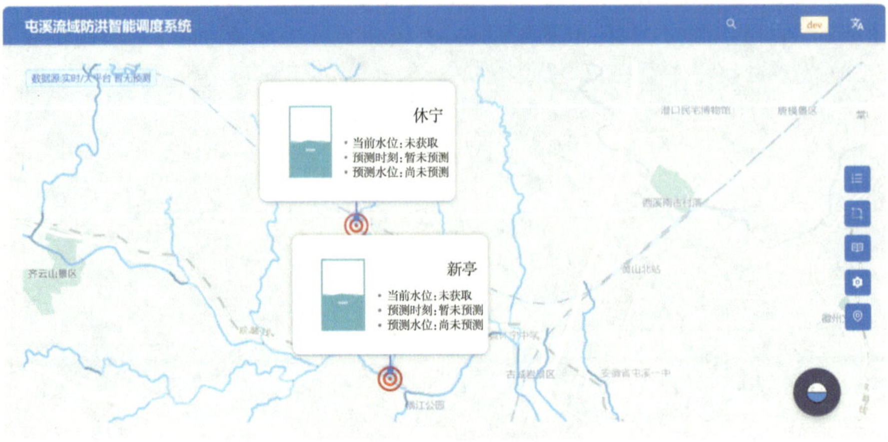

图 18.4-2　系统默认主界面

调度步长以及三个重要站点的目标水位。为了保证参数的有效性,系统对输入的数值做了区间限定。之后点击下一步,系统就会抛出初步的调度方案(图 18.4-4)。

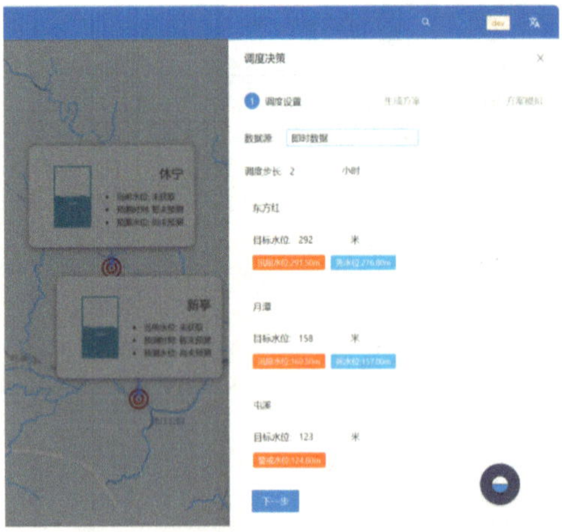

图 18.4-3　侧边抽屉栏

图 18.4-4　初步调度方案结果界面

18.4.4.3　调度决策模型训练模块实现

该模块用于训练调度决策模型。模块通过读取预案库中的调度方案数据,通过规格化算法把数据处理为表格格式写入文本文件中,再由主系统调用决策模型并设置训练模式进行训练。具体实现步骤:在主界面中触发决策模型训练按钮,系统会弹出决策模型训练的浮动框。用户在此界面设置好中间神经元个元数和训练次数后,点击“训练”按钮图标即可让系统进行模型训练。在经过稍短一些时间的等待后,会展示训练中的误差曲线,鼠标在其上移动,可展示不同训练次数对应的误差值。

18.4.4.4　调度方案模拟模块实现

该模块用于对调度方案进行模拟，并将模拟的结果详细地展示给用户。模拟需要的数据分为预报数据和当前初始数据(当前水位、流量、闸门开度)，预报数据由系统外部数据源传入，系统内建了外部数据源获取层。初始数据分为两种情况，当第一次启动时，读取数据库中的预热数据作为初始数据源，反之采用当前的模拟结果作为初始数据。预报数据和初始数据都会通过逐行扫描的方式生成 inp. 文件，再通过 Python 调用 SWMM 进行计算实现模拟。

用户在生成方案步骤中点击下一步，系统将当前的方案数据和流域的水位流量数据提交至方案模拟模块接口。待计算结束，右侧抽屉会显示出关键水位的结果(图 18.4-5)。在主界面中也会展示更为详细的结果如图 18.4-6 所示。

图 18.4-5　方案模拟结果

图 18.4-6　主界面中显示的大量信息

18.4.4.5　主界面模块实现

主界面需要展示大量的数据，包括河道的流量，关键节点的目标水位、预测水位、警戒水位，等等。系统的前端使用流域的测绘数据进行河道绘制，通过 CSS 样式突出颜色渐变动画，动画会根据流量来展现每个河道的水流流向，当模拟结果大于目标时，也会进行红光闪烁等类似的提醒。

用户在主界面中将鼠标移动至河道时，会在其上的气泡内展示河道信息。在右侧部分增加了快速移动按钮以增加使用体验，在点击蓝色快捷键时，界面会快速移动到指定站点或者节点上方。为了增强体验，主界面的左上角设计了展示面板用于显示数据源和当前地图的时间。

18.4.4.6　前端拦截器模块实现

此模块主要是为框架提供服务，它负责了所有的请求处理。正常情况下一个 api 请求异常会直接体现在请求的 code 中，但是这通常不能正确告知业务上的系统错误，比如“数据获取丢失”等业务级别的异常，所以在此基础上设计了中间件即拦截器模块。在后端的业务中爆出 code 不正常时，此模块便会将错误的信息正确地在系统中提示。此外该模块的封装也极大地简化了 api 请求的开发工作，提升了代码的可读性，使得代码更为规范。拦截器处理流程如图 18.4-7 所示。

18.4.4.7 预案库生成模块

该模块负责对神经网络调度决策模型生成相应的训练数据，并管理它们。用户从侧面的快捷按钮进入系统界面，如图 18.4-8 所示。在对话框中可以选择模型类型、生成的时间区间、雨量数据，以及在设定好闸门的开启度之后，点击提交，系统开始在后台进行预案库的相关生成，当完成后，系统会弹出预案库管理界面，在其中选择合适的预案库后，点击生成训练文件，系统会将选中的数据生成为神经网络的训练文件。

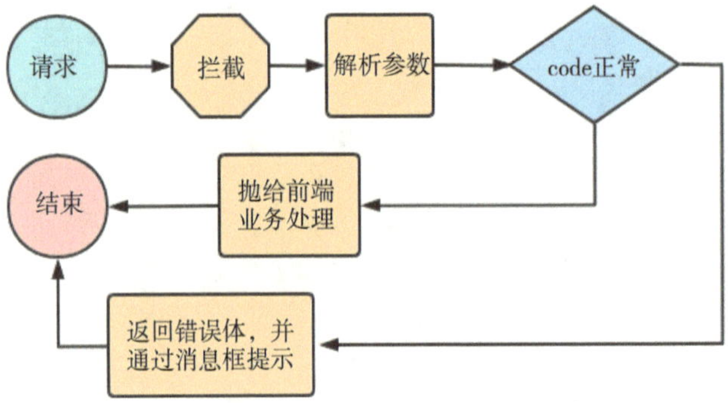

图 18.4-7 前端拦截处理流程图

图 18.4-8 预案库生成图

18.4.5 应用实例

18.4.5.1 调度工况

屯溪流域五城、石门、屯溪、上溪口、儒村、黟县、岩前、休宁、呈村 9 个雨量站 2017 年 6 月 4 日到 2017 年 6 月 16 日的实测降雨过程如图 18.4-9 至图 18.4-17 所示，屯溪站 2017 年 6 月 4 日到 2017 年 6 月 16 日的实测洪水过程如图 18.4-18 所示，主洪峰的发生时间在 2017 年 6 月 13 日 18 时，洪峰流量为 1 733 m^3/s。

该地区仅有一个集水面积为 60 km^2 的中型水库（东方红水库）可调度，研究期间月潭水库正在建设中，未投入使用，为了便于设计水库防洪联合调度情景，将月潭水库也考虑进去，因此共有东方红和月潭两座水库参与屯溪流域防洪联合调度。

系统进行了两种调度工况情景的模拟，一种是静态调度，一种是系统动态调度。静态调度就是根据水文预报，给定闸门一个固定的开启度进行调度；系统动态调度是根据气象水文预报模型的预报信息输入模拟情景数据，系统通过神经网络决策模型生成初始调度方案，并对该方案进行模拟仿真、干预后形成最终调度方案的滚动模式。

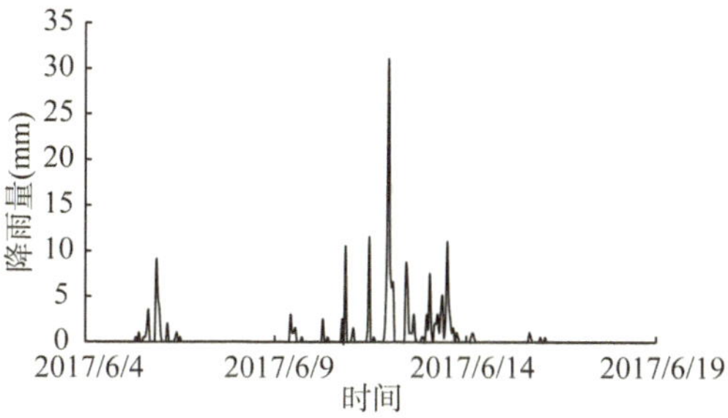

图 18.4-9　呈村实测降雨过程

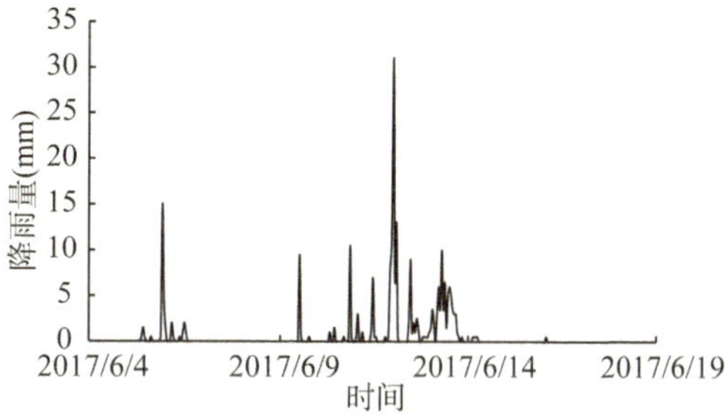

图 18.4-10　上溪口实测降雨过程

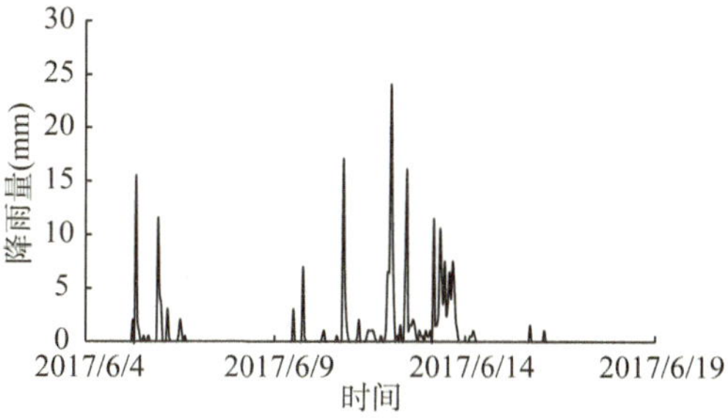

图 18.4-11　五城实测降雨过程

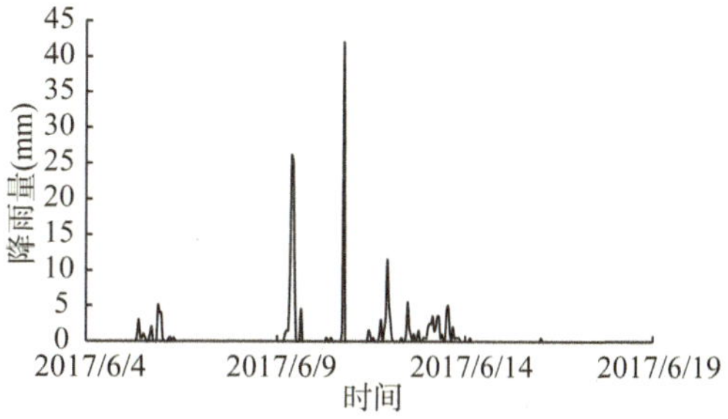

图 18.4-12　黟县实测降雨过程

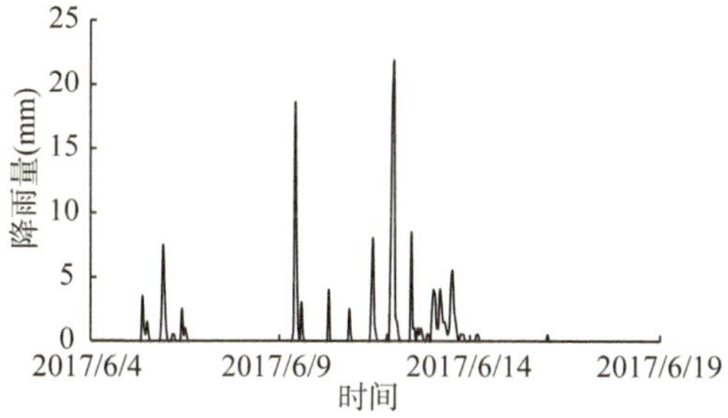

图 18.4-13　岩前实测降雨过程

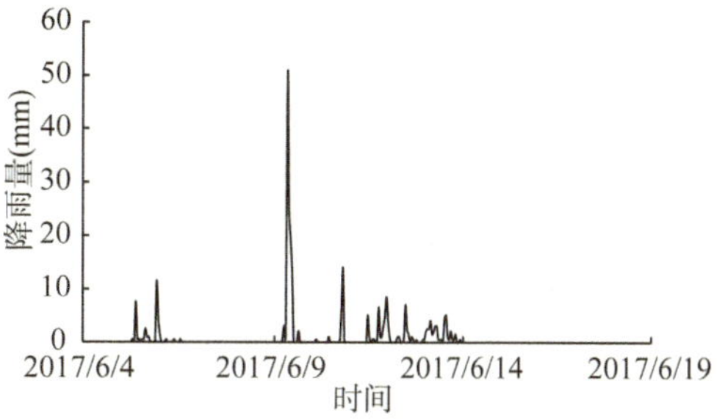

图 18.4-14　儒村实测降雨过程

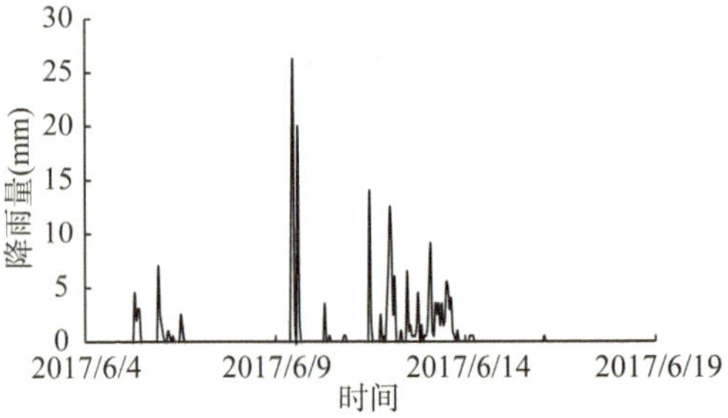

图 18.4-15　休宁实测降雨过程

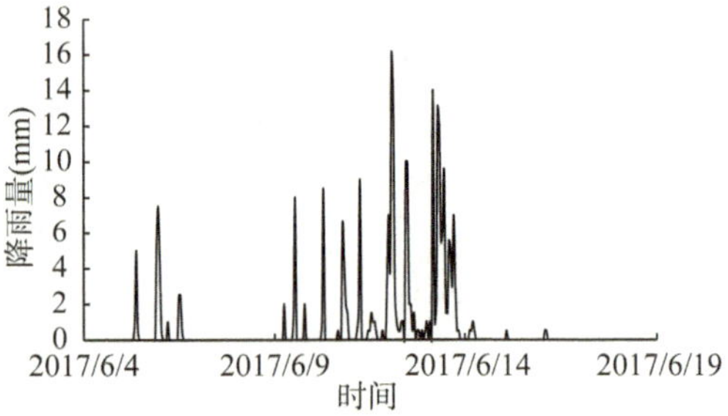

图 18.4-16　石门实测降雨过程

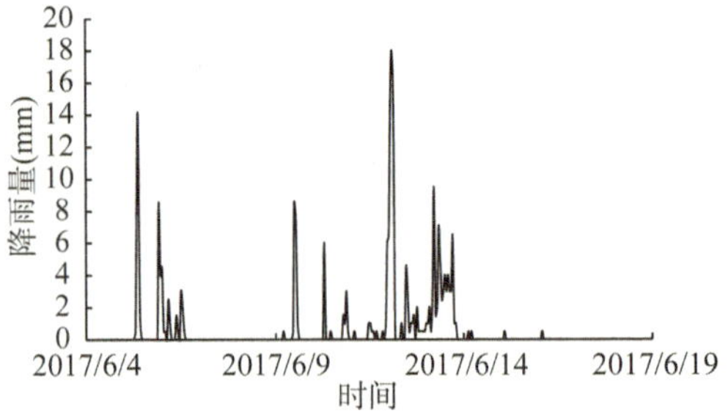

图 18.4-17　屯溪实测降雨过程

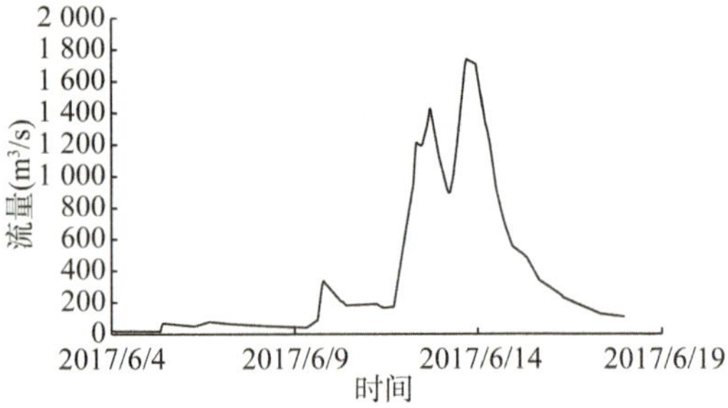

图 18.4-18　屯溪站实测洪水过程

18.4.5.2　调度决策模型的建立

根据前面建立的屯溪流域防洪调度仿真模型，在收集的水文资料基础上通过数值模拟试验，共制订了 212 条调度预案。首先，以 1 000 次作为固定的学习次数，用调度预案对调度决策模型进行试训练，确定适宜的神经网络中间单元个数为 28 个；然后固定中间单元个数，进行 30 000 次决策模型训练，通过分析误差曲线（图 18.4-19），确定适宜的学习次数为 29 292 次，以此学习次数进行最终训练，得到屯溪流域防洪调度决策模型，对决策模型的测试效果如图 18.4-20 所示。

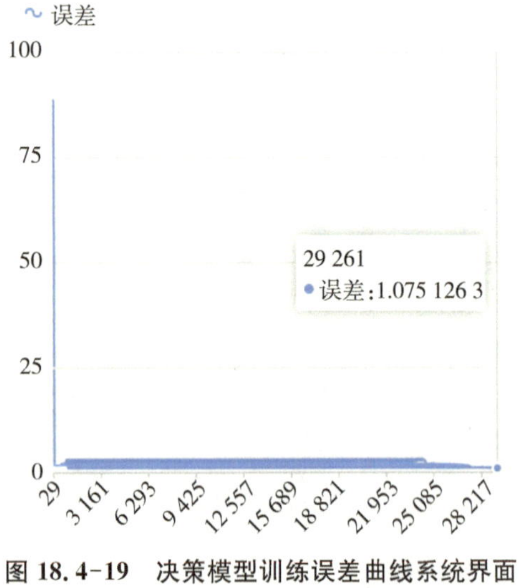

图 18.4-19　决策模型训练误差曲线系统界面

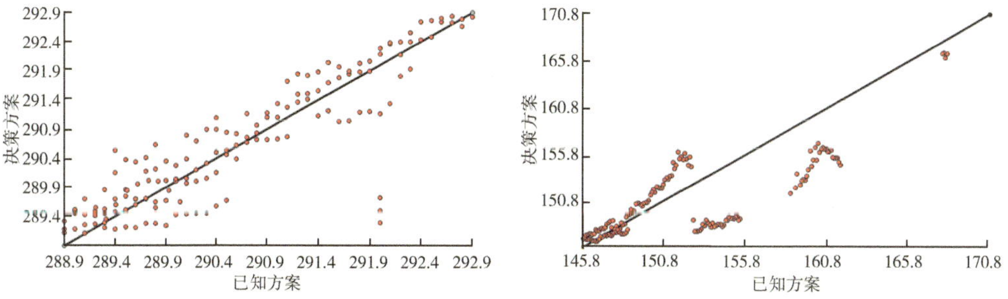

(a) 东方红水库　　　　(b) 月潭水库

图 18.4-20　决策模型测试效果

18.4.5.3　系统设置

用户在系统右侧快捷菜单中展开“调度决策”菜单,菜单中选择“历史数据 2017 年 6 月 4 日 0 时—6 月 17 日 0 时”,这是洪水的历史真实数据,包含了当时的河道水位、流量和雨情。在目标水位设置界面中将东方红目标库水位设置为 291.5 m,月潭目标库水位设置为 165 m,屯溪站目标水位设置为 123 m。由于缺少初始条件,模型采用前期资料进行预热,考虑屯溪流域河流均为明渠,惯性项较小,故采用简化动力波演算方式。此外,屯溪流域受下游顶托作用较弱,几乎无回水影响,故下游出口设置自由出流,不再考虑下游顶托作用影响,水文模块旱季演算步长为 1 h,雨季为 1 min,水动力模块演算步长为 30 s,计算时间为 13 d。为了便于比较输出,将调度步长设置为 1 h,这样系统每个小时会预报一次流域的各河道水位和流量。

18.4.5.4　调度过程

系统的动态调度需要将运行模式设定为“auto”模式,该模式下系统按照“系统设置”(图 18.4-21)中描述的设置,依次循环执行“生成方案”(图 18.4-22)和“方案模拟”(图

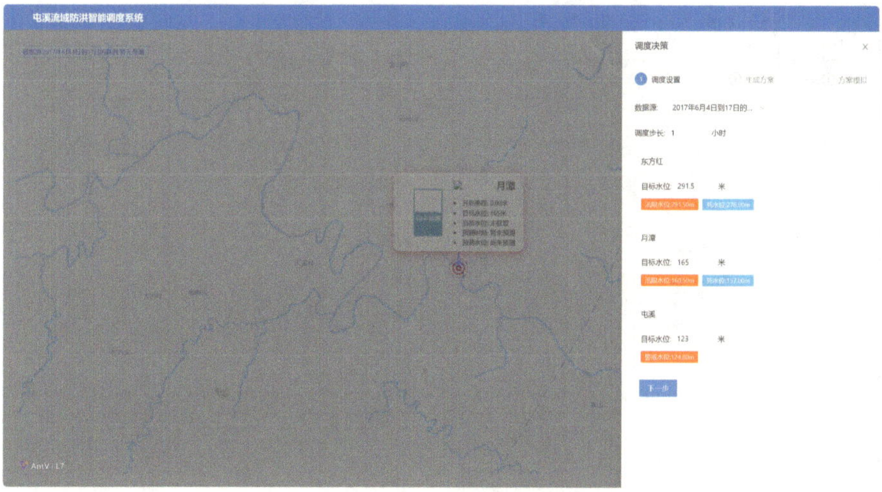

图 18.4-21　调度设置

18.4-23)。用户可在主体界面中查看当前的模拟结果和闸门开启高度。当系统的动态调度方案不能满足实际的调度需求时,可以根据经验进行人工干预(如对调度方案进行改进)。本次生成的系统动态调度方案(未进行人工干预)和用于对比的静态调度方案如图18.4-24 至图 18.4-27 所示。调度过程中可以在系统里对屯溪流域的水情信息变化随时进行查看,图 18.4-28 为月潭水库 2017 年 6 月 4 日 4 时的水情查看示例。

图 18.4-22　生成方案

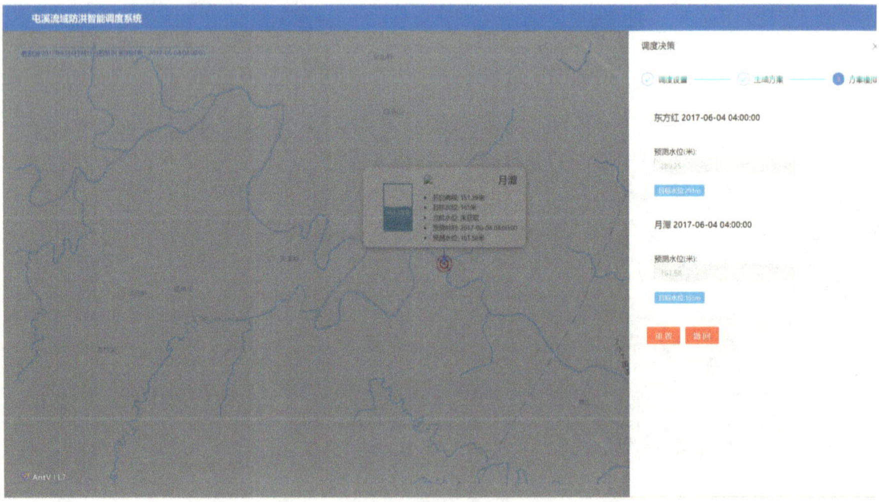

图 18.4-23　方案模拟

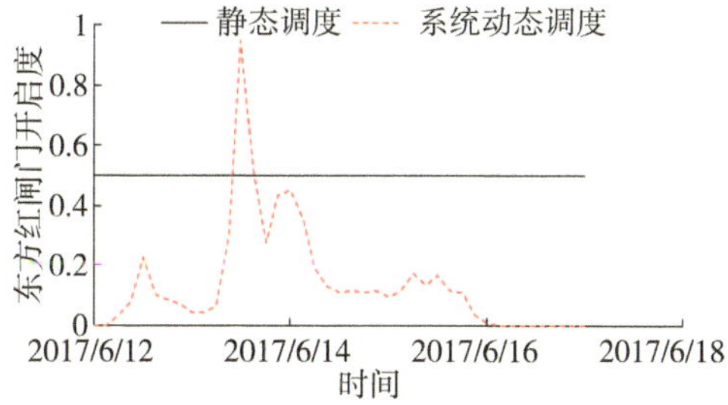

图 18.4-24　东方红闸门开启过程线

图 18.4-25　月潭水库表孔闸门开启过程线

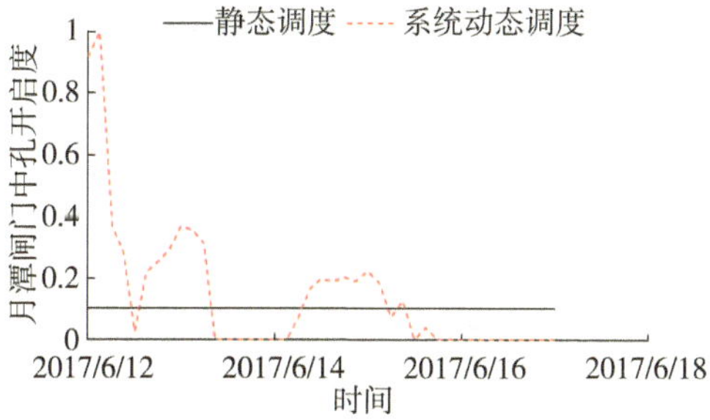

图 18.4-26　月潭水库中孔闸门开启过程线

图 18.4-27　月潭水库底孔闸门开启过程线

图 18.4-28　模拟结果查看界面

18.4.5.5　调度结果分析

进行静态调度时主洪峰的发生时间为 2017 年 6 月 13 日 20 时，洪峰流量为 1 465 m^3/s，进行系统动态调度时主洪峰的发生时间为 2017 年 6 月 13 日 23 时，洪峰流量为 1 380 m^3/s，可见系统动态调度非常显著地起到了延迟主洪峰峰现时刻和削减主洪峰的作用（图 18.4-29）。系统动态调度和静态调度时东方红水库最大库水位分别达到了

296.20 m 和 289.54 m(图 18.4-30),系统动态调度和静态调度时月潭水库最大库水位分别达到了 170.20 m 和 169.18 m(图 18.4-31);动态调度后的东方红水库和月潭水库的库水位均比静态调度后有所提升。结果表明,建立的中小河流防洪智能调度理论在满足防洪安全的前提下提升了水库兴利效益,减轻了下游的防洪压力。

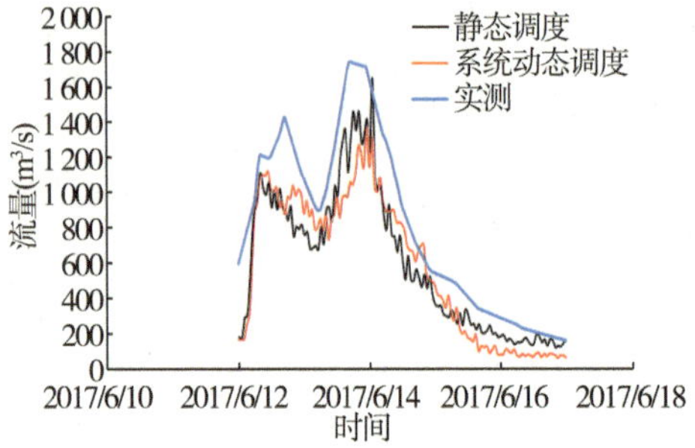

图 18.4-29　屯溪流量变化

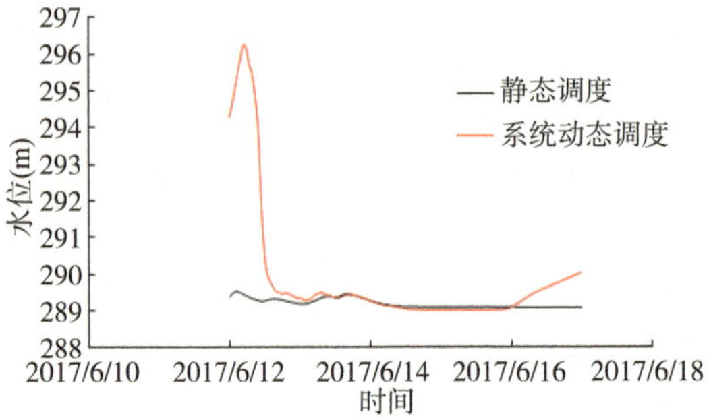

图 18.4-30　东方红水库水位变化

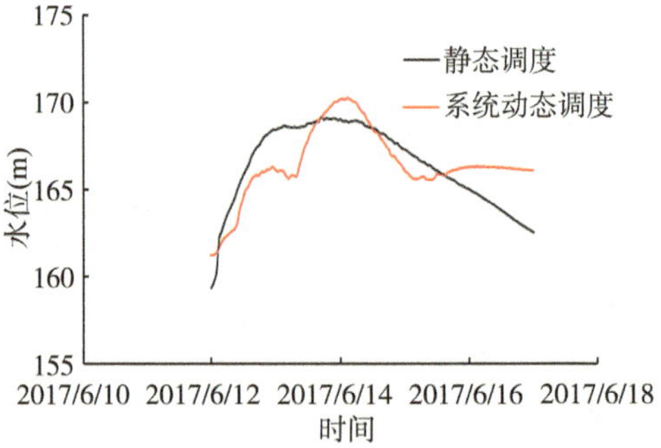

图 18.4-31　月潭水库水位变化

18.5　小结

针对中小河流防洪调度不确定性、快速响应和自动决策问题,本章完成了以下几点内容:

(1) 从水信息学模型原理出发提出了中小河流防洪智能调度的一般框架;

(2) 建立了基于 PSR 模式的中小河流防洪联合调度指标体系;

(3) 以屯溪流域为例进行了应用研究,建立了基于 SWMM 的屯溪流域防洪调度仿真模型,开发了基于人工神经网络的防洪调度决策模型及屯溪流域防洪智能调度系统;

(4) 应用表明智能调度系统为实现中小河流防洪调度自动决策提供了有效的途径,并显著提高了调度的可靠性、智能性和时效性。

参考文献

[1] 顾正华. 水流智能模拟理论及其应用研究[D]. 南京:河海大学,2004.
[2] 顾正华. 河网水闸智能调度辅助决策模型研究[J]. 浙江大学学报(工学版),2006,40(5):822-826.
[3] GU Z H, CAO X M, LIU W. A hydroinformatic model and its application to river networks control [C]//9th International Conference on Hydroinformatics (HIC2010), 2010.
[4] 刘国良,顾正华,赵世凯,等. 基于数据驱动的区域水资源智能配置研究[J]. 水利水运工程学报,2015(5):38-45.
[5] 曹晓萌,顾正华,刘国良,等. 基于 PSR 的农村水电生态环境影响评价体系研究[J]. 人民长江,2012,43(5):80-83.
[6] FU J, LIU J, WANG X W, et al. Ecological risk assessment of wetland vegetation under projected climate scenarios in the Sanjiang Plain, China[J]. Journal of Environmental Management, 2020,273:111108.
[7] WU K Y, HU S H, SUN S Q. Application of fuzzy optimization model in ecological security pre-warning[J]. Chinese Geographical Science, 2005, 15(1):29-33.
[8] SU S L, CHEN X, DEGLORIA S D, et al. Integrative fuzzy set pair model for land ecological security assessment: a case study of Xiaolangdi Reservoir Region, China [J]. Stochastic Environmental Research and Risk Assessment, 2010, 24(5):639-647.
[9] HUA Y E, YAN M A, LI M D. Land ecological security assessment for bai autonomous prefecture of Dali based using PSR model—with data in 2009 as case[J]. Energy Procedia, 2011(5):2172-2177.
[10] 郭茹,程声通,贾海峰. 压力-承载力-状态-响应方法的工业污染控制应用[J]. 清华大学学报(自然科学版),2006,46(9):1568-1571.
[11] NAIMI H M, ZADEH S V. Sustainable development based energy policy making frameworks, a critical review[J]. Energy Policy, 2012,43:351-361.
[12] 孔祥意, 刘志雨, 周国良, 等. 计算单元边长对分布式流域水文模型模拟结果的影响[J]. 河海大学学报(自然科学版), 2021,49(4): 309-315.
[13] 朱嘉祺, 徐向阳, 何爽. 基于 LH-OAT 的 SWMM 模型参数敏感性分析[J]. 中国农村水利水电, 2014(3): 84-87.
[14] 张凯, 王少龙, 郭鑫, 等. 黄山市地下水应急水源地研究[J]. 地下水, 2018,40(3): 102-104.
[15] 芮孝芳. 水文学原理[M]. 北京:中国水利水电出版社, 2004.
[16] 芮孝芳. 论流域水文模型[J]. 水利水电科技进展, 2017,37(4):1-7.
[17] 向代锋, 程磊, 徐宗学, 等. 基于局部和全局方法的 SWMM 敏感参数识别[J]. 水力发电学报, 2020(11):1-9.

第 19 章

预警预报系统平台及应用实例

洪水预警预报平台基于云平台总体架构进行设计，按照“预警预报-智能调度-应急处置”三大业务组织总体功能设计。结合全国水文气象的特征，在全国范围选择安徽省屯溪流域、河北省清水河和七里河流域、陕西省大理河和千河流域、云南省普厅河流域等开展业务应用。

19.1 预报系统平台总体框架

19.1.1 平台框架

在“厚基础、活应用”的指导思想下，平台总体框架需要满足功能和性能的扩展，满足不同流域对业务的需求，实现示范流域的业务需求，支撑实现“小应用、大系统”。框架包括基础设施层、平台层和应用层。总体架构见图 19.1-1。

洪水预警预报平台按照基础设施层(IaaS)、平台层(PaaS)和应用层(SaaS)分层进行设计。

1) 基础设施层

基础设施层为应用软件系统提供服务器、存储、网络等资源。通过虚拟化方式实现软硬件资源的管理、扩容和监控等功能，通过横向扩展的方式不断补充硬件资源以支撑上层的 PaaS 平台及 SaaS 应用的性能需求。

2) 平台层

平台的核心是基于全新的互联网架构和技术体系的平台层(PaaS)，是支撑企业中基于新一代技术架构开发的应用系统稳定运行最重要的部分。以分布式、微服务、大数据、容器、DevOps 为基本技术组成。整个平台的技术架构采用了目前主流的互联网技术体系。平台层(PaaS)分成两个子层，分别为基础平台层(GpaaS)和应用平台层(ApaaS)。其中基础平台层为微服务和大数据应用开发和运行提供支撑，是保证中台和业务应用高效率、高性能、高可靠和安全运行的基础。基础平台层由服务治理平台和大数据平台组成。

(1) 服务治理平台：支持微服务架构，负责对微服务运行中的服务注册、服务发现、服务依赖、运行状态进行管理，提供应用全生命周期、服务框架、RPC、流量控制、权限控制、服

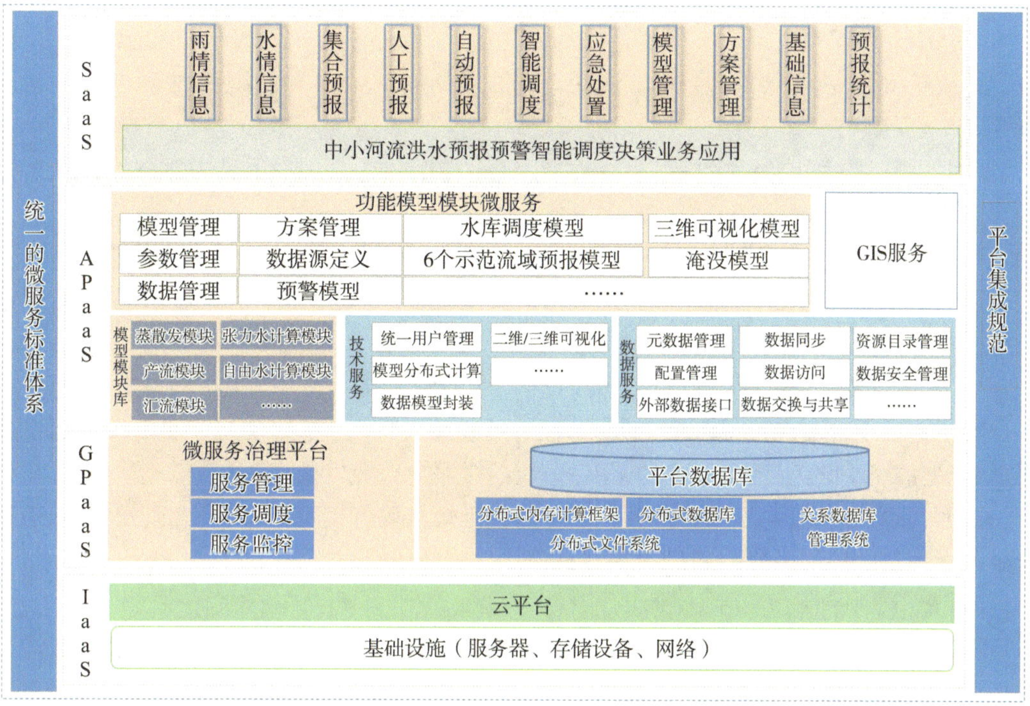

图 19.1-1　平台总体架构

务管理、服务调用、链路追踪、服务降级、配置中心、一致性框架(用于支持分布式事务)、异步编程框架等核心组件。基于采用水利云环境,包含容器管理、资源管理、容器编排等技术能力,在运行期为应用提供扩容、缩容、升级、回滚等功能,支持针对容器的服务发现和负载均衡,实现弹性计算能力,保证服务的高可用和稳定性。

(2) 人数据平台:为各类数据资源的存储和管理提供支撑,土要有各类数据资源池、数据管理和平台管理等功能。实现对网格化水文数据、地理数据等进行存储和管理。

应用平台层由多个基于微服务框架构建的微服务群组成,以共享服务的形态为上层应用系统提供通用技术和业务场景支撑能力,形成强大的服务能力,这些微服务的接口可以被多个上层应用系统或其他微服务调用,以便满足不同业务场景或功能的需要。应用平台层按照提供服务的特性划分成数据服务、模型模块库、技术服务三个部分。

①数据服务:数据服务实现各预报模型以及业务应用对大数据平台和各数据库数据访问、写入、操作管理等的统一规范微服务接口。基于目录体系,建立统一信息资源数据服务模式。统一数据访问用于隔离应用系统和数据库平台,使系统可以在各种数据库平台上自由移植。统一数据访问接口功能,能简化不同系统之间的数据接口设计、开发实施及维护管理。统一数据访问接口连接数据存储和数据访问请求,使应用系统能够统一、透明、高效地访问和操纵位于网络环境中的各种分布、异构的数据资源。

②模型模块库:平台中需要建设适用于六个示范流域的集总式洪水预报模型方法以及分布式洪水预报模型等,包括产流计算模块、汇流计算模块、蒸散发计算模块等按照流域产

汇流机制进行单元分割的模块，以及组装后的模型，为系统提供预报业务模型服务。所有开发模型中台对模型进行统一管理，并提供直接的模型服务和相关应用模块的调用。

③技术服务：技术服务封装平台所使用到的用户验证、二维和三维可视化、模型封装等服务。

数据服务、技术服务以及模型模块服务都统一封装成微服务，通过微服务管理平台进行管理，并向外提供服务。

3）应用层

应用层主要由相关水利业务功能实现，通过微服务构建业务流程，通过二维、三维相结合的方式可视化展示业务结果。

4）统一的微服务标准体系

为了保证平台水文预报模型、平台功能等可扩展，本平台建立模型方法的统一标准体系，对模型的模块化拆分、微服务的开发、模块的微服务封装以及交互接口等建立标准化体系。模型、模块以及方法等都必须按照统一的标准规范进行模块拆分、研发以及封装，通过微服务管理功能加入平台。通过统一规范的接口进行访问。

5）统一的平台开发和集成规范

平台需要集成其他课题成果，包括水文预警预报模型、集成预报、水库智能调度、应急管理等不同的模型、功能以及子系统。因此，为了将各课题成果集成到平台中，形成完整的预警预报智能调度决策支持平台，各课题需要在开发环境、功能接口、数据访问等方面遵循统一的规范。

19.1.2 网格化水文数据

传统的集总式水文模型在流域上采用平均的、单一化的参数来描述整个流域的水文特征，没有考虑流域不同区域的空间异质性，因此对于复杂流域（下垫面变化大、空间降雨分布变化大）不能进行很好地模拟。网格水文模型将流域划分为多个网格单元，每个矩形区域的网格拥有独立的参数和数据，用于描述本网格内流域的水文特征和产汇流，更加精细化地考虑流域各种地理要素的空间异质性，与集总式水文模型和普通的分布式水文模型相比，网格水文模型能更精细更准确地描述流域的水文过程。传统的基于测站数据的方式，或者整个流域面采用一个参数的方式不能适应网格水文模型的计算需求。

针对网格化预报模型，本平台对降雨点数据进行处理，转换成 ASCII 格式的网格化参数格式。参数格式逻辑上包括：数据描述和数据内容。

（1）数据描述

数据描述部分描述了网格化参数文件的格式。数据的前六行表示的是一系列关键字的文件头信息，以关键字和值的格式存储，每行一个关键字和对应的值，例如：

```
ncols          106
nrows          81
xllcorner      117.6271
```

yllcorner　　29.44707
cellsize　　8.333334E-03
NODATA_value　　−9999

关键字的说明如下：

①ncols 和 nrows 是由 ASCII 文件所定义的网格的列数和行数。即本网格文件所描述的流域包含的网格行列数。

②xllcorner 和 yllcorner 是左下角网格像元的左下角坐标。xllcorner 代表经度，yllcorner 代表纬度。

③cellsize 是网格的像元大小，网格为正方形。

④NODATA_value 是用于表示网格没有数据或者数据无效时的取值。

⑤文件为 ASCII 文件，也称纯文本文件，后缀名 .asc。

（2）数据内容

数据是按行列形式存储的，也就是二维矩阵形式存储的。第一行存储流域网格中的第一行数据，第二行存储流域网格中的第二行数据，以此类推。图 19.1-2 是以屯溪流域为例。由于无数据的地方统一使用−9999 标识，所以可以看出有数据的地方组成的图案为流域的形状。

图 19.1-2　网格化数据示例

19.1.3　基于云的虚拟化运行环境

平台基于星环云平台，该平台是大数据处理及人工智能应用云计算平台。星环云在星环分布式操作系统 TOS 的基础上构建星环分布式大数据平台以及分布式人工智能平台，通过大数据处理技术，为客户治理各种结构化、半结构化或非结构化生产运营数据，并通过云计算的方式为客户提供低成本、轻量化的计算资源。助力客户业务上云，实现数字化运营。星环云平台的基本架构如图 19.1-3 所示。

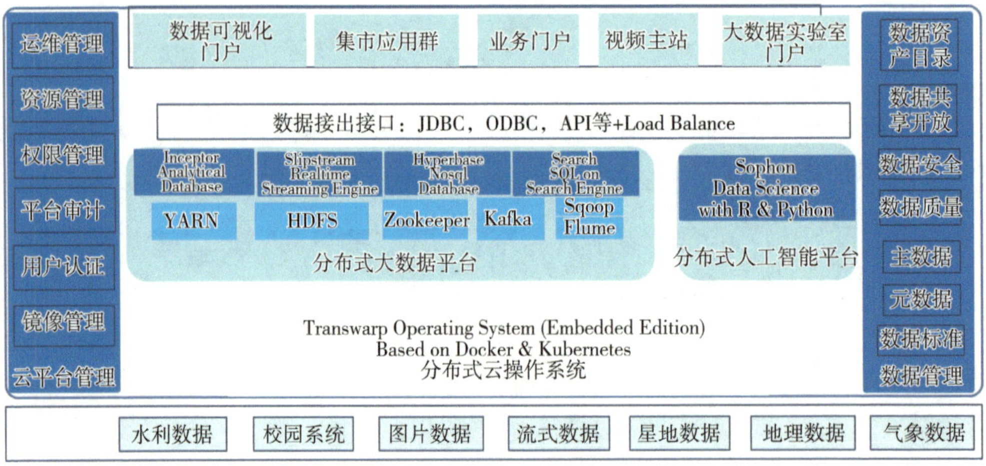

图 19.1-3　星环云总体架构

星环大数据平台架构如图 19.1-4 所示。包括 Inceptor、Slipstream、Hyperbase、Search 以及 Discover。

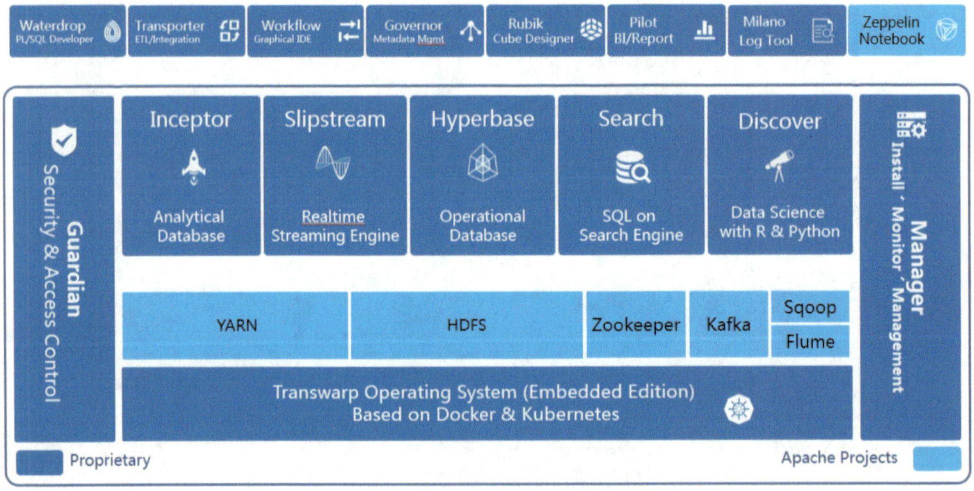

图 19.1-4　星环大数据平台架构

(1) Inceptor 是基于 Spark 的交互式分析引擎，是一个三层架构，最底层是分布式缓存，可建在内存或者 SSDSHANG；中间层是 Apache Spark 计算引擎层；最上层是包括 SQL2003 和 PL/SQL 编译器，统计算法库和机器学习算法库，提供完整的 R 语言访问接口。

(2) Slipstream 是一种实时流处理引擎，采用事件驱动流水线模式，实现延迟低至<

10 ms,以及单节点达到百万级吞吐。

(3) Hyperbase 是 NewSQL 数据库,它继承了 HBase 的架构优势,能够支持超高的并发业务。通过与 Inceptor SQL Engine 整合,Hyperbase 提供了非常好的 SQL 开发接口,可以更好地提高开发效率。Hyperbase 实现对非结构化数据的支持,Object Store 技术非常适合大小在 1MB 以内的对象,如图像或者小文件等,而 Document Store 技术则允许用户对 JSON/BSON 等文件提供更好的存储服务,以及基本的查找和分析功能。

(4) Search 是 TDH 能够提供大规模搜索的引擎,实现稳定可靠的企业级数据访问控制,支持混合存储模型,可以更好地利用 SSD 等快速存储来加速系统性能。

(5) Discover 是 TDH 提供的两大机器学习产品之一,其偏向给数据科学家使用的数据挖掘平台。Discover 可以支持 Inceptor、HDFS 以及关系数据库,因此可以有更多更全的数据用于训练;特征工程是数据处理最为复杂的一个阶段,也是需求最为多样化的阶段,Discover 提供了完善的 R 语言开发接口和环境,同时也支持 Python 和 Spark 编程,因此数据科学家可以比较灵活地实现特征工程的提取算法。

星环云平台通过 Kubernetes 和 Docker 实现容器云平台,支撑大数据、AI 以及应用。其结构如图 19.1-5。

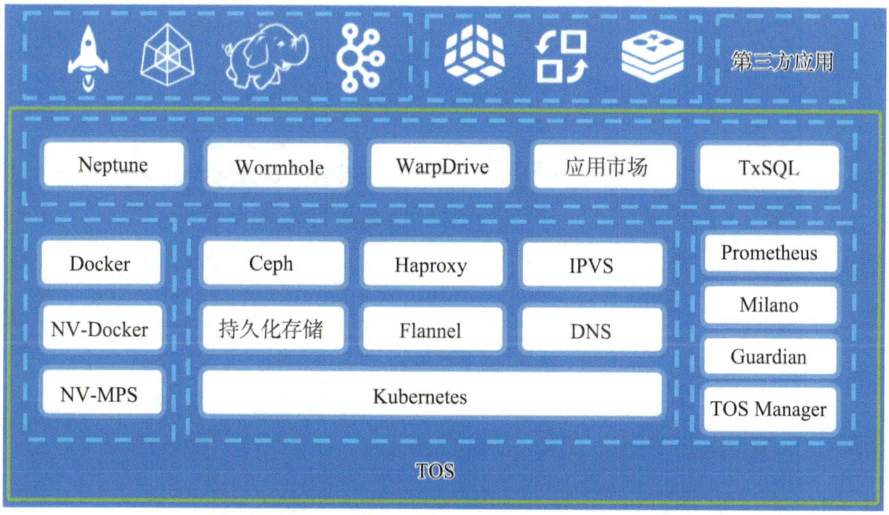

图 19.1-5　星环容器云平台架构

采用 Kubernetes 和 Docker 提供容器服务与调度;实现服务编排、调度与资源管理,对 CPU/GPU/Memory、网络等资源池化;提供微服务管理,实现服务发现与负载均衡;提供容器镜像市场,实现镜像的部署和删除等;提供数据安全和应用安全等安全管理体系。

19.1.4　基于多重情景的业务可视化

利用 ArcGIS 和 Unreal Engine 4 的二维和三维可视化技术,支持洪水淹没区淹没效果快速可视化,实现影响预报、风险预警、应急处置的可视化。如图 19.1-6 所示。

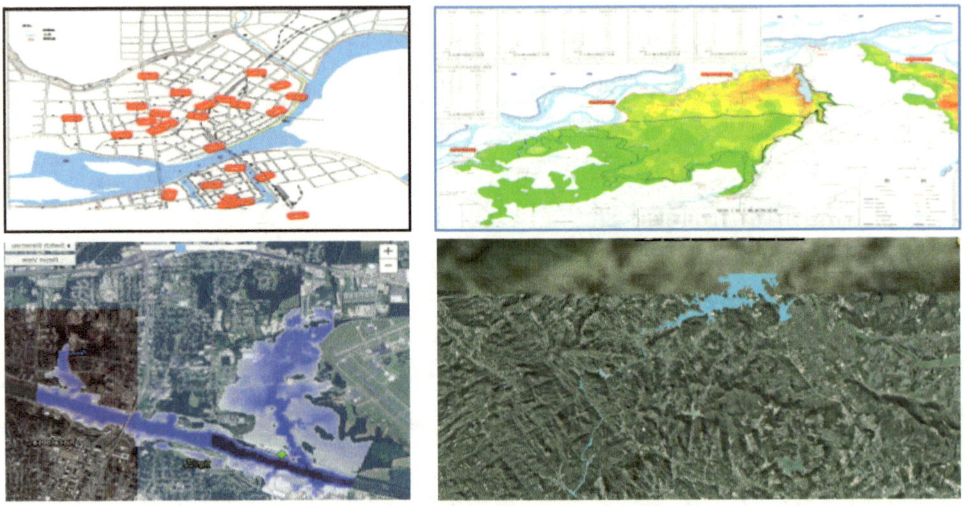

图 19.1-6　预报业务可视化示意图

19.2　平台总体功能

平台按照“预警预报-智能调度-应急处置”三大业务组织总体功能，实现了预报、预警、调度和风险评估水文全流程业务，以及在流程中相关业务数据的可视化展示。平台各功能之间的关系如图 19.2-1 所示。

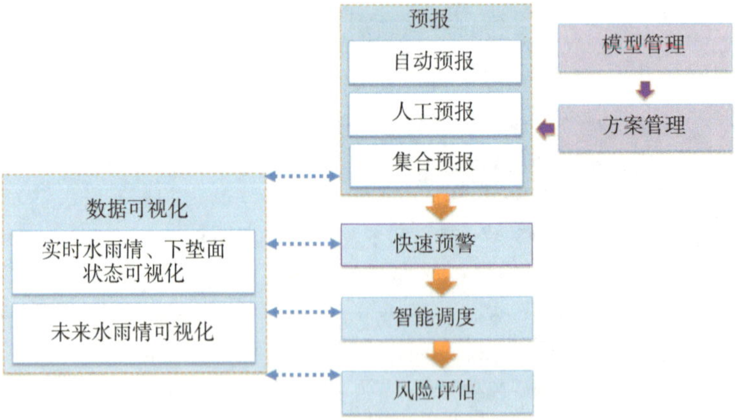

图 19.2-1　平台总体功能关系

主要包括模型管理和方案管理、预报、快速预警、智能调度、风险评估以及数据可视化六个部分。其中，模型管理和方案管理为模型预报提供支撑。预报是通过实时降雨对未来水文水位或流量进行预测，包括自动预报、人工预报以及集合预报三种主要方式。快速预警则通过现有的降雨形式快速评估影响，并进行相应的预警。智能调度根据当前的预测情况以及调度目标，智能快速地建立调度方案，并分析在该方案下的调度效果。风险评估则根据当前的实时水文信息和预测，评估流域风险和影响。数据可视化对实时水雨情、下垫面状态以及未来水雨情等进行可视化展示，提高结果分析的直观性。

考虑基础信息的组织、访问和展示，包括流域、测站和下垫面的基础信息，水利工程信息，历史和实时水情信息，历史、实时以及未来雨情信息。预警预报部分考虑模型管理和方案管理，人工预报、集合预报和自动预报，快速预警以及预报结果统计，等等，通过多重情景进行可视化展示。

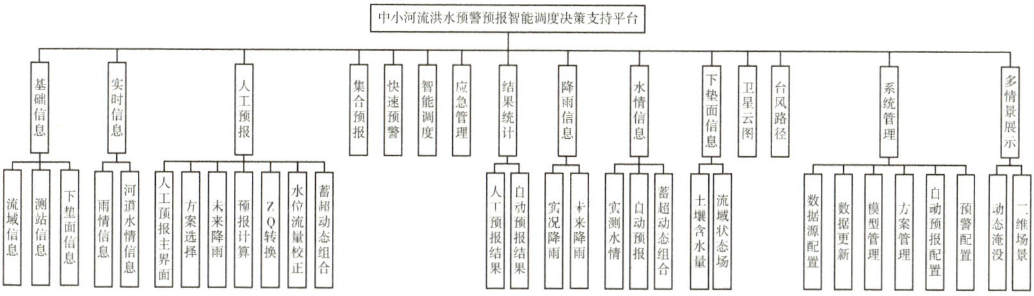

图 19.2-2　平台总体功能结构

19.3　预报系统平台应用实例

19.3.1　屯溪流域示范应用实例

屯溪流域邻近中国东南沿海，位于亚热带季风气候区，年平均降水量 1 600 mm。流域内中型水库 1 座，小型水库 43 座，位于横江上游的东方红水库汛期按汛限水位控制运行。流域上游已建小型水库总库容 2 200 万 m^3、塘坝总库容 2 555 万 m^3，各小型水库基本无调度运用方案。

(1) 栅格新安江模型

①实测开始时间选择 2020 年 7 月 5 日 15 时，预报开始时间选择 2020 年 7 月 9 日 15 时，预报结束时间选择 2020 年 7 月 9 日 15 时。未来降雨方式为默认情况。

实测流量的峰现时间是 2020 年 7 月 7 日 16 时，流量值为 5 040 m^3/s，此时计算流量值为 5 050 m^3/s，误差为 10 m^3/s；计算流量的峰现时间是 2020 年 7 月 7 日 21 时，流量值为 5 300 m^3/s，此时实测流量为 4 360 m^3/s，误差为 940 m^3/s。

②实测开始时间选择 2021 年 7 月 8 日 15 时，预报开始时间选择 2021 年 7 月 9 日 15 时，预报结束时间选择 2021 年 7 月 10 日 15 时。未来降雨方式为默认情况。

（2）分块新安江模型

实测开始时间设置为 2021 年 7 月 9 日 10 时，预报开始时间设置为 2021 年 7 月 10 日 10 时，预报结束时间设置为 2021 年 7 月 11 日 10 时，未来降雨方式选择人工干预，设置各个雨量站的雨量值均为 2.5 mm。

实测流量的峰现时间是 2021 年 7 月 10 日 10 时，流量值为 266 m^3/s，此时计算流量值为 123 m^3/s，误差为 143 m^3/s；计算流量的峰现时间是 2020 年 7 月 11 日 10 时，流量值为 460 m^3/s，此时没有实测流量。

（3）自动预报

自动预报采用栅格新安江模型。

①2021-07-02 10:00:00 数据验证

使用 2021-07-02 10:00:00 的气象局数据，其未来 24 h 最优方案总雨量为 75.5 mm。自动预报后结果的前端流量分布如下图。1 处输入查询时间为 2021-07-02 10:00:00 后预报的 24 h，具体为 2021-07-02 11:00:00 至 2021-07-03 10:00:00；2 处表示在播放流量过程时，2021-07-03 03:00:00 的整体区域流量情况；3 处表示在屯溪出口断面处，其预报的流量已经达到的较大值。

2021-07-03 09:00:00，屯溪出口断面附近的，最优未来降雨方案的预报流量达到 1 627 m^3/s 左右。

②2021-08-11:10:00:00 数据验证

使用 2021-08-11 10:00:00 的气象局数据，其未来 24 h 最优方案总雨量为 123.7 mm。1 处输入查询时间为 2021-08-11 10:00:00 后预报的 24 h，具体为 2021-08-11 11:00:00 至 2021-08-12 10:00:00；2 处表示在播放流量过程时，2021-08-12 06:00:00 的整体区域流量情况；3 处表示在屯溪出口断面处，其预报的流量已经达到的较大值。

2021-08-11 23:00:00，屯溪出口断面附近的，最优未来降雨方案的预报流量达到 1 520 m^3/s 左右。

结合示范流域的中小河流防洪调度管理需求，采集了屯溪流域、历史水文数据、近年的实时水雨情资料、水库调度、影像数据、DEM 数据、GIS 数据等资料，并处理导入平台数据库。研发了栅格新安江模型、分块新安江模型以及库塘闸坝模型。其中栅格新安江模型和库塘闸坝模型是精细化网格模型。

采用雷达智能外推临近（0～2 h）定量降水预报技术和基于 GRAPES-3 km 模式和 TIME-LAG 融合短时（2～12 h）降水预报技术，形成 0～12 h 逐 1 h 定量降水预报产品，对 2020—2021 年屯溪流域 5 mm/h 以上量级强降水预报 TS 评分 0.21，比原始雷达外推和 CMA-3 km 模式提高了 23.7%；对 2020 年 6 月 26—29 日、7 月 3—12 日、2021 年 5 月 15—18 日、6 月 27—28 日过程强降水的预见期均提前了 3 h 以上。

运用精细化网格模型，提前 8 h 准确预报 2020 年横江“7·7”大洪水，其中，屯溪断面实测洪峰流量 5 040 m^3/s、预报洪峰流量 5 110 m^3/s；月潭断面实测洪峰流量 1 780 m^3/s、预报洪峰流量 1 910 m^3/s。

19.3.2　清水河和七里河流域示范应用实例

清水河流域位于海河流域大清河水系，流域面积 1 650 km^2，属于半湿润流域。北辛店水文站多年平均年径流量 0.29 亿 m^3，多年平均年降水量 457.1 mm，最大年降水量 833.7 mm。实测最高洪水位 19.70 m，最大洪峰流量为 710 m^3/s（1966 年）。流域上游建有库塘闸坝 9 座，其中中型水库 1 座（龙潭水库）、小型水库 7 座（西显口、北固城水库等）、塘坝 1 座（水头水库）。

七里河为海河流域子牙河水系，其中大石头庄水文站为中小河流专用站，控制流域面积 252 km^2，其功能是防汛。流域多年平均降雨量为 524 mm，多年平均水面蒸发量为 1 908 mm。流域上游建有小(1)型水库 1 座（东川口水库），小(2)型水库 1 座（塔西水库），两座水库总库容约为 0.1 亿 m^3。

结合河北省示范流域的中小河流防洪调度管理需求，采集了大清河流域和七里河流域的历史水文数据、近年的实时水雨情资料、影像数据、DEM 数据、GIS 数据等资料，并处理导入平台数据库。在栅格新安江模型基础上引入地表地下双拦蓄模块，构建了栅格新安江-海河模型。

采用雷达智能外推临近（0～2 h）定量降水预报技术和基于 GRAPES-3 km 模式和 TIME-LAG 融合短时（2～12 h）降水预报技术，形成 0～12 h 逐 1 h 定量降水预报产品，对 2020—2021 年大清河与七里河流域 5 mm/h 以上量级强降水预报 TS 评分 0.16，比原始雷达外推和 CMA-3 km 模式提高了 21.3%；对七里河 2021 年 7 月 20—22 日、清水河 2021 年 7 月 20—22 日，10 月 3—6 日过程强降水的预见期均提前了 3 h 以上。

大清河流域模拟预报情况：实测开始时间选择 2002 年 6 月 24 日 12 时，预报开始时间选择 2002 年 6 月 29 日 8 时，预报结束时间选择 2002 年 6 月 30 日 8 时。预报结果为：实测洪峰流量值为 12.2m^3/s，计算洪峰流量值为 14.7 m^3/s，模拟误差为 20%。

七里河流域模拟预报情况：七里河流域实测资料只有 2016 年一次洪水过程，为此采用具有实测水文资料的小马河流域参数。基于洪水调查结果，该流域 2016 年 7 月 19 日洪水洪峰流量模拟误差为 3.8%，2021 年实时洪水模拟预报误差为 52%。

19.3.3　大理河和千河流域示范应用实例

大理河流域控制站为绥德水文站，流域面积 3 896 km^2，为大陆性季风气候，多年平均年降水量 460.2 mm，多年平均径流量 142.7 万 m^3，属于半干旱流域。千河流域控制站为千阳水文站，流域面积 2 935 km^2，多年平均年降水量 696 mm，多年平均径流量 3.705 亿 m^3，属于半湿润流域。两个流域的降雨量年内分配不均，主要集中在 6—9 月，洪水主要是由暴雨形成，大小主要取决于暴雨面积和强度。

结合陕西省示范流域的中小河流防洪调度管理需求，采集千河流域与大理河流域的历史水文数据、近 5 年的实时水雨情数据、影像数据、DEM 数据、GIS 数据等资料，并处理导入数据库。研发了网格新安江模型、网格 Green-Ampt 超渗模型、网格蓄超时空动态组合模型。

在千河流域的实测开始时间选择 2021 年 10 月 2 日 20 时，预报开始时间选择 2021 年 10 月 3 日 8 时，预报结束时间选择 2021 年 10 月 4 日 8 时。预报结果为：千阳断面实测流量的峰现时间是 2021 年 10 月 3 日 17 时，流量值为 1 910 m^3/s，此时计算流量值为 1 797 m^3/s，误差为－5.9%；计算流量的峰现时间是 2021 年 10 月 3 日 18 时（滞后 1h），流量值为 1 955 m^3/s，洪峰误差 2.4%。在大理河流域 2020 年“8·4”洪水预报结果的洪峰误差为 8.8%，峰现时差为 1 h。

采用雷达智能外推临近（0～2 h）定量降水预报技术和基于 GRAPES-3 km 模式和 TIME-LAG 融合短时（2～12 h）降水预报技术，形成 0～12 h 逐 1 h 定量降水预报产品，对 2020—2021 年千河与无定河流域 5 mm/h 以上量级强降水预报 TS 评分 0.18，比原始雷达外推和 CMA-3 km 模式提高了 23.2%；对无定河 2021 年 10 月 3—6 日、千河 2021 年 10 月 2—6 日过程强降水的预见期均提前了 3 h 以上。

19.3.4 普厅河流域示范应用实例

普厅河干流贯穿云南省富宁县中部，在富宁县城普厅相汇始称普厅河，流域 2 043 km^2，占全县总面积的 37.42%，富宁水文站以上控制面积 373 km^2。

结合示范流域的中小河流防洪调度管理需求，采集了普厅河流域历史水文数据、近年的实时水雨情资料、影像数据、DEM 数据、GIS 数据等资料，并处理导入平台数据库。研发了栅格新安江模型、网格岩溶区产汇流模型。

采用雷达智能外推临近（0～2 h）定量降水预报技术和基于 GRAPES-3 km 模式和 TIME-LAG 融合短时（2～12 h）降水预报技术，形成 0～12 h 逐 1 h 定量降水预报产品，对 2020—2021 年普厅河流域 5 mm/h 以上量级强降水预报 TS 评分 0.17，比原始雷达外推和 CMA-3 km 模式提高了 21.9%；对 2020 年 5 月 21—24 日、2021 年 6 月 28 日—7 月 2 日过程强降水的预见期均提前了 3 h 以上。

（1）栅格新安江模型

实测开始时间选择 1985 年 9 月 7 日 9 时，预报开始时间选择 1985 年 9 月 16 日 18 时，预报结束时间选择 1985 年 9 月 17 日 18 时。实测流量的峰现时间是 1985 年 9 月 8 日 15 时，流量值为 151 m^3/s，此时计算流量值为 118 m^3/s，误差为－22%；计算流量的峰现时间是 1985 年 9 月 8 日 17 时，流量值为 173 m^3/s，此时实测流量为 120 m^3/s，误差为 44%。

（2）网格岩溶区产汇流模型

实测开始时间选择 1992 年 7 月 21 日 8 时，预报开始时间选择 1992 年 7 月 27 日 21 时，预报结束时间选择 1992 年 7 月 28 日 21 时。未来降雨方式为默认情况。实测流量的峰现时间是 1992 年 7 月 24 日 18 时，流量值为 157 m^3/s，此时计算流量值为 144 m^3/s，误差为－8%；计算流量的峰现时间是 1992 年 7 月 24 日 16 时，流量值为 155 m^3/s，此时实测流量为 137 m^3/s，误差为 13%。

19.4　小结

本章阐述洪水预警预报平台的总体框架及功能，平台功能包括基础信息、实时信息、作业预报、集合预报、快速预警、智能调度、应急管理、结果统计、降雨信息、水情信息、下垫面信息、卫星云图、台风路径以及系统管理等模块。针对流域示范应用的需求出发，收集了示范流的历史水雨情资料、流域下垫面资料，研究了示范流域的相关资料，结合水文预报业务，对业务应用的整体架构进行设计。基于预警预报平台功能，讨论了屯溪、清水河、七里河、大理河、千河、普厅河等 6 个示范流域的业务应用实例。